普通高等教育“十三五”规划教材

混凝土结构基本原理

李　哲　秦凤艳　主　编
郭光玲　李晓蕾　副主编

Basic Principles of Concrete Structure

化学工业出版社
·北京·

本书介绍了混凝土结构的基本原理，包括混凝土结构设计原则，混凝土结构材料的性能，钢筋混凝土受弯构件、受压构件、受拉构件、受扭构件承载力设计原理、计算方法及构造措施以及正常使用极限状态验算，预应力混凝土构件等部分。本书含丰富图片，注重规范与所学内容的对接，方便学生学习理解和提高对规范的认识。为了方便使用本书，封面设计二维码扫描可查全书公式；附录也可扫描二维码下载至手机。

本书适用于土木工程、水利水电工程、工程管理、工程造价、城市地下空间工程等土建类专业教学使用，也可供参加注册结构师考试的考生打基础，深入理解规范。

图书在版编目（CIP）数据

混凝土结构基本原理/李哲，秦凤艳主编. —北京：化学工业出版社，2017.8

普通高等教育“十三五”规划教材

ISBN 978-7-122-29705-1

Ⅰ.①混… Ⅱ.①李…②秦… Ⅲ.①混凝土结构-高等学校-教材 Ⅳ.①TU37

中国版本图书馆 CIP 数据核字（2017）第 108610 号

责任编辑：刘丽菲　　装帧设计：史利平

责任校对：王素芹

出版发行：化学工业出版社（北京市东城区青年湖南街 13 号　邮政编码 100011）

印　　装：北京云浩印刷有限责任公司

787mm×1092mm　1/16　印张 19¾　字数 486 千字　　2017 年 9 月北京第 1 版第 1 次印刷

购书咨询：010-64518888（传真：010-64519686）　售后服务：010-64518899

网　　址：http://www.cip.com.cn

凡购买本书，如有缺损质量问题，本社销售中心负责调换。

定　　价：46.00 元

前言

FOREWORD

钢筋混凝土结构设计原理是高等学校土木工程专业的专业基础课，其任务是通过本课程的学习，使学生掌握钢筋混凝土结构设计的基本方法和基本原理，为继续学习专业课程打下良好的基础，达到土木工程专业培养目标要求。

本教材紧扣我国建筑行业现行颁布执行的有关规范和标准，尤其是《混凝土结构设计规范》(GB 50010—2010)、《建筑结构荷载规范》(GB 50009—2012)等。本教材主要介绍混凝土结构材料的物理力学性能，混凝土结构设计原理，受弯构件、受压构件、受拉构件及受扭构件的承载力设计原理、计算方法及构造措施，钢筋混凝土构件正常使用极限状态的验算，如构件的变形、裂缝、耐久性，预应力混凝土结构构件的性能分析、设计计算方法和构造措施等。

为了便于学生的学习，本教材内容紧扣高等学校土木工程专业指导委员会制定的专业方案及课程大纲的要求，注重基本概念和基础理论知识的掌握，紧紧围绕现行国家规范和标准，使读者或学生通过对本教材的学习，能够较好和较完整地掌握《混凝土结构设计规范》中关于混凝土结构设计基本理论和方法的内容。本教材对混凝土结构构件的性能及分析有充分的论述，概念清楚、思路清晰；有明确的计算方法和详细的设计步骤，并有相当数量的计算例题有利于读者理解结构构件的受力性能和具体的设计方法。内容安排上重应用、重实践，不过多地进行理论分析，概念简练、表达清楚。

本书突出规范的引领地位和工程实践的指导作用，在每章的思考题与习题中，增加工程实例分析的内容，培养学生解决实际问题的能力。

全书由西安理工大学李哲、皖西学院秦凤艳任主编，由陕西理工大学郭光玲、西安理工大学李晓蕾任副主编，西安理工大学马辉、卢俊龙、寇佳亮和田建勃参与编写，全书由李哲统稿。具体编写分工为：李哲编写第4章、第7章和附录，秦凤艳编写第10章，郭光玲编写第1章、第2章，李晓蕾编写第3章、第5章和附录，马辉编写第6章，卢俊龙编写第9章，寇佳亮和田建勃编写第8章。

在本书编写过程中还参考了国内同行的教材、著作和论文等资料，在此表示感谢。

由于编者水平有限，书中难免存在疏漏或不妥之处，恳请读者批评指正。

编者

2017.1

目录

CONTENTS

绪论

学习目标

1. 掌握混凝土结构的一般概念；

2. 掌握性质不同的两种材料（钢筋和混凝土）能够结合在一起共同工作的可能性和有效性以及混凝土结构的特点；

3. 了解钢筋混凝土结构在工程中的应用、发展前景及对混凝土结构课程的特点及学习方法。

1.1 钢筋混凝土结构的概念和基本特点

1.1.1 混凝土结构的概念

混凝土结构是以混凝土为主要材料制成的结构，包括素混凝土结构、钢筋混凝土结构和预应力混凝土结构等。素混凝土结构是指由无筋或不配置受力钢筋的混凝土制成的结构（如图 1-1）；钢筋混凝土结构是由配置受力的普通钢筋、钢筋网或钢筋骨架的混凝土制成的结构（如图 1-2）；预应力混凝土结构是由配置受力的预应力钢筋通过张拉或其他方法建立预应力的混凝土结构（如图 1-3），充分利用高强度材料来改善钢筋混凝土结构的抗裂性能。

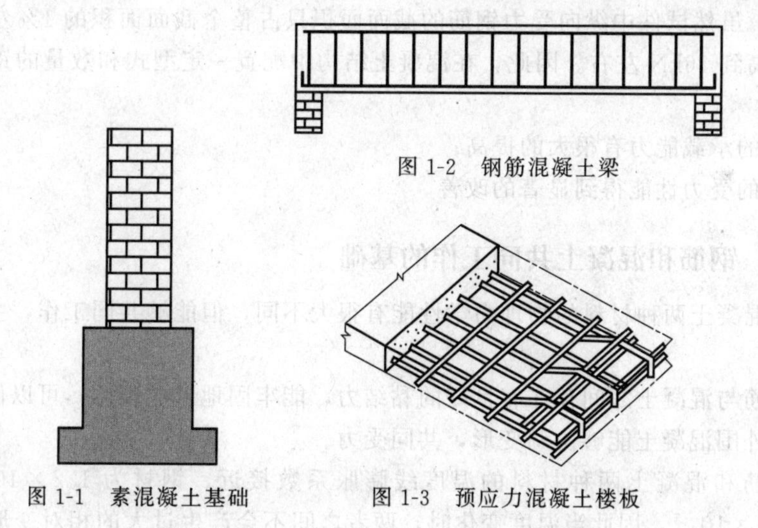

图 1-2　钢筋混凝土梁

图 1-1　素混凝土基础

图 1-3　预应力混凝土楼板

钢筋混凝土结构和预应力混凝土结构常用作土木工程中的主要承重结构。在多数情况下混凝土结构是指钢筋混凝土结构。

1.1.2 钢筋混凝土结构的基本特点

钢筋和混凝土都是土木工程中重要的建筑材料。钢筋的抗拉和抗压强度都很高，破坏时表现出良好的变形能力。但细长的钢筋受压时极易失稳，强度得不到充分发挥，仅能作为受拉构件，同时钢筋的防锈能力差，价格较高；混凝土的抗压强度高而抗拉强度很低，一般抗拉强度只有抗压强度的1/20～1/8，受拉破坏时具有明显的脆性性质，破坏前无预兆，这就使得素混凝土结构仅能用于以受压为主的基础、柱墩和一些非承重结构，很少用作主要受力构件。但如果将钢筋和混凝土这两种材料按照合理的方式有机地结合在一起共同工作，可以取长补短，使钢筋主要承受拉力，混凝土主要承受压力，充分发挥这两种材料的特性，使得结构具有良好的变形能力。

将钢筋和混凝土结合在一起做成钢筋混凝土结构和构件，其优势可通过下面的试验看出。图1-4(a)为一根未配置钢筋的素混凝土简支梁，跨度4m，截面尺寸$b\times h=200\text{mm}\times 300\text{mm}$，混凝土强度等级为C20，梁的跨中作用一个集中荷载F。对其进行破坏性试验，结果表明，当荷载较小时，截面上的应变如同弹性材料的梁一样，沿截面高度呈直线分布；当荷载增大使截面受拉区边缘纤维拉应变达到混凝土抗拉极限应变时，该处的混凝土被拉裂，裂缝沿截面高度方向迅速开展，试件随即发生脆性断裂破坏。这种破坏是突然发生的，没有明显的预兆。尽管混凝土的抗压强度比其抗拉强度高几倍或十几倍，但得不到充分利用，因为该试件的破坏是由混凝土的抗拉强度控制，破坏荷载值很小，只有8kN左右。如果在该梁的受拉区布置三根直径为16mm的HPB300级钢筋（记作3Φ16），并在受压区布置两根直径为10mm的架立钢筋和适量的箍筋，再进行同样的荷载试验［图1-4(b)］，则可以看到，当加载到一定阶段，使截面受拉区边缘纤维拉应力达到混凝土抗拉极限强度时，混凝土虽被拉裂，但裂缝不会沿截面的高度方向迅速开展，试件也不会随即发生断裂破坏。混凝土开裂后，裂缝截面的混凝土拉应力由纵向受拉钢筋来承受，故荷载还可进一步增加。此时变形将相应发展，裂缝的数量和宽度也将增大，直到受拉钢筋抗拉强度和受压区混凝土抗压强度被充分利用时，试件才发生破坏。试件破坏前，变形和裂缝都发展得很充分，呈现出明显的破坏预兆。虽然试件中纵向受力钢筋的截面面积只占整个截面面积的1%左右，但破坏荷载却可以提高到36kN左右。因此，在混凝土结构中配置一定型式和数量的钢筋，可以收到下列的效果：

① 结构的承载能力有很大的提高；

② 结构的受力性能得到显著的改善。

1.1.3 钢筋和混凝土共同工作的基础

钢筋和混凝土两种材料的物理力学性能有很大不同，但能够共同工作，主要基于下述三个原因。

（1）钢筋与混凝土之间存在有良好的黏结力，能牢固地形成整体，可以保证在荷载作用下，钢筋和外围混凝土能够协调变形，共同受力。

（2）钢筋和混凝土两种材料的温度线膨胀系数接近。钢材为1.2×10^{-5}，混凝土为$(1.0\sim 1.5)\times 10^{-5}$，因此当温度变化时，两者之间不会产生过大的相对变形导致它们之间的黏结力破坏。

（3）混凝土对钢筋的包裹可防止钢筋锈蚀。暴露在空气介质中的钢材，由于受空气中酸

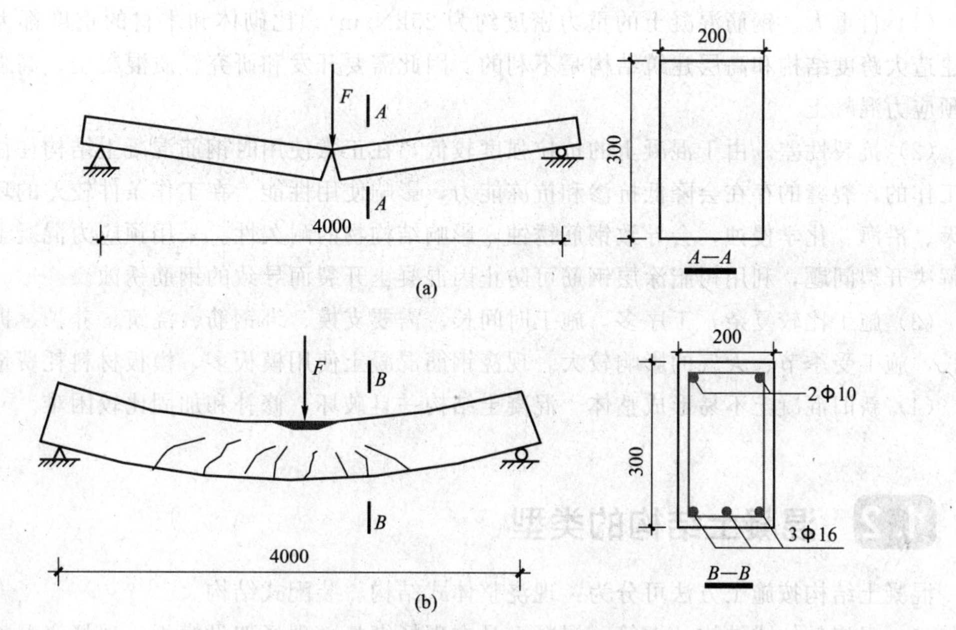

图 1-4 素混凝土与钢筋混凝土梁的破坏情况对比

性介质的影响，很容易锈蚀，而埋在混凝土中的钢筋，受到呈弱碱性混凝土的保护，只要钢筋至构件边缘间的保护层具有足够的密实度和厚度并控制构件裂缝不致过宽，混凝土能够保护钢筋免受锈蚀，从而保证结构具有良好的耐久性，使钢筋和混凝土长期可靠地共同工作。

1.1.4 钢筋混凝土结构的优缺点

钢筋混凝土结构与其他结构相比，主要有如下优点。

(1) 用材合理，强度高。能充分合理地利用混凝土（抗压性能好）和钢筋（抗拉性能好）两种材料的受力性能，结构的承载力与其刚度比例合适，基本无局部稳定问题。和砖、木结构相比其强度很高，在某些情况下可以代替钢结构，因而能够节约钢材。

(2) 耐久性好，维护费用低。在一般环境下，钢筋受到混凝土保护而不易发生锈蚀，而混凝土的强度随着时间的增长还有所提高，因而提高了结构的耐久性，不像钢结构那样需要经常的维修和保养。对处于侵蚀性气体或受海水浸泡的钢筋混凝土结构，经过合理地设计并采取特殊的防护措施，一般也可以满足工程需要。

(3) 耐火性好。混凝土是不良导热体，遭受火灾时，钢筋混凝土结构不会像木结构那样被燃烧，钢筋因有混凝土包裹而不至于很快升温到失去承载力的程度，这是钢、木结构所不能比拟的。

(4) 可模性好。混凝土可根据设计需要支模浇筑成各种形状和尺寸的结构，适用于建造形状复杂的结构及空间薄壁结构等，这一特点是砌体、钢、木等结构所不具备的。

(5) 整体性好。现浇混凝土结构的整体性好，再通过合适的配筋，可获得较好的延性，有利于抗震、防爆；同时防辐射性能好，适用于防护结构；刚度大、阻尼大，有利于结构的变形控制。

(6) 易于就地取材。混凝土所用的大量砂、石，易于就地取材。另外，还可有效利用矿渣、粉煤灰等工业废料。

但是，钢筋混凝土结构也存在一些缺点。

(1) 自重大。钢筋混凝土的重力密度约为 $25kN/m^3$，比砌体和木材的重度都大。这对于建造大跨度结构和高层建筑结构是不利的。因此需要开发和研究轻质混凝土、高强混凝土和预应力混凝土。

(2) 抗裂性差。由于混凝土的抗拉强度较低，在正常使用时钢筋混凝土结构往往是带裂缝工作的，裂缝的存在会降低抗渗和抗冻能力，影响使用性能。在工作条件较差的环境，如露天、沿海、化学侵蚀，会导致钢筋锈蚀，影响结构物的耐久性。采用预应力混凝土可较好地解决开裂问题，利用树脂涂层钢筋可防止因混凝土开裂而导致的钢筋锈蚀。

(3) 施工比较复杂，工序多，施工时间长。需要支模、绑钢筋、浇筑、养护、拆模，工期长，施工受季节、天气的影响较大。现浇钢筋混凝土使用模板多，模板材料耗费量大。

(4) 新旧混凝土不易形成整体。混凝土结构一旦破坏，修补和加固比较困难。

1.2 混凝土结构的类型

混凝土结构按施工方法可分为：现浇整体式结构、装配式结构。

(1) 现浇整体式结构：钢筋、混凝土是在现场绑扎、现场架设模板、现场浇混凝土并养护等全部在现场完成的结构。现浇整体式结构整体性能好，有利于抗震。

(2) 装配式结构：装配式混凝土结构是由预制混凝土构件或部件通过各种可靠的连接方式装配而成的混凝土结构，包括装配整体式混凝土结构、全装配混凝土结构。

混凝土结构按结构构成的类型可以分为四类，即框架结构、剪力墙结构、框架-剪力墙结构和筒体结构。

(1) 框架结构

框架结构是利用梁、柱组成的纵、横向框架，承受竖向荷载及水平荷载的结构。按施工方法可分为全现浇、半现浇、装配式和半装配式 4 种。框架结构的优点是建筑平面布置灵活，可形成较大的建筑空间，建筑立面处理也比较方便。其主要缺点是侧向刚度较小，当层数过多时，会产生过大的侧移，易引起非结构构件（如隔墙、装饰等）的破坏，从而影响使用要求。

(2) 剪力墙结构

剪力墙结构是利用建筑物的纵、横墙体承受竖向荷载及水平荷载的结构。纵、横墙体也可兼作为围护墙或分隔房间墙。剪力墙结构的优点是侧向刚度大，在水平荷载作用下侧移小。其缺点是剪力墙间距小，建筑平面布置不灵活，不适合于要求大空间的公共建筑，另外结构自重也较大。

(3) 框架-剪力墙结构

框架-剪力墙结构是在框架结构中设置适当剪力墙的结构，它具有框架结构平面布置灵活、有较大空间的优点，又具有剪力墙结构侧向刚度大的优点。框架-剪力墙结构中，剪力墙主要承受水平荷载，竖向荷载主要由框架承担。框架-剪力墙结构一般用于 10～20 层的建筑。

(4) 筒体结构

筒体结构又可分为框架-核心筒结构、框筒结构、筒中筒结构、多筒结构等。框架-核心筒结构由内筒与外框架组成，这种结构受力很接近框架-剪力墙结构，适用于 10～30 层的房屋。框筒结构及筒中筒结构，有内筒和外筒两种，内筒一般由电梯间、楼梯间组成，外筒一般为密排柱与窗裙梁组成，可视为开窗洞的筒体。内筒与外筒用楼盖连接成一个整体，共同抵抗竖向荷载及水平荷载。这种结构体系的刚度和承载力都很大，适用于30～50层的房屋。

混凝土结构按结构构件的主要受力特点来区分，可以分为以下几类。

(1) 受弯构件，如梁、板等。这类构件的截面上有弯矩作用，故称为受弯构件。与此同时，构件截面上也有剪力存在。

(2) 受压构件，如柱、墙和基础等。这类构件都有压力作用。当压力沿构件纵轴作用在构件截面上时，则为轴心受压构件；如果压力在截面上不是沿纵轴作用或截面上同时有压力和弯矩作用时，则为偏心受压构件。柱、墙和基础等构件一般为偏心受压且还有剪力作用，所以，受压构件截面上作用有弯矩、轴力和剪力。

(3) 受拉构件，如屋架下弦杆、拉杆拱中的拉杆等。通常按轴心受拉构件（忽略构件自重重力影响）考虑。又如层数较多的框架结构，在竖向荷载和水平荷载共同作用下，有的柱截面上除产生剪力和弯矩外，还可能出现拉力，则为偏心受拉构件。

(4) 受扭构件，如曲梁、框架结构的边梁等。这类构件的截面上除产生弯矩和剪力外，还会产生扭矩。因此，对这类结构构件应考虑扭矩的作用。

1.3 钢筋混凝土结构在国内外的应用和发展概况

混凝土结构从19世纪中叶开始采用以来，与砖石结构、木结构和钢结构相比，混凝土结构的历史并不长，但发展极为迅速，已成为世界各国现代土木工程建设中应用最广泛的结构之一。为了克服混凝土结构的缺点，发挥其优势，以适应社会建设不断发展的需要，对混凝土结构的材料制造与施工技术、结构型式、结构设计计算理论等方面的研究也在不断地发展。

1.3.1 材料方面的发展

(1) 混凝土材料

具有高强度、高工作性和高耐久性的高性能混凝土是混凝土的主要发展方向之一。早期混凝土的强度都比较低，较高强度的混凝土又比较干硬而难以成型。20世纪50年代以来，钢筋混凝土在高层建筑中的应用也有了迅猛的发展。高强混凝土的发展，促进了混凝土结构在超高层建筑中的应用。1976年建成的美国芝加哥水塔广场大厦达74层，高262m。朝鲜平壤的柳京大厦，105层，高305m，也是混凝土结构。美国、俄罗斯等国在高层建筑中采用的混凝土，强度已达C80～C100。美国西雅图市的双联大厦（58层）60%的竖向荷载由中央四根直径为10英尺（3.05m）的钢筋混凝土柱承受，钢筋内填充的混凝土强度等级达C135。

具有自身诊断、自身控制、自身修复等功能的机敏型高性能混凝土，得到越来越多的研究和重视。如自密实混凝土，可不需机械振捣，而是依靠自身的重量达到密实。混凝土具有高工作性，质量均匀、耐久，钢筋布置较密或构件体型复杂时也易于浇筑，施工速度快，使无噪声混凝土施工成为现实，从而实现了文明施工。再如内养护混凝土，采用部分吸水预湿轻集料在混凝土内部形成蓄水器，保持混凝土得到持续的内部潮湿养护，与外部潮湿养护相结合，可使混凝土的自生收缩大为降低，减少了微细裂缝。

利用天然轻集料［如浮石（图1-5）、凝灰石等］、工业废料轻集料（如炉渣、粉煤灰陶粒、自燃煤矸石及其轻砂）、人造轻集料（如页岩陶粒、黏土陶粒、膨胀珍珠岩等）制成的轻集料混凝土，以及加气混凝土砌块（图1-7，为砌块多孔结构）等，具有重度小（重度仅为14～18kN/m^3，自重减少20%～30%）、相对强度高等特点，同时具有优良的保温和抗冻性能。天然轻集料及工业废料轻集料还具有节约能源、减少堆积废料占用土地、减少厂区或城市污染、保护环境等优点。承重的人造轻集料混凝土，由于弹性模量低于同等级的普通混凝土，吸收冲击能量快，能有效减小地震作用，节约材料、降低造价。

图1-5 浮石

图1-6 粉煤灰陶粒

图1-7 加气混凝土砌块的多孔结构

再生集料混凝土的研究和利用是解决城市改造与拆除重建建筑废料、减少环境建筑垃圾、变废为宝的途径之一。将拆除建筑物的废料如混凝土、砖块经破碎后得到的再生粗集料清洗以后可以代替全部或部分石子配制混凝土，其强度、变形性能视再生粗集料代替石子的比率有所不同。

用于大体积混凝土结构（如水工大坝、大型基础）、公路路面与厂房地面的碾压混凝土，其浇筑过程采用先进的机械化施工，浇筑工期可大为缩短，并能节约大量材料，从而获得较高的经济效益。

为了改善混凝土的抗拉性能差、延性差等缺点，在混凝土中掺加纤维以改善混凝土性能的研究发展得相当迅速。目前研究较多的有钢纤维、耐碱玻璃纤维、碳纤维、芳纶纤维、聚丙烯纤维或尼龙合成纤维混凝土等。在承重结构中，发展较快、应用较广的是钢纤维混凝土。钢纤维混凝土采用常规施工技术，其纤维掺量一般为混凝土体积的0.6%～2.0%。当纤维掺量在1.0%～2.0%时，与基体混凝土相比，钢纤维混凝土的抗拉强度可提高40%～80%；抗弯拉强度可提高50%～120%；抗压强度提高较小，在0～25%；弹性阶段的变形与基体混凝土性能相比没有显著差别，但可大幅度提高衡量钢纤维混凝土塑性变形性能的韧性。为了提高纤维对混凝土的增强效果，先撒布钢纤维再浇砂浆或细石混凝土的技术已在公路钢纤维混凝土路面中得到应用。

其他各种特殊性能混凝土，如聚合物混凝土、耐腐蚀混凝土、微膨胀混凝土和水下不分散混凝土等的应用，可提高混凝土的抗裂性、耐磨性、抗渗和抗冻能力等，对混凝土的耐久性十分有利。

另外，品种繁多的外加剂也在工程上得到应用，对改善混凝土的性能起着很大的作用。各种混凝土细掺料如硅粉、磨细矿渣、粉煤灰等的回收利用，不仅改善了混凝土的性能，而且减少了环境污染，具有很好的技术经济效益和社会效益。

（2）配筋材料

钢筋的发展方向是高强、防腐、较好的延性和良好的黏结锚固性能。我国用于普通混凝土结构的钢筋强度已达 500N/mm²，预应力构件中已采用强度为 1960N/mm²的钢绞线。为了提高钢筋的防腐性能，带有环氧树脂涂层的热轧钢筋和钢绞线已开始在某些有特殊防腐要求的工程中应用。

采用纤维筋代替钢筋的研究也得到较大进展，常用的树脂黏结纤维筋有碳纤维筋、玻璃纤维筋和芳纶纤维筋。这几种纤维筋的突出优点是抗腐蚀、强度高，同时还具有良好的抗疲劳性能、大的弹性变形能力、高电阻及低磁导性，缺点是断裂应变性能较差、较脆、徐变值和热膨胀系数较大，玻璃纤维筋的抗碱化性能较差。

在钢筋的连接成型方面，正在大力发展各种钢筋成型机械及绑扎机具，以减少大量的手工操作。除了常用的绑扎搭接、焊接连接方式外，套筒连接方式得到越来越多的推广应用。

(3) 模板材料

模板材料除了目前使用的木模板、钢模板、竹模板、硬塑料模板外，今后将向多功能发展。发展薄片、美观、廉价又能与混凝土牢固结合的永久性模板，将使模板可以作为结构的一部分参与受力，还可省去装修工序。透水模板的使用，可以滤去混凝土中多余的水分，大大提高混凝土的密实性和耐久性。

1.3.2 结构和施工方面的发展

混凝土结构在土木工程各个领域得到了广泛的应用，目前混凝土结构的跨度和高度都在不断地增长。在城市建筑中，上海市的金贸大厦（如图 1-8），建筑总高度为 420.5m，主楼地上 88 层、地下 3 层，为框筒结构体系，核心筒为现浇钢筋混凝土，外框为钢结构与混凝土结构复合成的巨型框架，混凝土施工采用超高层泵送商品混凝土技术，C40 级混凝土一次泵送高度 382.5m，C50 级混凝土一次泵送高度 264.9m，C60 级混凝土一次泵送高度 229.7m。在桥梁工程中，武汉长江二桥（如图 1-9），全桥总长 4678m，正桥 1877m，主跨 400m，桥面宽度 26.5～33.5m，桥下通航净空为 24m，系双塔双索面自锚式悬浮体系的预应力钢筋混凝土斜拉桥。其主跨度和桥面宽度在亚洲及国内已建成的同类型桥梁中位居第一；作为斜拉桥的主跨跨度，在世界已建成的同类型桥梁中也名列前茅。在水利工程中，世界上最高的钢筋混凝土拱坝——格鲁吉亚的英古力坝，高 272m；我国的混凝土拱坝——雅砻江二滩双曲拱坝（如图 1-10），高 240m。在特种结构中，上海电视塔主体为混凝土结构，高 415.2m（如图 1-11）。

图 1-8 金贸大厦

图 1-9 武汉长江二桥

图 1-10 二滩双曲拱坝

近年来，钢板与混凝土或钢板与钢筋混凝土、型钢与混凝土组成的钢-混凝土组合结构得到迅速的发展与应用，如钢板混凝土用于地下结构和混凝土结构加固、压型钢板-混凝土

图 1-11　上海电视塔

图 1-12　吉隆坡双塔大厦

图 1-13　涪陵乌江桥

板用于楼板、型钢与混凝土组合而成的组合梁用于楼盖和桥梁、外包钢混凝土柱用于电站主厂房等。以型钢或以型钢和钢筋焊成的骨架做筋材的钢骨混凝土结构，由于其筋材刚度大，施工时可用其来支撑模板和混凝土自重，可以简化支模工作。在房屋建筑工程中，世界上最高的混凝土高层建筑——马来西亚吉隆坡的双塔大厦（如图 1-12），为钢骨混凝土结构，高 450m。

在钢管内浇筑混凝土形成的钢管混凝土结构，由于管内混凝土在纵向压力作用下处于三向受压状态，该状态可起到抑制钢管的局部失稳的作用，因而使构件的承载力和变形能力大大提高；由于钢管可兼作混凝土的模板，施工速度较快。因此，在高层建筑结构的底层和拱桥等工程中得到了逐步推广应用。如我国四川涪陵乌江桥（如图 1-13）钢管拱桥，主跨达 200m。

这些高性能新型组合结构具有充分利用材料强度、具有较好的适应变形的能力（延性）、施工较简单等特点，从而大大拓宽了钢筋混凝土结构的应用范围。这使得大跨度结构、高层建筑、高耸结构和具备某种特殊功能的钢筋混凝土结构的建造成为可能。

预应力混凝土结构由于抗裂性能好，可充分利用高强度材料，各种应用发展迅速。结合传统预应力工艺和实际结构的特点，发展了以增强后张预应力孔道灌浆密实性为目的的真空辅助灌浆技术、以减小张拉力减轻张拉设备为目的的横张预应力技术、以实现筒形断面结构环向预应力为目的的环形后张预应力技术、以减小结构建筑高度为目的的预拉预压双预应力技术等。在高耸结构与特种结构中，世界上最高的预应力混凝土电视塔为加拿大多伦多电视塔，高达 549m；某些有特殊要求的结构，例如核电站安全壳和压力容器、海上采油平台、大型蓄水池、贮气罐及贮油罐等结构，抗裂及抗腐蚀能力要求较高，采用预应力混凝土结构有其独特的优越性，而非其他材料可比拟。

将预应力钢筋（索）布置在混凝土结构体外的预应力技术，因大幅度减小预应力损失，简化结构截面形状和减小截面尺寸，便于再次张拉、锚固、更换或增添新索，已在桥梁工程的修建、补强加固及其他建筑结构的补强加固中得到应用。

1.3.3　设计计算理论方面的发展

从把材料看作弹性体的容许应力古典理论（结构内力和构件截面计算均套用弹性理论，采用容许应力设计方法），发展为考虑材料塑性的极限强度理论，并迅速发展成按极限状态设计的理论体系。目前在工程结构设计规范中已采用基于概率论和数理统计分析的可靠度理论。

混凝土的微观断裂和内部损伤机理、混凝土的强度理论及非线性变形的计算理论、钢筋与混凝土间黏结-滑移理论等方面也有很大进展。钢筋混凝土有限元方法和现代测试技术的应用，使得混凝土结构的计算理论和设计方法向更高的阶段发展，并日趋完善。结构分析可以根据结构类型、构件布置、材料性能和受力特点选用线弹性分析方法、考虑塑性内力重分布的分析方法、塑性极限分析方法、非线性分析方法和实验分析方法等。

在混凝土结构耐久性设计方面，已建立了相关的材料性能劣化计算模型进行结构使用年限的定量计算，并基于混凝土在环境作用（碳化、氯盐、冻蚀、酸腐蚀）下的损伤机理，提出了结构设计应采取的防护措施。

建筑结构在服役期间，随着时间的流逝，会因劣化、损伤造成使用功能下降，或因技术条件的限制，以及使用功能的改变等条件使工程无法正常使用。如果能够科学地分析这种劣化、损伤的规律和程度，及时采取有效的处理措施，就可以延缓结构的损伤过程，达到延长结构使用寿命的目的。因此，结构的可靠性评估方法及加固技术已逐渐成为工程界关注的热点问题。

近年来，混凝土结构的加固技术得到重视和发展，在加固工作程序、补强加固方法、加固材料、裂缝修补方法等方面基本形成了比较成熟的设计体系。碳纤维布等片材粘贴加固混凝土结构技术的应用，使混凝土结构的加固不仅快速简便，而且不增加原结构重量，施工时对使用影响也很小。

总之，随着科学技术的发展和对混凝土结构研究的深入，混凝土结构的缺点正在得到克服和改善，混凝土结构在土木工程领域将得到更为广泛的应用，发展前景更加广阔。

1.4 本课程的任务、主要内容和学习方法

1.4.1 课程的任务

本课程是土木工程专业重要的专业基础理论课程。学习本课程的主要目的和任务是：掌握钢筋混凝土及预应力混凝土结构构件设计计算的基本理论和构造知识，为学习有关专业课程和顺利地从事混凝土建筑物的结构设计和研究奠定基础。

1.4.2 课程的主要内容

首先讨论钢筋和混凝土材料的力学性能（强度和变形的变化规律）；其次讨论钢筋混凝土基本构件（受弯构件、受压构件、受拉构件和受扭构件）的受力性能、截面承载力和变形计算以及配筋构造等。

1.4.3 课程的学习方法

学习本课程需要注意以下特点。

（1）本课程是研究钢筋混凝土材料的力学理论课程

由于钢筋混凝土是由钢筋和混凝土两种力学性能不同的材料组成的复合材料，钢筋混凝土的力学特性及强度理论较为复杂，难以用力学模型和数学模型来严谨地推导建立，因此，目前钢筋混凝土结构的计算公式常常是经大量试验研究结合理论分析建立起来半理论半经验公式。学习时应注意每一理论的适用范围和条件，而且能在实际工程设计中正确运用这些理

论和公式。这就使得本课程与研究单一弹性材料的《材料力学》课程有很大的不同，在学习时应注意它们之间的异同点，体会并灵活运用《材料力学》课程中分析问题的基本原理和基本思路，即由材料的物理关系、变形的几何关系和受力的平衡关系建立的理论分析方法，对学好本课程是十分有益的。

（2）钢筋和混凝土两种材料的力学性能及两种材料间的相互作用

结构构件的基本受力性能主要取决于钢筋和混凝土两种材料的力学性能及两种材料间的相互作用，因此掌握这两种材料的力学性能和它们之间的相互作用至关重要。同时，两种材料在数量上和强度上的比例关系，会引起结构构件受力性能的改变，当两者的比例关系超过一定界限时，受力性能会有显著的差别，这也是钢筋混凝土结构的特点，几乎所有受力形态都有钢筋和混凝土的比例界限，在课程学习过程中应予以重视。

（3）配筋及其构造知识和构造规定具有重要地位

在不同的结构和构件中，钢筋的位置及形式各不相同，钢筋和混凝土不是任意结合的，而是根据结构和构件的形式和受力特点，主要在其受拉部位（有时也在受压部位）布置。构造是结构设计不可缺少的内容，与计算是同样重要的，有时甚至是计算方法是否成立的前提条件。因此，要充分重视对构造知识的学习。在学习过程中不必死记硬背构造的具体规定，但应注意弄懂其中的道理，通过平时的作业和课程设计逐步掌握。

（4）学会运用设计规范至关重要

为了贯彻国家的技术经济政策，保证设计质量，达到设计方法上必要的统一化、标准化，国家各部委制定了适用于各工程领域的《混凝土结构设计规范》，对混凝土结构构件的设计方法和构造细节都作了具体规定。规范反映了国内外混凝土结构的研究成果和工程经验，是理论与实践的高度总结，体现了该学科在一个时期的技术水平。对于规范特别是其规定的强制性条文，设计人员一定要遵循，并能熟练应用。因此，要注意在本课程的学习中，有关基本理论的应用最终都要落实到规范的具体规定中。由于土木工程建设领域广泛，不同领域的混凝土结构设计有不同的设计规范（或规程），因此，本课程注重于各规范相通的混凝土结构的基本理论，涉及的具体设计方法以国家标准为主线，主要有《混凝土结构设计规范》（GB 50010—2010）、《建筑结构可靠度设计统一标准》（GB 50068—2008）、《建筑结构荷载规范》（GB 50009—2012）、《建筑抗震设计规范》（GB 50011—2010）和《高层建筑混凝土结构技术规程》（JGJ 3—2010）等。

由于科学技术水平和生产实践经验是在不断发展的，设计规范也必然要不断进行修订和补充。因此，要用发展的眼光来看待设计规范，在学习和掌握钢筋混凝土结构理论和设计方法的同时，要善于观察和分析，不断进行探索和创新。由于设计工作是一项创造性工作，在遇到超出规范规定范围的工程技术问题时，不应被规范束缚，而需要充分发挥主动性和创造性，经过试验研究和理论分析等可靠性论证后，积极采用先进的理论和技术。因此既要有工程师的能力对问题有基本把握和判断，又要有科学家的探索能力对问题从理论上去解决。

（5）学习本课程的目的是能够进行混凝土结构的设计

结构设计是一个综合性的问题，包含了结构方案、材料选择、截面形式选择、配筋计算和构造等，需要考虑安全、适用、经济和施工的可行性等各方面的因素。同一构件在给定荷载作用下，可以有不同的截面，需经过分析比较，才能作出合理的选择。因此，要搞好工程结构设计，除了形式、尺寸、配筋数量等多种选择，往往需要结合具体情况进行适用性、材料用量、造价、施工等项指标的综合分析，以获得良好的技术经济效益。

1.5 本课程与先修课程及后续课程之联系

本课程的先修课程是“高等数学”“概率论与数理统计”“理论力学”“材料力学”“结构力学”中的静定部分“土木工程材料”等。以上先修课程为在校继续学习“混凝土结构设计”专业课以及毕业后在混凝土结构学科领域继续学习提供坚实的基础。课程教学基本要求是使学生掌握混凝土结构材料的物理、力学性能，混凝土结构的设计方法，混凝土基本构件承载力的计算和构造要求。

思考题与习题

1. 什么是混凝土结构？
2. 什么是素混凝土结构？
3. 什么是钢筋混凝土结构？
4. 什么是型钢混凝土结构？
5. 什么是预应力混凝土结构？
6. 在素混凝土结构中配置一定型式和数量的钢材以后，结构的性能将发生什么样的变化？
7. 钢筋和混凝土是两种物理、力学性能很不相同的材料，它们为什么能结合在一起共同工作？
8. 钢筋混凝土结构有哪些主要优点？
9. 钢筋混凝土结构有哪些主要缺点？
10. 人们正在采取哪些措施来克服钢筋混凝土结构的主要缺点？
11. 混凝土结构是何时开始出现的？
12. 近30年来，混凝土结构有哪些发展？

第2章 钢筋混凝土材料的物理力学性能

学习目标

1. 掌握钢筋和混凝土材料的物理力学性能；
2. 了解土木工程中所用钢筋的品种、级别及混凝土的强度等级；
3. 掌握钢筋与混凝土的黏结机理、钢筋的锚固与连接构造。

2.1 钢筋的品种及物理力学性能

混凝土结构主要用钢筋和混凝土材料制作而成。为了合理地进行混凝土结构设计，需要深入地了解混凝土和钢筋的受力性能。钢筋在混凝土结构中起到提高其承载能力、改善其工作性能的作用。了解钢筋的品种及其力学性能是合理选用钢筋的基础，而合理选用钢筋是混凝土结构设计的前提。混凝土结构中使用的钢材不仅要求有较高的强度、良好的变形性能（塑性）和可焊性，而且与混凝土之间应有良好的黏结性能，以保证钢筋与混凝土能很好地共同工作。

2.1.1 钢筋的品种与级别

钢筋的物理力学性能主要取决于它的化学成分，其中铁元素是主要成分，此外还含有少量的碳、锰、硅、磷、硫等元素。混凝土结构中使用的钢材，按化学成分可分为碳素钢和普通低合金钢。根据钢材中含碳量的多少，碳素钢通常可分为低碳钢（含碳量少于0.25%）、中碳钢（含碳量0.25%～0.6%）和高碳钢（含碳量0.6%～1.4%）。钢筋中碳的含量增加，强度随之提高，但塑性和可焊性降低。

在钢材中加入少量的合金元素（如锰、硅、钒、钛、铬等）即制成低合金钢，这既可以有效地提高钢筋的强度，又可以使钢筋保持较好的塑性。为了节约合金资源，冶金行业近年来研制开发出细晶粒钢筋，这种钢筋不需要添加或只需添加很少的合金元素，通过控制轧钢的温度形成细晶粒的金相组织，达到与添加合金元素相同的效果，其强度和延性完全满足混凝土结构对钢筋性能的要求。

《混凝土结构设计规范》规定，用于钢筋混凝土结构和预应力混凝土结构中的普通钢筋，可采用热轧钢筋；用于预应力混凝土结构中的预应力钢筋，可采用预应力钢丝、钢铰线和预应力螺纹钢筋。

按外形分，钢筋可分为光面钢筋和变形钢筋两种。变形钢筋有热轧螺纹钢筋、冷轧带肋钢筋等，如图 2-1 所示。光面钢筋直径为 6～50mm，握裹性能稍差；变形钢筋直径一般大于 10mm，握裹性能好，其直径是“标志尺寸”，即与光面钢筋具有相同重量的“当量直径”，其截面面积即按此当量直径确定。

(1) 热轧钢筋

是由低碳钢、普通低合金钢或细晶粒钢在高温状态下轧制而成，其强度由低到高分为 HPB300 级、HRB335 级、HRBF335 级、HRB400 级、HRBF400 级、RRB400 级、HRB500 级、HRBF500 级，其符号和直径范围见附表 1-7，其中 HPB300 级为低碳钢，外形为光面圆形 [如图 2-1(a)]，称为光面钢筋；HRB335 级、HRB400 级和 HRB500 级为普通低合金钢，HRBF335 级、HRBF400 级和 HRBF500 级为细晶粒钢筋，表面均为带肋形式，即为变形钢筋。变形钢筋的表面形状，我国以往长期采用螺旋纹和人字纹两种 [图 2-1(b)、(c)]，表面花纹由两条纵肋和螺旋形横肋或人字形横肋组成。鉴于这种形式的横肋较密，消耗于肋纹的钢材较多，且纵肋和横肋相交，容易造成应力集中，对钢筋的动力性能不利，故近几年来我国已将变形钢筋的肋纹改为月牙纹 [图 2-1(d)]。月牙纹钢筋的特点是横肋呈月牙形，与纵肋不相交，且横肋的间距比老式变形钢筋大，故可克服老式钢筋的缺点，而黏结强度降低不多。RRB400 钢筋为余热处理钢筋，其屈服强度与 HRB400 级钢筋的相同，但热稳定性能不如 HRB400 级钢筋，焊接时在热影响区强度有所降低。

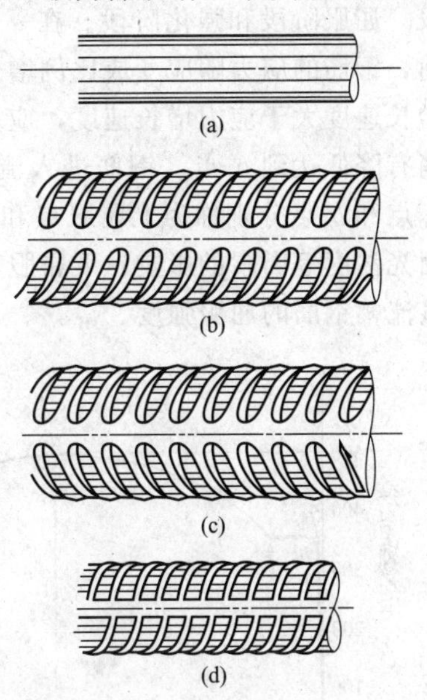

图 2-1 热轧钢筋的表面形式

(2) 热处理钢筋、钢丝和钢铰线

热处理钢筋、消除应力钢丝和钢铰线都是高强钢筋，其符号和直径范围见附表 1-9，主要用于预应力混凝土结构中。

热处理钢筋 [图 2-2(a)] 是将特定强度的热轧钢筋，如 40Si2Mn、48Si2Mn 和 45Si2Cr，通过加热、淬火和回火等调质工艺处理制成。钢筋经热处理后，强度大幅度提高，塑性降低，应力-应变曲线没有明显的屈服点，焊接时热影响区的强度降低。

消除应力钢丝分光面钢丝、刻痕钢丝和螺旋肋钢丝三种 [图 2-2(b)、(c)]。钢铰线是由多根高强钢丝捻制在一起经过低温回火处理清除内应力后而制成，有 3 股和 7 股两种 [图 2-2(d)]。钢丝和钢铰线不能采用焊接方式连接。

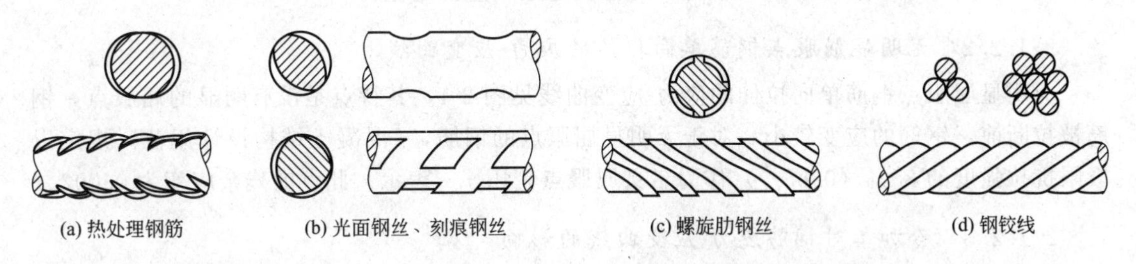

图 2-2 热处理钢筋、消除应力钢丝和钢铰线

2.1.2 钢筋的力学性能

钢筋的力学性能指钢筋的强度和变形性能。钢筋的强度和变形性能可以由钢筋单向拉伸

的应力-应变曲线来分析说明。钢筋的应力-应变曲线可以分为两类：一是有明显流幅的，即有明显屈服点和屈服台阶的；二是没有流幅的，即没有明显屈服点和屈服台阶的。热轧钢筋属于有明显流幅的钢筋，强度相对较低，但变形性能好；热处理钢筋、钢丝和钢铰线等属于无明显屈服点的钢筋，强度高，但变形性能差。

2.1.2.1 有明显屈服点钢筋单向拉伸的应力-应变曲线

有明显屈服点钢筋单向拉伸的应力-应变曲线见图 2-3。曲线由三个阶段组成：弹性阶段、屈服阶段和强化阶段。在 a 点以前的阶段称弹性阶段，a 点称比例极限点。在 a 点以前，钢筋的应力随应变成比例增长，即钢筋的应力-应变关系为线性关系；过 a 点后，应变增长速度大于应力增长速度，应力增长较小的幅度后达到 b_h点，钢筋开始屈服。随后应力稍有降低达到 b_l点，钢筋进入流幅阶段，曲线接近水平线，应力不增加而应变持续增加。b_h点和 b_l点分别称为上屈服点和下屈服点。上屈服点不稳定，受加载速度、截面形式和表面光洁度等因素的影响；下屈服点一般比较稳定，所以一般以下屈服点对应的应力作为有明显流幅钢筋的屈服强度。

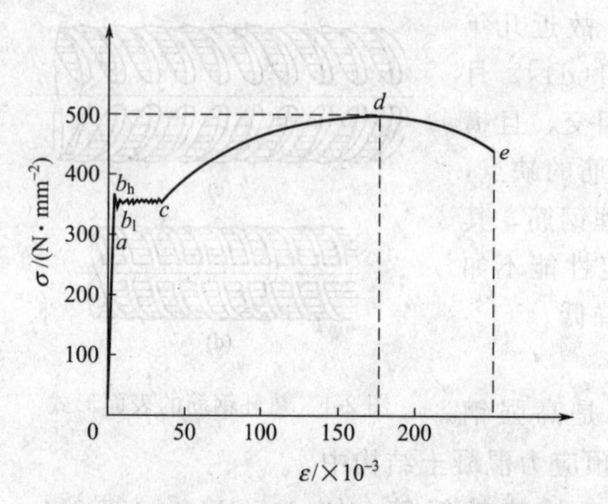

图 2-3 有明显屈服点钢筋的应力-应变曲线

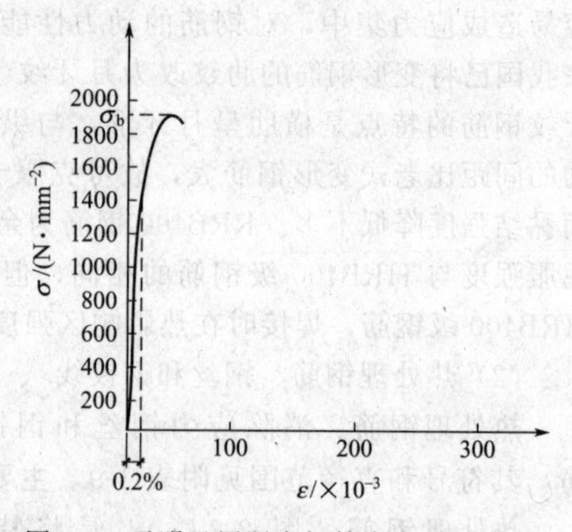

图 2-4 无明显屈服点钢筋应力-应变曲线

经过流幅阶段达到 c 点后，钢筋的弹性会有部分恢复，钢筋的应力会有所增加达到最大点 d，应变大幅度增加，此阶段为强化阶段，最大点 d 对应的应力称为钢筋的极限强度。达到极限强度后继续加载，钢筋会出现“颈缩”现象，最后在“颈缩”处 e 点钢筋被拉断。

尽管热轧低碳钢和低合金钢都属于有明显流幅的钢筋，但不同强度等级的钢筋屈服台阶的长度是不同的，强度越高，屈服台阶的长度越短，塑性越差。

2.1.2.2 无明显屈服点钢筋单向拉伸的应力-应变曲线

无明显屈服点钢筋单向拉伸的应力-应变曲线见图 2-4。其特点是没有明显的屈服点，钢筋被拉断前，钢筋的应变较小。对于无明显屈服点的钢筋，《混凝土结构设计规范》规定以极限抗拉强度的 85% ($0.85\sigma_b$) 作为名义屈服点，用 $\sigma_{0.2}$ 表示。此点的残余应变为 0.002。

2.1.2.3 冷加工对钢筋应力-应变曲线的影响

为了节约钢材和扩大钢筋的应用范围，常常对热轧钢筋进行冷拉、冷拔等机械加工。钢筋加工后，其力学性能发生了较大变化。

(1) 冷拉钢筋

冷拉钢筋是先将钢筋在常温下拉伸超过屈服强度达到强化段，然后卸载并经过一定时间的时效硬化而得到的钢筋。如图 2-5 所示，钢筋拉伸达到 K 点卸载，若立即再次拉伸钢筋，其应力-应变曲线将沿 $O'KDE$ 变化。钢筋的强度没有变化，但塑性降低；若经过一定的时间后再拉伸，钢筋的应力-应变曲线将沿 $O'K'D'E'$变化，屈服台阶有所恢复，钢筋的强度明显提高，塑性降低，这种现象称时效硬化。钢筋强度提高的程度与冷拉前钢筋的强度有关，强度越高，强度提高的幅度越小。时效硬化与温度和时间有关，在常温下，时效硬化需要 20d 左右完成，在 100℃的温度下需要 2h 完成，250℃时仅需要 0.5h，超过 250℃钢筋会随温度的提高而软化。

由于冷拉钢筋能提高强度，但塑性降低，所以为了保证冷拉钢筋具有一定的塑性，应合理地选择张拉控制应力和冷拉率。张拉控制应力点对应的拉伸率称冷拉率。工程上若只控制张拉应力或应变称为单控，若同时控制张拉应力和应变称为双控，一般情况下应采用双控。

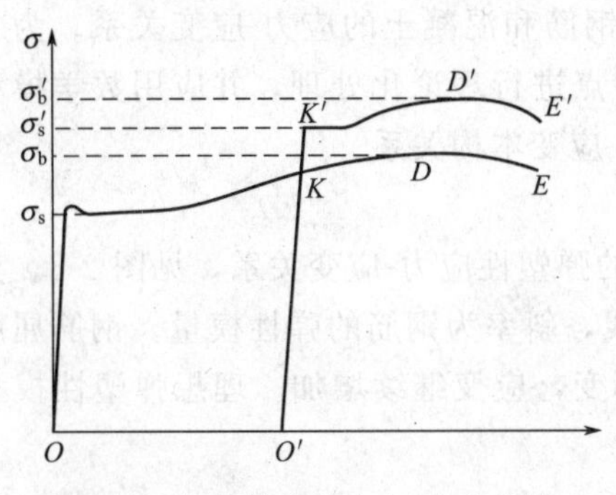

图 2-5　钢筋的冷拉应力-应变曲线

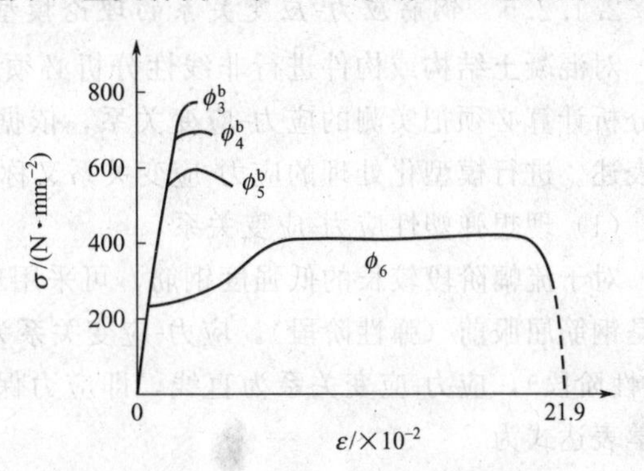

图 2-6　钢筋的冷拔应力-应变曲线

（2）冷拔钢筋

冷拔钢筋是将 HPB300 钢筋通过比其本身直径小的硬质合金拔丝模加工而成。在冷拔的过程中钢筋经过拔丝模时受到挤压，截面减小，长度增加；塑性降低，强度增加。光圆钢筋经过反复拉拔挤压，直径变得越小，强度提高得越多，但塑性降低得也越多，见图 2-6。

从图 2-6 可见，钢筋经拉拔后，原有的明显屈服点消失，无屈服平台。冷拔既可以提高抗拉强度，也可以提高抗压强度，而冷拉只能提高抗拉强度。

2.1.2.4　钢筋的力学性能指标

混凝土结构中所使用的钢筋既要有较高的强度，提高混凝土结构或构件的承载能力；又要有良好的塑性，改善混凝土结构或构件的变形性能。衡量钢筋强度的指标有屈服强度和极限强度，衡量钢筋塑性性能的指标有延伸率和冷弯性能。

（1）适当的屈服强度与极限强度

钢筋的屈服强度是混凝土结构构件设计的重要指标。如上所述，钢筋的屈服强度是钢筋应力-应变曲线下屈服点对应的强度（有明显屈服点的钢筋）或名义屈服点对应的强度（无明显屈服点的钢筋）。达到屈服强度时钢筋的强度还有富余，是为了保证混凝土结构或构件正常使用状态下的工作性能和偶然作用下（如地震作用）的变形性能。钢筋拉伸应力-应变曲线对应的最大应力为钢筋的极限强度。

（2）延伸率与冷弯性能

钢筋的延伸率是指钢筋试件上标距为 $10d$ 和 $5d$（d 为钢筋直径）范围内的极限伸长率，计为 δ_{10} 或 δ_5，钢筋的延伸率越大，表明钢筋的塑性和变形能力越好。

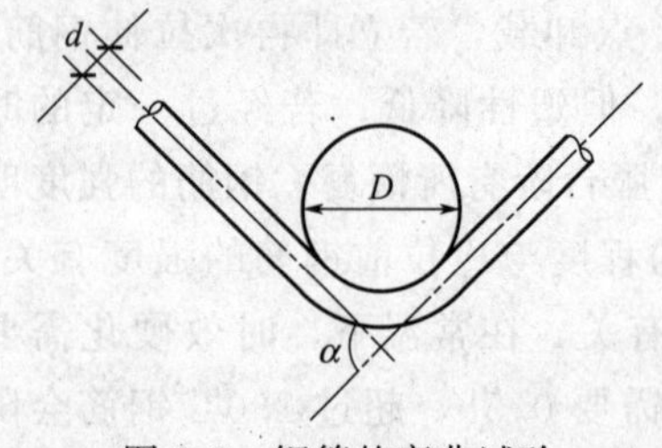

图 2-7　钢筋的弯曲试验
α—弯曲角度；D—弯心直径

为增加钢筋与混凝土之间的锚固性能，混凝土结构中的钢筋往往需要弯折。有脆化倾向的钢筋在弯折过程中容易发生脆断或裂纹、脱皮等现象，而通过拉伸试验不能检验其脆化性质，应通过冷弯试验来检验。合格的钢筋经绕直径为 D［$D=1d$（HPB300）、$3d$（HRB335、HRB400），d 为被检钢筋的直径］的弯芯弯曲到规定的角度 α 后，钢筋应无裂纹、脱皮现象。钢筋塑性越好，弯心直径 D 可越小，冷弯角 α 就越大（图 2-7）。冷弯试验检验钢筋弯折加工性能，且更能综合反映钢材性能的优劣。

2.1.2.5　钢筋应力-应变关系的理论模型

对混凝土结构或构件进行非线性分析必须应用钢筋和混凝土的应力-应变关系。为了便于分析计算必须把实测的应力-应变关系，依据其特点进行理论化处理，并应用数学模型进行表述。进行模型化处理的应力-应变关系又称应力-应变本构关系。

（1）理想弹塑性应力-应变关系

对于流幅阶段较长的低强度钢筋，可采用理想的弹塑性应力-应变关系，见图 2-8。其特点是钢筋屈服前（弹性阶段），应力-应变关系为斜线，斜率为钢筋的弹性模量。钢筋屈服后（塑性阶段），应力-应变关系为直线，即应力保持不变，应变继续增加。理想弹塑性模型的数学表达式为

弹性阶段　$\sigma_s=E_s\varepsilon_s$　（$\varepsilon_s\leqslant\varepsilon_y$ 时）　(2-1)

塑性阶段　$\sigma_s=f_y$　（$\varepsilon_y<\varepsilon_s\leqslant\varepsilon_{s,h}$ 时）　(2-2)

（2）三折线应力-应变关系

理想弹塑性应力-应变关系中没有考虑钢筋应力强化阶段。对于流幅阶段较短的钢材，在大变形的情况下，钢筋有可能进入应力强化阶段。为了分析钢筋进入强化阶段的性能，需要给出钢筋进入强化阶段后的应力-应变关系，见图 2-9。三折线应力-应变关系的数学表达式为

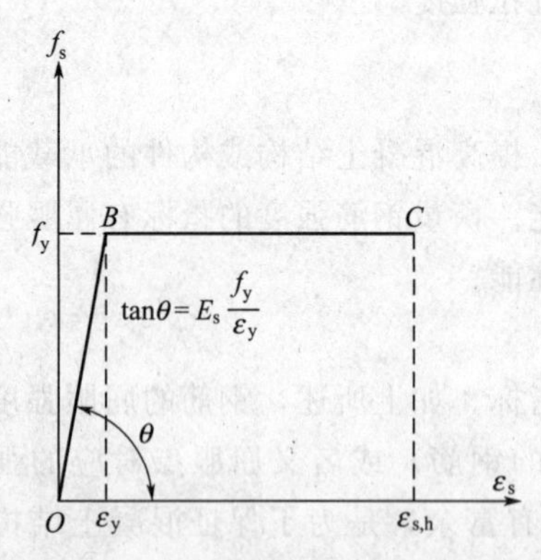

图 2-8　理想弹塑性应力-应变关系

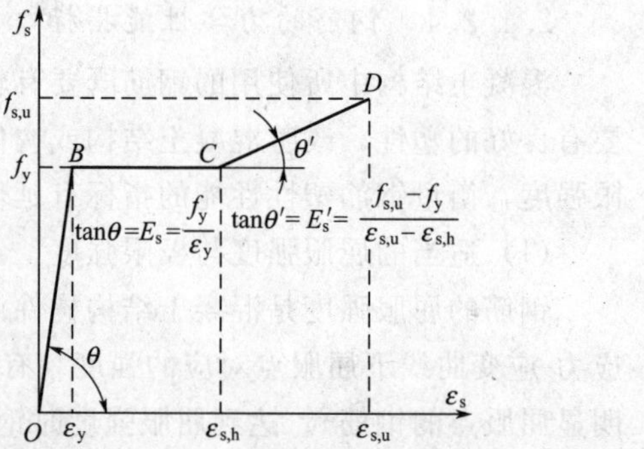

图 2-9　三折线应力-应变关系

弹性阶段　$\sigma_s=E_s\varepsilon_s$　（$\varepsilon_s\leqslant\varepsilon_y$ 时）　(2-3)

塑性流幅阶段　$\sigma_s=f_y$　（$\varepsilon_y<\varepsilon_s\leqslant\varepsilon_{s,h}$ 时）　(2-4)

应力强化阶段　$f_s=f_y+(\varepsilon_s-\varepsilon_{s,h})\tan\theta'$　（$\varepsilon_{s,h}<\varepsilon_s\leqslant\varepsilon_{s,u}$ 时）　(2-5)

式中
$$\tan\theta' = E'_s = 0.01E_s \tag{2-6}$$

（3）双直线应力-应变关系

上述两种类型的应力-应变关系均描述有明显屈服点钢筋的本构关系。对于没有明显屈服点的钢筋，可采用图 2-10 所示的双直线模型描述，其数学表达式为

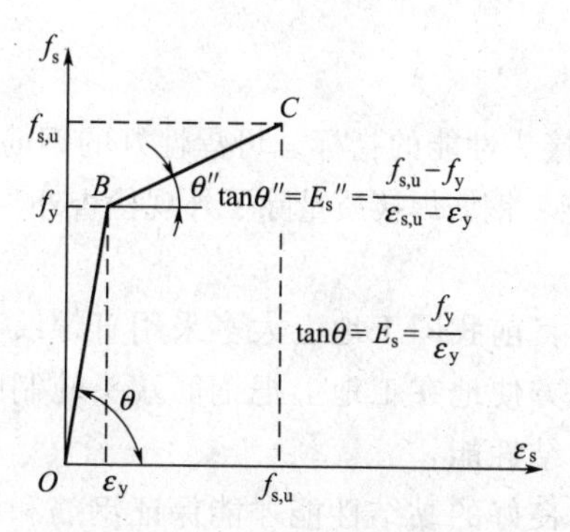

图 2-10 双直线应力-应变关系

弹性阶段 $\sigma_s = E_s\varepsilon_s$ （$\varepsilon_s \leqslant \varepsilon_y$ 时） (2-7)

弹塑性阶段 $\sigma_s = f_y + (\varepsilon_s - \varepsilon_y)\tan\theta''$ （$\varepsilon_y < \varepsilon_s \leqslant \varepsilon_{s,u}$ 时） (2-8)

式中
$$\tan\theta'' = E''_s = \frac{f_{s,u} - f_y}{\varepsilon_{s,u} - \varepsilon_y} \tag{2-9}$$

《混凝土结构设计规范》规定混凝土结构中纵向钢筋的极限拉应变 $\varepsilon_{s,u} \leqslant 0.01$。钢筋的弹性模量 E_s 与钢筋的品种有关，强度越高，弹性模量越小，取值见附表 1-7。

2.1.2.6 钢筋的应力松弛

钢筋应力松弛是指受拉钢筋在长度保持不变的情况下，钢筋应力随时间增长而降低的现象。在预应力混凝土结构中由于应力松弛会引起预应力损失，所以在预应力混凝土结构构件分析计算中应考虑应力松弛的影响。应力松弛与钢筋中的应力、温度和钢材品种有关，且在施加应力的早期应力松弛大，后期逐渐减少。钢筋中的应力越大，松弛损失越大；温度越高，松弛损失越大；钢铰线的应力松弛比其他高强钢筋大。

2.1.3 钢筋的选用原则

2.1.3.1 混凝土结构对钢筋性能的要求

《混凝土结构设计规范》提倡应用高强、高性能钢筋。其中，高性能包括延性好、可焊性好、机械连接性能好、施工适应性强以及与混凝土的黏结力强等性能。

（1）钢筋的强度

使用强度高的钢筋可以节省钢材，取得较好的经济效益。但混凝土结构中，钢筋能否充分发挥其高强度，取决于混凝土构件截面的应变。钢筋混凝土结构中受压钢筋所能达到的最大应力为 400MPa 左右，因此选用设计强度超过 400MPa 的钢筋，并不能充分发挥其高强度；钢筋混凝土结构中若使用高强度受拉钢筋，在正常使用条件下，要使钢筋充分发挥其强度，混凝土结构的变形与裂缝就会不满足正常使用要求，所以高强度钢筋只能用于预应力混凝土结构中。

（2）钢筋的延性

为了保证混凝土结构构件具有良好的变形性能，在破坏前能给出即将破坏的预兆，不发生突然的脆性破坏，要求钢筋有良好的变形性能，并通过延伸率和冷弯试验来检验。HPB300级、HRB335级和HRB400级热轧钢筋的延性和冷弯性能很好；钢丝和钢铰线具有较好的延性，但不能弯折，只能以直线或平缓曲线应用；余热处理RRB400级钢筋的冷弯性能也较差。

（3）钢筋的可焊性

可焊性是评定钢筋焊接后接头性能的指标。可焊性好的钢筋焊接后不产生裂纹及过大的变形，焊接接头有良好的力学性能。钢筋焊接质量除了外观检查外，一般通过直接拉伸试验检验。

（4）机械连接性能

钢筋间宜采用机械接头，目前我国工地上大多采用直螺纹套管连接，这就要求钢筋具有较好的机械连接性能，以便能方便地在工地上把钢筋端头轧制螺纹。

（5）与混凝土有良好的黏结性能

钢筋和混凝土之间必须有良好的黏结性能才能保证钢筋和混凝土能共同工作。钢筋的表面形状是影响钢筋和混凝土之间黏结性能的主要因素，具体见本章2.3节。

（6）经济性

衡量钢筋经济性的指标是强度价格比，即每元钱可购得的单位钢筋的强度。强度价格比高的钢筋比较经济，不仅可以减少配筋率，方便了施工，还减少了加工、运输、施工等一系列附加费用。

2.1.3.2 钢筋的选用原则

《混凝土结构设计规范》规定按下述原则选用钢筋。

（1）纵向受力普通钢筋宜采用HRB400级、HRBF400级、HRB500级、HRBF500级钢筋，也可采用HPB300级、HRB335级、HRBF335级、RRB400级钢筋。

（2）梁柱纵向普通钢筋应采用HRB400级、HRBF400级、HRB500级、HRBF500级钢筋。

（3）箍筋普通钢筋宜采用HRB400级、HRBF400级、HPB300级、HRB500级、HRBF500级钢筋，也可采用HRB335级、HRBF335级钢筋。

（4）预应力筋宜采用预应力钢丝、钢铰线和预应力螺纹钢筋。

2.2 混凝土的物理力学性能

2.2.1 混凝土的强度

2.2.1.1 混凝土的立方体抗压强度 $f_{cu,k}$ 强度和等级

普通混凝土是由水泥、石子和砂用水经搅拌、养护和硬化后形成的一种复合材料，具有多相特性。混凝土的性质取决于其复杂的内部结构。其内部结构一般可分为微观结构、亚微观结构和宏观结构三种递进式的基本结构层次。通俗地讲，即为水泥石结构、混凝土中水泥砂浆结构、砂浆和粗集料组合结构。混凝土的物理力学性能随着混凝土中水泥胶体的不断硬化而逐渐趋于稳定，整个过程通常需要若干年才能完成，混凝土的强度随之不断增长。

在实际工程中，绝大多数混凝土均处于多向受力状态，但由于混凝土的特点，建立完善

的复合应力作用下的强度理论比较困难，所以以单向受力状态下的混凝土强度作为研究多轴强度的基础和重要参数。混凝土的单轴抗压强度是混凝土的重要力学指标，是划分混凝土强度等级的依据。

混凝土立方体抗压强度根据标准试件在标准条件下（温度为20℃±3℃，相对湿度为95%以上）养护28d，用标准试验方法测得的具有95%保证率的抗压强度确定。目前国际上所用的标准试件有圆柱体和立方体两种，美国、加拿大和日本等国家采用的是圆柱体试件，我国采用的是边长为150mm的立方体试件。标准试验方法是指混凝土试件在试验过程中要采用恒定的加载速度：混凝土强度等级在＜C30时，取每秒钟0.3～0.5N/mm²；混凝土强度等级≥C30且＜C60时，取每秒钟0.5～0.8N/mm²；混凝土强度等级≥C60时，取每秒钟0.8～1.0N/mm²。试验时混凝土试件上下两端面（即与试验机接触面）不涂刷润滑剂。具有95%保证率的立方体抗压强度称为立方体抗压强度标准值，用符号$f_{cu,k}$表示。

《混凝土结构设计规范》规定混凝土强度等级应按立方体抗压强度标准值确定，用符号$f_{cu,k}$表示，下标cu表示立方体，k表示标准值。《混凝土结构设计规范》规定的混凝土强度等级有C15、C20、C25、C30、C35、C40、C45、C50、C55、C60、C65、C70、C75和C80，共14个等级。例如C15即表示$f_{cu,k}=15N/mm^2$，混凝土强度等级的级差均为5N/mm²。其中C50～C80属于高强混凝土范畴。

对混凝土试件单向施加压力时，试件竖向受压缩短，横向膨胀扩展。由于压力试验机垫板的弹性模量比混凝土试件大，所以垫板的横向变形比混凝土试件要小得多，因此垫板与试件的接触面通过摩擦力限制了试件的横向变形，提高了试件的抗压强度。当试验机施加的压力达到极限压力值时，试件形成两个对角锥形的破坏面，如图2-11(a)所示。若在试件的上下两端面涂刷润滑剂，那么在试验中试件与试验机垫板间的摩擦将明显减小，因此试件将较自由地产生横向变形，最后试件将在沿着压力作用的方向产生数条大致平行的裂缝而破坏，如图2-11(b)所示，所测得的抗压强度值明显较低。因此，试验方法对混凝土立方体抗压强度有较大的影响。标准的试验方法为不涂润滑剂。

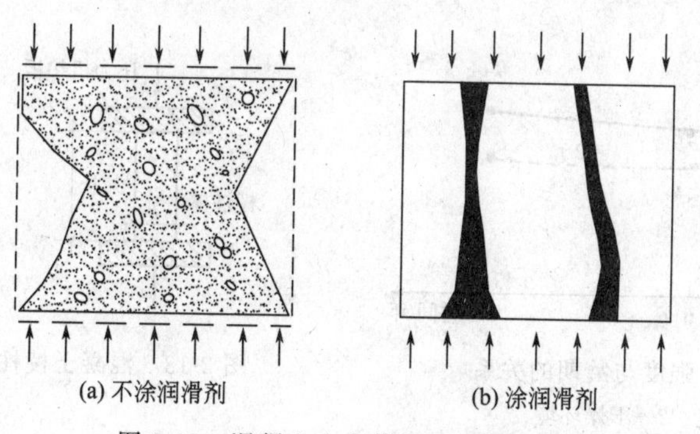

图2-11　混凝土立方体抗压破坏情况

尺寸效应对混凝土立方体抗压强度也有较大的影响。对于同样配合比的混凝土，在其他试验条件相同的情况下，小尺寸试件所测得的抗压强度值较高。这是因为试件的尺寸越小，压力试验机垫板对它的约束作用越大，抗压强度越高。对于边长为100mm的立方体试件，其抗压强度与标准立方体抗压强度之间的关系为

$$f_{cu,k}^{150}=\mu f_{cu,k}^{100} \tag{2-10}$$

式中　$f_{cu,k}^{150}$——标准试件的立方体抗压强度标准值。

$f_{cu,k}^{100}$——边长为 100mm 的非标准立方体试件的抗压强度标准值。

μ——抗压强度换算系数，当混凝土的强度等级<C60 时，取 $\mu=0.95$；当混凝土的强度等级≥C80 时，μ 值应由试验确定。

当采用圆柱体标准试件（直径为 150mm，高为 300mm）进行抗压试验，并用标准抗压强度来划分混凝土的强度等级时，对于普通混凝土（强度等级不超过 C50 者），其抗压强度与我国标准立方体抗压强度之间具有如下的关系

$$f'_{cu,k}=\mu f_{cu,k} \tag{2-11}$$

式中 $f'_{cu,k}$——圆柱体标准试件的抗压强度标准值；

$f_{cu,k}$——立方体标准试件的抗压强度标准值；

μ——抗压强度换算系数，取 $\mu=0.79\sim0.81$。

值得注意的是，通过标准试件试验测得的抗压强度，只是反映出在同等标准条件下混凝土的强度和质量水平，是划分混凝土强度等级的依据，但并不代表在实际结构构件中混凝土的受力状态和性能。

混凝土的立方体抗压强度随着混凝土成型后龄期的增长而提高，而且前期提高的幅度较大，后期逐渐减缓，如图 2-12 所示。该过程一般均需延续数年后才能完成。如果使用环境是潮湿的，那么其延续的年限更长。

施加荷载的速度对混凝土立方体抗压强度也有影响，加载速度越快，抗压强度越高。

2.2.1.2 混凝土的轴心抗压强度标准值 $f_{c,k}$

混凝土的抗压强度与试件的尺寸及其形状有关，而且实际受压构件一般都是棱柱体，为更好地反映构件的实际受压情况，采用棱柱体试件进行抗压试验，所测得的强度称为轴心抗压强度。我国采用的棱柱体标准试件尺寸为 $b\times b\times h=150\text{mm}\times150\text{mm}\times300\text{mm}$。试件在标准条件下养护 28d 后，采取标准试验方法进行测试，试验时试件的上下两端的表面均不涂刷润滑剂，试验装置及试件破坏情形如图 2-13 所示。

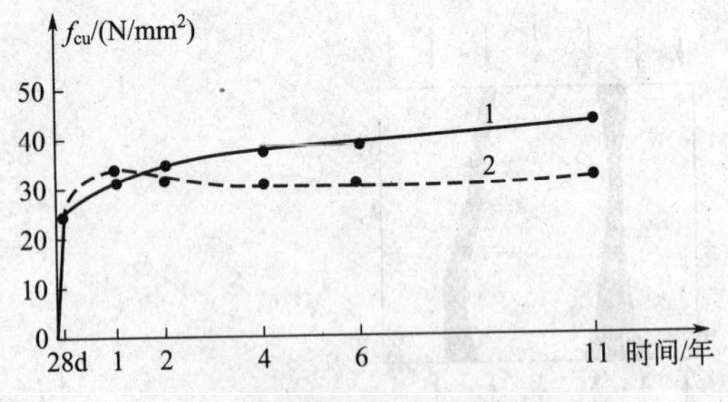

图 2-12 混凝土强度与龄期的关系

1—潮湿环境；2—干燥环境

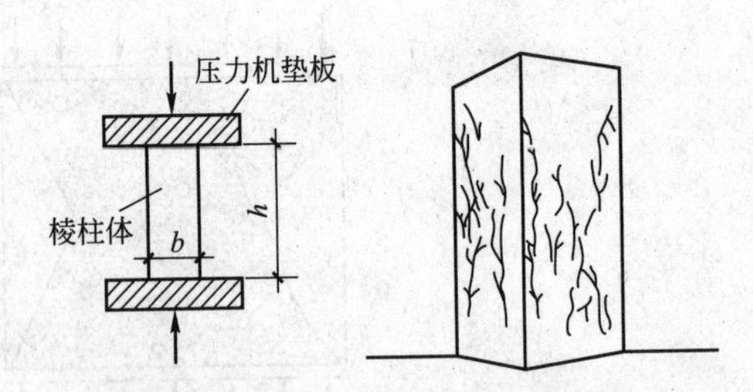

图 2-13 混凝土棱柱体抗压试验和破坏情况

试验表明，棱柱体试件的抗压强度低于立方体试件的抗压强度，而且棱柱体试件的高宽比 h/b 愈大，其强度愈低。当 h/b 由 1 增大至 2 时，抗压强度快速下降；但当 $h/b>2$ 时，其抗压强度变化不大，所以我国取 150mm×150mm×300mm 或 150mm×150mm×450mm 作为测定轴心抗压强度的标准试件尺寸，标准试件中部基本处于轴心受压状态，既明显地减少垫板与试件接触面之间摩阻力的影响，又避免了试件纵向弯曲的影响。

混凝土棱柱体抗压强度小于立方体抗压强度，而且两者之间大致成线性关系，如图2-14所示。经过大量试验数据的统计分析，混凝土轴心抗压强度与立方体抗压强度之间的关系为

$$f_{c,k}=0.88\alpha_{c1}\alpha_{c2}f_{cu,k} \tag{2-12}$$

式中 $f_{c,k}$——混凝土轴心抗压强度的标准值。

$f_{cu,k}$——混凝土立方体抗压强度的标准值。

α_{c1}——棱柱体抗压强度与立方体抗压强度之比，对低于 C50 的混凝土，取 $\alpha_1=0.76$；对 C80 的混凝土，取 $\alpha_1=0.82$；其间线性插值。

α_{c2}——高强度混凝土的脆性折减系数，对 C40 及以下的混凝土取 $\alpha_{c2}=1.00$；对 C80 取 $\alpha_{c2}=0.87$，其间线性插值。

0.88——考虑实际结构混凝土强度与试件混凝土强度之间的差异而取用的折减系数。

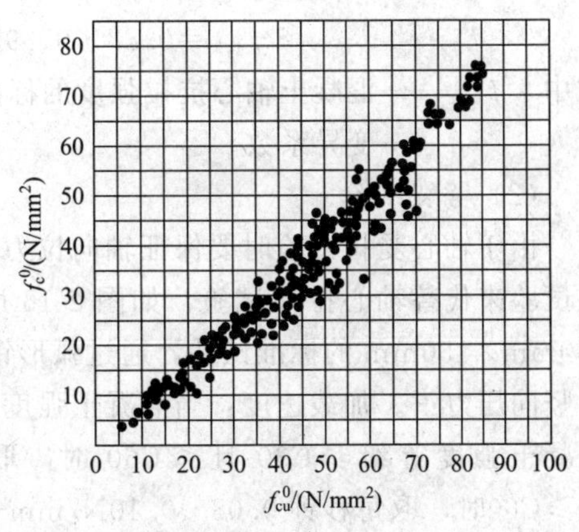

图 2-14 轴心抗压强度与立方体抗压强度的关系

2.2.1.3 混凝土的轴心抗拉强度标准值 $f_{t,k}$

混凝土的轴心抗拉强度也是混凝土的一个基本力学性能指标，可用于分析混凝土构件的开裂、裂缝宽度、变形及计算混凝土构件的受冲切、受扭、受剪等承载力。

目前，尚未有统一的混凝土轴心抗拉标准试验方法，通常采用直接轴心拉伸试验和劈裂试验两种方法。

(1) 轴心拉伸试验

轴心拉伸试验所采用的试件为 100mm×100mm×500mm 的棱柱体，在其两端设有埋入长度为 150mm 的Φ16 变形钢筋。试验机夹紧试件两端伸出的钢筋，并施加拉力使试件受拉，如图 2-15(a) 所示。受拉破坏时，在试件中部产生横向裂缝，破坏截面上的平均拉应力即为轴心抗拉强度。因为混凝土的抗拉强度很低，影响因素又很多，显然要实现理想的均匀轴心受拉试验非常困难，因此混凝土的轴心抗拉强度试验值往往具有很大的离散性。

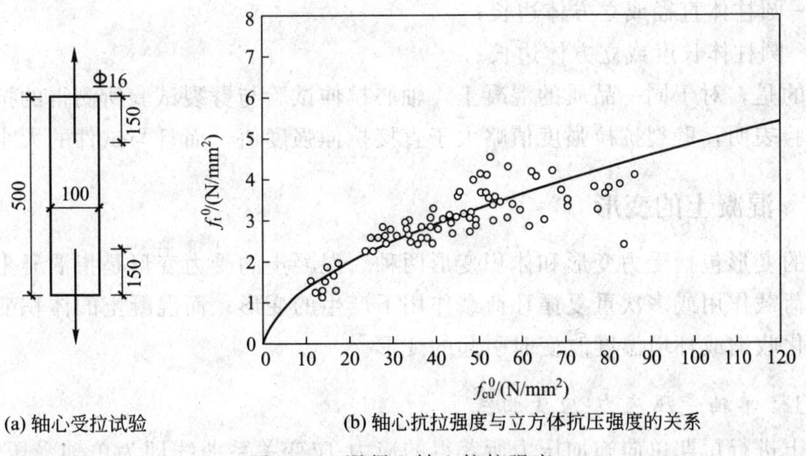

(a) 轴心受拉试验　　(b) 轴心抗拉强度与立方体抗压强度的关系

图 2-15 混凝土轴心抗拉强度

经过对一系列试验数据的统计分析，可得出轴心抗拉强度与立方体抗压强度的关系［图 2-15(b)］

$$f_{t,k}=0.88\times 0.395 f_{cu,k}^{0.55}(1-1.645\delta)^{0.45}\times\alpha_{c2} \tag{2-13}$$

式中 $f_{t,k}$——混凝土轴心抗拉强度的标准值；

δ——变异系数。

(2) 劈裂试验

由于轴心受拉试验时要保证轴向拉力的对中十分困难，实际常常采用立方体或圆柱体劈裂试验来代替轴心拉伸试验，如图 2-16 所示。我国在劈裂试验时采用的试件为 150mm×150mm×150mm 的标准试件，通过弧形钢垫条（垫条与试件之间垫以木质三合板垫层）施加竖向压力 F。加载速度：当混凝土强度等级＜C30 时，取每秒钟 0.02～0.05N/mm²；当混凝土强度等级≥C30 且＜C60 时，取每秒钟 0.05～0.08N/mm²；当混凝土强度等级≥C60时，取每秒钟 0.08～0.10N/mm²。

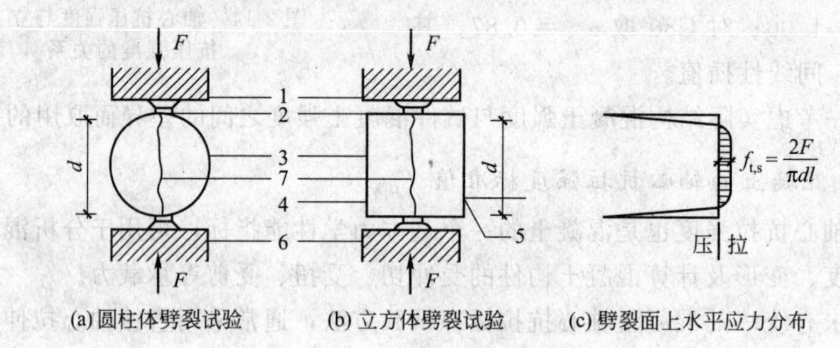

图 2-16 劈裂试验测试混凝土抗拉强度

1—压力机的上压板；2—弧形垫条及垫层各一条；3—试件；4—浇模顶面；5—浇模底面；6—压力机的下压板；7—试件破裂线

在试件的中间截面（除加载垫条附近很小的范围外），存在有均匀分布的拉应力。当拉应力达到混凝土的抗拉强度时，试件被劈裂成两半。劈裂强度 $f_{t,s}$ 按下列公式计算

$$f_{t,s}=\frac{2F}{\pi dl} \tag{2-14}$$

式中 F——劈裂试验破坏荷载；

d——圆柱体直径或立方体边长；

l——圆柱体长度或立方体边长。

应注意的是，对于同一品质的混凝土，轴心拉伸试验与劈裂试验所测得的抗拉强度值并不相同。试验表明，劈裂抗拉强度值略大于直接拉伸强度值，而且与试件的大小有关。

2.2.2 混凝土的变形

混凝土的变形包括受力变形和体积变形两种。混凝土的受力变形是指混凝土在一次短期加载、长期荷载作用或多次重复循环荷载作用下产生的变形；而混凝土的体积变形是指混凝土自身在硬化收缩或环境温度改变时引起的变形。

2.2.2.1 单轴受压应力-应变曲线

对混凝土进行短期单向施加压力所获得的应力-应变关系曲线即为单轴受压应力-应变曲线，它能反映混凝土受力全过程的重要力学特征和基本力学性能，是研究混凝土结构强度理论的必要依据，也是对混凝土进行非线性分析的重要基础。典型的混凝土单轴受压应力-应变全曲线如图 2-17 所示。

从图中可看出：（1）全曲线包括上升段和下降段两部分，以 C 点为分界点，每部分由三小段组成；（2）图中各关键点分别表示为：A—比例极限点，B—临界点，C—峰点，D—拐点，E—收敛点，F—曲线末梢；（3）各小段的含义为：$0A$ 段接近直线，应力较小，应变不大，混凝土的变形为弹性变形，原始裂缝影响很小；AB 段为微曲线段，应变的增长稍比应力快，混凝土处于裂缝稳定扩展阶段，其中 B 点的应力是确定混凝土长期荷载作用下抗压强度的依据；BC 段应变增长明显比应力增长快，混凝土处于裂缝快速不稳定发展阶段，其中 C 点的应力最大，即为混凝土极限抗压强度，与之对应的应变 $\varepsilon_0 \approx 0.002$ 为峰值应变；CD 段应力快速下降，应变仍在增长，混凝土中裂缝迅速发展且贯通，出现了主裂缝，内部结构破坏严重；DE 段，应力下降变快，混凝土内部结构处于磨合和调整阶段，主裂缝宽度进一步增大，最后只依赖集料间的咬合力和摩擦力来承受荷载；EF 段为收敛段，此时试件中的主裂缝宽度快速增大而完全破坏了混凝土内部结构。

不同强度等级混凝土的应力-应变关系曲线如图 2-18 所示。可以看出，虽然混凝土的强度不同，但各条曲线的基本形状相似，具有相同的特征。混凝土的强度等级越高，上升段越长，峰点越高，峰值应变也有所增大；下降段越陡，单位应力幅度内应变越小，延性越差。这在高强度混凝土中更为明显，最后破坏大多为集料破坏，脆性明显，变形小。

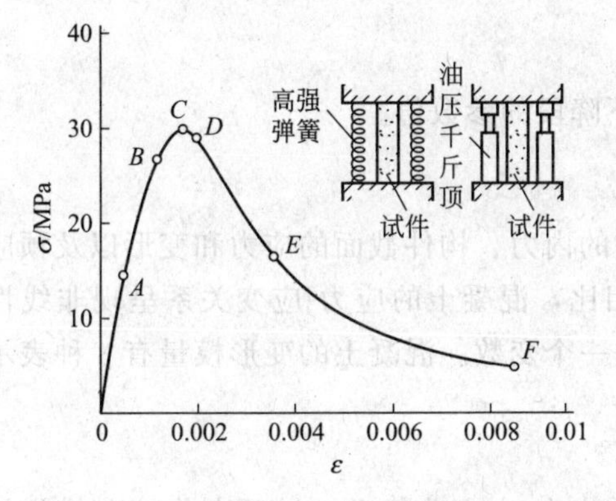

图 2-17　混凝土单轴受压应力-应变关系曲线

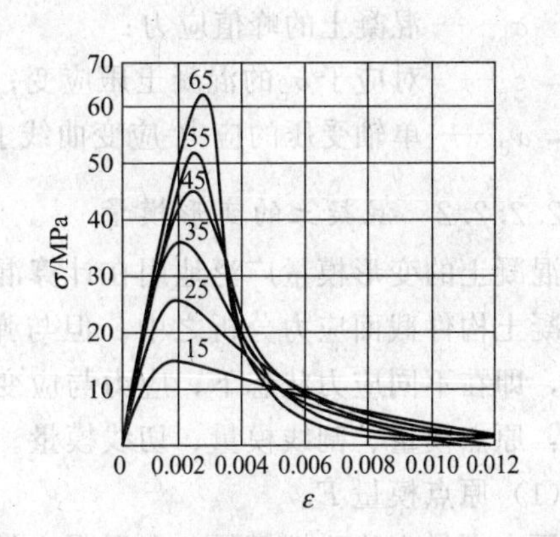

图 2-18　不同强度等级混凝土的应力-应变关系曲线

在普通试验机上采用等应力速率的加载方式进行试验时，一般只能获得应力-应变曲线的上升段，很难获得其下降段，其原因是试验机刚度不足。当加载至混凝土达到轴心抗压强度时，试验机中积蓄的弹性应变能大于试件所吸收的应变能，此应变能在接近试件破坏时会突然释放，致使试件发生脆性破坏。如果采用伺服实验机，在混凝土达极限强度时能以等应变速率加载；或在试件旁边附加设置高性能弹性元件共同承压，当混凝土达极限强度时能吸收试验机内积聚的应变能，就能获得应力-应变全曲线。

混凝土应力-应变曲线是混凝土构件受力性能分析的依据，因此应确定其数学模型。混凝土应力-应变关系的数学模型很多，国际上应用较广泛的有 E. Hognestad 模型、Rüsch 模型等。

Hognestad 建议的混凝土应力-应变曲线是由二次抛物线的上升段和直线形的下降段所组成，如图 2-19 所示，其表达式为

当 $\varepsilon \leqslant \varepsilon_c$ 时（上升段）
$$\sigma=\sigma_c\left[2\left(\frac{\varepsilon}{\varepsilon_c}\right)-\left(\frac{\varepsilon}{\varepsilon_c}\right)^2\right] \tag{2-15}$$

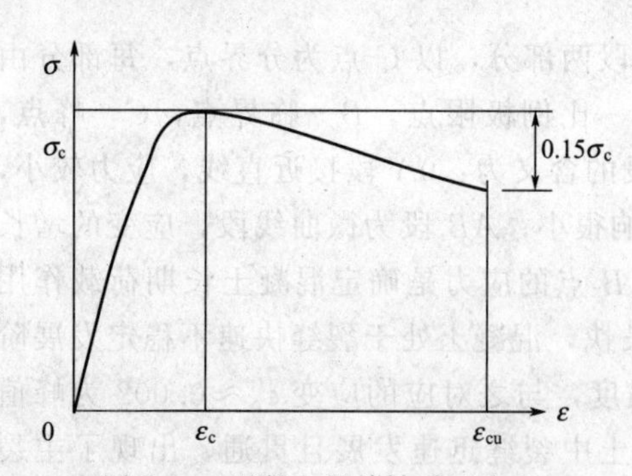

图 2-19 混凝土的单轴受压应力-应变 Hognestad 模型

当 $\varepsilon_c<\varepsilon\leqslant\varepsilon_{cu}$ 时（下降段）

$$\sigma=\sigma_c\left[1-0.15\left(\frac{\varepsilon-\varepsilon_c}{\varepsilon_{cu}-\varepsilon_c}\right)\right] \tag{2-16}$$

式中 σ_c——混凝土的峰值应力；

ε_c——对应于 σ_c 的混凝土压应变；

ε_{cu}——混凝土极限压应变。

Rüsch 建议的混凝土应力-应变曲线在上升段与 Hognestad 建议的相同。不同之处只在 $\varepsilon>\varepsilon_c$ 后，Rüsch 建议用更为简单的水平线来代替 Hognestad 的下降直线，并取 σ 等于 σ_c。

《混凝土结构设计规范》规定结构分析时混凝土单轴受压的应力-应变关系由曲线上升段和曲线下降段组成，其表达式为

当 $\varepsilon\leqslant\varepsilon_c$ 时（上升段） $$\sigma=\sigma_c\left[\alpha_a\left(\frac{\varepsilon}{\varepsilon_c}\right)+(3-2\alpha_a)\left(\frac{\varepsilon}{\varepsilon_c}\right)^2+(\alpha_a-2)\left(\frac{\varepsilon}{\varepsilon_c}\right)^3\right] \tag{2-17}$$

当 $\varepsilon>\varepsilon_c$ 时（下降段） $$\sigma=\frac{\varepsilon/\varepsilon_c}{\alpha_d\ (\varepsilon/\varepsilon_c-1)^2+\varepsilon/\varepsilon_c}\sigma_c \tag{2-18}$$

式中 σ_c——混凝土的峰值应力；

ε_c——对应于 σ_c 的混凝土压应变；

α_a，α_d——单轴受压的应力-应变曲线上升段、下降段的参数值。

2.2.2.2 混凝土的变形模量

混凝土的变形模量广泛地用在计算混凝土结构的内力、构件截面的应力和变形以及预应力混凝土构件截面应力分析之中。但与弹性材料相比，混凝土的应力-应变关系呈现非线性性质，即在不同应力状态下，应力与应变的比值是一个变数。混凝土的变形模量有 3 种表示方法：原点模量、割线模量、切线模量。

(1) 原点模量 E_c

原点模量也称弹性模量，在混凝土轴心受压的应力-应变曲线上，过原点作该曲线的切线，如图 2-20 所示，其斜率即为混凝土的原点切线模量，通常称为混凝土的弹性模量 E_c，即

$$E_c=\left.\frac{d\sigma}{d\varepsilon}\right|_{\sigma=0}=\tan\alpha_0 \tag{2-19}$$

式中 α_0——过原点所作应力-应变曲线的切线与应变轴间的夹角。

混凝土强度越高，弹性模量越大，取值见附表 1-3。在钢筋混凝土结构受力分析中不能直接用混凝土的弹性模量分析混凝土的应力。

(2) 割线模量 E'_c

在混凝土的应力-应变曲线上任一点与原点连线，如图 2-20 所示，其割线斜率，即为混凝土的割线模量

$$E'_c=\tan\alpha_1=\frac{\sigma_c}{\varepsilon_c} \tag{2-20}$$

式中 α_1——割线与应变轴间的夹角；

ε_c——总应变，由弹性应变 ε_{ela} 和塑性应变 ε_{pla} 组成。

ε_{ela}与ε_c的比值称为弹性系数，用ν表示，所以

$$E_c'=\frac{\sigma_c}{\varepsilon_c}=\frac{\sigma_c\cdot\varepsilon_{ela}}{\varepsilon_c\cdot\varepsilon_{ela}}=\frac{\sigma_c}{\varepsilon_{ela}}\times\frac{\varepsilon_{ela}}{\varepsilon_c}=E_c\nu \tag{2-21}$$

因此，在混凝土应力-应变曲线的上升段任意点的应力为

$$\sigma=\nu E_c\cdot\varepsilon_c \tag{2-22}$$

由上可知，混凝土的割线模量是一个随应力不同而异的变数。在同样应变条件下，混凝土强度越高，割线模量越大。

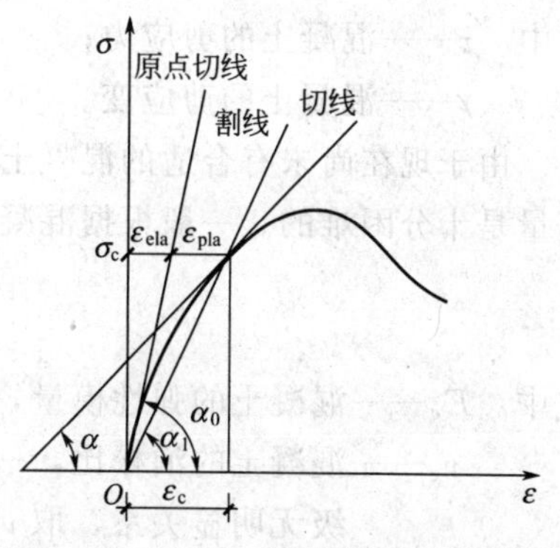

图 2-20　混凝土变形模量的表示方法

(3) 切线模量E_c''

在混凝土的应力-应变曲线上任取一点，并作该点的切线，如图 2-20 所示，则其斜率即为混凝土的切线模量，即

$$E_c''=\frac{d\sigma}{d\varepsilon}=\tan\alpha \tag{2-23}$$

式中　α——应力-应变曲线上某点的切线与应变轴间的夹角。

混凝土的切线模量也是一个变数，并随应力的增大而减小。对不同强度等级的混凝土，在应变相同的条件下，强度越高，切线模量越大。

由于混凝土并非弹性材料，其应力-应变关系呈非线性，通过一次加载试验所得的曲线难以准确地确定混凝土的弹性模量E_c。采用标准棱柱体试件，在$\sigma=0.5\ N/mm^2\sim f_c^0/3$应力范围内（此处$f_c^0$为棱柱体试件抗压强度），通过反复加载和卸载消除混凝土的塑性变形后，测定混凝土的弹性模量，如图 2-21 所示。经数理统计分析，得到混凝土弹性模量的计算公式为

$$E_c=\frac{10^5}{2.2+\dfrac{34.74}{f_{cu}^0}} \tag{2-24}$$

式中　f_{cu}^0——混凝土立方体抗压强度试验值，N/mm^2，设计应用时，应以混凝土立方体抗压强度标准值$f_{cu,k}$代替f_{cu}^0计算混凝土弹性模量。

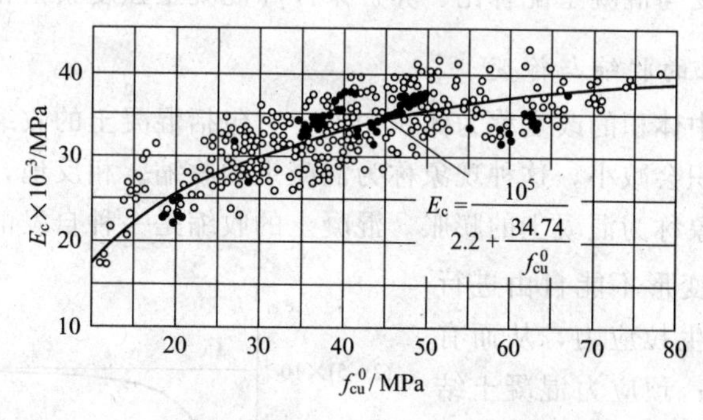

图 2-21　混凝土弹性模量与立方体抗压强度的关系

(4) 剪切模量

混凝土的剪切模量可根据虎克定律确定，即

$$G_c=\frac{\tau}{\gamma} \tag{2-25}$$

式中 τ——混凝土的剪应力；

γ——混凝土的剪应变。

由于现在尚未有合适的混凝土抗剪试验方法，所以要直接通过试验来测定混凝土的剪切模量是十分困难的。一般根据混凝土抗压试验中测得的弹性模量 E_c 来确定，即

$$G_c=\frac{E_c}{2(\nu_c+1)} \tag{2-26}$$

式中 E_c——混凝土的弹性模量，$N \cdot mm^{-2}$；

ν_c——混凝土的泊松比，一般结构的混凝土泊松比变化不大，且与混凝土的强度等级无明显关系，取 $\nu_c=0.2$。

2.2.2.3 混凝土单轴受拉应力-应变曲线

由于混凝土是由多相材料组成的，具有明显的脆性，抗拉强度又低，要获得单轴抗拉的应力-应变全曲线相当困难。利用电液伺服试验机，采用等应变加载制度，才可以测得混凝土轴心受拉的应力-应变全曲线，如图 2-22 所示。

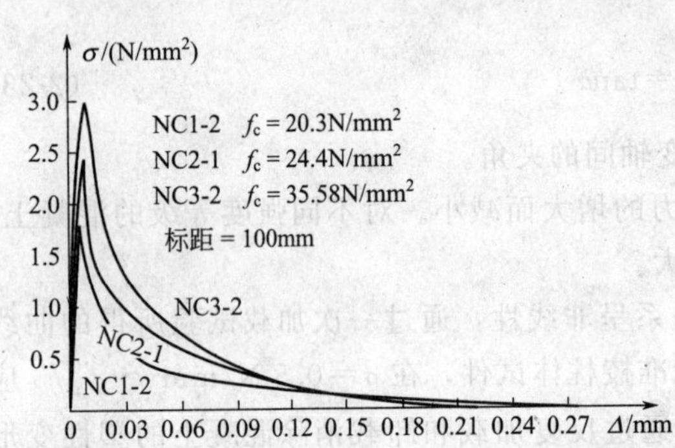

图 2-22 不同强度的混凝土拉伸应力-应变全曲线

从图 2-22 中可看出，该曲线也有明显的上升段和下降段两部分，其形状与受压时的应力-应变全曲线相似。混凝土强度越高上升段越长，曲线峰点越高，但对应的变形几乎没有增大；下降越陡，极限变形反而变小。当拉应力达到混凝土的抗拉极限强度时，取弹性系数 $\nu=0.5$，对应于曲线峰点的拉应变为

$$\varepsilon_{t0}=\frac{f_t}{E_c'}=\frac{f_t}{\nu E_c}=\frac{2f_t}{E_c} \tag{2-27}$$

受拉时原点的切线模量与受压时基本相同，所以受拉的弹性模量与受压的弹性模量相同。混凝土受拉断裂发生于拉应变达到极限拉应变 ε_{tu} 时，而不是发生在拉应力达到最大拉应力时。受拉极限应变与混凝土配合比、养护条件和混凝土强度紧密相关。

2.2.2.4 混凝土的收缩与徐变

混凝土硬化过程中体积的改变称为体积变形，它包括混凝土的收缩和膨胀两方面。混凝土在空气中结硬时体积会减小，这种现象称为混凝土的收缩。相反地，混凝土在水中结硬时体积会增大，这种现象称为混凝土的膨胀。混凝土的收缩是一种自发的变形，比其膨胀值大许多。因此，当收缩变形不能自由进行时，将在混凝土中产生拉应力，从而有可能导致混凝土开裂；预应力混凝土结构会因混凝土硬化收缩而引起预应力钢筋的预应力损失。混凝土的收缩是由凝胶体的体积凝结缩小和混凝土失水干缩共同引起的，收缩变形随时间的增长而增长，其规律如图 2-23 所示，早期发展

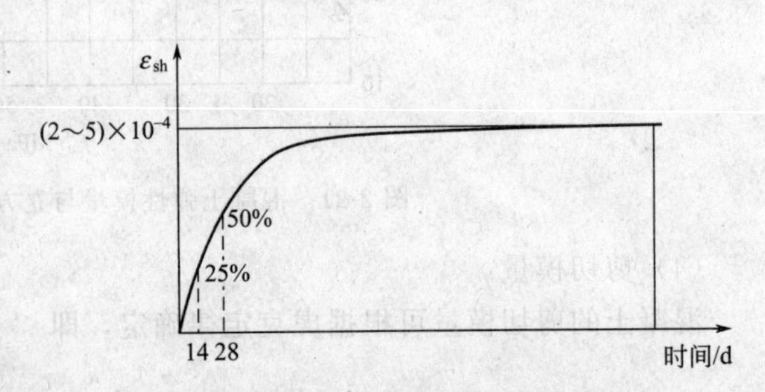

图 2-23 混凝土的收缩随时间发展的规律

较快，一个月内可完成收缩总量的50%，而后发展渐缓，直至两年以上方可完成全部收缩，收缩应变总量约为（2～5）$\times 10^{-4}$，它是混凝土开裂时拉应变的2～4倍。

影响混凝土收缩的主要因素有：水泥用量（用量越大，收缩越大）；水灰比（水灰比越大，收缩越大）；水泥强度等级（强度等级越高，收缩越大）；水泥品种（不同品种有不同的收缩量）；混凝土集料的特性（弹性模量越大，收缩越小）；养护条件（温、湿度越高，收缩越小）；混凝土成型后的质量（质量好，密实度高，收缩小）；构件尺寸（小构件，收缩大）等。显然影响因素很多而且复杂，准确地计算收缩量十分困难，所以应采取一些技术措施来降低因收缩而引起的不利影响。

混凝土构件或材料在不变荷载或应力长期作用下，其变形或应变随时间而不断增长，这种现象称为混凝土的徐变。徐变的特性主要与时间有关，通常表现为前期增长快，以后逐渐减慢，经过2～3年后趋于稳定，如图2-24所示。

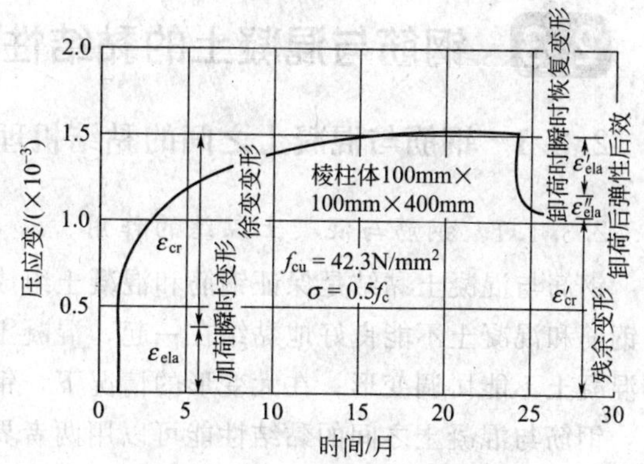

图2-24　混凝土徐变（加荷卸荷应变与时间关系曲线）

徐变主要由两种原因引起，其一是混凝土具有黏性流动性质的水泥凝胶体，在荷载长期作用下产生黏性流动；其二是混凝土中微裂缝在荷载长期作用下不断发展。当作用的应力较小时主要由凝胶体引起，当作用的应力较大时，则主要由微裂缝引起。

徐变具有两面性：一则引起混凝土结构变形增大，导致预应力混凝土发生预应力损失，严重时还会引起结构破坏；二则徐变的发生对结构内力重分布有利，可以减小各种外界因素对超静定结构的不利影响，降低附加应力。

混凝土发生徐变的同时往往也有收缩产生，因此在计算徐变时，应从混凝土的变形总量中扣除收缩变形，才能得到徐变变形。

影响混凝土徐变的因素是多方面的，包括有混凝土的组成、配合比、水泥品种、水泥用量、集料特性、集料的含量、集料的级配、水灰比、外加剂、掺合料、混凝土的制作方法、养护条件、加载龄期、构件工作环境、受荷后应力水平、构件截面形状和尺寸、持荷时间等，概括起来可归纳为三个方面因素的影响，即内在因素、环境因素和应力因素。就内在因素而言，水泥含量少、水灰比小、集料弹性模量大、集料含量多，徐变越小。对于环境因素而言，混凝土养护的温度和湿度越高，徐变越小；受荷龄期越大，徐变越小；工作环境温度越高、湿度越小，徐变越大；构件的体表比越大，徐变越小。而应力因素主要反映在加荷时的应力水平，显然应力水平越高，徐变越大；持荷时间越长，徐变也越大。一般来讲，在同等应力水平下高强度混凝土的徐变量要比普通混凝土的小很多，而如果使高强混凝土承受较高的应力，那么高强度混凝土与普通混凝土最终的总变形量将较为接近。

2.2.3　混凝土的选用原则

为保证结构安全可靠、经济耐久，选择混凝土时，要综合考虑材料的力学性能、耐久性能、施工性能和经济性等方面的问题，应按照《混凝土结构设计规范》的要求进行选用。

（1）素混凝土结构的混凝土强度等级不应低于C15。

（2）钢筋混凝土结构的混凝土的强度等级不应低于C20；采用HRB400级及以上的钢筋时，混凝土的强度等级不应低于C25。

（3）承受重复荷载的构件，混凝土强度等级不应低于C30。

（4）预应力混凝土结构的混凝土的强度等级不宜低于C40，且不应低于C30。

2.3 钢筋与混凝土的黏结性能

2.3.1 钢筋与混凝土之间的黏结机理

2.3.1.1 钢筋与混凝土黏结的作用

钢筋与混凝土黏结是保证钢筋和混凝土组成混凝土结构或构件并能共同工作的前提。如果钢筋和混凝土不能良好地黏结在一起，混凝土构件受力变形后，在小变形的情况下，钢筋和混凝土不能协调变形；在大变形的情况下，钢筋就不能很好地锚固在混凝土结构中。

钢筋与混凝土之间的黏结性能可以用两者界面上的黏结应力来说明。当钢筋与混凝土之间有相对变形（滑移）时，其界面上会产生沿钢筋轴线方向的相互作用力，这种作用力称为黏结应力，见图2-25。

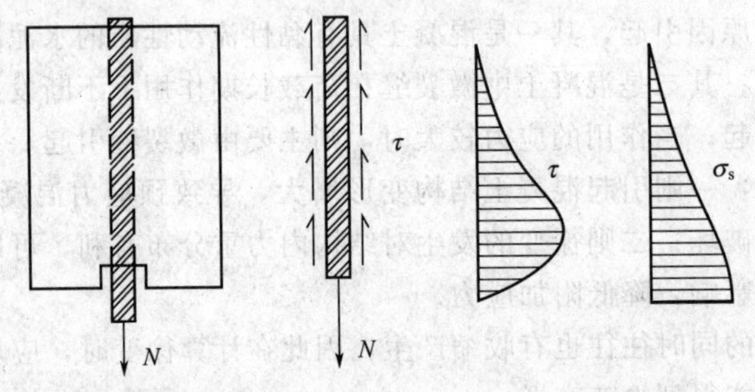

图2-25 直接拔出实验与黏结应力分布示意图

如图2-26(a) 所示在钢筋上施加拉力，钢筋与混凝土之间的端部存在黏结力，将钢筋的部分拉力传递给混凝土使混凝土受拉，经过一定的传递长度后，黏结应力为零。当截面上的应变很小，钢筋和混凝土的应变相等，构件上没有裂缝，钢筋和混凝土界面上的黏结应力为零；当混凝土构件上出现裂缝，开裂截面之间存在局部黏结应力，因为开裂截面钢筋的应变大，未开裂截面钢筋的应变小，黏结应力使远离裂缝处钢筋的应变变小，混凝土的应变从零逐渐增大，使裂缝间的混凝土参入工作。

在混凝土结构设计中钢筋伸入支座或在连续梁顶部负弯矩区段的钢筋截断时，应将钢筋延伸一定的长度，这就是钢筋的锚固。只有钢筋有足够的锚固长度，才能积累足够的黏结力，使钢筋能承受拉力。分布在锚固长度上的黏结应力，称锚固黏结应力，见图2-26(b)。

2.3.1.2 黏结力的组成

钢筋与混凝土之间的黏结力与钢筋表面的形状有关。

（1）光圆钢筋与混凝土之间的黏结作用主要由三部分组成：化学胶着力、摩阻力和机械咬合力。化学胶着力是由水泥浆体在硬化前对钢筋氧化层的渗透、硬化过程中晶体的生长产生的。化学胶着力一般较小，当混凝土和钢筋界面发生相对滑动时，化学胶着力会消失。混

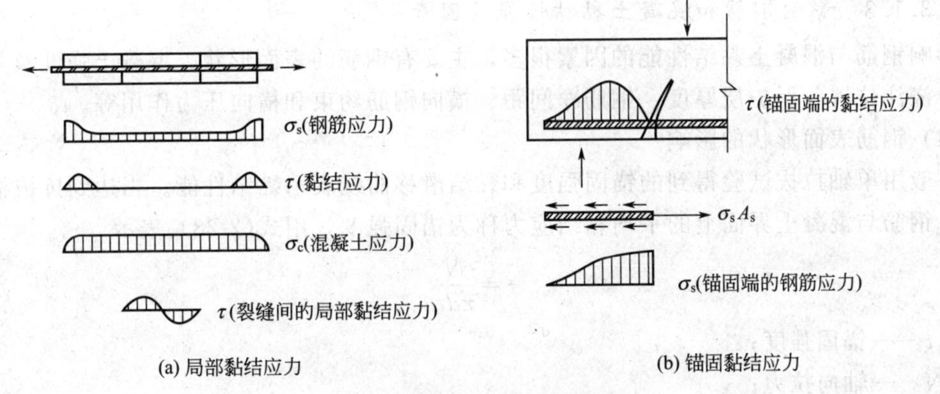

(a) 局部黏结应力　　(b) 锚固黏结应力

图 2-26　黏结应力机理分析图

凝土硬化会发生收缩，从而对其中的钢筋产生径向的握裹力，在握裹力的作用下，当钢筋和混凝土之间有相对滑动，或有滑动趋势时，钢筋与混凝土之间产生摩阻力。摩阻力的大小与钢筋表面的粗糙程度有关，越粗糙，摩阻力越大。机械咬合力是由钢筋表面凹凸不平与混凝土咬合嵌入产生的。轻微腐蚀的钢筋其表面有凹凸不平的蚀坑，摩阻力和机械咬合力较大。

光圆钢筋的黏结力主要由化学胶着力和摩阻力组成，相对较小。光圆钢筋的直接拔出试验表明（图 2-25），达到抗拔极限状态时，钢筋直接从混凝土中拔出，滑移大。为了增加光圆钢筋与混凝土之间的锚固性能，减少滑移，光圆钢筋的端部要加弯钩或其他机械锚固措施。

(2) 带肋钢筋与混凝土之间的黏结也由化学胶着力、摩阻力和机械咬合力三部分组成。但是，带肋钢筋表面的横肋嵌入混凝土内并与之咬合，能显著提高钢筋与混凝土之间的黏结性能，见图 2-27。

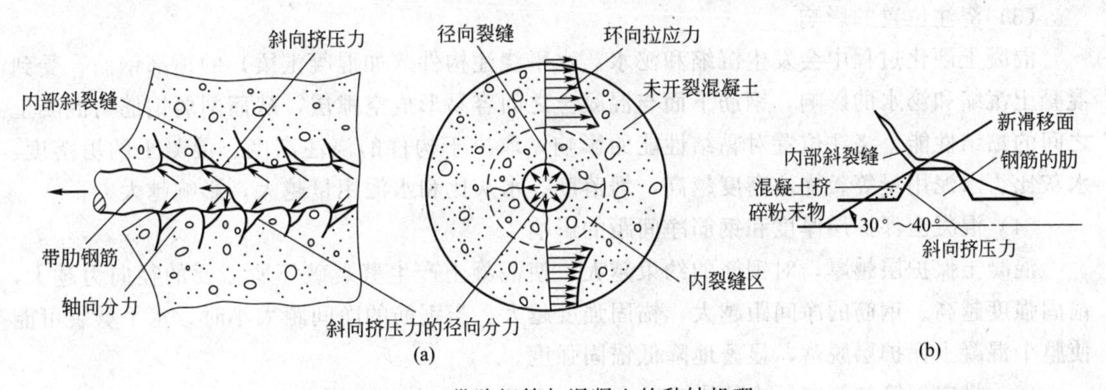

图 2-27　带肋钢筋与混凝土的黏结机理

在拉拔力的作用下，钢筋的横肋对混凝土形成斜向挤压力，此力可分解为沿钢筋表面的切向力和沿钢筋径向的环向力。当荷载增加时，钢筋周围的混凝土首先出现斜向裂缝，钢筋横肋前端的混凝土被压碎，形成肋前挤压面。同时，在径向力的作用下，混凝土产生环向拉应力，最终导致混凝土保护层发生劈裂破坏。如混凝土的保护层较大（c/d>5～6，c 为混凝土保护层厚度，d 为钢筋直径），混凝土不会在径向力作用下，产生劈裂破坏，达抗拔极限状态时，肋前端的混凝土完全挤碎而拔出，产生剪切型破坏。因此，带肋钢筋的黏结性能明显地优于光圆钢筋，有良好的锚固性能。

2.3.1.3 影响钢筋和混凝土黏结性能的因素

影响钢筋与混凝土黏结性能的因素很多，主要有钢筋的表面形状、混凝土强度及其组成成分、浇注位置、保护层厚度、钢筋净间距、横向钢筋约束和横向压力作用等。

(1) 钢筋表面形状的影响

一般用单轴拉拔试验得到的锚固强度和黏结滑移曲线表示黏结性能。当达到抗拔极限状态时，钢筋与混凝土界面上的平均黏结应力称为锚固强度，用式(2-28) 表示

$$\tau=\frac{N}{\pi dl} \tag{2-28}$$

式中 τ——锚固强度；

N——轴向拉力；

d——钢筋直径；

l——黏结长度。

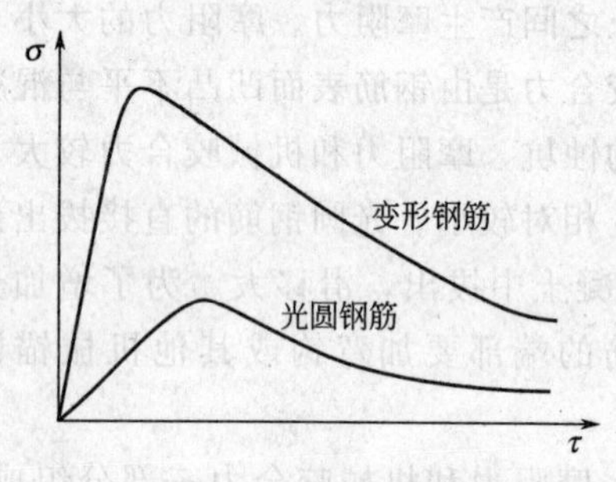

图 2-28 钢筋的黏结滑移曲线

拉拔过程中得到的平均黏结应力与钢筋与混凝土之间的滑移关系，称黏结滑移曲线，见图 2-28。从图中可见带肋钢筋不仅锚固强度高，而且达到极限强度时的变形小。对于带肋钢筋而言，月牙纹钢筋的黏结性能比螺纹钢筋稍差，一般来说，相对肋面积越大，钢筋与混凝土的黏结性能越好，相对滑移越小。

(2) 混凝土强度及其组成成分的影响

混凝土的强度越高，锚固强度越好，相对滑移越小。混凝土的水泥用量越大，水灰比越大，砂率越大，黏结性能越差，锚固强度低，相对滑移量大。

(3) 浇注位置的影响

混凝土硬化过程中会发生沉缩和泌水。水平浇注构件（如混凝土梁）的顶部钢筋，受到混凝土沉缩和泌水的影响，钢筋下面与混凝土之间容易形成空隙层，从而削弱钢筋与混凝土之间的黏结性能。浇注位置对黏结性能的影响，取决于构件的浇注高度、混凝土的坍落度、水灰比、水泥用量等。浇注高度越高，坍落度、水灰比和水泥用量越大，影响越大。

(4) 混凝土保护层厚度和钢筋净间距的影响

混凝土保护层越厚，对钢筋的约束越大，使混凝土产生劈裂破坏所需要的径向力越大，锚固强度越高。钢筋的净间距越大，锚固强度越大。当钢筋的净间距太小时，水平劈裂可能使整个混凝土保护层脱落，显著地降低锚固强度。

(5) 横向钢筋与侧向压力的影响

横向钢筋的约束或侧向压力的作用，可以延缓裂缝的发展和限制劈裂裂缝的宽度，从而提高锚固强度。因此，在较大直径钢筋的锚固或搭接长度范围内，以及当一层并列的钢筋根数较多时，均应设置一定数量的附加箍筋，以防止混凝土保护层的劈裂崩落。

2.3.2 钢筋的锚固

2.3.2.1 受拉钢筋的基本锚固长度

根据上述对影响钢筋与混凝土之间黏结性能的因素分析，通过大量试验研究并进行可靠

度分析，得出考虑主要因素即钢筋的强度、混凝土的强度和钢筋的表面特征，得到当计算中充分利用钢筋的抗拉强度时，受拉钢筋的基本锚固长度计算公式为

普通钢筋 $$l_{ab}=\alpha\frac{f_y}{f_t}d \tag{2-29}$$

预应力筋 $$l_{ab}=\alpha\frac{f_{py}}{f_t}d \tag{2-30}$$

式中 l_{ab}——受拉钢筋的基本锚固长度；

f_y，f_{py}——普通钢筋、预应力钢筋的抗拉强度设计值；

f_t——混凝土轴心抗拉强度设计值，当混凝土强度等级高于C60时，按C60取值；

d——锚固钢筋的直径；

α——锚固钢筋的外形系数，取值见表2-1。

表2-1　锚固钢筋的外形系数 α

钢筋类型	光圆钢筋	带肋钢筋	螺旋肋钢丝	三股钢绞线	七股钢绞线
α	0.16	0.14	0.13	0.16	0.17

注：光圆钢筋末端应做180°弯钩，弯后平直段长度不应小于$3d$，但作受压钢筋时可不做弯钩。

2.3.2.2　受拉钢筋的锚固长度

(1) 受拉钢筋的锚固

实际结构中的受拉钢筋锚固长度还应根据锚固条件的不同按式(2-31) 计算，并不小于200mm。

$$l_a=\xi_a l_{ab} \tag{2-31}$$

式中 l_a——受拉钢筋的锚固长度；

ξ_a——锚固长度的修正系数。

锚固长度的修正系数按如下取值：

① 当带肋钢筋的公称直径大于25mm时，取1.1；

② 环氧树脂涂层带肋钢筋取1.25；

③ 施工过程中易受扰动取1.10；

④ 当纵向受力钢筋的实际面积大于其设计计算面积时，修正系数取设计计算面积与实际配筋面积的比值，但对有抗震设防要求及直接承受动力荷载的结构构件，不应考虑此项修正；

⑤ 锚固钢筋的保护层厚度为$3d$时修正系数取0.8，保护层厚度为$5d$时修正系数取0.7，中间按内插取值，此处d为其锚固钢筋直径；

⑥ 当多于上述一项时，可按连乘计算，但不应小于0.6，对预应力筋，可取1.0。

(2) 锚固区的横向构造钢筋

当锚固钢筋的保护层厚度不大于$5d$时，锚固长度范围内应配置直径不小于$d/4$的横向构造钢筋。

(3) 锚固措施

当纵向受拉普通钢筋末端采用弯钩或机械锚固措施时，包括弯钩或锚固端头在内的锚固长度（投影长度）可取为基本锚固长度的60%。弯钩或机械锚固的形式和技术要求见图图2-29。

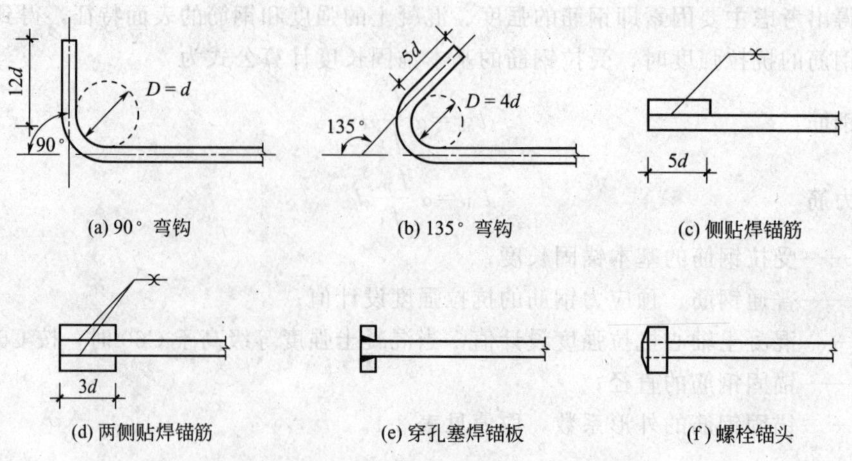

图 2-29 弯钩或机械锚固的形式和技术要求

2.3.2.3 受压钢筋的锚固

混凝土结构中的纵向受压钢筋，当计算中充分利用其抗压强度时，锚固长度不应小于相应受拉锚固长度的 0.7 倍。

受压钢筋不应采用末端弯钩和一侧贴焊锚筋的锚固措施。

受压钢筋锚固长度范围内的横向构造钢筋与受拉钢筋的相同。

梁、板中纵向受力钢筋在支座处的锚固将在第 5 章中讲述。

2.3.3 钢筋的连接

2.3.3.1 钢筋连接的原则

由于结构中实际配置的钢筋长度与供货长度不一致，将产生钢筋的连接问题。钢筋的连接需要满足承载力、刚度、延性等基本要求，以便实现结构对钢筋的整体传力。钢筋的连接形式有绑扎搭接、机械连接和焊接，应遵循如下基本设计原则：

① 接头应尽量设置在受力较小处，以降低接头对钢筋传力的影响程度；

② 在同一钢筋上宜少设连接接头，以避免过多削弱钢筋的传力性能；

③ 同一构件相邻纵向受力钢筋的绑扎搭接接头宜相互错开，限制同一连接区段内接头钢筋面积率，以避免变形、裂缝集中于接头区域而影响传力效果；

④ 在钢筋连接区域应采取必要构造措施，如适当增加混凝土保护层厚度或调整钢筋间距，保证连接区域的配箍，以确保对被连接钢筋的约束，避免连接区域的混凝土纵向劈裂。

2.3.3.2 绑扎搭接连接

钢筋的绑扎搭接连接利用了钢筋与混凝土之间的黏结锚固作用，因比较可靠且施工简便而得到广泛应用。但是，因直径较粗的受力钢筋绑扎搭接容易产生过宽的裂缝，故受拉钢筋直径大于 28mm、受压钢筋直径大于 32mm 时不宜采用绑扎搭接。轴心受拉及小偏心受拉构件的纵向钢筋，因构件截面较小且钢筋拉应力相对较大，为防止连接失效引起结构破坏等严重后果，故不得采用绑扎搭接。承受疲劳荷载的构件，为避免其纵向受拉钢筋接头区域的混凝土疲劳破坏而引起连接失效，也不得采用绑扎搭接接头。

钢筋绑扎搭接接头连接区段的长度为 1.3 倍搭接长度。凡搭接接头中点位于该连接区段长度内的搭接接头均属于同一连接区段，见图2-30。同一连接区段内纵向钢筋搭接接头面积百分率为该区段内搭接接头的纵向受力钢筋截面面积与全部纵向受力钢筋截面面积的比值。

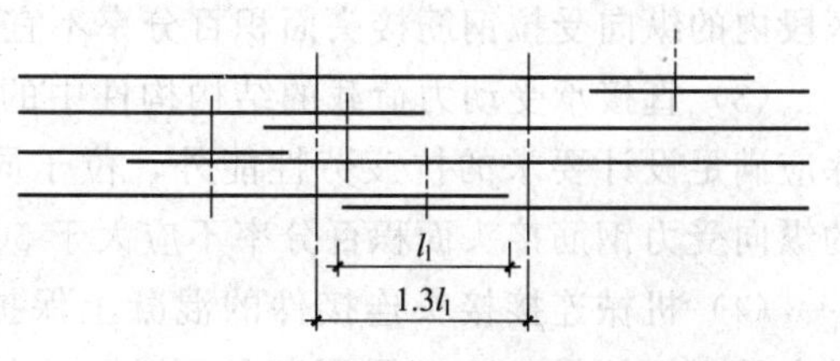

图 2-30 钢筋的搭接接头连接区段

位于同一连接区段内的受拉钢筋搭接接头面积百分率：对于梁、板和墙类构件，不宜大于25%；对于柱类构件，不宜大于50%。当工程中确有必要增大受拉钢筋搭接接头面积率时，对于梁类构件，不应大于50%；对于板类、墙类及柱类构件，可根据实际情况放宽。

纵向受拉钢筋绑扎搭接接头的搭接长度应根据位于同一连接区段内的钢筋搭接接头面积百分率按式(2-32) 计算

$$l_1 = \zeta_1 l_a \tag{2-32}$$

式中 l_1——纵向受拉钢筋的搭接长度；

l_a——纵向受拉钢筋的锚固长度；

ζ_1——纵向受拉钢筋搭接长度修正系数，取值见表2-2。

表 2-2 纵向受拉钢筋搭接长度修正系数

纵向受拉钢筋搭接接头面积百分率/%	≤25	50	100
ζ_1	1.2	1.4	1.6

在任何情况下，纵向受拉钢筋绑扎搭接接头的搭接长度均不应小于300mm。构件中的纵向受压钢筋，当采用搭接连接时，其受压搭接不应小于$0.7l_1$，且不小于200mm。

在纵向受力钢筋搭接接头范围内应配置箍筋，其直径不应小于搭接钢筋较大直径的0.25倍。当钢筋受拉时，箍筋间距不应大于搭接钢筋较小直径的5倍，且不应大于100mm；当钢筋受压时，箍筋间距不应大于搭接钢筋较小直径的10倍，且不应大于200mm。当受压钢筋直径大于25mm时，尚应在搭接接头两个端面外100mm范围内各设置两个箍筋。

2.3.3.3 机械连接

钢筋的机械连接是通过连贯于两根钢筋外的套筒来实现传力，套筒与钢筋之间通过机械咬合力过渡。主要形式有挤压套筒连接、锥螺纹套筒连接、镦粗直螺纹连接、滚轧直螺纹连接等，锥螺纹套筒连接如图2-31所示。

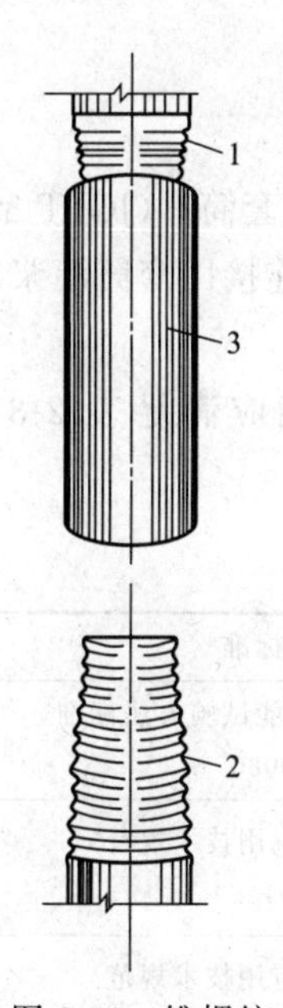

图 2-31 锥螺纹套筒的连接示意图
1—上钢筋；
2—下钢筋；
3—套筒
(内有凹螺纹)

机械连接比较简便，是规范鼓励推广应用的钢筋连接形式，但与整体钢筋相比性能总有削弱，因此应用时应遵循如下规定。

(1) 钢筋机械连接接头连接区段的长度为35d（d为纵向受力钢筋的较大直径），凡接头中点位于该连接区段长度内的机械连接接头均属于同一连接区段。

(2) 在受拉钢筋受力较大处设置机械连接接头时，位于同一连接区段内的纵向受拉钢筋接头面积百分率不宜大于 50%。

(3) 直接承受动力荷载的结构构件中的机械连接接头，除应满足设计要求的抗疲劳性能外，位于同一连接区段内的纵向受力钢筋接头面积百分率不应大于 50%。

(4) 机械连接接头连接件的混凝土保护层厚度宜满足纵向受力钢筋最小保护层厚度的要求。连接件间的横向钢筋净间距不宜小于 25mm。

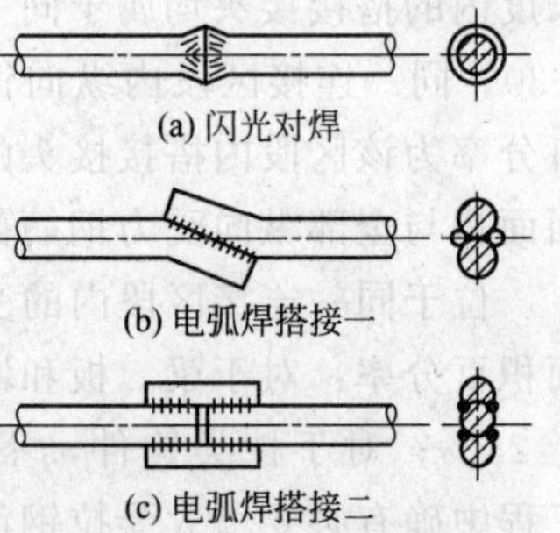

(a) 闪光对焊

(b) 电弧焊搭接一

(c) 电弧焊搭接二

图 2-32 钢筋焊接连接示意图

2.3.3.4 焊接

钢筋焊接是利用电阻、电弧或者燃烧的气体加热钢筋端头使之熔化并用加压或添加熔融的金属焊接材料，使之连成一体的连接方式。有闪光对焊 [图 2-32(a)]，电弧焊 [图 2-32(b)、(c)]，气压焊，点焊等类型。焊接接头最大的优点是节省钢筋材料、接头成本低、接头尺寸小，基本不影响钢筋间距及施工操作，在质量有保证的情况下是很理想的连接形式。但是，当需进行疲劳验算的构件，其纵向受拉钢筋不宜采用焊接接头；当直接承受吊车荷载的钢筋混凝土吊车梁、屋面梁及屋架下弦的纵向受拉钢筋必须采用焊接接头时，应符合有关规定。

纵向受力钢筋焊接接头连接区端的长度为 $45d$ 且不小于 500mm，凡接头中点位于该连接区段内的焊接接头均属于同一连接区段。位于同一连接区段内纵向受拉钢筋的焊接接头面积百分率不应大于 25%。

2.3.4 装配式混凝土结构中钢筋的连接

普通钢筋采用套筒灌浆连接和浆锚搭接连接。

钢筋套筒灌浆连接接头采用的套筒应符合现行行业标准《钢筋连接用灌浆套筒》(JG/T 398) 的规定，钢筋套筒灌浆连接接头采用的灌浆材料应符合现行行业标准《钢筋连接用套筒灌浆料》(JG/T 408) 的规定。

钢筋浆锚搭接连接接头应采用水泥基灌浆材料，灌浆材料的性能应满足表 2-3 的要求。

表 2-3 钢筋浆锚搭接连接接头用灌浆料性能

项目		性能指标	试验方法标准
泌水率/%		0	《普通混凝土拌合物性能试验方法标准》GB/T 50080
流动度/mm	初始值	≥200	《水泥基灌浆材料应用技术规范》GB/T 50448
	30min 保留值	≥150	
竖向膨胀率/%	3h	≥0.02	《水泥基灌浆材料应用技术规范》GB/T 50448
	24h 与 3h 的膨胀率之差	0.02～0.5	
抗压强度/MPa	1d	≥35	《水泥基灌浆材料应用技术规范》GB/T 50448
	3d	≥55	
	28d	≥80	
氯离子含量/%		≤0.06	《混凝土外加剂匀质性试验方法》GB/T 8077

思考题与习题

1. 混凝土结构中使用的钢筋主要有哪些种类？根据钢筋的力学性能，钢筋可以分为哪两种类型？其屈服强度如何取值？

2. 有明显屈服点钢筋和没有明显屈服点钢筋的应力-应变曲线有什么不同？

3. 钢筋的冷加工方法有哪几种？冷拉和冷拔后的力学性能有何变化？《混凝土结构设计规范》是否主张继续推广应用冷加工钢筋，为什么？

4. 什么是钢筋的应力松弛？

5. 钢筋混凝土结构对钢筋的性能有哪些要求？

6. 混凝土的强度等级是如何确定的？我国《混凝土结构设计规范》规定的混凝土强度等级有哪些？

7. 混凝土的立方体抗压强度标准值 $f_{cu,k}$、轴心抗压强度标准值 $f_{c,k}$和轴心抗拉强度标准值 $f_{t,k}$是如何确定的？为什么 $f_{c,k}$低于 $f_{cu,k}$？$f_{c,k}$与 $f_{cu,k}$有何关系？$f_{t,k}$与 $f_{cu,k}$有何关系？

8. 混凝土的受压破坏机理是什么？根据破坏机理，提高混凝土强度可采取什么方法？

9. 混凝土的单轴抗压强度与哪些因素有关？混凝土轴心受压应力-应变曲线有何特点？

10. 混凝土的变形模量和弹性模量是怎样确定的？各有什么用途？

11. 混凝土受拉应力-应变曲线有何特点？极限拉应变是多少？

12. 什么是混凝土的徐变？徐变的规律是什么？徐变对钢筋混凝土构件有何影响？影响徐变的主要因素有哪些？如何减少徐变？

13. 什么是混凝土的收缩？收缩有什么规律？与哪些因素有关？混凝土收缩对钢筋混凝土构件有什么影响？如何减少收缩？

14. 影响钢筋与混凝土黏结性能的主要因素有哪些？为保证钢筋与混凝土之间有足够的黏结力要采取哪些主要措施？

15. 在哪些情况下可以对钢筋的基本锚固长度进行修正？

16. 钢筋的连接应遵循哪些基本设计原则？

17. 何谓搭接连接区？如何求搭接连接区的长度？在搭接连接区内钢筋的接头面积百分率应满足什么条件？

第3章 结构设计基本原则

学习目标

1. 掌握结构的作用、作用效应、结构抗力；
2. 了解荷载的分类；
3. 掌握荷载的代表值；
4. 掌握结构功能要求；
5. 了解结构的可靠度理论；
6. 掌握极限状态设计方法。

3.1 结构的可靠性与极限状态概念

3.1.1 结构的功能要求和结构的可靠性

3.1.1.1 结构功能要求

所有建筑结构在设计时必须符合技术先进、经济合理、安全适用的要求。建筑结构的功能要求主要有下列三方面。

(1) 安全性

结构的安全性是指结构在规定的使用期限内，能承受在正常设计、正常施工和正常使用过程中可能出现的各种作用。其中包括荷载的作用、变形的作用、温度的作用等；在偶然事件（如地震、爆炸等）发生及发生后，允许有局部严重破坏，但不引起倒塌。

(2) 适用性

结构的适用性是指结构在正常使用时，能满足预定的使用要求，如构件的变形不能太大，裂缝宽度不能太大等。

(3) 耐久性

结构的耐久性是指结构在正常的维护下，材料性能虽然随时间变化，但结构仍能满足设计预定功能要求。例如，在使用期限内结构材料的腐蚀必须在一定的限度内。

3.1.1.2 可靠性与可靠度

可靠性：结构的安全性、适用性、耐久性统称为结构的可靠性。它指的是结构在规定的时间内，在规定的条件下，完成预定功能的能力。

可靠度：结构在规定的时间内，在规定的条件下，完成预定功能的概率。

也就是说，结构可靠度是结构可靠性的概率度量。

结构可靠度定义中所说的“规定的时间”，是指“设计使用年限”。设计使用年限是指设计规定的结构或结构构件不需要进行大修即可按其预定目的使用的时期，即结构在规定的条件下所应达到的使用年限。设计使用年限不等同于建筑结构的实际寿命和耐久年限，当结构的实际使用年限超过设计使用年限后，其可靠度可能较设计时预期值减小，但结构仍可继续使用或经大修后可继续使用。若使结构保持一定的可靠度，则设计使用年限取得越长，结构所需要的截面尺寸或所需要的材料用量就越大。根据我国的国情，《工程结构可靠性设计统一标准》（GB 50153）规定了各类建筑结构的设计使用年限，设计时可按表 3-1 的规定采用；若业主提出更高的要求，经主管部门批准，也可按业主的要求采用。

表 3-1　各类建筑结构的设计使用年限及荷载调整系数 γ_L

类别	设计使用年限/年	示例	γ_L
1	5	临时性建筑结构	0.9
2	25	易于替换的结构构件	—
3	50	普通房屋和构筑物	1.0
4	100	标志性建筑和特别重要的建筑结构	1.1

注：对设计使用年限为 25 年的结构构件，γ_L 应按各种材料结构设计规范的规定采用。

可靠度定义中的“规定的条件”，是指正常设计、正常施工和正常使用的条件，即不考虑人为过失的影响，人为过失应通过其他措施予以避免。

可靠度定义中的“预订功能”，是指满足结构的安全性、适用性和耐久性要求。《工程结构可靠性设计统一标准》明确规定了结构在规定的设计使用年限内应满足下列功能要求。

① 正常施工和正常使用时，能承受可能出现的各种作用（包括荷载及外加变形或约束变形）。

② 在正常使用时保持良好的使用性能，如不发生过大的变形或过宽的裂缝等。

③ 在正常维护下具有足够的使用功能，如结构材料的风化、腐蚀和老化不超过一定限度等。

④ 当发生火灾时，在规定的时间内可保持足够的承载力。

⑤ 当发生爆炸、撞击、人为错误等偶然事件时，结构能保持整体稳固性，不出现与起因不相称的破坏后果，防止出现结构的连续倒塌。对重要的结构，应采取必要的措施，防止出现结构的连续倒塌；对一般的结构，宜采取适当的措施，防止出现结构的连续倒塌。

上述要求的第①④⑤项是指结构的承载力和稳定性，关系到人身安全，称结构的安全性；第②项关系到结构的适用性；第③项为结构的耐久性。

结构设计的目的是要科学解决结构的可靠性与经济性这对矛盾，力求以最经济的途径，使建造的结构以适当的可靠度满足各项预定的功能要求。

3.1.1.3　结构设计基准期

结构的可靠性是有时间限制的，并不是无限期的。由于荷载过大或材料性能的改变，以及几何尺寸和构造的变化，任何一个结构使用一定年限后就将逐步破坏。因此，在结构设计时，必须对影响结构使用期限的各种因素给出时间限度，即所谓设计基准期。

结构设计基准期是为确定可变作用及与时间有关的材料性能等取值而选用的时间参数。《工程结构可靠性设计统一标准》规定，建筑结构、组成结构的构件及地基基础的设计基准期为50年。

设计基准期是设计结构时分析作用（或荷载）和材料等因素变化的时间依据，是结构设计满足功能需要或保证结构可靠性的时间限度，但是它不等于结构实际的使用寿命，也不等同于建筑结构的设计使用年限，《工程结构可靠性设计统一标准》所考虑的荷载统计参数，都是按设计基准期为50年确定的，如设计时需采用其他设计基准期则必须另行确定在设计基准期内最大荷载的概率分布及相应的统计参数。当结构实际使用年限超过设计基准期后，并不意味着结构已丧失使用功能而报废，在绝大多数情况下还可以维持使用，只是结构的可靠度减小。

3.1.1.4 结构安全等级

设计时对不同类型建筑物的结构功能要求和可靠性程度，应按不同的结构安全等级考虑。结构设计时，应根据房屋的重要性，采用不同的可靠度水准。《建筑结构可靠度设计统一标准》(GB 50068) 用结构的安全等级来表示房屋的重要性程度，根据结构破坏时对人的危害、造成的经济损失和社会影响的严重程度，将结构安全等级划为如下三个等级，如表3-2所示。其中，大量的一般房屋列入中间等级，重要的房屋提高一级，次要的房屋降低一级。重要房屋与次要房屋的划分，应根据结构破坏可能产生的后果，及危及人民生命、造成经济损失、产生社会影响等的严重程度确定。

表3-2 结构安全等级划分

安全等级	破坏后果	建筑物类型	示例
一级	很严重	重要的建筑物	大型的公共建筑等
二级	严重	一般建筑物	普通的住宅和办公楼等
三级	不严重	次要建筑物	小型的或临时性贮存建筑物

注：房屋建筑结构抗震设计中的甲类建筑和乙类建筑，其安全等级宜规定为一级；丙类建筑，其安全等级宜规定为二级；丁类建筑，其安全等级宜规定为三级。

建筑物中各类结构构件的安全等级，宜与整个结构的安全等级相同。但允许对部分结构构件根据其重要程度和综合经济效益进行适当调整。如提高某一结构构件的安全等级所需额外费用很少，又能减轻整个结构的破坏，从而大大减少了人员伤亡和财产损失，则可将该结构构件的安全等级比整个结构的安全等级提高一级。相反，如某一结构构件的破坏并不影响整个结构或其他结构构件的安全性，则可将其安全等级降低一级，但不得低于三级。对结构中重要构件和关键传力部位，宜适当提高其安全等级。

3.1.2 结构极限状态

结构的可靠性是由结构的安全性、适用性和耐久性决定的。在结构设计中，结构的安全性、适用性和耐久性是采用功能极限状态作为判别条件。所谓功能极限状态，是指整个结构构件的一部分或全部超过某一特定状态，就不能满足某一功能要求，此特定状态称为该功能的极限状态。

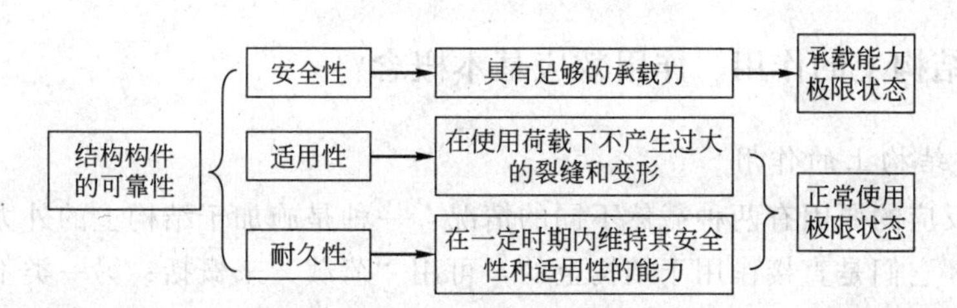

《工程结构可靠性设计统一标准》指出极限状态可分为承载能力极限状态与正常使用极限状态。

3.1.2.1　承载能力极限状态

所谓承载能力极限状态，是指结构或构件达到最大承载力或出现不适于继续承载的变形或变位的状态。它是结构安全性功能极限状态。当结构或构件出现下列状态之一时，应认为超过了承载能力极限状态。

(1) 结构构件或连接因超过材料强度而破坏，或因过度变形而不适于继续承载。

(2) 整个结构或其一部分作为刚体失去平衡（如倾覆等）。

(3) 结构转变为机动体系。

(4) 结构或结构构件丧失稳定（如压屈等）。

(5) 结构因局部破坏而发生连续倒塌。

(6) 地基丧失承载能力而破坏（如失稳等）。

(7) 结构或结构构件的疲劳破坏。

超过结构承载能力极限状态可能会导致人身伤亡和经济损失，因此任何结构及结构构件均需避免出现这种状态。为此，在设计时应控制出现承载能力极限状态的概率，使其处于很低的水平。

3.1.2.2　正常使用极限状态

所谓正常使用极限状态是指对应于结构或构件达到正常使用或耐久性的某项限值的状态，它是结构的适用性和耐久性功能极限状态。当结构或结构构件出现下列状态之一时，应认为超过了正常使用极限状态：

① 影响正常使用或外观的变形；

② 影响正常使用或耐久性的局部损坏（包括裂缝）；

③ 影响正常使用的振动；

④ 影响正常使用的其他特定状态。

各种结构或构件都有不同程度的结构正常使用极限状态要求。当结构超过正常使用极限状态时，虽然它已不能满足适用性和耐久性功能要求，但结构并没有破坏，不会导致人身伤亡。因此，出现正常使用极限状态的概率允许大于承载能力极限状态出现的概率。

3.2 结构作用、作用效应及抗力

确定结构及结构构件是否超过极限状态，需要将极限状态进行量化作为设计依据，而确定极限状态，要考虑结构上的作用效应和结构抗力两方面因素。

3.2.1 结构上的作用、作用效应基本概念

3.2.1.1 结构上的作用

引起结构反应的原因有两种截然不同的情况：一种是施加于结构上的外力，如车辆、人群、结构自重，它们是直接作用于结构上的，可用“荷载”来概括；另一类不是以外力形式作用于结构，它们产生的效应常与结构本身特性、结构所处环境有关，如地震、基础不均匀沉降、混凝土收缩和徐变、温度变化等，这些都是间接作用于结构的。因此，国际上普遍地把所有引起结构反应的原因统称为“作用”，而“荷载”仅限于表达施加于结构上的直接作用。

结构上的作用是指施加在结构上的集中力或分布力，以及引起结构变形的原因（如地震、基础沉降、温度变化、混凝土收缩等）。前者以力的形式作用于结构上，称为直接作用，习惯上称为荷载，后者以变形的形式作用在结构上，称为间接作用。

作用（或荷载）的基本特性是随机性，这种随机性表现在两个方面：其一是作用（或荷载）的取值具有随机性；其二是作用（或荷载）随时间的变化。结构上的作用随时间的变化，可分为三类。

(1) 永久作用

在结构使用期间，其值不随时间变化，或其变化与平均值相比可以忽略不计，或其变化是单调的并能趋于限值的作用，如结构的自身重力、土压力、预应力等。这种作用一般为直接作用，通常称为永久荷载或恒荷载。

(2) 可变作用

在结构使用期间，其值随时间变化，且变化与平均值相比不可忽略的作用，如楼面活荷载、桥面或路面上的行车荷载、风荷载和雪荷载等。这种作用一般为直接作用，通常称为可变荷载。

(3) 偶然作用

在结构使用期间不一定出现，一旦出现，其量值很大且持续时间很短的作用，如强烈的地震、爆炸、撞击等引起的作用。这种作用多为间接作用，当为直接作用时，通常称为偶然荷载。

3.2.1.2 作用效应

直接作用或间接作用作用在结构构件上，由此对结构产生内力和变形，（如轴力、剪力、弯矩、扭矩以及挠度、转角和裂缝等）称为作用效应。当为直接作用（即荷载）时，其效应也称为荷载效应，通常用 S 表示。荷载与荷载效应之间一般近似按线性关系考虑，二者均为随机变量或随机过程。

例如：某简支梁跨中作用一集中荷载 P，计算跨度为 l_0，由结构力学方法可以计算得到跨中弯矩为 $M=\frac{1}{4}Pl_0$，支座处剪力为 $V=\frac{1}{2}Pl_0$，其中，P 即为作用，而 M，V 则为由于 P 产生的作用效应。

3.2.1.3 结构抗力基本概念

结构抗力，通常用 R 表示，是指整个结构或结构构件承受作用效应（即内力和变形）的能力，如构件的承载能力、刚度和抗裂能力等。混凝土结构构件的截面尺寸、混凝土强度

等级、钢筋的种类、配筋的数量及方式等确定后，构件截面便具有一定的抗力。抗力可按一定的计算模式确定。如前述简支梁，若已知截面为200mm×500mm，C20混凝土，配有HRB335级钢筋3Φ20，经过计算（参见第4章计算），此梁能够承担的弯矩为$M=108.7\text{kN}\cdot\text{m}$，亦即其抗力为$M=108.7\text{kN}\cdot\text{m}$。

影响抗力的主要因素有材料性能（强度、变形模量等）、几何参数（构件尺寸等）和计算模式的精确性（抗力计算所采用的基本假设和计算公式不够精确等）。这些因素都是随机变量，因此由这些因素综合而成的结构抗力也是一个随机变量。

3.2.2 荷载

结构所承受的荷载不是一个定值，而是在一定范围内变动；结构所用材料的实际强度也在一定范围内波动。因此，结构设计时所取用的荷载值和材料强度值应采用概率统计方法来确定。

荷载标准值是建筑结构按极限状态设计时采用的荷载基本代表值。荷载标准值可由设计基准期（规定为50年）最大荷载概率分布的某一分位值确定，若为正态分布，则如图3-1中的P_k。荷载标准值理论上应为结构在使用期间，在正常情况下，可能出现的具有一定保证率的偏大荷载值。例如，若取荷载标准值为

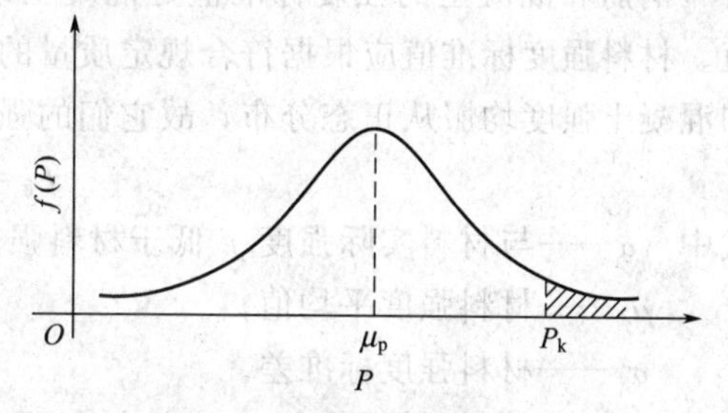

图3-1 荷载概率密度分布曲线

$$P_k=\mu_p+1.645\sigma_p \tag{3-1}$$

式中 μ_p——荷载平均值；

σ_p——荷载标准差。

则P_k具有95%的保证率，亦即在设计基准期内超过此标准值的荷载出现的概率为5%。

3.2.2.1 永久荷载标准值

永久荷载（恒荷载）标准值G_k可按结构设计规定的尺寸和《建筑结构荷载规范》（GB 50009）规定的材料重度（或单位面积的自重）平均值确定，一般相当于永久荷载概率分布的平均值，对于自重变异性较大的材料，尤其是制作屋面的轻质材料，在设计中应根据荷载对结构不利或有利，分别取其自重的上限值或下限值。

3.2.2.2 可变荷载标准值

《建筑结构荷载规范》规定，办公楼、住宅楼楼面均布活荷载标准值Q_k均为2.0kN/mm^2。根据统计资料，这个标准值对于办公楼相当于设计基准期最大活荷载概率分布的平均值加3.16倍标准差，对于住宅相当于设计基准期最大荷载概率分布的平均值加2.38倍的标准差。可见，对于办公楼和住宅，楼面活荷载标准值的保证率均大于95%，但住宅结构构件的可靠度低于办公楼。

风荷载标准值是由建筑物所在地的基本风压乘以风压高度变化系数、风载体型系数和风振系数确定的。其中基本风压是以当地比较空旷平坦地面上离地10m高处统计所得的50年一遇10min平均最大风速v_0（m/s）为标准，按$v_0^2/1600$确定的。风荷载的组合值、频遇值系数和准永久值系数可分别取0.6、0.4和0.0。

雪荷载标准值是由建筑物所在地的基本雪压乘以屋面积雪分布系数确定。而基本雪压则是以当地一般空旷平坦地面上统计所得 50 年一遇最大雪压确定。雪荷载的组合值系数可取 0.7；频遇值系数可取 0.6；准永久值系数应按雪荷载分区Ⅰ、Ⅱ、Ⅲ的不同，分别取 0.5、0.2 和 0。

在结构设计中，各类可变荷载标准值及各种材料重度（或单位面积的自重）可由《建筑结构荷载规范》查取。

3.2.3 材料强度

3.2.3.1 材料强度标准值

钢筋和混凝土的强度标准值是混凝土结构按极限状态设计时采用的材料强度基本代表值。材料强度标准值应根据符合规定质量的材料强度概率分布的某一分位值确定。由于钢筋和混凝土强度均服从正态分布，故它们的强度标准值 f_k 可统一表示为

$$f_k = \mu_f - \alpha\sigma_f \tag{3-2}$$

式中 α——与材料实际强度 f 低于材料强度标准值 f_k 的概率有关的保证率系数；

μ_f——材料强度平均值；

σ_f——材料强度标准差。

由此可见，材料强度标准值是材料强度概率分布中具有一定保证率的偏低的材料强度值。

3.2.3.2 材料强度设计值

在工程实际中，由于材料材质的不均匀性、各地区材料的离散性、实验室环境与实际工程的差异性以及施工中不可避免的偏差等因素，导致材料强度不稳定，即有变异性。为考虑这一系列的影响，设计时将材料强度除以一个大于 1 的系数，该系数称为材料分项系数。材料分项系数按照《混凝土结构设计规范》选用如表 3-3 所示。

表 3-3 材料分项系数

混凝土	γ_c	轴心抗拉、轴心抗压	1.40
钢筋及预应力钢筋	γ_s	HPB300、HRB335、HRBF335、HRB400、HRBF400、RRB400	1.10
		HRB500、HRBF500	1.15
		预应力钢筋、预应力钢丝、钢铰线	1.20

注：对中强度预应力钢丝和螺纹钢筋按照上述原则计算并考虑工程经验适当调整。

3.3 结构极限状态设计方法

3.3.1 结构的设计状况

结构在建造和使用过程中所承受的作用、所处环境条件、经历的时间长短等都是不同的，设计时所采用的结构体系、可靠度水准、设计方法等也应有所区别。结构的设计状况是结构从施工到使用的全过程中，代表一定时段的一组物理条件，设计时必须做到使结构在该

时段内不超越有关极限状态。因此，建筑结构设计时，应根据结构在施工和使用中的环境条件和影响，区分下列四种设计状况。

① 持久设计状况。在结构使用过程中一定出现，且持续期很长的状况。持续期一般与设计使用年限为同一数量级。如房屋结构承受家具和正常人员荷载的状况。

② 短暂设计状况。在结构施工和使用过程中出现概率较大，且与设计使用年限相比，持续时间很短的状况。如结构施工和维修时承受堆料和施工荷载的状况。

③ 偶然设计状况。在结构使用过程中出现概率很小，且持续期很短的状况。如结构遭受火灾、爆炸、撞击等作用的状况。

④ 地震设计状况。结构使用过程中遭受地震作用时的状况。

对于上述四种设计状况，均应进行承载能力极限状态设计，以确保结构的安全性；对偶然设计状况，允许主要承重结构因出现设计规定的偶然事件而局部破坏，但其剩余部分具有在一段时间内不发生连续倒塌的可靠度；对持久设计状况，尚应进行正常使用极限状态设计，以保证结构的适用性和耐久性；对短暂设计状况和地震设计状况，可根据需要进行正常使用极限状态设计；对偶然设计状况，因持续期很短，可不进行正常使用极限状态设计。

3.3.2 极限状态设计

(1) 对上述四种工程结构设计状况应分别进行下列极限状态设计。

① 对四种设计状况，均应进行承载能力极限状态设计。

② 对持久设计状况，尚应进行正常使用极限状态设计。

③ 对短暂设计状况和地震设计状况，可根据需要进行正常使用极限状态设计。

④ 对偶然设计状况，可不进行正常使用极限状态设计。

(2) 进行承载能力极限状态设计时，应根据不同的设计状况采用下列作用组合。

① 基本组合，用于持久设计状况或短暂设计状况。

② 偶然组合，用于偶然设计状况。

③ 地震组合，用于地震设计状况。

(3) 进行正常使用极限状态设计时，可采用下列作用组合。

① 标准组合，宜用于不可逆正常使用极限状态设计。

② 频遇组合，宜用于可逆正常使用极限状态设计。

③ 准永久组合，宜用于长期效应是决定性因素的正常使用极限状态设计。

其中，可逆极限状态是指产生超越状态的作用被移去后，将不再保持超越状态的一种极限状态，不可逆极限状态是指产生超越状态的作用被移去后，仍将永久保持超越状态的一种极限状态。例如，一简支梁在某一数值的荷载作用下，其挠度超过了允许值，卸去该荷载后，若梁的挠度小于允许值，则为可逆极限状态，否则为不可逆极限状态。

3.3.3 结构的功能函数和极限状态方程

结构的可靠度通常受结构上的各种作用、材料性能、几何参数、计算公式精确性等因素的影响。这些因素一般具有随机性，称为基本变量，记为 $X_i(i=1,2,\cdots,n)$。

按极限状态方法设计建筑结构时，要求所设计的结果具有一定的预定功能。这可用包括

各有关基本变量 X_i 在内的结构功能函数来表达，即

$$Z=g(X_1,X_2,\cdots,X_n) \tag{3-3}$$

当
$$Z=g(X_1,X_2,\cdots,X_n)=0 \tag{3-4}$$
时，称为极限状态方程。

当功能函数中仅包括作用效应 S 和结构抗力 R 两个基本变量时，可得

$$Z=g(R,S)=R-S \tag{3-5}$$

通过功能函数 Z 可以判别结构所处的状态：

当 $Z>0$ 时，结构处于可靠状态；

当 $Z=0$ 时，结构处于极限状态；

当 $Z<0$ 时，机构处于失效状态。

$Z=R-S=0$ 称为极限状态方程。如图 3-2 所示。

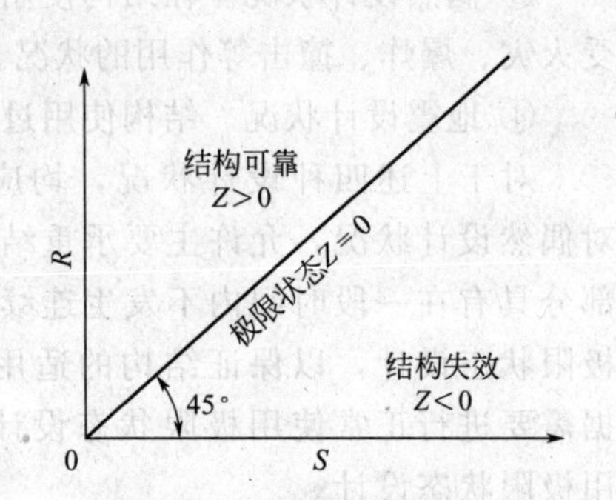

图 3-2　结构所处的状态

3.3.4 结构可靠度的计算

3.3.4.1　结构的失效概率

由式(3-5) 可知，假若 R 和 S 都是确定性变量，则由 R 和 S 的差值可直接判别结构所处的状态。实际上，R 和 S 都是随机变量或随机过程，因此，要绝对地保证 R 总大于 S 是不可能的。图 3-3 为 R 和 S 绘于同一坐标系时的概率密度曲线，假设 R 和 S 均服从正态分布且二者为线性关系，R 和 S 的平均值分别为 μ_R 和 μ_S，标准差分别为 σ_R 和 σ_S。由图 3-3 可见，在多数情况下，R 大于 S。但是，由于 R 和 S 的离散性，在 R、S 概率密度曲线的重叠区（阴影段内）仍有可能出现 R 小于 S 的情况。这种可能性的大小用概率来表示就是失效概率，即结构功能函数 $Z=R-S<0$ 的概率称为结构构件的失效概率，记为 p_f。

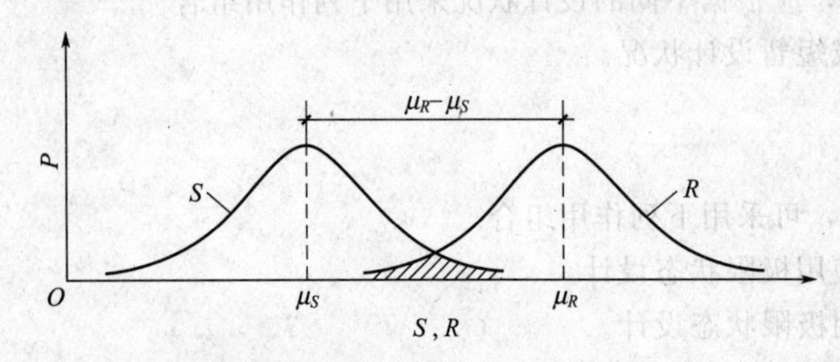

图 3-3　R 和 S 的概率密度曲线

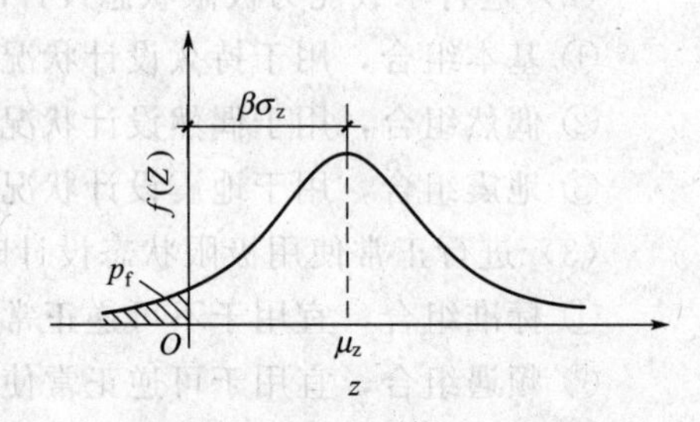

图 3-4　功能函数的概率密度曲线

当结构功能函数中仅有两个独立的随机变量 R 和 S，且它们都服从正态分布时，则功能函数 $Z=R-S$ 也服从正态分布，其平均值 $\mu_z=\mu_R-\mu_S$，标准差 $\sigma_z=\sqrt{\sigma_R^2+\sigma_S^2}$。功能函数 Z 的概率密度曲线如图 3-4 所示，结构的概率 p_f 可直接通过 $Z<0$ 的概率（图中阴影面积）来表达，即

$$p_f=P(Z<0)=\int_{-\infty}^{0} f(Z)\mathrm{d}Z=\int_{-\infty}^{0}\frac{1}{\sqrt{2\pi}}\exp\left[-\frac{1}{2}\left(\frac{Z-\mu_z}{\sigma_z}\right)^2\right]\mathrm{d}Z \tag{3-6}$$

用失效概率度量结构可靠性具有明确的物理意义，能较好地反映问题的实质。但 p_f 的计算比较复杂，因而国际标准和我国标准目前都采用可靠指标 β 来度量结构的可靠性。

3.3.4.2　结构构件的可靠指标 β

令

$$\beta=\frac{\mu_z}{\sigma_z}=\frac{\mu_R-\mu_S}{\sqrt{\sigma_R^2+\sigma_S^2}} \tag{3-7}$$

则式(3-7) 可写为

$$p_f=\Phi\left(-\frac{\mu_z}{\sigma_z}\right)=\Phi(-\beta) \tag{3-8}$$

由式(3-8) 及图 3-4 可见，β 与 p_f 具有数值上的对应关系，见表 3-4，也具有与 p_f 相对应的物理意义。β 越大，p_f 就越小，即结构越可靠，故 β 称为可靠指标。

表 3-4　可靠指标 β 与失效概率 p_f 的对应关系

β	1.0	1.5	2.0	2.5	2.7	3.2	3.7	4.2
p_f	1.59×10^{-1}	6.68×10^{-2}	2.28×10^{-2}	6.21×10^{-3}	3.5×10^{-3}	6.9×10^{-4}	1.1×10^{-4}	1.3×10^{-5}

当仅有作用效应和结构抗力两个基本变量且均按正态分布时，结构构件的可靠指标可按式(3-7) 计算，当基本变量不按正态分布时，结构构件的可靠指标应以结构构件作用效应和抗力当量正态分布的平均值和标准差代入式(3-9) 计算。例如，当荷载效应 S 和结构抗力 R 均服从对数正态分布时，类似于式(3-9)，可得

$$\beta=\frac{\ln\left(\dfrac{\mu_R}{\mu_S}\sqrt{\dfrac{1+\delta_S^2}{1+\delta_R^2}}\right)}{\sqrt{\ln\left[(1+\delta_R^2)(1+\delta_S^2)\right]}} \tag{3-9}$$

式中　δ_S——荷载效应变异系数；

δ_R——抗力的变异系数。

由式(3-7) 可以看出，β 直接与基本变量的平均值和标准差有关，而且还可以考虑基本变量的概率分布类型，所以它能反映结构可靠度的主要因素的变异性，这是传统的安全系数所未能做到的。

3.3.4.3　设计可靠指标 [β]

设计规范所规定的作为设计结构或构件时所应达到的可靠指标，称为设计可靠指标 [β]，它是根据设计所要求达到的结构可靠度而取值的，所以又称为目标可靠指标。结构设计时应满足 $\beta\geqslant[\beta]$。

设计可靠指标，理论上应根据各种结构构件的重要性、破坏性质（延性、脆性）及失效后果，用优化方法分析确定。限于目前统计资料不够完备，并考虑到标准规范的现实继承性，一般采用“校准法”确定。所谓“校准法”，就是通过对原有规范可靠度的反演计算和综合分析，确定以后设计时所采用的结构构件的可靠指标。这实质上是充分注意到了工程建设长期积累的经验，继承了已有的设计规范所隐含的结构可靠度水准，认为它从总体上来讲基本是合理的和可以接受的。这是一种稳妥可行的办法，当前一些国际组织以及我国、加拿大、美国和欧洲一些国家都采用此法。根据“校准法”的确定结果，《工程结构可靠性设计统一标准》给出了结构构件承载能力极限状态的可靠指标，如表 3-5 所示。表中延性破坏是指结构构件在破坏前有明显的变形或其他预兆。脆性破坏是指结构构件在破坏前无明显的变形或其他预兆。显然，延性破坏的危害相对较小，故 [β] 值相对低一些；脆性破坏的危害

较大，所以 $[\beta]$ 值相对高一些。

表 3-5 结构构件承载能力极限状态的设计可靠指标 $[\beta]$

破坏类型	安全等级		
	一级	二级	三级
延性破坏	3.7	3.2	2.7
脆性破坏	4.2	3.7	3.2

按概率极限状态方法设计时，一般是已知各基本变量的统计特性（如平均值和标准差），然后根据规范规定的设计可靠指标 $[\beta]$，求出所需的结构抗力平均值 μ_R，并转化为标准值 R_k^* 进行截面设计。这种方法能够比较充分地考虑各有关因素的客观变异性，使所设计的机构比较符合预期的可靠度要求，并且在不同结构之间，设计可靠度具有相对可比性。

对于一般建筑结构构件，根据设计可靠指标 $[\beta]$，按上述概率极限状态设计法进行设计，显然过于繁复。目前除对少数十分重要的结构，如原子能反应堆、海上采油平台等直接按上述方法设计外，一般结构仍采用极限状态实用设计表达式进行设计。

3.4 现行规范极限状态设计实用表达式

长期以来，人们已习惯采用基本变量的标准值（如荷载标准值，材料强度标准值等）和分项系数（如荷载分项系数、材料分项系数等）进行结构构件设计。考虑到这一习惯，并为了应用上的简便，规范将极限状态方程转化为基本变量标准值和分项系数形式表达的极限状态设计表达式。这就意味着，设计表达式中的各分项系数是根据结构构件基本变量的统计特性、以结构可靠度的概率分析为基础经优选确定，它们起着相当于设计可靠指标 $[\beta]$ 的作用。

建筑结构设计应根据使用过程中在结构上可能同时出现的荷载，按承载能力极限状态和正常使用极限状态分别进行荷载组合，并应取各自的最不利组合进行设计。

对于承载能力极限状态，应按荷载的基本组合或偶然组合计算荷载组合的效应设计值，并应采用式(3-10) 设计表达式进行设计

$$\gamma_0 S_d \leqslant R_d \tag{3-10}$$

式中 γ_0——结构重要性系数，应按各有关建筑结构设计规范的规定采用；

S_d——荷载组合的效应设计值；

R_d——结构构件抗力的设计值，应按各有关建筑结构设计规范的规定确定。

3.4.1 极限状态计算内容

(1) 承载能力极限状态

混凝土结构的承载能力极限状态应包括以下内容：

① 结构构件应进行承载力（包括失稳）计算；

② 直接承受重复荷载的构件应进行疲劳验算；

③ 有抗震设防要求时，应进行抗震承载力计算；

④ 必要时尚应进行结构的倾覆、滑移、漂浮验算；

⑤ 对于可能遭受偶然作用，且倒塌可能引起严重后果的重要结构，应进行防连续倒塌设计。

（2）正常使用极限状态

混凝土结构构件应根据其使用功能及外观要求，按下列规定进行正常使用极限状态验算：

① 对需要控制变形的构件，应进行变形验算；

② 对不允许出现裂缝的构件，应进行混凝土拉应力验算；

③ 对允许出现裂缝的构件，应进行受力裂缝宽度验算；

④ 对舒适度有要求的楼盖结构，应进行竖向自振频率验算。

3.4.2　极限状态设计基本表达式

3.4.2.1　承载能力极限状态

对持久设计状况、短暂设计状况和地震设计状况，当用内力的形式表达时，混凝土结构构件应采用下列承载能力极限状态设计表达式

$$\gamma_0 S_d \leqslant R_d \tag{3-11}$$

$$R_d = R(f_c, f_s, a_k, \cdots)/\gamma_{Rd} \tag{3-12}$$

式中　γ_0——结构重要性系数，在持久设计状况和短暂设计状况下，对安全等级为一级的结构构件不应小于1.1；对安全等级为二级的结构构件不应小于1.0；对安全等级为三级的结构构件不应小于0.9；对地震设计状况下应取1.0。

S_d——承载能力极限状态下作用组合的效应设计值，对持久设计状况和短暂设计状况按作用的基本组合计算；对地震设计状况按作用的地震组合计算。

R_d——结构构件的抗力设计值。

$R(\cdot)$——结构构件的抗力函数。

γ_{Rd}——结构构件的抗力模型不定性系数，静力设计取1.0，对不确定性较大的结构构件应根据情况取大于1.0的数值；抗震设计应用承载力抗震调整系数γ_{RE}代替γ_{Rd}。

f_c，f_s——混凝土、钢筋的强度设计值。

a_k——几何参数的标准值，当几何参数的变异性对结构性能有明显的不利影响时，可增、减一个附加值。

注：$\gamma_0 S_d$为内力设计值，相当于N，M，V，T等表达。

3.4.2.2　正常使用极限状态

结构构件应分别按荷载效应的标准组合、频遇组合、准永久组合或标准组合并考虑长期作用影响，采用下列极限状态设计表达式

$$S_d \leqslant C \tag{3-13}$$

式中　S_d——正常使用极限状态的荷载组合效应的标准值（如变形、裂缝宽度、应力等的效应标准值）；

C——结构构件达到正常要求所规定的变形、裂缝宽度和应力等的限值。

3.4.3　荷载效应组合

3.4.3.1　承载能力极限状态

对于承载能力极限状态，应按荷载的基本组合或偶然组合计算荷载组合的效应设计值

S_d，对持久和短暂设计状况，应采用基本组合；对偶然设计状况，应采用偶然组合。

(1) 基本组合

对于基本组合，荷载效应组合的设计值 S_d 应从下列组合值中取最不利值确定。

① 由可变荷载效应控制的组合

$$S_d=\sum_{j=1}^{m}\gamma_{G_j}S_{G_jk}+\gamma_p S_p+\gamma_{Q_1}\gamma_{L_1}S_{Q_1k}+\sum_{i=2}^{n}\gamma_{Q_i}\gamma_{L_i}\psi_{c_i}S_{Q_ik} \tag{3-14}$$

② 由永久荷载效应控制的组合

$$S_d=\sum_{j=1}^{m}\gamma_{G_j}S_{G_jk}+\gamma_p S_p+\sum_{i=1}^{n}\gamma_{Q_i}\gamma_{L_i}\psi_{c_i}S_{Q_ik} \tag{3-15}$$

式中 γ_{G_j}——第 j 个永久作用（荷载）的分项系数；

γ_{Q_1}——第 1 个可变作用（主导可变荷载）标准值的分项系数；

γ_{Q_i}——第 i 个可变作用的分项系数；

γ_{L_1}、γ_{L_i}——主导可变荷载 Q_1 和第 i 个可变荷载 Q_i 考虑设计使用年限的荷载调整系数，应按表 3-1 取用；

γ_p——预应力作用的分项系数；

S_{G_jk}——按第 j 个永久作用标准值 G_{jk} 计算的荷载效应值；

S_{Q_1k}——按第 1 个可变作用（主导可变荷载）标准值计算的荷载效应值；

S_{Q_ik}——按第 i 个可变作用标准 Q_{ik} 计算的荷载效应值；

S_p——预应力作用有关代表值的效应；

ψ_{c_i}——第 i 个可变作用的组合值系数，可由《建筑结构荷载规范》查取；

m——参与组合的永久荷载数；

n——参与组合的可变荷载数。

应当指出，基本组合中的设计值仅适用于荷载与荷载效应为线性的情况。此外，当对 S_{Q_1k} 无法明显判断时，可依次以各可变荷载效应为 S_{Q_1k}，选其中最不利的荷载效应组合。在应用式(3-14) 组合时，对于可变荷载，仅考虑与结构自重方向一致的竖向荷载，而不考虑水平荷载。

(2) 偶然组合

对于偶然组合，荷载效应组合的设计值可按下式确定

$$S_d=\sum_{j=1}^{m}S_{G_jk}+S_p+S_{A_d}+\psi_{f_1}S_{Q_1k}+\sum_{i=2}^{n}\psi_{q_i}S_{Q_ik} \tag{3-16}$$

式中 S_{A_d}——按偶然荷载标准值 A_d 计算的荷载效应值；

ψ_{f_1}——第 1 个可变荷载的频遇值系数；

ψ_{q_i}——第 i 个可变荷载的准永久值系数。

偶然荷载的代表值不乘分项系数，这是因为偶然荷载标准值的确定本身带有主观的臆造因素；与偶然荷载同时出现的其他荷载可根据观测资料和工程经验采用适当的代表值。各种情况下荷载效应的设计值公式，可按有关规范确定。

3.4.3.2 正常使用极限状态

对于正常使用极限状态，其验算规定如下。

(1) 对结构构件进行某些验算时，应按荷载标准组合的效应设计值［式(3-17)］进行计

算，其计算值不应超过规范规定的相应限值。

(2) 结构构件的裂缝宽度，对预应力混凝土构件，按荷载标准组合［式(3-17)］并考虑长期作用影响进行计算；对普通混凝土构件，按荷载准永久组合［式(3-19)］并考虑长期作用影响进行计算；构件的最大裂缝宽度不应超过规范规定的最大裂缝宽度限值。最大裂缝宽度限值应根据结构的环境类别、裂缝控制等级及结构类别确定。

(3) 钢筋混凝土受弯构件的最大挠度应按荷载准永久组合［式(3-19)］、预应力混凝土受弯构件应按荷载标准组合［式(3-17)］，并均应考虑荷载长期作用的影响进行计算，其计算值不应超过规范规定的挠度限值。

(4) 对有舒适度要求的大跨度混凝土楼盖结构，应进行竖向自振频率验算，其自振频率宜符合下列要求：住宅和公寓不宜低于5Hz；办公楼和旅馆不宜低于4Hz；大跨度公共建筑不宜低于3Hz。大跨度混凝土楼盖结构竖向自振频率的计算方法可参见相关设计手册。

① 标准组合的效应 S_d 可按式(3-17) 确定

$$S_d=\sum_{j=1}^{m}S_{G_jk}+S_pS_{Q_1k}+\sum_{i=2}^{n}\psi_{c_i}S_{Q_ik} \tag{3-17}$$

这种组合主要用于当一个极限状态被超越时将产生严重的永久性损害的情况，即标准组合一般用于不可逆正常使用极限状态。

② 频遇组合的效应设计值 S_d，可按式(3-18) 确定

$$S_d=\sum_{j=1}^{m}S_{G_jk}+S_p+\psi_{f_1}S_{Q_1k}+\sum_{i=2}^{n}\psi_{q_i}S_{Q_ik} \tag{3-18}$$

式中 ψ_{f_1}，ψ_{q_i}——可变荷载 Q_1 的频遇值系数、可变荷载 Q_i 的准永久值系数，可由《建筑结构荷载规范》查取。

可见，频遇组合系数指永久荷载标准值、主导可变荷载的频遇值与伴随可变荷载的准永久值的效应组合。这种组合主要用于当一个极限状态被超越时将产生局部损害、较大变形或短暂振动等情况，即频遇组合一般用于可逆正常使用极限状态。

③ 准永久组合的效应设计值 S_d，可按下式确定

$$S_d=\sum_{j=1}^{m}S_{G_jk}+S_p+\sum_{i=1}^{n}\psi_{q_i}S_{Q_ik} \tag{3-19}$$

这种组合主要用在当荷载的长期效应是决定性因素时的一些情况。

3.4.4 荷载分项系数

基本组合的荷载分项系数应按下列规定采用。

(1) 永久荷载分项系数 γ_G

① 当其效应对结构不利时：对由可变荷载效应控制的组合，取1.2；由永久荷载效应控制的组合，取1.35。

② 当其效应对结构有利时：取1.0。

(2) 可变荷载分项系数 γ_Q

① 当其效应对结构不利时，一般情况下应取1.4。

② 当其效应对结构不利时，对标准值大于 $4kN/m^2$ 的工业房屋楼面结构的活荷载，从经济效果考虑，应取1.3。

③ 当其效应对结构有利时，取为0。

(3) 对结构的倾覆、滑移或漂浮验算

荷载分项系数应按有关的结构设计规范的规定确定。

3.4.5 应用实例

【例 3-1】 在恒荷载、活荷载和风荷载标准值作用下，某框架柱底截面的弯矩值分别为31.2kN·m、5.88kN·m 和 8.6kN·m，已知活荷载组合值系数为 0.7，风荷载组合值系数为 0.6，结构安全等级为一级，设计使用年限 50 年，试求按承载能力极限状态基本组合时柱底截面弯矩设计值。

解 因结构安全等级为一级，故 γ_0 为 1.1。

(1) 以永久荷载控制

恒荷载分项系数 γ_G 取 1.35，活荷载分项系数 γ_Q 取 1.4，活荷载和风荷载的荷载组合值系数 ψ_c 分别为 0.6、0.7。由表 3-1，$\gamma_L=1.0$。

$$S_d=\sum_{j=1}^{m}\gamma_{G_j}S_{G_jk}+\sum_{i=1}^{n}\gamma_{Q_i}\gamma_{L_i}\psi_{c_i}S_{Q_ik}$$

$$M=\gamma_0 S_d=\gamma_0(\gamma_G M_{Gk}+\sum_{i=1}^{n}\gamma_{Q_i}\gamma_{L_i}\psi_{c_i}M_{Q_ik})$$

$$=1.1\times(1.35\times31.2+1.4\times1.0\times0.6\times8.6+1.4\times1.0\times0.7\times5.88)$$

$$=60.62\text{kN/m}^2$$

(2) 以可变荷载控制

恒荷载分项系数 γ_G 取 1.2，活荷载分项系数 γ_Q 取 1.4，活荷载和风荷载的荷载组合值系数 ψ_c 分别为 0.6、0.7。

$$S_d=\sum_{j=1}^{m}\gamma_{G_j}S_{G_jk}+\gamma_{Q_1}\gamma_{L_1}S_{Q_1k}+\sum_{i=2}^{n}\gamma_{Q_i}\gamma_{L_i}\psi_{c_i}S_{Q_ik}$$

① 活荷载为第一可变荷载。

$$M=\gamma_0 S_d=\gamma_0(\gamma_G M_{G_jk}+\gamma_{Q_1}\gamma_{L_1}M_{Q_1k}+\gamma_{Q_2}\gamma_{L_2}\psi_{c_2}M_{Q_2k})$$

$$=1.1\times(1.2\times31.2+1.4\times1.0\times5.88+1.4\times1.0\times0.6\times8.6)$$

$$=58.19\text{kN/m}^2$$

② 风荷载为第一可变荷载。

$$M=\gamma_0 S_d=\gamma_0(\gamma_G M_{G_jk}+\gamma_{Q_1}\gamma_{L_1}M_{Q_1k}+\gamma_{Q_2}\gamma_{L_2}\psi_{c_2}M_{Q_2k})$$

$$=1.1\times(1.2\times31.2+1.4\times1.0\times8.6+1.4\times1.0\times0.7\times5.88)$$

$$=60.77\text{kN/m}^2$$

所以，柱底截面的弯矩设计值为 60.77kN/m^2。

【例 3-2】 某悬臂外伸梁（图 3-5），设计使用年限 50 年，跨度 $l=6$m，伸臂的外挑长度 $a=2$m，截面尺寸 $b\times h=250\text{mm}\times500\text{mm}$，承受永久荷载标准值 $g_k=20$kN/m，可变荷载标准值 $q_k=10$kN/m。组合值系数 $\psi_c=0.7$。求 AB 跨中的最大弯矩设计值。

解 由结构力学知识可知，要得到 AB 跨的最大弯矩，需要在 AB 跨布置最大的荷载设计值，BC 跨布置最小的荷载值。

(1) 计算荷载 AB 跨的荷载设计值

① 永久荷载控制。

γ_G 取 1.35，活荷载分项系数 γ_Q 取 1.4，荷载组合值系数 ψ_c 取 0.7，由表 3-1，$\gamma_L=1.0$。

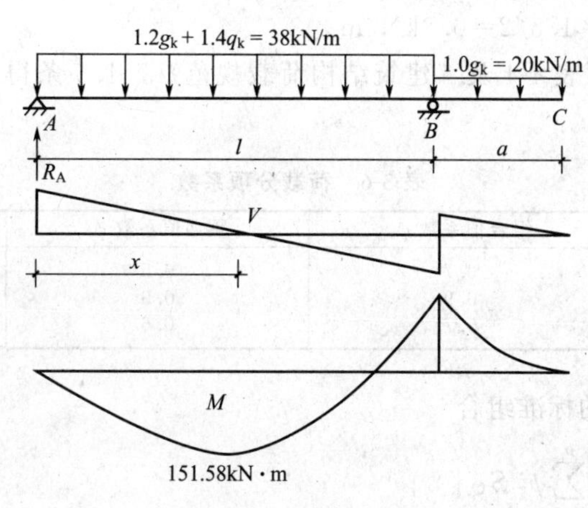

图 3-5 例题 3-2 图

$g+q=\gamma_G g_k+\gamma_Q\gamma_L\psi_c q_k=1.35\times20+1.4\times1.0\times0.7\times10=36.8\text{kN/m}$

② 可变荷载控制。

γ_G 取 1.2，活荷载分项系数 γ_Q 取 1.4，γ_L 取 1.0。

$g+q=\gamma_G g_k+\gamma_Q\gamma_L q_k=1.2\times20+1.4\times1.0\times10=38\text{kN/m}$

取二者较大值为 38kN/m。

(2) 计算荷载 BC 跨的荷载设计值

γ_G 取 1.0，活荷载分项系数 γ_Q 取 0，γ_L 取 1.0。

$g+q=\gamma_G g_k+\gamma_Q\gamma_L q_k=1.0\times20+0\times1.0\times10=20\text{kN/m}$

(3) 求弯矩最大值的点到支座距离

$$R_A=\frac{\frac{1}{2}\times38\times6^2-\frac{1}{2}\times20\times2^2}{6}=107.33\text{kN},\quad x=\frac{R_A}{38}=\frac{107.33}{38}=2.82\text{m}$$

(4) 求弯矩最大值

$$M_{\max}=R_A x-\frac{1}{2}\times38\times x^2=107.33\times2.82-\frac{1}{2}\times38\times2.82^2=151.58\text{kN}\cdot\text{m}$$

所以，AB 跨中的最大弯矩设计值为 151.58kN·m。

【例 3-3】 某厂房采用 1.5m×6m 的大型屋面板，卷材防水保温屋面，设计使用年限 50 年，永久荷载标准值为 2.7kN/m²，不上人屋面活荷载为 0.7kN/m²，屋面积灰荷载为 0.5kN/m²，雪荷载为 0.4kN/m²，已知纵肋的计算跨度 $l=5.87$m。该厂房为炼钢车间，屋面为不上人屋面。雪荷载分区为Ⅲ区（《建筑结构荷载规范》指出：屋面均布活荷载不应与雪荷载同时组合，积灰荷载应与雪荷载或不上人屋面均布活荷载两者中的较大值同时考虑）。

求屋面板纵肋跨中弯矩的标准组合、频遇组合和准永久组合。

解 (1) 确定荷载标准值

① 永久荷载。

$G_k=2.7\times1.5/2=2.025\text{kN/m}$

② 可变荷载。

屋面活荷载（不上人） $Q_{1k}=0.7\times1.5/2=0.525\text{kN/m}$

积灰荷载 $Q_{2k}=0.5\times1.5/2=0.375\text{kN/m}$

雪荷载　$Q_{3k}=0.4\times1.5/2=0.3\text{kN/m}$

（2）查附表4-3和附表4-4及《建筑结构荷载规范》7.1.5条得 ψ_c，ψ_f，ψ_q 三个系数，具体数值见表3-6。

表 3-6　荷载分项系数

荷载类别	组合值系数 ψ_c	频遇值系数 ψ_f	准永久值系数 ψ_q
屋面活荷载	0.7	0.5	0
屋面积灰荷载	0.9	0.9	0.8
雪荷载	0.7	0.6	0

（3）纵肋跨中弯矩的标准组合

$$S_d=S_{Gk}+S_{Q_1k}+\sum_{i=2}^{n}\psi_{c_i}S_{Q_ik}$$

$$M=\frac{1}{8}G_kl^2+\frac{1}{8}G_{1k}l^2+\frac{1}{8}\psi_{c_2}Q_{2k}l^2$$

$$=\frac{5.87^2}{8}\times(2.025+0.525+0.9\times0.375)=12.44\text{kN}\cdot\text{m}$$

（4）纵肋跨中弯矩的频遇组合

$$S_d=S_{G_jk}+\sum_{i=1}^{n}\psi_{q_i}S_{Q_ik}$$

$$M=\frac{1}{8}G_kl^2+\frac{1}{8}\psi_{q_1}Q_{1k}l^2+\frac{1}{8}\psi_{q_2}Q_{2k}l^2$$

$$=\frac{5.87^2}{8}\times(2.025+0.5\times0.525+0.8\times0.375)=11.14\text{kN}\cdot\text{m}$$

（5）纵肋跨中弯矩的准永久组合

$$S_d=S_{G_jk}+\sum_{i=1}^{n}\psi_{q_i}S_{Q_ik}$$

$$M=\frac{1}{8}G_kl^2+\frac{1}{8}\psi_{q_1}Q_{1k}l^2+\frac{1}{8}\psi_{q_2}Q_{2k}l^2$$

$$=\frac{5.87^2}{8}\times(2.025+0.0\times0.525+0.8\times0.375)=10.01\text{kN}\cdot\text{m}$$

【例 3-4】 某框架结构书库楼层梁为跨度6.0m的简支梁，梁的间距3.2m。楼面均布永久荷载（包括楼板和地面构造重量的折算值及梁的自重）标准值为3.75kN/m²，楼面活荷载标准值为5.5kN/m²。

求：（1）按承载能力极限状态设计时的跨中截面弯矩设计值；

（2）按正常使用极限状态验算时的荷载标准组合、准永久组合的跨中截面弯矩值。

解　（1）跨中截面弯矩设计值

按承载能力极限状态设计时的跨中截面弯矩设计值，应按荷载基本组合计算效应。

① 确定基本参数。

书库为一般房屋，安全等级为二级，$\gamma_0=1.0$。楼面活荷载标准值5.5kN/mm²＞4kN/mm²，取 $\gamma_Q=1.3$，由表3-1，考虑设计使用年限的调整系数 $\gamma_L=1.0$。

② 跨中弯矩设计值。

由可变荷载控制的跨中截面弯矩设计值，γ_G 取1.2，则

$$S_d = \sum_{j=1}^{m} \gamma_{G_j} S_{G_j k} + \gamma_{Q_1} \gamma_{L_1} S_{Q_1 k} + \sum_{i=2}^{n} \gamma_{Q_i} \gamma_{L_i} \psi_{c_i} S_{Q_i k}$$

$$M = \gamma_0 S_d = \gamma_0 (\gamma_G M_{Gk} + \gamma_Q \gamma_L M_{Qk})$$

$$= 1.0 \times \left(1.2 \times \frac{1}{8} \times 3.75 \times 3.2 \times 6^2 + 1.3 \times 1.0 \times \frac{1}{8} \times 5.5 \times 3.2 \times 6^2\right) = 167.76 \text{kN} \cdot \text{m}$$

③ 由永久荷载控制的跨中截面弯矩设计值，γ_G 取 1.35，则

$$S_d = \sum_{j=1}^{m} \gamma_{G_j} S_{G_j k} + \sum_{i=1}^{n} \gamma_{Q_i} \gamma_{L_i} \psi_{c_i} S_{Q_i k}$$

$$M = \gamma_0 S_d = \gamma_0 (\gamma_G M_{Gk} + \gamma_Q \gamma_L \psi_c M_{Qk})$$

$$= 1.0 \times \left(1.35 \times \frac{1}{8} \times 3.75 \times 3.2 \times 6^2 + 1.3 \times 1.0 \times 0.7 \times \frac{1}{8} \times 5.5 \times 3.2 \times 6^2\right)$$

$$= 144.97 \text{kN} \cdot \text{m}$$

故跨中截面弯矩设计值为 $M = 167.76\text{kN} \cdot \text{m}$。

(2) 按正常使用极限状态设计时荷载标准组合、准永久组合的跨中截面弯矩设计值

① 按荷载标准组合的弯矩设计值。

$$S_d = S_{Gk} + S_{Q_1 k} + \sum_{i=2}^{n} \psi_{c_i} S_{Q_i k}$$

$$M = M_{Gk} + M_{Q_1 k} = \frac{1}{8} \times (3.75 + 5.5) \times 3.2 \times 6^2 = 133.2 \text{kN} \cdot \text{m}$$

② 按荷载准永久组合的弯矩设计值。

查《建筑结构荷载规范》，$\psi_{q_1} = 0.8$。

$$S_d = S_{Gk} + \sum_{i=1}^{n} \psi_{q_i} S_{Q_i k}$$

$$M = M_{Gk} + \psi_{q_1} M_{Q_1 k} = \frac{1}{8} \times (3.75 + 0.8 \times 5.5) \times 3.2 \times 6^2 = 117.36 \text{kN} \cdot \text{m}$$

思考题与习题

思考题

1. 什么是结构可靠性？什么是结构可靠度？
2. 影响结构可靠度的因素主要有哪些？
3. 结构构件的极限状态是指什么？
4. 承载能力极限状态与正常使用极限状态要求有何不同？
5. 什么是结构上的作用？作用的分类有哪些？
6. 什么是荷载标准值、荷载准永久值、荷载频遇值、荷载设计值？是怎样确定的？
7. 结构抗力是指什么？包括哪些因素？
8. 什么是材料强度标准值、材料强度设计值？如何确定？
9. 什么是失效概率？什么是可靠指标？他们之间关系如何？
10. 什么是结构构件延性破坏？什么是脆性破坏？在可靠指标上如何体现他们的不同？
11. 承载能力极限状态使用设计表达式的普遍形式如何？请解释其含义。

12. 什么是荷载效应的标准组合与荷载的准永久组合？各自表达式如何？

13. 结构在规定使用年限内应满足哪些功能要求？

14. 结构上的作用，按其随时间的变异、随空间位置的变异以及结构的反应各分为哪几类？

15. 结构的功能函数是如何表达的？当功能函数 $Z>0$，$Z<0$ 以及 $Z=0$ 时，各表示什么状态？

16. 算数平均值 μ、标准差 σ 和变异系数 δ 是怎样的特征值？他们的表达式是怎样的？

17. 如结构的安全等级为二级，则延性破坏结构的目标可靠指标 $[\beta]$ 为多少？脆性破坏结构的目标可靠指标 $[\beta]$ 是多少？他们的失效概率各为多少？

习题

1. 某钢筋混凝土现浇屋盖，安全等级为二级，计算跨度 $l_0=3\text{m}$，板宽取 $b=1.0\text{m}$，板厚 $h=100\text{mm}$。屋面做法为：二毡三油上铺小石子（0.35kN/m^2），20mm 厚水泥砂浆找平层（容重为 $q_k=0.7\text{kN/m}^2\times1\text{m}=0.7\text{kN/m}$），60mm 厚加气混凝土保温层（容重为 6kN/m^3），板底为 20mm 厚抹灰（容重为 17kN/m^3），屋面活荷载为 0.7kN/m^2，雪荷载为 0.3kN/m^2，钢筋混凝土容重为 25kN/m^3。试确定屋面板的弯矩设计值。

2. 一简支梁，跨度 $l_0=4.5\text{m}$，受永久均布线荷载标准值为 10kN/m，受可变均布荷载标准值为 8kN/m，受跨中可变集中荷载标准值 12kN，可变荷载组合值系数 $\psi_{c_i}=0.7$，该梁安全等级为一级。试求梁的跨中截面弯矩设计值。

3. 某体操室楼面简支梁，安全等级为一级，计算跨度 $l_0=6\text{m}$，梁上作用永久荷载标准值为 12kN/m（包含自重），活荷载标准值为 9.8kN/m，试求：①跨中最大弯矩设计值和支座最大剪力设计值；②标准组合、频遇组合、准永久组合下的跨中最大弯矩值。

第4章 受弯构件正截面抗弯承载力计算

学习目标

1. 了解受弯构件的基本构造知识；
2. 熟悉受弯构件适筋梁从加载到破坏阶段的应力特征、正截面的破坏形态、适筋与超筋的界限及适筋与少筋的界限；
3. 熟练掌握单筋矩形截面、双筋矩形截面和T形截面受弯构件正截面承载力的计算方法。

4.1 概述

4.1.1 受弯构件的分类

受弯构件是指承受荷载时截面上有弯矩和剪力共同作用的构件。实际工程中典型的受弯构件是梁和板。梁与板的主要区别在于：梁的截面高度一般大于其宽度，而板的截面高度则远小于其宽度。梁的种类很多：简支梁，如图4-1(a) 所示，车间吊车梁、支承于梁上或墙上的预制楼板等都可以简化为简支梁；悬臂梁，如图4-1(b) 所示，阳台、雨篷的挑梁可以简化为悬臂梁；连续梁，如图4-1(c) 所示，框架结构主、次梁等可以简化为连续梁。板将在李哲等主编的《混凝土结构设计》楼盖设计中介绍。

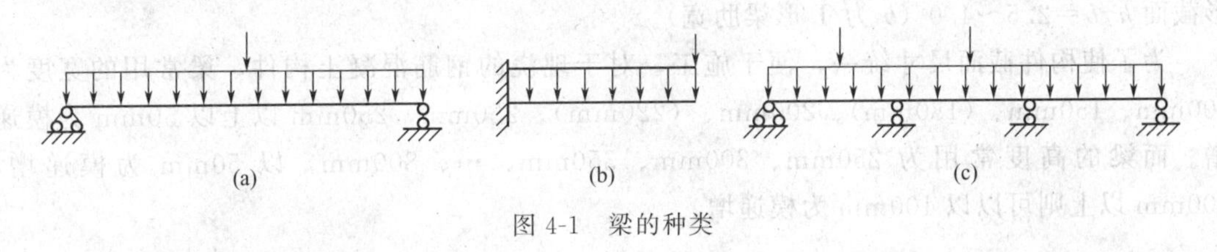

图4-1 梁的种类

4.1.2 梁、板常用的截面形式

工业与民用建筑结构中梁常用的截面形式有矩形、T形、工字形、倒T形，板常用的截面形式有矩形、空心板，如图4-2所示。

4.1.3 受弯构件的破坏类型

当构件只有弯矩作用时，构件可能会发生垂直截面的破坏，即正截面破坏，为防止发生

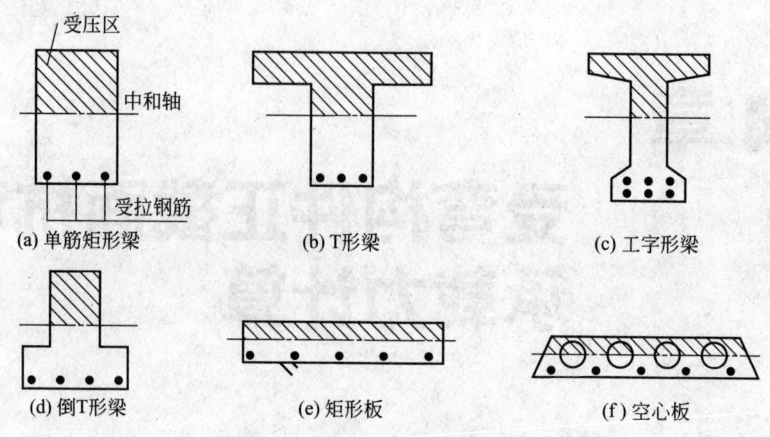

图 4-2 受弯构件常用截面形式

正截面破坏，要进行正截面承载力计算；当构件在弯矩和剪力共同作用下，构件可能会沿着斜截面发生破坏，为防止发生斜截面破坏，要进行斜截面承载力计算。防止受弯构件发生正截面破坏是本章要解决的问题，防止受弯构件发生斜截面破坏则是第 5 章要解决的问题。由于受弯构件是实际工程中应用最广泛的受力构件，所以对受弯构件的正截面承载能力计算问题是本课程的重点之一。

4.2 受弯构件的一般构造

4.2.1 梁的构造要求

4.2.1.1 截面尺寸

梁高 梁高 h 可以根据高跨比来初定，工业与民用建筑结构中，简支梁的高跨比一般为 $h/l_0=1/15\sim1/12$，连续梁的高跨比一般为 $h/l_0=1/20\sim1/15$，悬臂梁的跨高比一般为 $h/l_0=1/8\sim1/6$，其中：h 为梁高，l_0 为计算跨度。

梁宽 梁的截面宽度 b 可以根据高宽比来初定，矩形截面 $h/b=2\sim3.5$（b 为梁宽），T 形截面 $h/b=2.5\sim4.0$（b 为 T 形梁肋宽）。

为了使构件截面尺寸统一，便于施工，对于现浇的钢筋混凝土构件，梁常用的宽度为 100mm、150mm、(180mm)、200mm、(220mm)、250mm，250mm 以上以 50mm 为模递增。而梁的高度常用为 250mm、300mm、350mm、…、800mm，以 50mm 为模递增，800mm 以上则可以以 100mm 为模递增。

4.2.1.2 混凝土强度等级

现浇钢筋混凝土梁常用的强度等级是 C20、C25、C30，一般不超过 C40。由试验研究和理论分析可知，提高钢筋混凝土强度等级对增大受弯构件正截面承载力的作用不显著。

4.2.1.3 梁的配筋构造要求

(1) 受力纵筋

为了保证钢筋骨架具有一定的刚度和便于施工，梁中的纵向受力钢筋直径不能太细，同时，为了避免受拉区混凝土产生过宽的裂缝，直径也不宜太粗，常用钢筋直径为 12mm、

14mm、16mm、18mm、20mm、22mm和25mm。设计中若采用两种不同直径的钢筋时，为了便于施工中肉眼识别，钢筋直径相差不少于2mm，但也不宜超过6mm。

在选择纵向受力钢筋直径时，如果梁高小于300mm时，纵筋直径不应小于8mm；如果梁高大于等于300mm时，纵筋直径不应小于10mm。梁跨中受力钢筋的根数一般不少于3～4根。特别小的梁，受力钢筋也可减少为2根。

梁中钢筋根数也不宜太多，否则会增加混凝土浇灌难度。

（2）纵向构造筋（架立筋、腰筋）

纵向构造筋主要是架立筋和腰筋。

架立筋的直径，当梁的跨度小于4m时，不宜小于8mm；当梁的跨度为4～6m时，不宜小于10mm；当梁的跨度大于6m时，不宜小于12mm。

为了抑制梁的腹板高度范围内由荷载作用或混凝土收缩引起的垂直裂缝开展，需要在梁的两侧布置腰筋。当梁的腹板高度 $h_w \geqslant 450$mm，在梁的两侧应沿高度配置腰筋，每侧腰筋（不包括梁上、下部受力钢筋及架立钢筋）的截面面积不应小于腹板面积的0.1%，且间距不应大于200mm。

（3）弯起筋

弯起钢筋端部，应留一定的锚固长度：在受拉区不小于20d，在受压区不小于10d，如图4-3所示。对光面钢筋，在末端段还应设置弯钩。

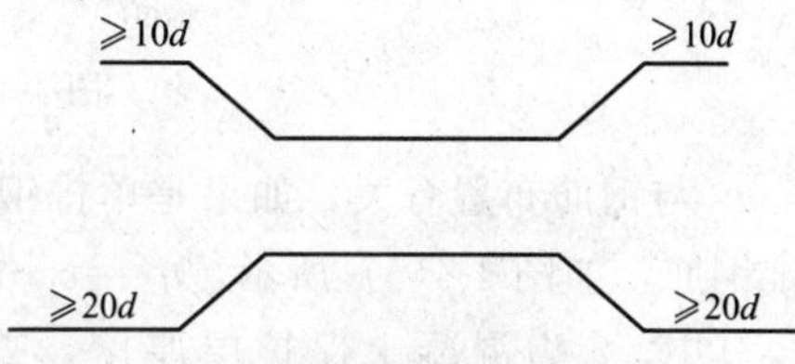

图4-3　弯起筋构造要求

（4）箍筋

在混凝土梁中，宜采用箍筋作为承受剪力的钢筋。梁的箍筋宜采用HPB300级、HRB400级、HRBF400级、HRB500级、HRBF500级，也可采用HRB335级和HRBF335级钢筋，常用的直径是6mm、8mm和10mm。

（5）钢筋净距、混凝土保护层、有效高度

① 钢筋净距。为了便于混凝土浇捣并保证钢筋与混凝土之间有足够的黏结力，纵筋的净距应满足图4-4所示的要求：梁上部纵向钢筋净距不应小于30mm和1.5d（d为钢筋的最大直径），下部纵向钢筋的净距不应小于25mm和d。纵向受力钢筋尽可能排成一排，当根数较多时，也可排成两排。当两排布置不开时，也容许将钢筋成束布置（每束以2根为宜）。在受力钢筋多于两排的特殊情况下，第三排及以上各排的钢筋水平方向的间距应比下面两排的间距增大一倍，各排钢筋之间净距应大于等于25mm和d。钢筋排成两排或两排以上时，上、下排钢筋应对齐布置，不应错列，否则将使混凝土浇灌困难。

② 混凝土保护层。混凝土保护层的作用主要有：a. 防止钢筋生锈；b. 在火灾情况下，延缓钢筋的升温速度；c. 保证钢筋和混凝土牢固黏结在一起。因此钢筋外面必须有足够厚度的混凝土保护层（厚度用c表示），如图4-4所示。这种必要的保护层厚度主要与钢筋混凝土结构构件所处的环境类别和混凝土等级有关。纵向受力钢筋的混凝土保护层厚度从最外层钢筋（包括箍筋、构造筋、分布钢筋等）外边缘算起不应小于钢筋的公称直径及附表3-4所列的数值。混凝土结构的环境类别如附表3-1所示。

③ 有效高度。有效高度是指从受拉钢筋合力作用点到受压边缘的距离，一般用h_0表示。如图4-4所示，则有

$$h_0=h-a_s \tag{4-1}$$

式中　h——截面高度，mm；

a_s——受拉钢筋合力点到受拉边缘距离，mm。

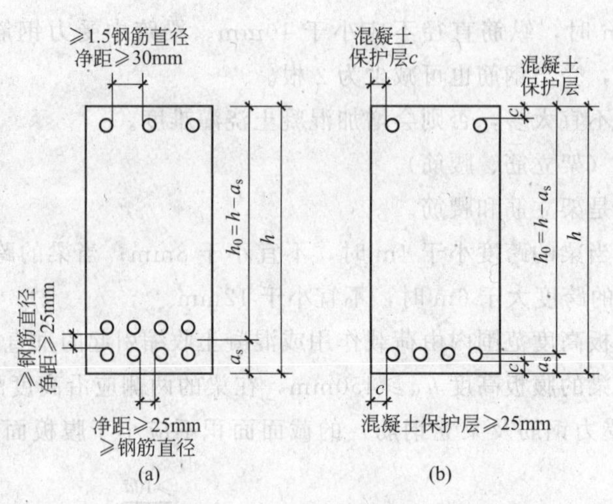

图 4-4　纵向受力钢筋间距

a_s与钢筋布置有关，如果是单排钢筋，如图 4-4(b) 所示，$a_s=c+d_{sv}+d/2$；如果是双排钢筋，如图 4-4(a) 所示，$a_s=c+d_{sv}+d+e/2$。

其中，c 为混凝土保护层厚度，查附表 3-4；d_{sv} 为箍筋直径，mm；d 为钢筋直径，mm；e 为两排钢筋之间的净距，mm。

在正截面受弯承载力设计时，钢筋直径、数量和排数等还不知道，因此 a_s 往往需要预先估计。当环境类别为一类（室内环境），混凝土强度等级大于 C25，钢筋混凝土的最小保护层厚度 $c=20$mm 时，一般取：当梁内布置一排钢筋时，$a_s=35\sim40$mm；当梁内布置两排钢筋时，$a_s=60\sim65$mm；对于板 $a_s=20\sim30$mm。

若取受拉钢筋直径为 20mm，则不同环境类别下钢筋混凝土梁设计计算中 a_s 参考取值见表 4-1。

表 4-1　钢筋混凝土梁 a_s 的近似取值　　单位：mm

环境类别	混凝土梁的最小保护层厚	箍筋直径 $\phi6$		箍筋直径 $\phi8$		箍筋直径 $\phi10$	
		受拉钢筋一排	受拉钢筋两排	受拉钢筋一排	受拉钢筋两排	受拉钢筋一排	受拉钢筋两排
一	20	35	60	40	65	40	65
二 a	25	40	65	45	70	45	70
二 b	35	50	75	55	80	55	80
三 a	40	55	80	60	85	60	85
三 b	50	65	90	70	95	70	95

4.2.2 板的构造要求

(1) 混凝土的强度等级

板的混凝土强度等级选取同梁，常选 C20、C25、C30，一般不超过 C40。

（2）板的厚度

现浇板的宽度一般较大，设计时可取单位宽度（$b=1000$mm）进行计算。现浇钢筋混凝土板的跨度与厚度之比：钢筋混凝土单向板不大于30，双向板不大于40；无梁支承的有柱帽板不大于35，无梁支承的无柱帽板不大于30；预应力板可适当增加；当荷载、跨度较大时，板的跨度与厚度比宜适当减小。钢筋混凝土现浇板的厚度除应满足跨度与厚度比的要求，尚应满足表4-2的要求。

表4-2　现浇钢筋混凝土板的最小厚度　　　单位：mm

板的类别		最小厚度
单向板	屋面板	60
	民用建筑楼板	60
	工业用建筑楼板	70
	行车道下的楼板	80
双向板		80
密肋板	面板	50
	肋高	250
悬臂板	悬臂长度不大于500mm	60
	悬臂长度1200mm	100
无梁楼板		150
现浇空心楼盖		200

注：悬臂板的厚度是指悬臂根部厚度。

（3）板的受力钢筋

板的受拉钢筋常用HRB400级、HRB500级、HRBF400级、HRBF500级钢筋；也可用HRB335级、HRBF335级和HPB300级钢筋，常用的钢筋直径为6mm、8mm、10mm和12mm，同一板中受力钢筋可以用两种不同直径，但两种直径宜相差在2mm以上。为了防止施工时钢筋被踩下，用于现浇板的钢筋直径不宜小于8mm。

为传力均匀及避免混凝土局部破坏，板中的受力钢筋间距（中距）不能太稀，最大间距可取为：当板厚$h\leqslant150$mm时，不宜大于200mm；当板厚$h>150$mm时，不宜大于$1.5h$，且不应大于250mm。

为了便于混凝土浇筑，保证钢筋周围混凝土的密实性，板内钢筋间距也不宜太密，最小间距为70mm，即每米板宽中最多放14根钢筋。板中钢筋的间距一般为70～200mm。

（4）板的分布钢筋

在板中垂直于受力钢筋方向还要布置分布钢筋。分布钢筋的作用是将板面荷载更均匀地传递给受力钢筋，同时，施工中用于固定受力钢筋，并起抵抗混凝土收缩和温度应力的作用。分布钢筋宜采用HRB400级、HRB500级和HPB300级钢筋，常用直径为6mm和8mm。单位长度上分布钢筋的截面面积不应小于单位长度上受力钢筋的截面面积的15%，且不宜小于该方向板截面面积的0.15%；分布钢筋的间距不宜大于250mm，直径不宜小于6mm。温度变化较大或集中荷载较大时，分布钢筋的截面面积应适当增加，其间距不宜大于200mm。

（5）保护层厚度

混凝土保护层厚度如附表 3-4 所示。

4.3 受弯构件正截面的受力性能试验

4.3.1 受弯构件正截面受弯承载力的受力全过程

钢筋混凝土构件的计算理论是建立在大量试验基础上的，因此在计算钢筋混凝土受弯构件之前，应该对它从开始受力直到破坏为止整个工作过程中的应力和应变变化规律有充分的了解。

为了着重研究正截面的应力和应变规律，钢筋混凝土梁受弯试验常采用两点对称加荷，使梁的中间处于纯弯曲状态，试验梁的布置和弯矩变化如图 4-5 所示。试验时，按预计的破坏荷载分级加载。采用仪表量测，纯弯段内沿梁高两侧布置的测点的应变（梁的纵向变形），利用安装在跨中和两端的千分表测定梁的跨中挠度；并使用读数放大镜观测裂缝的出现与开展。

由试验可知，在受拉区混凝土开裂之前，截面在变形后仍保持为平面。在裂缝发生后，对特定的裂缝截面来说，截面不再保持为绝对平截面，但只要测量应变的仪表有一定的标距，所测得的变形数值实际上表示标距范围内的平均应变值。从试验实测结果可以看出，沿截面高度测得的各纤维层的平均应变从开始加荷到接近破坏，基本上是按直线分布的，即可以认为始终符合平截面假定。由试验可以看出，随着荷载的增加，受拉区裂缝向上延伸，中和轴不断上移，受压区高度逐渐减小。

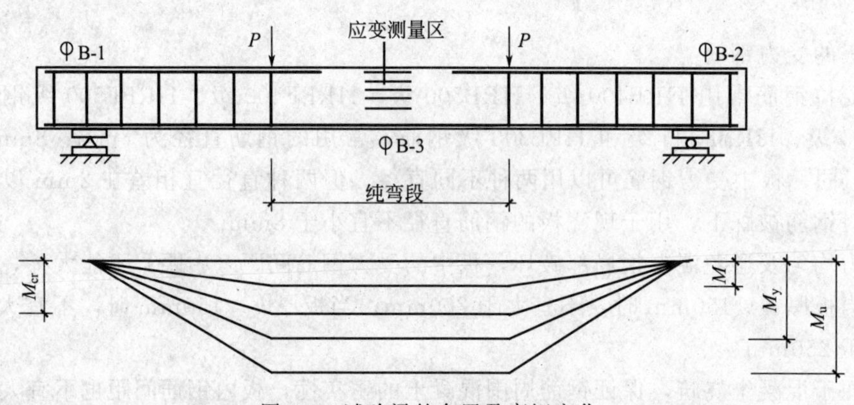

图 4-5 试验梁的布置及弯矩变化

图 4-5 中 M 代表荷载产生的弯矩，M_{cr}代表受拉区混凝土开裂时梁所承受的实测开裂弯矩，M_y 代表受拉钢筋屈服时梁所承受的实测屈服弯矩，M_u 代表截面破坏时所承受的实测极限弯矩。试验表明，钢筋混凝土梁从开始加荷到破坏，正截面上的应力和应变不断变化，其整个过程可分为三个阶段（图 4-6）。

(1) 第Ⅰ阶段——未裂阶段

如图 4-6(a) 所示荷载很小时，梁的截面在弯曲后仍保持为平面。截面上混凝土应力 σ_c 与钢筋应力 σ_s 都不大，变形基本上是弹性的，应力与应变之间保持线性关系，混凝土受拉区及受压区的应力分布均为线性，称为第一阶段。图中 A_s 为受拉钢筋截面面积。

当荷载逐渐增加到这个阶段的末尾时，混凝土受拉区应力大部分达到抗拉强度 f_t。此

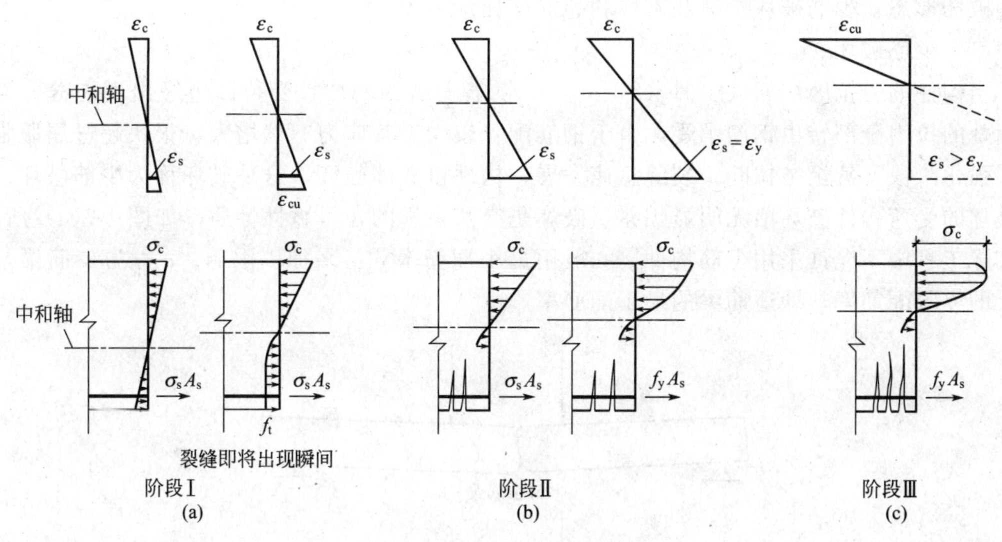

图 4-6　梁的应力-应变阶段

时受拉区呈现出很大的塑性变形，应力图形表现为曲线状，若荷载再稍增加，受拉区混凝土就将产生裂缝。此时，截面处于开裂前临界状态，这种状态为第Ⅰ阶段末，用Ⅰ_a表示。但在受压区，由于压力还远小于其抗压强度，混凝土的力学性质基本上处于弹性范围，应力图形接近三角形。在这个阶段中，拉力是由受拉混凝土与钢筋共同负担的，两者应变相同，所以钢筋应力很低，一般只达到 20～30N/mm^2。

第Ⅰ阶段是计算受弯构件抗裂时所依据的应力阶段。

(2) 第Ⅱ阶段——裂缝阶段

如图 4-6(b) 所示，当荷载继续增加，混凝土受拉边缘的应变超过受拉极限应变，受拉区混凝土出现裂缝，截面内应力和应变关系有了突变，进入第Ⅱ阶段，即裂缝阶段。在开始时，裂缝截面的受拉区混凝土在靠近中和轴之处有一部分尚未开裂，所以还能承受部分拉力。随着荷载增加，裂缝迅速扩大并向上延伸，中和轴逐渐上移，裂缝所在截面的受拉混凝土几乎完全脱离工作，拉力由钢筋单独承担，钢筋的应力比第Ⅰ阶段末突然增大。随着荷载的增加，钢筋应力不断增大。这时受压区也有一定的塑性变形，应力图形呈现平缓的曲线形。

第Ⅱ阶段是计算构件正常使用阶段的变形和裂缝宽度验算所依据的应力阶段。

(3) 第Ⅲ阶段——破坏阶段

如图 4-6(c) 所示，荷载继续增加，受拉钢筋应力就达到屈服强度 f_y。此时钢筋应力增加不显著而应变迅速增加，促使裂缝急剧开展并向上延伸。随着中和轴不断上移，迫使混凝土受压区面积减小，混凝土的压应力增大，受压混凝土的塑性特征也明显发展，压应力图形呈现显著的曲线形。在受压边缘混凝土应变达到了极限压应变时，混凝土出现纵向水平裂缝而被压碎，梁随之破坏。

第Ⅲ阶段是按极限状态方法计算受弯构件正截面承载力时所依据的应力阶段。

应当指出，上述应力阶段是对钢筋用量适中的适筋梁来说的，对于钢筋用量过多或过少的梁应力状态并非如此。

4.3.2　正截面受弯承载力的三种破坏形态

在其他条件不变的情况下，随着配筋率的改变，构件的破坏特征将会发生变化，会发生三种破坏形态：少筋破坏、适筋破坏和超筋破坏。

（1）少筋破坏

当构件的受拉区配筋太少时（$\rho<\rho_{min}$），随着荷载的增加，受拉区边缘出现裂缝，裂缝截面处的拉力全部转由钢筋承受，由于钢筋配置较少，其应力突然增大，很快超过屈服强度进入强化阶段，甚至被拉断，裂缝急速发展，构件也立即破坏，这种破坏称为少筋破坏。少筋破坏的受弯构件破坏前无明显预兆，破坏是突然发生的，呈脆性性质，如图 4-7(a) 所示。在实际工程中不允许采用少筋构件。一般用最小配筋率 ρ_{min} 来加以限制。ρ_{min} 为少筋梁与适筋梁的界限配筋率，即适筋梁的最小配筋率。

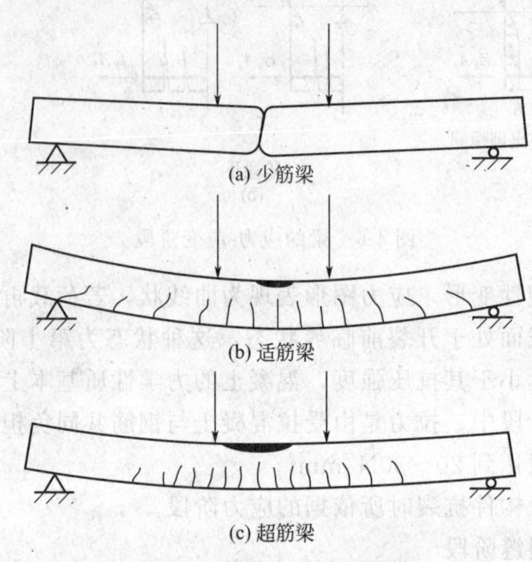

图 4-7　梁的三种破坏形态

（2）适筋破坏

当构件的受拉区配置适量的钢筋时（$\rho_{min}\leqslant\rho\leqslant\rho_{max}$），随着荷载的增加，受拉区边缘出现裂缝，裂缝截面处的拉力全部转由钢筋承受，荷载继续增加，受拉区钢筋屈服，受压区高度减小，受压区混凝土被压碎导致构件破坏，这种破坏称为适筋破坏。破坏前有明显的裂缝和塑性变形，破坏不是突然发生的，钢筋与混凝土的强度均得到充分发挥，如图 4-7(b) 所示。实际设计中，必须将受弯构件设计成适筋构件。

（3）超筋破坏

当构件的受拉区配置太多的受拉钢筋时（$\rho>\rho_{max}$），随着荷载的增加，受拉区边缘出现裂缝，裂缝截面处的拉力全部转由钢筋承受，但由于钢筋配置太多，荷载继续增加，钢筋还未屈服时受压区混凝土先压碎导致构件破坏，这种破坏称为超筋破坏。超筋破坏带有脆性性质，破坏前毫无预兆，而且破坏时钢筋的强度得不到充分利用，不经济，所以在实际工程中不允许采用超筋构件，如图 4-7(c) 所示。

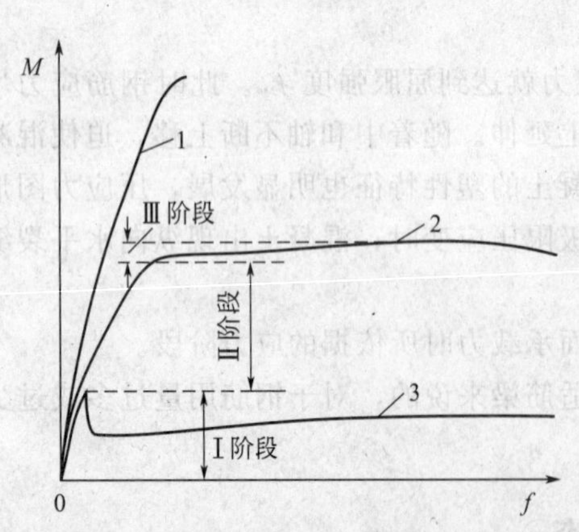

图 4-8　三种配筋构件的弯矩-挠度关系曲线

1—超筋构件；2—适筋构件；3—少筋构件

如图 4-8 为适筋、超筋和少筋构件的弯矩-挠度（M-f）关系曲线。由图 4-8 可知，对适筋构件，在裂缝出现前（第Ⅰ阶段）和裂缝出现后（第Ⅱ阶段），挠度随荷载的增加大致按线性增长。但裂缝出现后，由于混凝土退出工作，截面刚度显著降低，因此挠度的增长远较裂缝出现前为大。在第Ⅰ阶段进入到第Ⅱ阶段处，出现第一个转折点。当受拉钢筋达到屈服（进入第Ⅲ阶段）时，挠度急剧增加，曲线出现第二个转折点。第二个转折点出现后，在弯矩增加不大的情况下，挠度继续增加，表现出良好的延性性质。

对于少筋构件，在达到开裂弯矩后，由钢筋承担拉力，由于钢筋配置少，钢筋很快屈服，甚至进入强化阶段，所以此时截面能承受的弯矩不及开裂前由混凝土承担的弯矩大，因而曲线有一下降段，此后挠度剧增。

超筋构件，由于直到破坏时钢筋应力还未达到屈服强度，因此挠度曲线没有第二转折点，呈现出突然的脆性破坏性质，延性极差。

综上所述，受弯构件的截面尺寸、混凝土强度等级相同时，正截面破坏特征随配筋量多少而变化的规律是：①配筋量过多时，钢筋不能充分发挥作用，构件破坏取决于混凝土的抗压强度及截面大小，破坏呈脆性；②配筋量太少时，破坏弯矩接近于开裂弯矩，其大小取决于混凝土的抗拉强度和截面大小；③合理的配筋量应在这两个限度之间，既要避免发生超筋破坏，也要避免发生少筋破坏。

因此，在下面建立基本公式时，是以适筋破坏形态为依据的。

4.4 混凝土构件正截面承载力的计算原理

4.4.1 正截面承载力计算的基本假定

《混凝土结构设计规范》规定，包括受弯构件在内的各种混凝土构件的正截面承载力应按下列四个基本假定进行计算。

（1）受弯构件正截面弯曲变形后，截面平均应变保持平面，即截面各点应变按线性变化（平截面假定）。

（2）不考虑混凝土的抗拉作用，全部拉力均由纵向受拉钢筋承担。

（3）混凝土受压区的应力-应变曲线按下列规定取用，如图 4-9 所示。σ_c-ε_c 曲线，其数学表达式为

当 $\varepsilon_c \leqslant \varepsilon_0$ 时（上升段）　$$\sigma_c = f_c\left[1-\left(1-\frac{\varepsilon_c}{\varepsilon_0}\right)^n\right] \tag{4-2}$$

当 $\varepsilon_0 < \varepsilon_c \leqslant \varepsilon_{cu}$ 时（水平段）　$$\sigma_c = f_c \tag{4-3}$$

$$n = 2-\frac{1}{60}(f_{cu,k}-50) \tag{4-4}$$

$$\varepsilon_0 = 0.002+0.5(f_{cu,k}-50)\times10^{-5} \tag{4-5}$$

$$\varepsilon_{cu} = 0.0033-(f_{cu,k}-50)\times10^{-5} \tag{4-6}$$

式中　σ_c——混凝土压应变为 ε_c 时的混凝土压应力。

f_c——混凝土轴心抗压强度设计值。

ε_c——受压区混凝土压应变。

ε_0——混凝土压应力刚达到 f_c 时的混凝土压应变，当计算的 ε_0 值小于 0.002 时，取为 0.002。

ε_{cu}——混凝土的极限压应变，当处于非均匀受压时，按公式(4-6) 计算；如 ε_{cu} 计算的值大于 0.0033，取为 0.0033；当处于轴心受压时取为 ε_0。

$f_{cu,k}$——混凝土立方体抗压强度标准值。

n——系数，当计算的 n 值大于 2.0 时，取为 2.0。

对于混凝土各强度等级，各参数按式(4-4)～式(4-6) 的计算结果见表 4-3。规范建议的公式仅适用于正截面计算。

表 4-3 混凝土应力-应变曲线参数

$f_{cu,k}$	≤C50	C55	C60	C65	C70	C75	C80
n	2	1.92	1.83	1.75	1.67	1.58	1.50
ε_0	0.002	0.002025	0.00205	0.002075	0.0021	0.002125	0.00215
ε_{cu}	0.0033	0.00325	0.0032	0.00315	0.0031	0.00305	0.0030

由表 4-3 可见，当混凝土强度等级≤C50 时，n，ε_0 和 ε_{cu} 均为定值。当混凝土的强度等级＞C50 时，随混凝土强度等级的提高 ε_0 的值不断增大，ε_{cu} 的值却逐渐减小，即图 4-9 中的水平段逐渐缩短，材料的脆性加大。

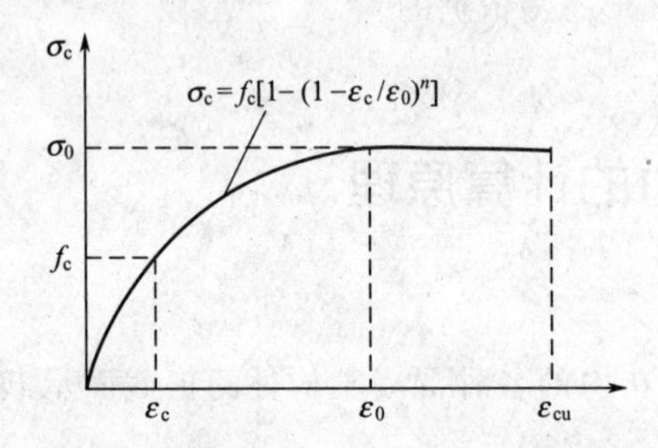

图 4-9 混凝土受压区的应力-应变曲线

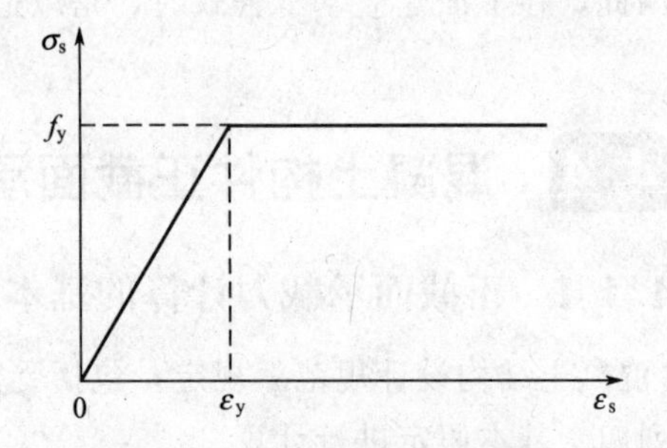

图 4-10 钢筋应力-应变曲线

(4) 有明显屈服点的钢筋（热轧钢筋等），其应力-应变关系可简化为理想的弹塑性曲线(图 4-10)。当 $0\leqslant\varepsilon_s\leqslant\varepsilon_y$ 时，$\sigma_s=\varepsilon_s E_s$ 或 $\sigma'_s=\varepsilon'_s E_s$；而当 $\varepsilon_s>\varepsilon_y$ 时，$\sigma_s=f_y$ 或 $\sigma'_s=f'_y$，受拉钢筋的极限拉应变取 0.01，f_y 为钢筋的抗拉强度设计值。

4.4.2 受压区混凝土压应力的合力及作用点

图 4-11 为一单筋矩形截面适筋梁的等效矩形应力图。由于采用了基本假定（1）和基本假定（3），其受压区的应力图符合图 4-11(a) 所示的应力-应变规律，即符合式(4-2) 和式(4-3)，所以此图形可称为理论应力图。

由图 4-11 可得受压区混凝土压应力的合力

$$C=\int\sigma_c\varepsilon_c b\,\mathrm{d}y \tag{4-7}$$

合力 C 到中和轴的距离

$$y_c=\frac{\int_0^{x_c}\sigma_c\varepsilon_c by\,\mathrm{d}y}{C}=\frac{\int_0^{x_c}\sigma_c\varepsilon_c y\,\mathrm{d}y}{\int_0^{x_c}\sigma_c\varepsilon_c\,\mathrm{d}y} \tag{4-8}$$

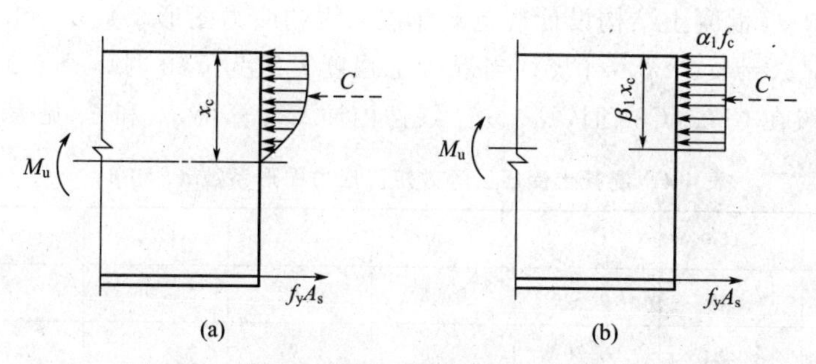

图 4-11　单筋矩形截面混凝土的等效矩形应力图

式中　x_c——中和轴高度，即混凝土受压区的理论高度。

由平截面假定可得距中和轴 y 处任意纤维的压应变

$$\varepsilon_c = \frac{\varepsilon_{cu}}{x_c} y \tag{4-9}$$

由式(4-9) 得，$y=\varepsilon_c \dfrac{x_c}{\varepsilon_{cu}}$，$dy=\dfrac{x_c}{\varepsilon_{cu}}d\varepsilon_c$，将 dy 代入式(4-8) 和式(4-9)，得受压区压应力的合力 C 和 C 到中和轴的距离分别为：

$$C=\int_0^{\varepsilon_{cu}} \sigma_c \varepsilon_c b \frac{x_c}{\varepsilon_{cu}} d\varepsilon_c = x_c b \frac{\int_0^{\varepsilon_{cu}} \sigma_c \varepsilon_c d\varepsilon_c}{\varepsilon_{cu}} = x_c b \frac{C_{cu}}{\varepsilon_{cu}} \tag{4-10}$$

$$y=\frac{\int_0^{\varepsilon_{cu}} \sigma_c \varepsilon_c b \left(\dfrac{x_c}{\varepsilon_{cu}}\right)^2 \varepsilon_c d\varepsilon_c}{x_c b \dfrac{C_{cu}}{\varepsilon_{cu}}} = x_c \frac{y_{cu}}{\varepsilon_{cu}} \tag{4-11}$$

式中　C_{cu}——混凝土压应力-应变曲线所围成的面积；

y_{cu}——混凝土压应力-应变曲线所围成面积的形心到中和轴的距离。

4.4.3　受压区混凝土等效矩形应力图

由式(4-10)和式(4-11) 知，合力 C 和作用位置 y_c 仅与混凝土应力-应变曲线形状及受压区高度 x_c 有关，而在 M_u 的计算中也仅需要知道 C 的大小和作用位置就够了。因此，为了简化计算，可取等效矩形应力图代替受压区混凝土的理论应力图，如图 4-11 所示。应力图等效的原则是：①混凝土的合力 C 大小不变；②混凝土的合力 C 作用点位置不变。

等效矩形应力图由无量纲参数 α_1 和 β_1 来确定。计算时，等效矩形应力图的受压区高度为 $\beta_1 x_c$，受压区混凝土的应力值为 $\alpha_1 f_c$，x_c 为受压区混凝土的实际高度。

由等效原则①得

$$C=\int_0^{x_c} \sigma_c b dy = \alpha_1 f_c b x \tag{4-12}$$

由等效原则②得

$$y_c = \frac{\int_0^{x_c} \sigma_c b y dy}{\int_0^{x_c} \sigma_c b dy} = \frac{1}{2}\beta_1 x \tag{4-13}$$

由式(4-12)、式(4-13) 和式(4-9)，根据不同强度等级的混凝土可以计算出不同的应力

图形系数 α_1 和 β_1。《混凝土结构设计规范》建议采用的应力图形系数 α_1 和 β_1：当混凝土强度等级≤C50 时，$\alpha_1=1.0$、$\beta_1=0.8$；当混凝土强度等级为 C80 时，$\alpha_1=0.94$、$\beta_1=0.74$；当混凝土强度等级在 C50～C80 时，α_1、β_1 线性内插。计算得 α_1 和 β_1 见表 4-4。

表 4-4 混凝土受压区等效矩形应力图形系数 α_1 和 β_1

系数	≤C50	C55	C60	C65	C70	C75	C80
α_1	1.0	0.99	0.98	0.97	0.96	0.95	0.94
β_1	0.8	0.79	0.78	0.77	0.76	0.75	0.74

4.4.4 界限相对受压区高度及界限配筋率、最小配筋率

(1) 混凝土界限相对受压区高度 ξ_b

前面我们介绍适筋梁破坏情况是受拉钢筋先屈服（$\varepsilon_s>\varepsilon_y$，$\varepsilon_y$ 为钢筋的屈服应变），然后是受压混凝土边缘应变达到极限压应变（$\varepsilon_c=\varepsilon_{cu}$）；超筋梁破坏情况是受拉钢筋始终未屈服（$\varepsilon_s<\varepsilon_y$），破坏是由受压混凝土边缘应变达到极限压应变（$\varepsilon_c=\varepsilon_{cu}$），混凝土压碎引起的。显然，它们之间存在着一种界限破坏，即受拉钢筋屈服（$\varepsilon_s=\varepsilon_y=\dfrac{f_y}{E_s}$）和受压混凝土压碎（$\varepsilon_c=\varepsilon_{cu}$）同时发生的破坏，称为界限破坏。由平截面假定见图 4-12，设发生界限破坏时受压区中和轴高度为 x_{cb}。

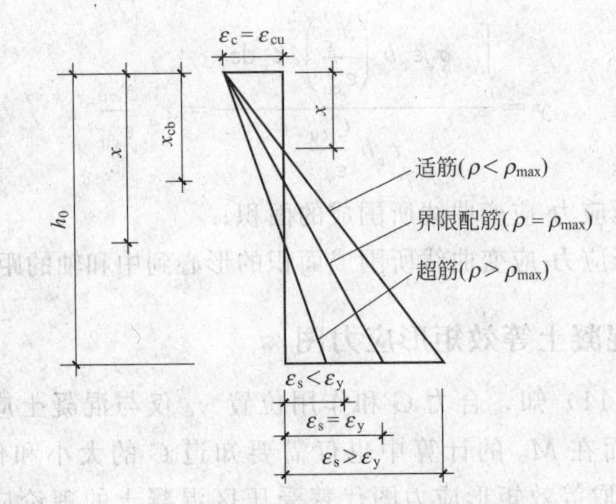

图 4-12 不同配筋的截面应变图

则有

$$\frac{x_{cb}}{h_0}=\frac{\varepsilon_{cu}}{\varepsilon_{cu}+\varepsilon_y} \tag{4-14}$$

把 $x_b=\beta_1 x_{cb}$ 代入式(4-14)，得

有屈服点的钢筋

$$\frac{x_b}{\beta_1 h_0}=\frac{\varepsilon_{cu}}{\varepsilon_{cu}+\varepsilon_y} \tag{4-15a}$$

无屈服点的钢筋

$$\frac{x_b}{\beta_1 h_0}=\frac{\varepsilon_{cu}}{\varepsilon_{cu}+0.002+\dfrac{f_y}{E_s}} \tag{4-15b}$$

式中 x_b——混凝土界限受压区高度；

f_y——纵向钢筋的抗拉强度设计值；

ε_{cu}——非均匀受压的混凝土极限压应变值，按式（4-6）计算，混凝土强度等级≤C50时，$\varepsilon_{cu}=0.0033$。

设 $\xi_b=\dfrac{x_b}{h_0}$，称为混凝土界限相对受压区高度，则有

有屈服点的钢筋

$$\xi_b=\frac{\beta_1}{1+\dfrac{f_y}{E_s\varepsilon_{cu}}} \tag{4-16a}$$

无屈服点的钢筋

$$\xi_b=\frac{\beta_1}{1+\dfrac{0.002}{\varepsilon_{cu}}+\dfrac{f_y}{E_s\varepsilon_{cu}}} \tag{4-16b}$$

为便于应用，对采用不同强度等级的混凝土和有屈服点钢筋的受弯构件，由式(4-16a)可求得 ξ_b 的值，见表4-5，可供设计时直接查用。

表4-5 混凝土相对界限受压区高度 ξ_b 和截面最大抵抗矩系数 $\alpha_{s,max}$

混凝土强度等级	≤C50				C55			
钢筋强度级别	300MPa	335MPa	400MPa	500MPa	300MPa	335MPa	400MPa	500MPa
ξ_b	0.567	0.550	0.518	0.482	0.566	0.541	0.508	0.473
$\alpha_{s,max}$	0.410	0.399	0.384	0.366	0.406	0.395	0.379	0.361
混凝土强度等级	C60				C65			
钢筋强度级别	300MPa	335MPa	400MPa	500MPa	300MPa	335MPa	400MPa	500MPa
ξ_b	0.556	0.531	0.499	0.464	0.547	0.522	0.490	0.455
$\alpha_{s,max}$	0.401	0.390	0.375	0.356	0.397	0.386	0.370	0.352
混凝土强度等级	C70				C80			
钢筋强度级别	300MPa	335MPa	400MPa	500MPa	300MPa	335MPa	400MPa	500MPa
ξ_b	0.537	0.512	0.481	0.447	0.518	0.493	0.463	0.429
$\alpha_{s,max}$	0.393	0.381	0.365	0.347	0.384	0.372	0.356	0.337

（2）界限配筋率 ρ_{max}

当混凝土相对界限受压区高度 $\xi>\xi_b$ 时，属于超筋梁；当 $\xi<\xi_b$ 时，属于适筋梁；当 $\xi=\xi_b$ 属于界限情况，与此对应的纵向受拉钢筋配筋率，称为最大配筋率或界限配筋率，记作 ρ_{max}，根据力的平衡条件，有

$$\alpha_1 f_c b x_b=A_s f_y=\rho_{max} b h_0 f_y \tag{4-17}$$

则

$$\rho_{max}=\frac{x_b}{h_0}\frac{\alpha_1 f_c}{f_y}=\xi_b\frac{\alpha_1 f_c}{f_y} \tag{4-18}$$

（3）最小配筋率 ρ_{min}

少筋梁破坏的特点是一裂就坏，为了防止发生少筋破坏，必须要确定构件的最小配筋率 ρ_{min}。最小配筋率是适筋梁和少筋梁的界限，最小配筋率是根据钢筋混凝土的抗弯承载力与同一截面尺寸、同一强度等级的素混凝土梁的开裂弯矩相等的原则确定的。按素混凝土梁计算时，混凝土还未开裂，所以规范规定的最小配筋率是按 h 而非 h_0 计算的。考虑到混凝土抗拉的离散性，以及混凝土收缩等因素的影响，最小配筋率 ρ_{min} 往往是根据传统经验得出

的。为了防止少筋破坏，适筋梁配筋率应满足$\rho \geqslant \rho_{\min}\frac{h}{h_0}$。《混凝土结构设计规范》规定：

① 受弯构件、偏心受拉构件、轴心受拉构件，其一侧纵向受拉钢筋的配筋率不应小于0.2%和$45\frac{f_t}{f_y}$中的较大值；

② 板类受弯构件（不包括悬臂板）的受拉钢筋，当采用强度等级400MPa、500MPa的钢筋时，其最小配筋百分率应允许采用0.15%和$0.45\frac{f_t}{f_y}$中的较大值。

应当指出，当受弯构件为矩形截面时，其纵向受拉钢筋的最小配筋率的限制是对全截面面积而言，当受弯构件为T形或I形截面时，由于素混凝土梁的开裂弯矩M_{cr}不仅与混凝土的抗拉强度有关，而且与构件截面的全部面积有关，但受压区翼缘部分的面积影响甚小，可以忽略不计。因此，对矩形或T形截面，其最小配筋率为

$$\rho_{\min}=\frac{A_{s,\min}}{bh} \tag{4-19}$$

对I形或倒T形截面，其最小配筋率为

$$\rho_{\min}=\frac{A_{s,\min}}{bh+(b_f-b)h_f} \tag{4-20}$$

式中 b——矩形截面宽度或T形、I形和倒T形截面腹板的宽度；

b_f，h_f——受拉翼缘的宽度和高度。

4.5 单筋矩形截面受弯构件正截面受弯承载力计算

4.5.1 基本计算公式及适用条件

(1) 基本计算公式

单筋矩形截面受弯构件正截面承载力计算简图如图4-13所示。

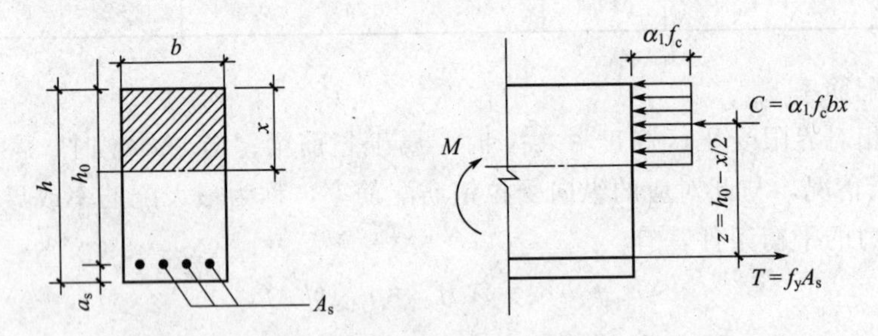

图4-13 受弯构件单筋矩形截面正截面承载力计算简图

根据力和力矩平衡条件建立平衡方程，得

$$\alpha_1 f_c bx=f_y A_s \tag{4-21}$$

$$M \leqslant M_u=\alpha_1 f_c bx\left(h_0-\frac{x}{2}\right) \tag{4-22a}$$

$$M \leqslant M_u=A_s f_y\left(h_0-\frac{x}{2}\right) \tag{4-22b}$$

式中 M——构件在荷载作用下截面弯矩设计值；

M_u——构件受弯承载力设计值；

A_s——纵向受拉钢筋截面面积；

f_y——纵向受拉钢筋抗拉强度设计值；

b——截面宽度；

x——混凝土的受压区高度；

h_0——构件截面有效高度，$h_0=h-a_s$；

h——截面高度；

a_s——受拉钢筋合力作用点到受拉边缘的距离。

(2) 适用条件

① 为保证受拉钢筋先屈服，防止发生超筋破坏，应满足

$$x\leqslant\xi_b h_0 \quad 或 \quad \xi\leqslant\xi_b \tag{4-23}$$

$$\rho=\frac{A_s}{bh_0}\leqslant\rho_{max}=\xi_b\frac{\alpha_1 f_c}{f_y} \tag{4-24}$$

② 为了防止发生少筋破坏，应该满足

$$A_s\geqslant\rho_{min}bh \tag{4-25}$$

4.5.2 正截面承载力基本公式应用的两类工程问题

(1) 截面设计

截面设计时，一般可先根据建筑使用要求，荷载效应（弯矩设计值）大小及所选用的混凝土强度等级与钢筋等级，凭设计经验或参考类似结构定出构件的截面尺寸 b 和 h，然后计算受拉钢筋截面面积 A_s。

在设计中，可有多种不同截面尺寸的选择。显然，截面尺寸定的大，配筋率 ρ 就可小一些；截面尺寸定的小，配筋率 ρ 就会大一些。截面尺寸的选择应使计算配筋率处在经济配筋范围内。对一般板和梁，其经济配筋范围为：

板　　　　　　0.4%～0.8%

矩形截面梁　　0.6%～1.5%

T形截面梁　　0.9%～1.8%（相对于梁肋来说）

应当指出，对于有特殊使用要求的构件，应灵活处理。例如对抗裂有要求的构件，其配筋率应低于上列数值；为了减轻自重的预制构件，配筋率也可采用高于上列的数值。

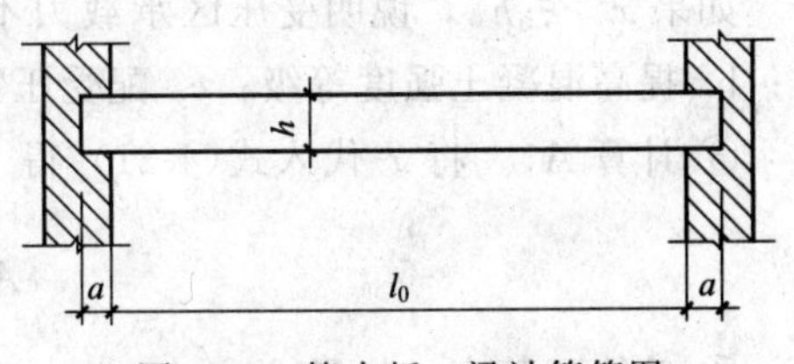

图 4-14　简支板、梁计算简图

正截面抗弯的设计步骤如下。

① 作出板和梁的计算简图。计算简图中应表示支座和荷载情况及计算跨度。

简支板、梁（图 4-14）的计算跨度 l_0。l_0 可取下列各值的较小值：

实心板

$$\left.\begin{aligned}l_0&=l_n+a\\l_0&=l_n+h\\l_0&=1.1l_n\end{aligned}\right\}（取小值）$$

空心板和简支梁

$$\left.\begin{aligned} l_0 &= l_n + a \\ l_0 &= 1.05 l_n \end{aligned}\right\} \text{(取小值)}$$

式中 l_n——板或梁的净跨度；

a——板或梁的支承长度；

h——板厚。

② 内力计算。对于简支板或梁，应按作用在板或梁上的全部荷载（永久荷载及可变荷载），求出跨中最大弯矩设计值。对外伸梁和连续梁，则应根据永久荷载及最不利位置的可变荷载，分别求出简支跨跨中最大正弯矩设计值。

现浇板的宽度一般比较大，板的计算宽度 b 可取单位宽度 1m 进行计算。

③ 配筋计算。配筋计算可按基本公式式(4-21)、式(4-22a) 或式(4-22b) 直接计算或按简化后的公式式(4-26)、式(4-27a) 或式(4-27b) 计算，计算方法分别在 4.5.3 和 4.5.4 中介绍。

④ 绘制截面配筋图。配筋图上应表示截面尺寸和配筋情况，注意按适当比例正规绘制。

(2) 截面复核

已知截面尺寸、混凝土和钢筋等级、受拉钢筋截面面积 A_s，求 M_u。

截面复核可直接用基本公式式(4-21)、式(4-22a) 或式(4-22b) 计算，也可按简化后的公式式(4-26)、式(4-27a) 或式(4-27b) 用系数法计算，计算方法分别在 4.5.3 和 4.5.4 中介绍。

4.5.3 基本公式的截面设计法

(1) 截面设计

① 求 x。由公式(4-22a)，可得

$$x = h_0 - \sqrt{h_0^2 - \frac{M}{\alpha_1 f_c b}}$$

② 验算适用条件。

如果 $x \leqslant \xi_b h_0$，将 x 代入式(4-21) 求 A_s。

如果 $x > \xi_b h_0$，说明受压区承载力不足，采取措施增加受压区承载力：a. 加大截面尺寸；b. 提高混凝土强度等级；c. 配受压钢筋。

③ 计算 A_s。将 x 代入式(4-21) 得

$$A_s = \frac{\alpha_1 f_c b x}{f_y}$$

④ 验算配筋率。如果 $A_s \geqslant \rho_{min} bh$，按计算的 A_s 选配钢筋；如果 $A_s < \rho_{min} bh$，按 $A_s = \rho_{min} bh$ 选配钢筋。

(2) 截面复核

① 验算配筋率。如果 $A_s < \rho_{min} bh$，按素混凝土构件进行承载力计算。

如果 $A_s \geqslant \rho_{min} bh$，按如下步骤进行。

② 求 x。由式(4-21)，可得：$x = \dfrac{A_s f_y}{\alpha_1 f_c b}$

③ 验算条件。

如果 $x \leqslant \xi_b h_0$，由式(4-22a) 求 $M_u = \alpha_1 f_c bx\left(h_0 - \frac{x}{2}\right)$；

如果 $x > \xi_b h_0$，把 $x = \xi_b h_0$ 代入式(4-22a) 中求得 $M_u = \alpha_1 f_c bh_0^2 \xi_b (1-0.5\xi_b)$。

④ 复核截面

如果 $M \leqslant M_u$，截面安全；如果 $M > M_u$，截面不安全。

4.5.4 正截面受弯承载力的计算系数法

根据式(4-21)、式(4-22a) 或式(4-22b) 解联立方程计算比较麻烦，可将公式变换为

$$\alpha_1 f_c b\xi h_0 = f_y A_s \tag{4-26}$$

$$M \leqslant M_u = \alpha_1 f_c bh_0^2 \xi (1-0.5\xi) \tag{4-27a}$$

$$M \leqslant M_u = A_s f_y h_0 (1-0.5\xi) \tag{4-27b}$$

取计算系数

$$\alpha_s = \xi(1-0.5\xi),\ \alpha_{s,max} = \xi_b(1-0.5\xi_b),\ \gamma_s = 1-0.5\xi$$

式中 α_s——截面抵抗矩系数，相当于均质弹性体矩形截面梁抵抗矩 W 中的系数 1/6；

$\alpha_{s,max}$——截面的最大抵抗矩系数，设计时可查表 4-5；

γ_s——内力矩的内力臂系数。

(1) 截面设计

① 求 α_s。由公式(4-27a)：$\alpha_s = \frac{M}{\alpha_1 f_c bh_0^2}$。

由 α_s 求 ξ 可得：$\xi = 1-\sqrt{1-2\alpha_s}$

② 验算适用条件。如果 $\xi \leqslant \xi_b$，将 ξ 代入式(4-26) 求 A_s。如果 $\xi > \xi_b$ 说明受压区承载力不足，采取措施增加受压区承载力：a. 加大截面尺寸；b. 提高混凝土等级；c. 配受压钢筋。

③ 计算 A_s。将计算得到的 ξ 代入式(4-26) 得

$$A_s = \frac{\alpha_1 f_c b\xi h_0}{f_y}$$

④ 验算配筋率。如果 $A_s \geqslant \rho_{min} bh$，按计算的 A_s 选配钢筋；如果 $A_s < \rho_{min} bh$，按 $A_s = \rho_{min} bh$ 选配钢筋。

(2) 截面复核

① 验算配筋率。

如果 $A_s < \rho_{min} bh$，按素混凝土构件进行承载力计算。如果 $A_s \geqslant \rho_{min} bh$，按如下步骤进行。

② 求 ξ。由式(4-26)

$$\xi = \frac{A_s f_y}{\alpha_1 f_c bh_0}$$

③ 验算适用条件。

如果 $\xi \leqslant \xi_b$，由式(4-27a) 求得：$M_u = \alpha_1 f_c bh_0^2 \xi (1-0.5\xi)$；

如果 $\xi > \xi_b$，把 $\xi = \xi_b$ 代入式(4-27a) 求得：

$$M_u = \alpha_1 f_c bh_0^2 \xi_b (1-0.5\xi_b) = \alpha_{s,max} \alpha_1 f_c bh_0^2$$

④ 截面复核。如果 $M \leqslant M_u$，截面安全；如果 $M > M_u$，截面不安全。

【例 4-1】 已知钢筋混凝土矩形梁，处于二 a 类环境，其截面尺寸 $b\times h=250\text{mm}\times 500\text{mm}$，承受弯矩设计值 $M=160\text{kN}\cdot\text{m}$，采用 C30 混凝土和 HRB400 级钢筋。试配置受拉钢筋。

解 本题属于截面设计类型。

(1) 设计参数

查附表 1-2、附表 1-8 及表 4-4、表 4-5，可知：C30 混凝土 $f_c=14.3\text{N/mm}^2$，$f_t=1.43\text{N/mm}^2$；HRB400 级钢筋 $f_y=360\text{N/mm}^2$；$\alpha_1=1.0$，$\xi_b=0.518$；查附表 3-4，C30 混凝土、二 a 环境，查表 4-1，取 $a_s=45\text{mm}$，则 $h_0=h-a_s=500-45=455\text{mm}$；查附表 3-6，$\rho_{\min}=0.2\%<0.45\dfrac{f_t}{f_y}=0.21\%$，取 $\rho_{\min}=0.21\%$。

(2) 计算钢筋面积

① 利用基本公式直接计算

由式(4-22a) 可得

$$x=h_0-\sqrt{h_0^2-\frac{2M}{\alpha_1 f_c b}}=455-\sqrt{455^2-\frac{2\times 160\times 10^6}{1.0\times 14.3\times 250}}=112.2\text{mm}$$

$$<\xi_b h_0=235.69\text{mm}$$

由式(4-21) 可得

$$A_s=\frac{\alpha_1 f_c bx}{f_y}=\frac{1.0\times 14.3\times 250\times 112.2}{360}=1114.21\text{mm}^2>\rho_{\min}bh$$

$$=0.21\%\times 250\times 500=262.50\text{mm}^2$$

② 计算系数法

由式(4-27a) 计算 α_s 得：

$$\alpha_s=\frac{M}{\alpha_1 f_c bh_0^2}=\frac{160\times 10^6}{1\times 14.3\times 250\times 455^2}=0.216$$

则 $\xi=1-\sqrt{1-2\alpha_s}=1-\sqrt{1-2\times 0.216}=0.246<\xi_b$ 满足适用条件。

将 ξ 代入式(4-26) 求 A_s 得

$$A_s=\frac{\alpha_1 f_c b\xi h_0}{f_y}=\frac{1.0\times 14.3\times 250\times 0.246\times 455}{360}=1111.53\text{ mm}^2$$

$$>\rho_{\min}bh=262.50\text{ mm}^2 \quad \text{符合适用条件。}$$

查附表 2-1，实际选用 2⌀18+2⌀20 ($A_s=1137\text{mm}^2$)。实际面积比计算面积大一点，满足工程需要。另外，2⌀18+2⌀20 需要的最小梁宽为

$$b_{\min}=2c+2d_{sv}+3e+2d_1+2d_2=2\times 25+2\times 8+3\times 25+2\times 18+2\times 20=217\text{mm}<b=250\text{mm}$$

满足要求，所以最终实际配 2⌀18+2⌀20 的钢筋。

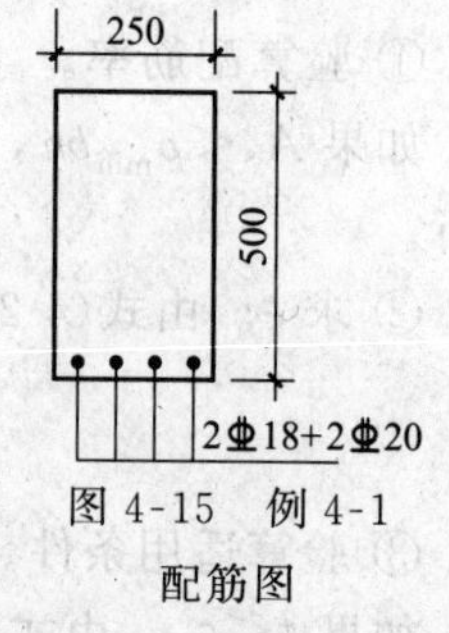

图 4-15 例 4-1 配筋图

(3) 绘配筋图，见图 4-15。

【例 4-2】 已知钢筋混凝土矩形梁，处于二 b 类环境，承受弯矩设计值 $M=190\text{kN}\cdot\text{m}$，采用 C40 混凝土和 HRB400 级钢筋，试按正截面承载力要求确定截面尺寸及纵向钢筋截面面积。

解 本题属于截面设计类型

(1) 设计参数

查附表1-2、附表1-8、表4-4、表4-5，可知，C40混凝土$f_c=19.1\text{N/mm}^2$，$f_t=1.71\text{N/mm}^2$；HRB400级钢筋$f_y=360\text{N/mm}^2$；$\alpha_1=1.0$，$\xi_b=0.518$；查附表3-4，C40混凝土二a类环境，查表4-1，取$a_s=45\text{mm}$，查附表3-6，$\rho_{min}=0.2\%<0.45\dfrac{f_t}{f_y}=0.21\%$，取$\rho_{min}=0.21\%$。

(2) 截面设计

根据我国建筑设计经验，对于单筋矩形截面梁，经济配筋率为0.6%～1.5%。于是假定取$\rho=1.0\%$，$b=250\text{mm}$。

由式(4-26) 可得

$$\xi=\rho\frac{f_y}{\alpha_1 f_c}=1.0\%\times\frac{360}{1.0\times19.1}=0.188$$

由式(4-27a) 可得

$$h_0=\sqrt{\frac{M}{\alpha_1 f_c b\xi(1-0.5\xi)}}=\sqrt{\frac{190\times10^6}{1.0\times19.1\times250\times0.188\times(1-0.5\times0.188)}}=483.33\text{mm}$$

$$h=h_0+a_s=483.33+45=528.33\text{mm}$$

取梁截面面积为$b\times h=250\text{mm}\times500\text{mm}$。

(3) 计算钢筋面积A_s

$$h_0=h-a_s=500-45=455\text{mm}$$

由式(4-22a) 计算x

$$x=h_0-\sqrt{h_0^2-\frac{2M}{\alpha_1 f_c b}}=455-\sqrt{455^2-\frac{2\times190\times10^6}{1.0\times19.1\times250}}$$

$$=98.01\text{mm}<\xi_b h_0=0.518\times455=235.69\text{mm}$$

满足适用条件。

由式(4-21) 可得

$$A_s=\frac{\alpha_1 f_c bx}{f_y}=\frac{1.0\times19.1\times250\times98.01}{360}=1299.99\text{mm}^2$$

$$>\rho_{min}bh=0.21\%\times250\times500=262.50\text{mm}^2$$

符合适用条件，查附表2-1，实际选用4Φ20（$A_s=1257\text{mm}^2$），实际面积比计算面积小$\left(\dfrac{1299.99-1256}{1256}\approx3.5\%<5\%\right)$。钢筋净间距$s_n=(250-2\times25-2\times8-4\times20)/3=34.67\text{mm}>d$，且$s_n>25\text{mm}$，符合要求。

(4) 绘制配筋图，如图4-16所示。

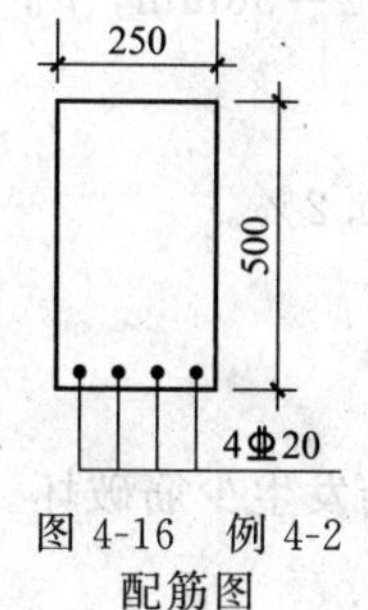

图4-16 例4-2配筋图

【例4-3】 已知某单跨简支板，处于一类环境，计算跨度$l_0=2.5\text{m}$，承受均布荷载设计值$g+q=6\text{kN/m}^2$（包括板自重），采用C30混凝土和HRB335级钢筋，试配置该简支板的受拉钢筋。

解 本题属于截面设计类型

(1) 设计参数

查附表1-2、附表1-8、表4-4、表4-5可知，C30混凝土$f_c=14.3\text{N/mm}^2$，$f_t=1.43\text{N/mm}^2$；HRB335级钢筋$f_y=300\text{N/mm}^2$；$\alpha_1=1.0$，

$\xi_b = 0.55$。

取1m宽板带为计算单元，$b=1000\text{mm}$，初选$h=80\text{mm}$（约为宽度的1/30）。

查附表3-4，一类环境，$c=15\text{mm}$，则$a_s=c+d/2=15+10/2=20\text{mm}$，$h_0=h-a_s=80-20=60\text{mm}$。

查附表3-6，$\rho_{min}=0.2\%<0.45f_t/f_y\%=0.45\times1.43/300\%=0.21\%$，所以取$\rho_{min}=0.21\%$。

（2）内力计算

简支板的受力为跨内受均布荷载的单跨结构，由题目可知：$l_0=2500\text{mm}$，承受均布荷载的设计值为：$q+g=6.0\text{kN/m}$，故跨中最大弯矩设计值为

$$M=\gamma_0\frac{1}{8}(q+g)l_0^2=1.0\times\frac{1}{8}\times6.0\times2.5^2=4.69\text{kN}\cdot\text{m}$$

（3）计算钢筋截面面积

由式(4-27a)可得

$$\alpha_s=\frac{M}{\alpha_1 f_c bh_0^2}=\frac{4.69\times10^6}{1\times14.3\times1000\times60^2}=0.091$$

$\xi=1-\sqrt{1-2\alpha_s}=1-\sqrt{1-2\times0.091}=0.1<\xi_b$ 满足适用条件。

由式(4-26)可得

$$A_s=\frac{\alpha_1 f_c b\xi h_0}{f_y}=\frac{1.0\times14.3\times1000\times0.1\times60}{300}=286\text{ mm}^2>\rho_{min}bh=0.21\%\times1000\times80$$
$$=168\text{ mm}^2$$

满足适用条件。

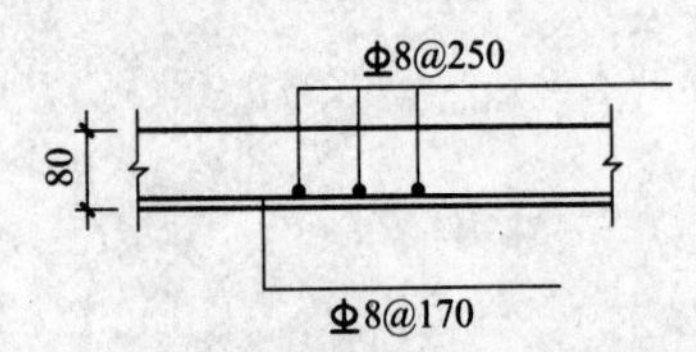

图4-17 例题4-3配筋图

（4）选配钢筋、绘配筋图。

查附表2-2，实际选用Φ8@170（$A_s=296\text{mm}^2$），分布钢筋采用Φ8@250，如图4-17所示。

【例4-4】 已知钢筋混凝土矩形梁，处于一类环境，其截面尺寸$b\times h=250\text{mm}\times550\text{mm}$，采用C25混凝土，配有HRB400级纵向受拉钢筋3Φ20（$A_s=942\text{mm}^2$），箍筋为Φ8@200。试验算此梁承受弯矩设计值$M=150\text{kN}\cdot\text{m}$时，是否安全。

解 本题属于截面复核类

（1）设计参数

查附表1-2、附表1-8、表4-4、表4-5可知，C25混凝土$f_c=11.9\text{N/mm}^2$，$f_t=1.27\text{N/mm}^2$；HRB400级钢筋$f_y=360\text{N/mm}^2$；$\alpha_1=1.0$，$\xi_b=0.518$。

查附表3-4，一类环境，$c=20\text{mm}$，则$a_s=c+d_{sv}+d/2=20+8+20/2=38\text{mm}$，$h_0=h-a_s=550-38=512\text{mm}$。

查附表3-6，$\rho_{min}=0.2\%>0.45\dfrac{f_t}{f_y}=45\times\dfrac{1.27}{300}\%=0.19\%$，取$\rho_{min}=0.2\%$。

（2）公式适用条件判断

① 是否少筋。

$A_s=942\text{mm}^2>\rho_{min}bh=0.2\%\times250\times550=275\text{mm}^2$，因此，截面不会发生少筋破坏。

② 计算受压区高度，判断是否超筋。

由式(4-21) 可得

$$x=\frac{f_yA_s}{\alpha_1 f_c b}=\frac{360\times942}{1.0\times11.9\times250}=113.99\text{mm}<\xi_b h_0=0.518\times512=265.22\text{mm}$$

因此截面不会发生超筋破坏。

③ 截面承载能力验算。

$$M_u=\alpha_1 f_c bx\left(h_0-\frac{x}{2}\right)=1.0\times11.9\times250\times113.99\times\left(512-\frac{113.99}{2}\right)$$

$$=154.30\text{kN}\cdot\text{m}>M=150\text{kN}\cdot\text{m}$$

故,配筋能满足承载力要求,截面安全。

4.6 双筋矩形截面受弯构件的正截面承载力计算

4.6.1 概述

前面我们介绍单筋矩形截面设计时，如果出现以下两种情况，即 $\xi\geqslant\xi_b$（$x\geqslant\xi_b h_0$）或 $M>\alpha_1 f_c bh_0^2\xi_b(1-0.5\xi_b)$ 时，说明受压区承载力不足，可采取加大截面、提高混凝土强度等级等方法。如果上面两种措施受到限制时，可采用配受压钢筋（即双筋矩形截面）。另外，如果受弯构件在不同荷载组合情况下产生变号弯矩，则需在截面的顶部和底部均配置纵向钢筋，因而也会形成双筋截面。双筋梁可以提高承载力，提高延性，减小构件变形，但一般情况下采用双筋截面是不经济的，设计时还是应该尽量避免。由于实际当中有受弯双筋矩形截面的构件存在，所以要研究其正截面承载力的计算问题，建立其正截面承载力计算公式。

4.6.2 基本公式及适用条件

(1) 基本公式建立

在考虑了受压钢筋参加工作后，就可以得出如图 4-18 所示的双筋矩形截面抗弯承载力计算的应力图形。

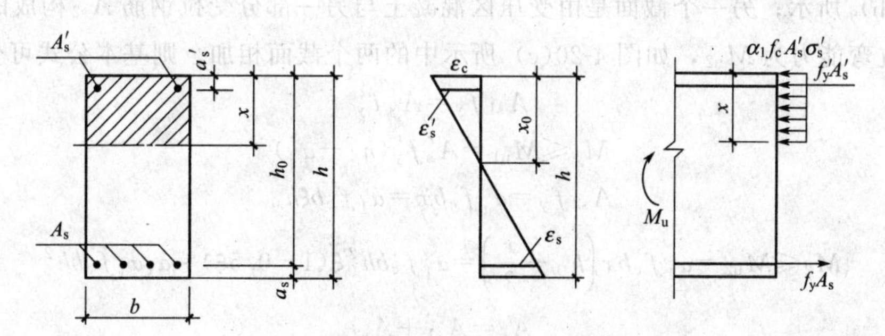

图 4-18 双筋矩形截面抗弯承载力计算简图

根据图 4-18 的计算简图，利用力和力矩平衡可写出如下的方程

$$\alpha_1 f_c bx+A'_s\sigma'_s=A_s f_y \tag{4-28}$$

$$M\leqslant M_u=\alpha_1 f_c bx\left(h_0-\frac{x}{2}\right)+A'_s\sigma'_s(h_0-a'_s) \tag{4-29}$$

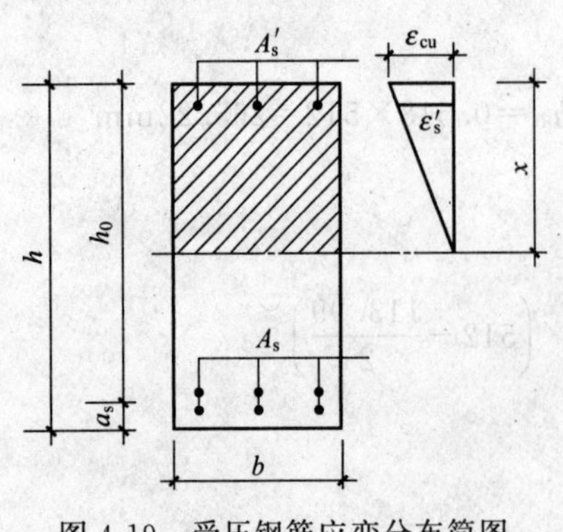

图 4-19 受压钢筋应变分布简图

式中 A_s'——纵向受压钢筋面积；

σ_s'——构件破坏时受压钢筋应力。

σ_s'应该等于多少？是要解决的关键问题。如图4-19所示，截面应变符合平截面假定。

$$\frac{\varepsilon_s'}{\varepsilon_{cu}}=\frac{x_c-a_s'}{x_c}$$

则
$$\varepsilon_s'=\frac{x_c-a_s'}{x_c}\varepsilon_{cu}=\left(1-\frac{a_s'}{x/\beta_1}\right)\varepsilon_{cu}$$
$$=\left(1-\frac{\beta_1 a_s'}{x}\right)\varepsilon_{cu}$$

若取 $a_s'=\frac{1}{2}x$

$$\varepsilon_s'=\left(1-\frac{0.5x\beta_1}{x}\right)\varepsilon_{cu}=(1-0.5\beta_1)\varepsilon_{cu}$$

当 $f_{cu,k}=80\text{N/mm}^2$，$\varepsilon_{cu}=0.003$，$\beta_1=0.74$，得 $\varepsilon_s'=0.00189$，相应的压应力 $\sigma_s'=\varepsilon_s' E_s=0.00189\times2\times10^5=378\text{N/mm}^2$。由附表 1-8 可知，对于 HPB300、HRB400、HRBF400、HRB500、HRBF500、RRB400 级钢筋，σ_s'值已超过钢筋的抗拉强度设计值 f_y，所以当 $x\geqslant2a_s'$时，采用上述钢筋，受压钢筋都可以达到屈服，也就是 $\sigma_s'=f_y'=f_y$。将式(4-28) 和式(4-29) 中的 σ_s'用 f_y'代替，得双筋矩形截面的正截面承载力计算式(4-30) 和式(4-31)，可见纵向受压钢筋的应力用 f_y'表示的先决条件是：$x\geqslant2a_s'$，其含义是受压钢筋的位置离中和轴不能太近，否则受压钢筋应变 ε_s'太小，以致其应力达不到抗压强度设计值 f_y'。

$$\alpha_1 f_c bx+A_s'f_y'=A_s f_y \tag{4-30}$$

$$M\leqslant M_u=\alpha_1 f_c bx\left(h_0-\frac{x}{2}\right)+A_s'f_y'(h_0-a_s') \tag{4-31}$$

为了更好地理解双筋矩形截面受弯承载力与受力钢筋之间的关系，把图 4-20(a) 中的双筋截面看成一个截面是由受压钢筋 A_s'与对应部分受拉钢筋 A_{s1} 构成的，其抗弯能力为 M_{u1}，如图 4-20(b) 所示；另一个截面是由受压区混凝土与另一部分受拉钢筋 A_{s2} 构成的单筋矩形截面，其抗弯能力为 M_{u2}，如图 4-20(c) 所示中的两个截面相加。则基本公式可分解为

$$A_{s1} f_y=A_s'f_y' \tag{4-32a}$$

$$M_1\leqslant M_{u1}=A_s'f_y'(h_0-a_s') \tag{4-32b}$$

$$A_{s2} f_y=\alpha_1 f_c bx=\alpha_1 f_c b\xi h_0 \tag{4-33a}$$

$$M_2\leqslant M_{u2}=\alpha_1 f_c bx\left(h_0-\frac{x}{2}\right)=\alpha_1 f_c bh_0^2\xi(1-0.5\xi)=\alpha_s\alpha_1 f_c bh_0^2 \tag{4-33b}$$

$$A_s=A_{s1}+A_{s2} \tag{4-34a}$$

$$M=M_1+M_2 \tag{4-34b}$$

$$M_u=M_{u1}+M_{u2} \tag{4-34c}$$

(2) 适用条件

为了保证受拉钢筋先达到屈服，必须满足 $x\leqslant\xi_b h_0$ 或 $\xi\leqslant\xi_b$；为了保证受压钢筋能达到屈服，必须满足 $x\geqslant2a_s'$。

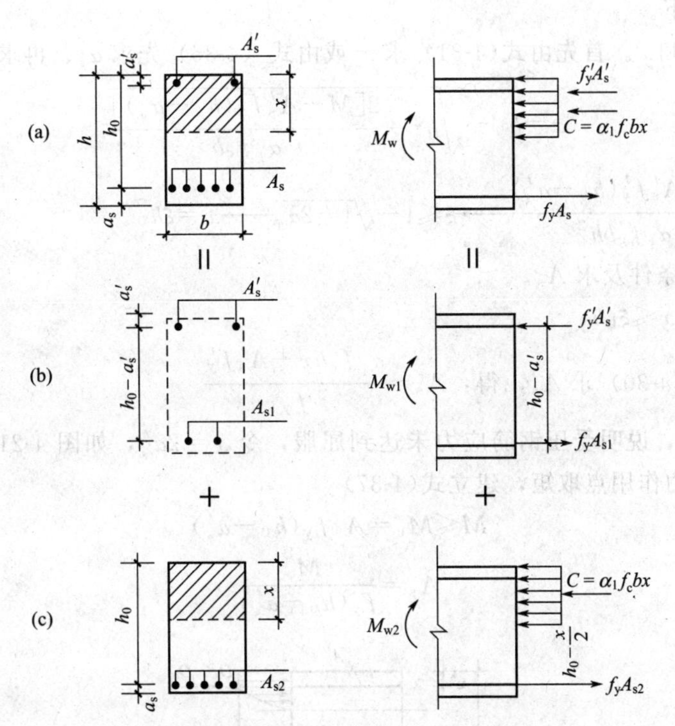

图 4-20 双筋矩形截面受弯构件正截面承载力计算图

4.6.3 基本公式的应用

(1) 截面设计

① 第一种情况。已知弯矩设计值 M，截面尺寸 b，$h(h_0)$，材料强度 f_y、f'_y和 f_c，求截面配筋 A'_s和 A_s。未知数：受压区高度 x、截面配筋 A'_s和 A_s。

$$\alpha_1 f_c b\xi h_0 + A'_s f'_y = A_s f_y \tag{4-35}$$

$$M \leqslant M_u = \alpha_s \alpha_1 f_c b h_0^2 + A'_s f'_y (h_0 - a'_s) \tag{4-36}$$

两个方程，三个未知数，得不到确定解。为了充分利用受压区混凝土抗压作用，使钢筋用量 A'_s+A_s 为最小的原则，取 $x=x_b=\xi_b h_0$ 或 $\xi=\xi_b$，截面配筋即可求得。

设计步骤如下。

a. 假定 $\xi=\xi_b$。

b. 求 A'_s。由式(4-36) 可求得 A'_s

$$A'_s = \frac{M - \alpha_1 f_c b h_0^2 \xi_b (1-0.5\xi_b)}{f_y (h_0 - a'_s)} \quad 或 \quad A'_s = \frac{M - \alpha_{s,\max} \alpha_1 f_c b h_0^2}{f_y (h_0 - a'_s)}$$

c. 求 A_s。由式(4-35) 求 A_s

$$A_s = \frac{\alpha_1 f_c b \xi_b h_0 + A'_s f'_y}{f'_y} \quad 或 \quad A_s = \frac{\alpha_1 f_c b \xi_b h_0}{f'_y} + A'_s$$

② 第二种情况。已知弯矩设计值 M，截面尺寸 b，$h(h_0)$，材料强度 f_y、f'_y和 f_c 及 A'_s，求 A_s。

未知数：受压区高度 x、截面配筋 A_s。

两个方程，两个未知量，可得确定解。

设计步骤如下。

a. 求 α_s、ξ 和 x。首先由式(4-31) 求 x 或由式 (4-36) 先求 α_s、再求 ξ 和 x。

$$x=h_0-\sqrt{h_0^2-\frac{2[M-A'_sf'_y(h_0-a'_s)]}{\alpha_1f_cb}}$$

或 $\alpha_s=\dfrac{M-A'_sf'_y(h_0-a'_s)}{\alpha_1f_cbh_0^2}\longrightarrow\xi\leqslant1-\sqrt{1-2\alpha_s}\longrightarrow x=\xi h_0$

b. 验算适用条件及求 A_s。

如果 $2a'_s\leqslant x\leqslant\xi_bh_0$

将 x 代入式(4-30) 求 A_s，得：$A_s=\dfrac{\alpha_1f_cbx+A'_sf'_y}{f_y}$

如果 $x<2a'_s$，说明受压钢筋应力未达到屈服，令 $x=2a'_s$，如图 4-21 所示，用所有的力对受压钢筋合力作用点取矩，建立式(4-37)

$$M\leqslant M_u=A_sf_y(h_0-a'_s)\tag{4-37}$$

则

$$A_s=\frac{M}{f_y(h_0-a'_s)}\tag{4-38}$$

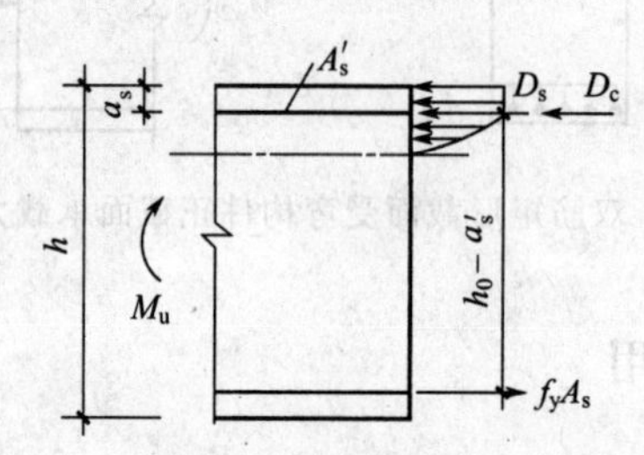

图 4-21 $x<2a'_s$时双筋矩形截面计算简图

如果 $x>\xi_bh_0$，表明 A'_s配置不足，可按截面设计的第一种情况计算，即 A'_s和 A_s 均为未知情况重新计算。

(2) 截面复核

已知 b、h、a_s、a'_s、A_s、A'_s、f_y、f'_y、f_c，求：M_u。

设计步骤如下。

① 验算配筋率。如果 $A_s<\rho_{min}bh$，按素混凝土构件计算 M_u；如果 $A_s\geqslant\rho_{min}bh$，按如下步骤进行。

② 求受压区高度。由式(4-30) 求 x

$$x=\frac{A_sf_y-A'_sf'_y}{\alpha_1f_cb}$$

③ 验算条件及求 M_u。

如果 $2a'_s\leqslant x\leqslant\xi_bh_0$，则 $M_u=\alpha_1f_cbx(h_0-x/2)+A'_sf'_y(h_0-a'_s)$

或 $M_u=\alpha_1f_cbh_0^2\xi(1-0.5\xi)+A'_sf'_y(h_0-a'_s)$

如果 $x<2a'_s$，则 $M_u=f_yA_s(h_0-a'_s)$

如果 $x>\xi_bh_0$，则 $M_u=\alpha_{s,max}\alpha_1f_cbh_0^2+A'_sf'_s(h_0-a'_s)$

④ 截面复核。

如果 $M\leqslant M_u$，截面安全；如果 $M>M_u$ 截面不安全。

【例 4-5】 已知某矩形截面梁，处于二 a 类环境，截面尺寸 $b\times h=250\text{mm}\times500\text{mm}$，采用 C30 混凝土和 HRB500 级钢筋，截面弯矩设计值 $M=375\text{kN}\cdot\text{m}$，试配置截面钢筋。

解 本题属于截面设计类型。

(1) 设计参数

查附表 1-2 和附表 1-8 及表 4-4、表 4-5，可知，C30 混凝土 $f_c=14.3\text{N/mm}^2$，$f_t=1.43\text{N/mm}^2$；HRB500 级钢筋 $f_y=435\text{N/mm}^2$，$f'_y=410\text{N/mm}^2$；$\alpha_1=1.0$，$\xi_b=0.482$，$\alpha_{s,\max}=\xi_b(1-0.5\xi_b)=0.482\times(1-0.5\times0.482)=0.366$，假设箍筋为Φ8，纵筋按单排布置，查表 4-1，取 $a_s=a'_s=45\text{mm}$，则：$h_0=h-a_s=500-45=455\text{mm}$；查附表 3-6，$\rho_{\min}=0.2\%>45f_t/f_y\%=0.15\%$，取 $\rho_{\min}=0.2\%$。

(2) 计算钢筋截面面积

由式(4-22a) 可得：

$$x=h_0-\sqrt{h_0^2-\frac{2M}{\alpha_1 f_c b}}=455-\sqrt{455^2-\frac{2\times375\times10^6}{1.0\times14.3\times250}}$$
$$>\xi_b h_0=0.482\times455=219.31\text{mm}$$

所以需要按双筋矩形截面计算，属于双筋截面的第一种情况，假定 $\xi=\xi_b$，即 $\alpha_s=\alpha_{s,\max}$。

由式(4-36) 可得

$$A'_s=\frac{M-\alpha_{s,\max}\alpha_1 f_c bh_0^2}{f'_y(h_0-a'_s)}=\frac{375\times10^6-0.366\times1\times14.3\times250\times455^2}{410\times(455-45)}=619.38\text{mm}^2$$
$$>\rho_{\min}bh=0.002\times250\times500=250\text{mm}^2$$

按构造要求，查附表 2-1 选 4 Φ 14 的钢筋，比计算面积不小于 5%，满足要求 ($A'_s=615\text{ mm}^2$)。

再由式(4-35) 可得

$$A_s=\frac{\alpha_1 f_c b\xi_b h_0+A'_s f'_y}{f_y}=\frac{1\times14.3\times250\times0.482\times455+615\times410}{435}$$
$$\approx2382.03\text{mm}^2>\rho_{\min}bh=0.002\times250\times500=250\text{mm}^2$$

符合适用条件，实际选用 6 Φ 22 的钢筋 ($A_s=2281\text{mm}^2$)，但按单排布置需要的最小宽度大于梁宽，必须采用双排布置，这样 a_s 就不能按单排计算，则 a_s 取 70mm 重新计算。计算得 $A'_s=821.65\text{ mm}^2$，选 4 Φ 16 ($A'_s=804\text{ mm}^2$)，$A_s=2507.34\text{ mm}^2$，选 8 Φ 20 ($A_s=2513\text{ mm}^2$)。

(3) 绘制配筋图，如图 4-22 所示。

【例 4-6】 已知条件同例 4-5，但在受压区已配有 3 Φ 22 ($A'_s=1140\text{ mm}^2$) 的 HRB500 级钢筋。试计算受拉钢筋的截面面积 A_s。

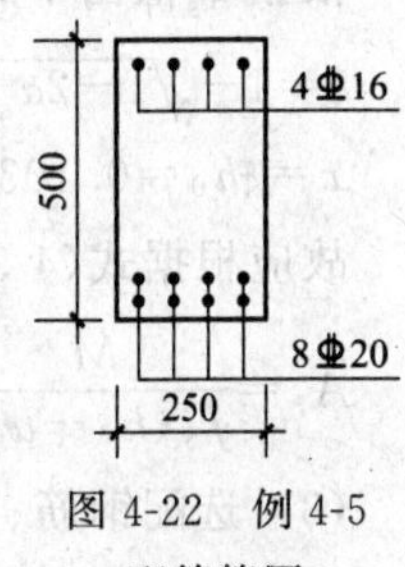

图 4-22 例 4-5 配筋简图

解 本题属于设计类型

(1) 设计参数

查附表 1-2、附表 1-8、表 4-4、表 4-5，可知：C30 混凝土 $f_c=14.3\text{N/mm}^2$，$f_t=1.43\text{N/mm}^2$；HRB500 级钢筋 $f_y=450\text{N/mm}^2$，$f'_y=410\text{N/mm}^2$，$\alpha_1=1.0$，$\xi_b=0.482$，查表 4-1，C30 混凝土二 a 类环境，假设箍筋为Φ8，取 $a_s=70\text{mm}$，$a'_s=45\text{mm}$，则 $h_0=h-a_s=500-70=430\text{mm}$。

(2) 计算钢筋面积

由公式(4-36) 得

$$\alpha_s=\frac{M-f'_yA'_s(h_0-a'_s)}{\alpha_1 f_c b h_0^2}=\frac{375\times10^6-410\times1140\times(430-45)}{1.0\times14.3\times250\times430^2}=0.295$$

根据 α_s 值由下式求得 ξ

$$\xi=1-\sqrt{1-2\alpha_s}=1-\sqrt{1-2\times0.295}=0.360<\xi_b=0.482$$

将 ξ 值代入基本公式(4-35)，得

$$A_s=\frac{\alpha_1 f_c b\xi h_0+f'_yA'_s}{f_y}=\frac{1.0\times14.3\times250\times0.360\times430+410\times1140}{435}=2346.69\ \text{mm}^2$$

$$>\rho_{min}bh=0.2\%\times250\times500=250\ \text{mm}^2。$$

(3) 选配钢筋、绘配筋简图

配筋简图如图 4-23 所示。查附表 2-1，实际选用 4 ⌀18+4 ⌀20 ($A_s=2273\text{mm}^2$)

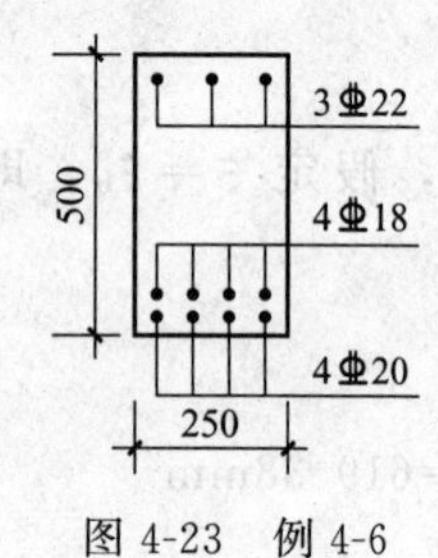

图 4-23 例 4-6 配筋简图

选筋面积比计算面积少 $\frac{2346.69-2273}{2346.69}=3.14\%$，不超过 5%，满足工程要求。

(4) 讨论

例 4-5 中，$A'_s+A_s=821.65+2507.34=3328.99\ \text{mm}^2$；例 4-6 中，$A'_s+A_s=1140+2346.69=3486.69\text{mm}^2$，例 4-5 和例 4-6 比较，例 4-5 的用钢量比例 4-6 用钢量要少。

【例 4-7】 已知条件同例 4-5，但在受压区已配有 4 ⌀25 ($A'_s=1964\ \text{mm}^2$) 的 HRB500 级钢筋。试计算受拉钢筋的截面面积 A_s。

解 本题属于设计类型。

(1) 设计参数

查附表 1-2、附表 1-8、表 4-4、表 4-5 可知，C30 混凝土 $f_c=14.3\text{N/mm}^2$，$f_t=1.43\text{N/mm}^2$；HRB500 级钢筋 $f_y=435\text{N/mm}^2$，$f'_y=410\text{N/mm}^2$；$\alpha_1=1.0$，$\xi_b=0.482$；查表 4-1，C30 混凝土二 a 类环境，假设箍筋为⌀8，取 $a_s=70\text{mm}$，$a'_s=45\text{mm}$，则 $h_0=h-a_s=500-70=430\text{mm}$。

(2) 计算钢筋面积

由公式(4-36) 得

$$\alpha_s=\frac{M-f'_yA'_s(h_0-a'_s)}{\alpha_1 f_c b h_0^2}=\frac{375\times10^6-410\times1964\times(430-45)}{1.0\times14.3\times250\times430^2}=0.098$$

根据 α_s 值由下式求得 ξ

$$\xi=1-\sqrt{1-2\alpha_s}=1-\sqrt{1-2\times0.098}=0.103<\xi_b=0.482$$

$$x=\xi h_0=0.103\times430=44.44\text{mm}<2a'_s=2\times45=90\text{mm}$$

故应根据式(4-38) 计算 A_s，得

$$A_s=\frac{M}{f_y(h_0-a_s)}=\frac{375\times10^6}{435\times(430-45)}=2239.14\ \text{mm}^2$$

(3) 选配钢筋、绘配筋简图

配筋简图如图 4-24 所示。查附表 2-1，实际选用 7 ⌀20 ($A_s=2199\text{mm}^2$)，选筋面积比

计算面积少$\frac{2239.14-2199}{2199}=1.83\%$，不超过5%，满足工程要求。

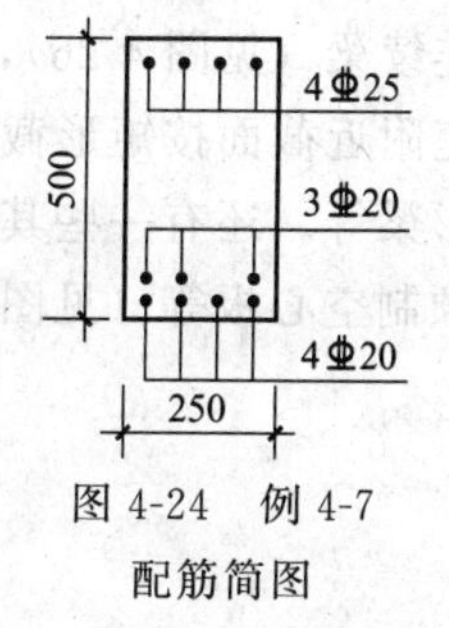

图 4-24　例 4-7 配筋简图

(4) 讨论

例 4-5 中，$A'_s+A_s=821.65+2507.34=3328.99\ \text{mm}^2$；例 4-6 中，$A'_s+A_s=1140+2346.69=3486.69\text{mm}^2$；例 4-7 中 $A'_s+A_s=1964+2239.14=4203.14\ \text{mm}^2$

由例 4-5、例 4-6 和例 4-7 比较，可以看出，让混凝土充分发挥作用，即 $\xi=\xi_b$ 时，总用钢量比其他情况总用钢量都少，而当$x<2a'_s$时，因为受压钢筋未屈服，所以钢筋用量最多。

【例 4-8】 已知矩形截面梁，处于三 a 类环境，截面尺寸 $b\times h=250\text{mm}\times500\text{mm}$，采用 C30 混凝土和 HRB355 级钢筋。在受压区配有 3Φ16 的钢筋，在受拉区配有 3Φ22 的钢筋，试验算此梁承受弯矩设计值 $M=120\text{kN}\cdot\text{m}$ 时，是否安全？

解　本题属于截面复核类型。

(1) 设计资料

查附表 1-2、附表 1-8、表 4-4 和表 4-5，可知：C30 混凝土 $f_c=14.3\text{N/mm}^2$，$f_t=1.43\text{N/mm}^2$；HRB335 级钢筋 $f_y=f'_y=300\text{N/mm}^2$；$\alpha_1=1.0$，$\xi_b=0.55$；$A'_s=603\text{mm}^2$，$A_s=1140\text{mm}^2$。

根据附表 3-4，假设箍筋为Φ8，C30 混凝土三 a 类环境，取 $a_s=c+d_{sv}+d/2=40+8+22/2=59\text{mm}$，$a'_s=c+d_{sv}+d'/2=40+8+16/2=56\text{mm}$，则 $h_0=h-a_s=500-59=441\text{mm}$。

(2) 截面复核

由基本公式(4-35) 得

$$\xi=\frac{A_sf_y-A'_sf'_y}{\alpha_1f_cbh_0}=\frac{(1140-603)\times300}{1.0\times14.3\times250\times441}=0.102<\xi_b=0.55$$

则　$x=\xi h_0=0.102\times441=44.98\text{mm}<2a'_s=112\text{mm}$

说明受压钢筋有富余，在破坏时，受压钢筋达不到屈服强度，由公式(4-37) 得

$$\begin{aligned}M_u&=f_yA_s(h_0-a'_s)=300\times1140\times(441-56)\\&=131.67\text{kN}\cdot\text{m}>120\text{kN}\cdot\text{m}\end{aligned}$$

截面满足承载力要求，安全。

4.7 T形截面受弯构件正截面受弯承载力计算

4.7.1 概述

4.7.1.1 T形截面的形成及其应用

前面介绍单、双筋矩形截面正截面承载力计算公式时，忽略混凝土的抗拉作用，因为混凝土的抗拉强度很低，受拉区的混凝土在构件破坏前就已经开裂了，不参加梁的受弯工作，所以承载力计算公式与受拉区的截面形状和大小没有关系。因此对于截面尺寸较大的矩形截面构件，将受拉区部分混凝土挖去，既可节省混凝土又可减轻构件自重，但又不降低承载力，如图 4-25 所示。所以，在实际工程中经常会遇到T形截面的构件，如现浇肋形楼盖的

连续梁（见图 4-26），跨中是 T 形截面（下部受拉，上部受压），可按 T 形截面梁计算，支座附近截面按矩形截面计算（下部受压，上部受拉）；工业厂房中的吊车梁一般是预制的 T 形梁等。还有一些其他截面形式的预制构件如双 T 形屋面板、I 形吊车梁、薄腹屋面梁以及预制空心板等（见图 4-26），也可按 T 形截面受弯构件考虑。

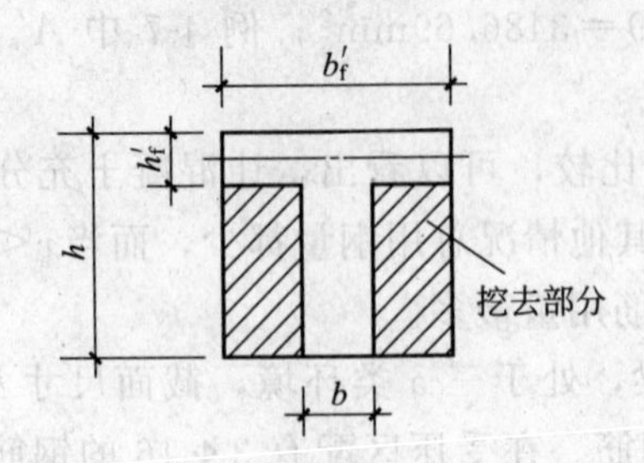

图 4-25　T 形截面梁的形成

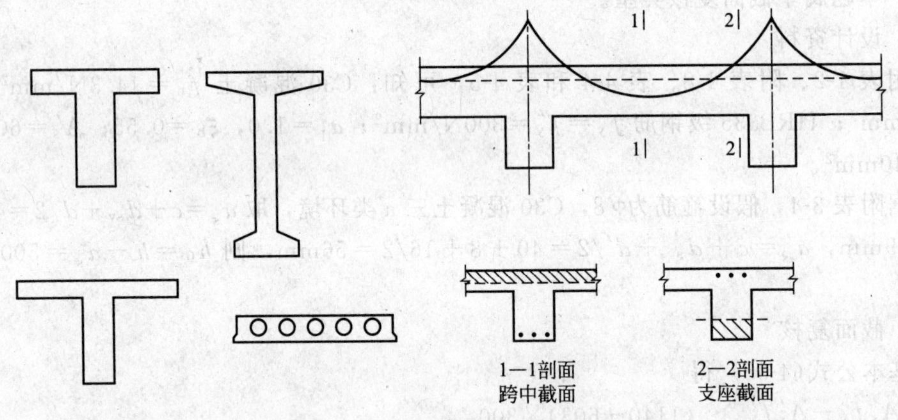

图 4-26　工程结构中的 T 形截面

4.7.1.2　T 形截面翼缘有效计算宽度 b_f' 的确定

T 形截面与矩形截面的主要区别在于翼缘部分是否参与受压。试验研究与理论分析表明，翼缘的压应力分布不均匀，离梁肋近的压应力大，离梁肋远的压应力小，离梁肋越远的压应力越小［图 4-27(a)］，可见翼缘参与受压的有效宽度是有限的，故在设计 T 形截面梁时应将翼缘限制在一定范围内，该范围称为翼缘计算宽度 b_f'，同时假定在 b_f' 范围内压应力均匀分布［见图 4-27(b)］；《混凝土结构设计规范》规定了 T 形、I 形及倒 L 形截面受弯构件翼缘计算宽度 b_f' 的取值，考虑到 b_f' 与翼缘厚度、梁跨度和受力状态等因素有关，应按表 4-6 中规定各项的最小值取用。

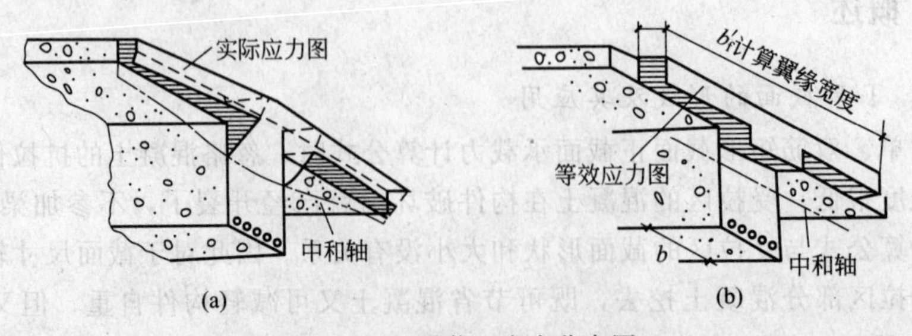

图 4-27　T 形截面应力分布图

表 4-6　T形、I形及倒L形截面受弯构件翼缘计算宽度 b'_f

项次	情况		T形、I形截面		倒L形截面
			肋形梁、肋形板	独立梁	肋形梁、肋形板
1	按计算跨度 l_0 考虑		$l_0/3$	$l_0/3$	$l_0/6$
2	按梁(纵肋)净距 s_n 考虑		$b+s_n$	—	$b+s_n/2$
3	按翼缘高度 h'_f 考虑	$h'_f/h_0\geqslant 0.1$	—	$b+12h'_f$	—
		$0.1\geqslant h'_f/h_0\geqslant 0.5$	$b+12h'_f$	$b+6h'_f$	$b+5h'_f$
		$h'_f/h_0\leqslant 0.05$	$b+12h'_f$	b	$b+5h'_f$

注：1. 表中 b 为腹板宽。

2. 如肋形梁在梁跨内设有间距小于纵肋间距的横肋时，可不遵守项次 3 的规定。

3. 对加腋的 T 形、I 形及倒 L 形截面，当受压区加腋的高度 $h_h\geqslant h'_f$ 且加腋的宽度 $b_h\leqslant 3h_h$ 时，其翼缘计算宽度可按项次 3 的规定分别增加 $2b_h$（T 形、I 形截面）和 b_h（倒 L 形截面）。

4. 独立梁受压区的翼缘板在荷载作用下经验算沿纵肋方向可能产生裂缝时，其计算宽度应取腹板宽度 b。

5. 表中符号意义见图 4-28。

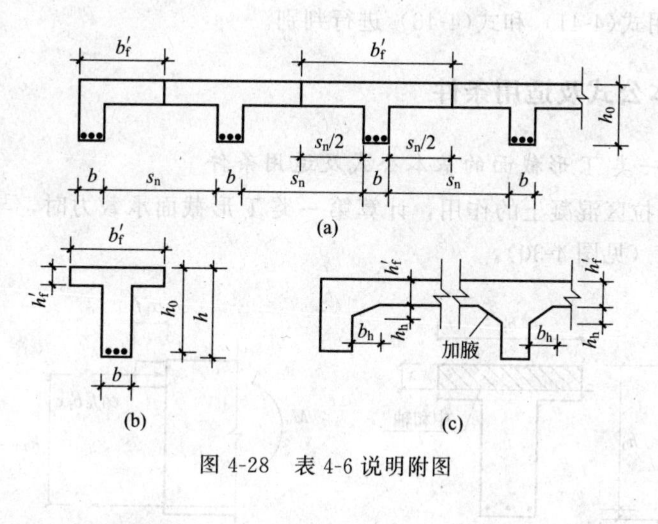

图 4-28　表 4-6 说明附图

4.7.1.3　T 形截面的分类

通常可以按中和轴所在位置不同把 T 形截面分为两类：第一类是中和轴通过翼缘，如图 4-29(a) 所示，即 $x<h'_f$；第二类是中和轴通过腹板如图 4-29(c) 所示，即 $x>h'_f$。要判断中和轴所在位置，首先应对界限位置进行分析，界限位置是中和轴通过翼缘下边缘，即 $x=h'_f$ 处 [图 4-29(b)]。

根据力和力矩平衡条件可得

$$\alpha_1 f_c b'_f h'_f = f_y A_s \tag{4-39}$$

$$M_u = \alpha_1 f_c b'_f h'_f\left(h_0 - \frac{h'_f}{2}\right) \tag{4-40}$$

对于第一类 T 形截面，有 $x\leqslant h'_f$，则

$$A_s f_y \leqslant \alpha_1 f_c b'_f h'_f \tag{4-41}$$

$$M\leqslant M_u = \alpha_1 f_c b'_f h'_f\left(h_0 - \frac{h'_f}{2}\right) \tag{4-42}$$

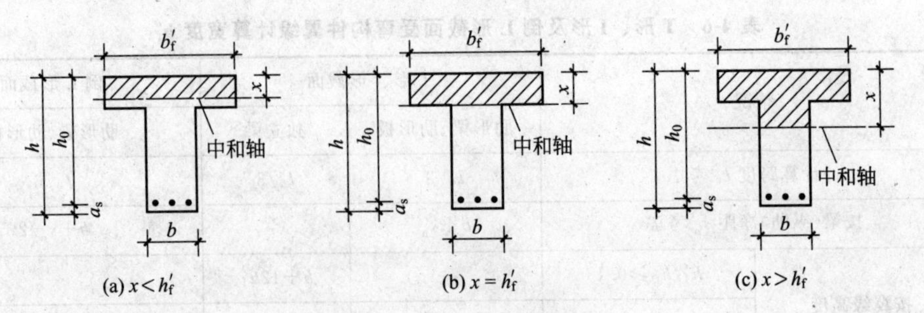

图 4-29　T 形截面判断图

对于第二类 T 形截面，有 $x>h'_f$，则

$$A_s f_y>\alpha_1 f_c b'_f h'_f \tag{4-43}$$

$$M>M_u=\alpha_1 f_c b'_f h'_f\left(h_0-\frac{h'_f}{2}\right) \tag{4-44}$$

以上即为 T 形截面受弯构件类型的判断条件。但要注意不同设计阶段采用不同的判别公式：①截面设计时，由于 A_s 未知，采用式(4-42) 和式(4-44) 进行判别；②在截面复核时，A_s 已知，采用式(4-41) 和式(4-43) 进行判别。

4.7.2 基本公式及适用条件

4.7.2.1 第一类 T 形截面的基本公式及适用条件

由于不考虑受拉区混凝土的作用，计算第一类 T 形截面承载力时，与梁宽为 b'_f 的矩形截面基本公式相同（见图 4-30）。

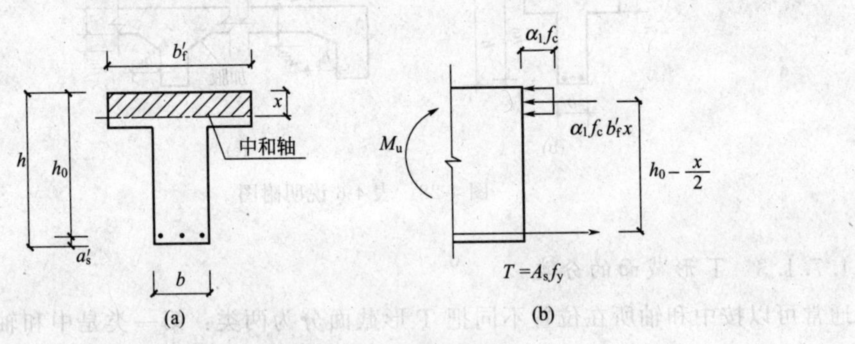

图 4-30　第一类 T 形截面判断图

（1）基本公式

$$\alpha_1 f_c b'_f x=f_y A_s \tag{4-45}$$

$$M\leqslant M_u=\alpha_1 f_c b'_f x\left(h_0-\frac{x}{2}\right) \tag{4-46}$$

（2）适用条件

① $x\leqslant\xi_b h_0$。第一类 T 形截面，$x\leqslant h'_f$，因为 h'_f 一般比较小，所以 $x\leqslant\xi_b h_0$ 一般自然满足，此条件不必验算。

② $\rho\geqslant\rho_{min}\dfrac{h}{h_0}$。应该注意，尽管第一类 T 形截面承载力计算按 $b'_f\times h$ 的矩形截面计算，但最小配筋面积应该按 $\rho_{min}bh$ 计算而不是 $\rho_{min}b'_f h$。这是因为最小配筋率 ρ_{min} 是根据钢筋混

凝土梁开裂后的受弯承载力与相同截面素混凝土梁受弯承载力相同的条件下得出来的，而素混凝土T形截面受弯构件的受弯承载力与素混凝土矩形截面的受弯承载力接近，为简化计算，按矩形截面受弯构件的 ρ_{min} 来判断。

对于I形截面和倒T形截面，应满足 $A_s \geqslant \rho_{min}[bh+(b_f-b)h_f]$，其中，$b_f$、$h_f$ 分别为I字形截面、倒T形截面的受拉翼缘宽度和高度。

4.7.2.2 第二类T形截面的基本公式及适用条件

第二类T形截面的中和轴在腹板内，即 $x>h_f'$，可将该截面分为矩形截面和伸出翼缘两部分，如图4-31所示。

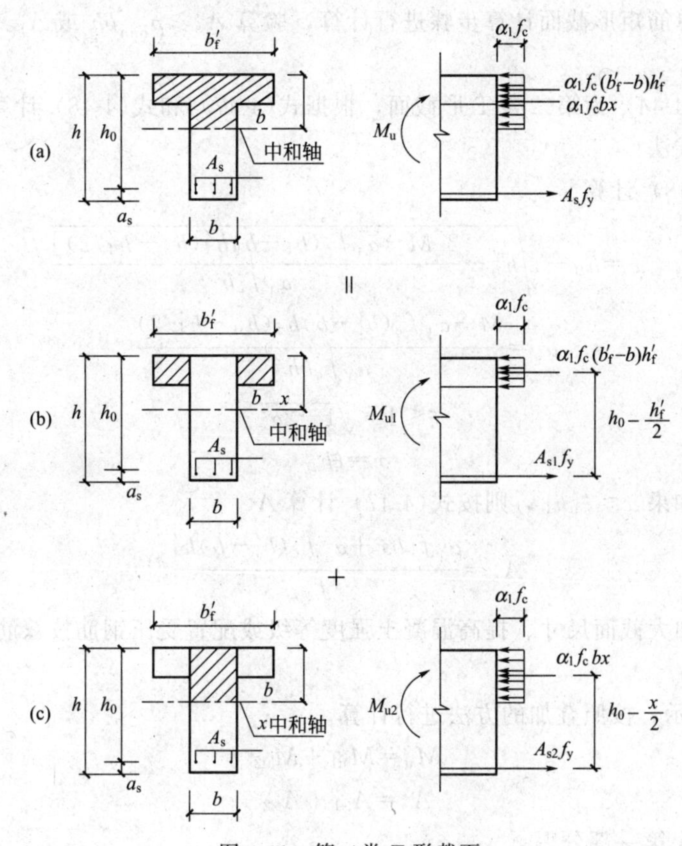

图4-31 第二类T形截面

(1) 基本公式

根据力和力矩平衡条件得

$$\alpha_1 f_c bx+\alpha_1 f_c(b_f'-b)h_f'=f_y A_s \tag{4-47}$$

$$M \leqslant M_u=\alpha_1 f_c bx\left(h_0-\frac{x}{2}\right)+\alpha_1 f_c(b_f'-b)h_f'\left(h_0-\frac{h_f'}{2}\right) \tag{4-48}$$

(2) 适用条件

① $x \leqslant \xi_b h_0$。

② $\rho \geqslant \rho_{min}\frac{h}{h_0}$，即 $A_s \geqslant \rho_{min}bh$ 或 $A_s \geqslant \rho_{min}[bh+(b_f-b)h_f]$。该条件一般都可满足，可不必验算。

4.7.3 基本公式的应用

4.7.3.1 截面设计

已知：截面尺寸、混凝土强度等级、钢筋级别和截面弯矩设计值 M，求受拉钢筋截面面积 A_s。计算步骤如下。

首先判断截面类型，根据式(4-42) 或式(4-44) 判别 T 形截面类型，然后选择公式进行计算。

如果满足式(4-42) 或按 $b'_f \times h$ 单筋矩形截面计算公式计算出的 $x \leqslant h'_f$ 为第一类 T 形截面，按 $b'_f \times h$ 的单筋矩形截面计算步骤进行计算，验算 $A_s \geqslant \rho_{min} bh$ 或 $A_s \geqslant \rho_{min}[bh+(b_f-b)h_f]$。

如果满足式(4-44) 为第二类 T 形截面，根据式(4-47) 和式(4-48) 计算。

(1) 基本公式法

首先由式(4-48) 计算 x

$$x = h_0 - \sqrt{h_0^2 - \frac{2[M - \alpha_1 f_c (b'_f - b) h'_f (h_0 - h'_f/2)]}{\alpha_1 f_c b}}$$

或
$$\alpha_s = \frac{M - \alpha_1 f_c (b'_f - b) h'_f (h_0 - h'_f/2)}{\alpha_1 f_c b h_0^2}$$

则
$$\xi \leqslant 1 - \sqrt{1 - 2\alpha_s}$$
$$x = \xi h_0$$

验算适用条件，如果 $x \leqslant \xi_b h_0$，则按式(4-47) 计算 A_s

$$A_s = \frac{\alpha_1 f_c bx + \alpha_1 f_c (b'_f - b) h'_f}{f_y}$$

如果 $x > \xi_b h_0$，加大截面尺寸、提高混凝土强度等级或配置受压钢筋按双筋 T 形截面计算。

(2) 叠加法

如图 4-31 所示，按照叠加的方法进行计算。

$$M_u = M_{u1} + M_{u2} \tag{4-49}$$

$$A_s = A_{s1} + A_{s2} \tag{4-50}$$

由图 4-31(b) 第一部分得

$$f_y A_{s1} = \alpha_1 f_c (b'_f - b) h'_f \tag{4-51}$$

$$M_1 \leqslant M_{u1} = \alpha_1 f_c (b'_f - b) h'_f \left(h_0 - \frac{h'_f}{2}\right) \tag{4-52}$$

根据式(4-51) 可求出 A_{s1}

$$A_{s1} = \frac{\alpha_1 f_c (b'_f - b) h'_f}{f_y}$$

由图 4-31(c) 第二部分得

$$f_y A_{s2} = \alpha_1 f_c bx \tag{4-53}$$

$$M_2 \leqslant M_{u2} = M_u - M_{u1} = \alpha_1 f_c bx \left(h_0 - \frac{x}{2}\right) = \alpha_1 \alpha_s f_c b h_0^2 \tag{4-54}$$

与梁宽为 b 的单筋矩形截面一样，由式(4-54) 计算出 x，验算适用条件，如果 $x \leqslant$

$\xi_b h_0$，则按公式(4-53) 计算 A_{s2} 得

$$A_{s2}=\frac{\alpha_1 f_c bx}{f_y}$$

如果 $x>\xi_b h_0$，加大截面尺寸、提高混凝土强度等级或加受压钢筋按双筋T形截面计算。最后根据式(4-50) 将两部分计算的钢筋面积叠加，得到所需的受拉钢筋面积 A_s。

4.7.3.2 截面复核

已知截面尺寸、受拉钢筋面积 A_s、混凝土强度等级、钢筋级别及截面弯矩设计值，要求复核截面受弯承载力 M_u 是否满足要求。复核步骤如下。

首先根据式(4-42) 或式(4-44) 判别截面类型，根据不同的截面类型，选择相应的公式计算，并且验算适用条件。

如果满足 $A_s f_y \leqslant \alpha_1 f_c b_f' h_f'$，属于第一类T形截面，按 $b_f' \times h$ 的单筋矩形截面受弯构件复核方法进行；当满足 $A_s f_y > \alpha_1 f_c b_f' h_f'$，属于第二类T形截面，则由式(4-47) 计算 x，即

$$x=\frac{A_s f_y-\alpha_1 f_c (b_f'-b)h_f'}{\alpha_1 f_c b}$$

如果 $x\leqslant \xi_b h_0$，将 x 代入式(4-48) 求 M_u，即

$$M_u=\alpha_1 f_c bx\left(h_0-\frac{x}{2}\right)+\alpha_1 f_c (b_f'-b)h_f'\left(h_0-\frac{h_f'}{2}\right)$$

如果 $x>\xi_b h_0$，说明超筋，把 $x=\xi_b h_0$ 代入式(4-48) 求 M_u，即

$$M_u=\alpha_1 \xi_b (1-0.5\xi_b) f_c b h_0^2+\alpha_1 f_c (b_f'-b)h_f'\left(h_0-\frac{h_f'}{2}\right)$$

或

$$M_u=\alpha_{s,\max}\alpha_1 f_c b h_0^2+\alpha_1 f_c (b_f'-b)h_f'\left(h_0-\frac{h_f'}{2}\right)$$

如果 $M\leqslant M_u$，截面安全；如果 $M>M_u$，截面不安全。

【例 4-9】 已知某T形截面梁，腹板截面尺寸为 $b\times h=250\text{mm}\times 600\text{mm}$，$b_f'=650\text{mm}$，$h_f'=120\text{mm}$，混凝土强度等级为C25，采用HRB400级钢筋，梁所承受的弯矩设计值为 $M=240\text{kN}\cdot\text{m}$，环境类别为二a类。求所需受拉钢筋截面面积 A_s。

解 本题属于截面设计类型。

(1) 设计参数

查附表1-2、附表1-8、表4-4和表4-5，可知：C25混凝土 $f_c=11.9\text{N/mm}^2$，$f_t=1.27\text{N/mm}^2$；HRB400级钢筋 $f_y=360\text{N/mm}^2$；$\alpha_1=1.0$，$\xi_b=0.518$；查表4-1，假设箍筋为Φ8，环境类别为二a类，取 $a_s=45\text{mm}$，则 $h_0=h-a_s=600-45=555\text{mm}$，$\rho_{\min}=0.2\%>0.45\frac{f_t}{f_y}=0.45\times\frac{1.27}{360}=0.159\%$。

(2) 判别类型

$M_u=\alpha_1 f_c b_f' h_f'\left(h_0-\frac{h_f'}{2}\right)=1\times 11.9\times 650\times 120\times\left(555-\frac{120}{2}\right)=459.46\text{kN}\cdot\text{m}>M=240\text{kN}\cdot\text{m}$，故属于第一类T形截面。

(3) 计算受拉钢筋截面面积 A_s

首先由公式(4-46) 计算 x

$$x=h_0-\sqrt{h_0^2-\frac{2M}{\alpha_1 f_c b'_f}}=555-\sqrt{555^2-\frac{2\times240\times10^6}{1\times11.9\times650}}$$

$=59.05\text{mm}$

再由式(4-45) 计算 A_s，得

$$A_s=\frac{\alpha_1 f_c b'_f x}{f_y}=\frac{1\times11.9\times650\times59.05}{360}=1268.75\ \text{mm}^2$$

$>\rho_{\min}bh=0.2\%\times250\times600=300\ \text{mm}^2$

(4) 选配钢筋、绘配筋简图（见图 4-32)。由附表 2-1 选用 4⌀20 ($A_s=1256\ \text{mm}^2$)。

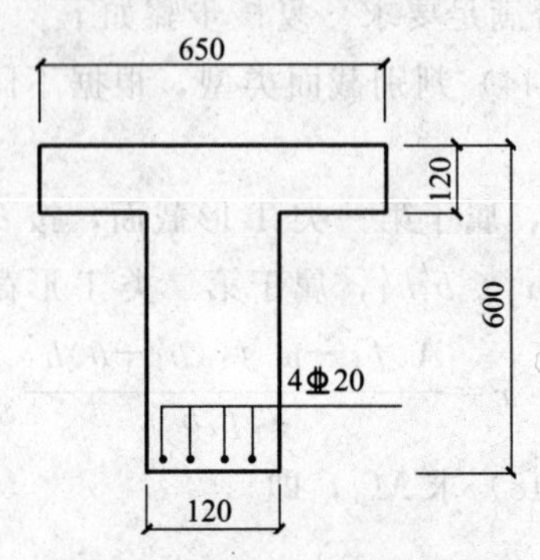

图 4-32 例 4-9 配筋简图

【例 4-10】 已知 T 形截面梁，处于一类环境，截面尺寸 $b\times h=200\text{mm}\times450\text{mm}$，$b'_f=400\text{mm}$，$h'_f=100\text{mm}$，采用 C30 混凝土和 HRB335 级钢筋。在受拉区配有 3⌀20 的钢筋，试验算此梁承受弯矩设计值 $M=100\text{kN}\cdot\text{m}$ 时，是否安全?

解 本题属于截面复核类型

(1) 设计参数

查附表 1-2、附表 1-8、表 4-4、表 4-5，可知：HRB335 级钢筋 $f_y=300\text{N/mm}^2$；$\alpha_1=1.0$，$\xi_b=0.55$；由表 4-1，假设箍筋为φ6，一类环境，取 $a_s=35\text{mm}$，则 $h_0=h-a_s=450-35=415\text{mm}$，由 3⌀20 查附表 2-1 得 $A_s=942\ \text{mm}^2$，$\rho_{\min}=0.45\frac{f_t}{f_y}=0.45\times\frac{1.43}{300}=0.215\%>0.2\%$。

(2) 判断截面类型

由式(4-42) 判别

$A_s f_y=942\times300=282.6\text{kN}\leqslant\alpha_1 f_c b'_f h'_f=1\times14.3\times400\times100=572\text{kN}$

故为第一类 T 形截面，按第一类 T 形截面进行计算。

(3) 验算配筋率

$$A_s=942\text{mm}^2>\rho_{\min}bh=0.215\%\times200\times450=193.5\text{mm}^2$$

(4) 承载力计算

首先由式(4-45) 计算 x，得 $x=\frac{A_s f_y}{\alpha_1 f_c b'_f}=\frac{942\times300}{1\times14.3\times400}=49.41\text{mm}$

再由式(4-46) 计算 M_u，得

$$M_u=\alpha_1 f_c b'_f x\left(h_0-\frac{x}{2}\right)=1\times14.3\times400\times49.41\times\left(415-\frac{49.41}{2}\right)=110.31\text{kN}\cdot\text{m}$$

(5) 截面复核

因为$M=100\text{kN}\cdot\text{m}<M_u$，所以截面安全。

【例4-11】 已知一肋梁楼盖的次梁，计算跨度$l_0=3.6\text{m}$，间距为2.1m，截面尺寸如图4-33所示。跨中最大弯矩设计值$M=390\text{kN}\cdot\text{m}$时，混凝土强度等级为C30，钢筋采用HRB400级，环境类别为二b类，试计算该次梁所需的纵向受力钢筋面积A_s。

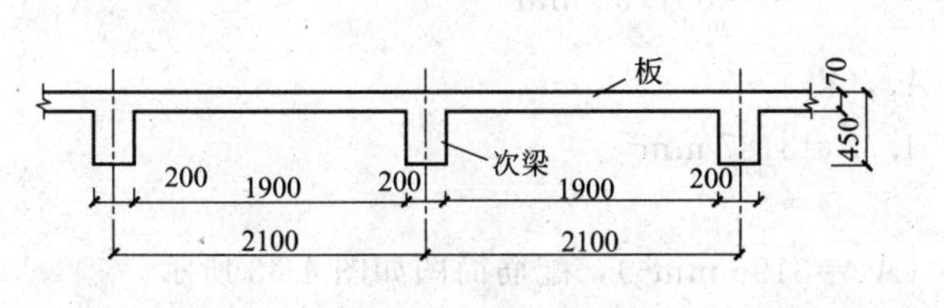

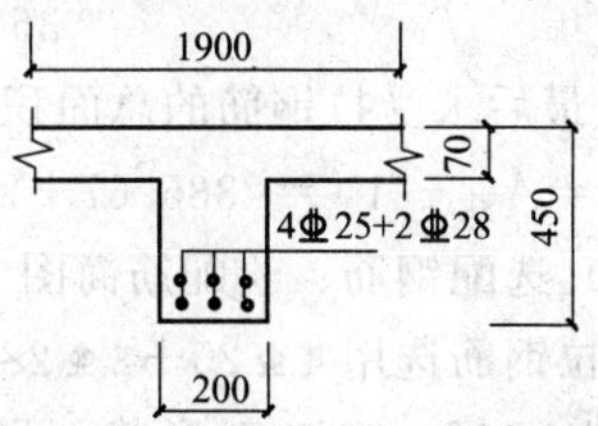

图4-33　例题4-11图

解　本题属于截面设计类型。

(1) 设计参数

查附表1-2、附表1-8、表4-4、4-5，可知：C30混凝土$f_c=14.3\text{N/mm}^2$，$f_t=1.43\text{N/mm}^2$；HRB400级钢筋$f_y=360\text{N/mm}^2$；$\alpha_1=1.0$，$\xi_b=0.518$；查表4-1，假设箍筋为Φ8，二a类环境，取$a_s=70\text{mm}$，则$h_0=h-a_s=450-70=380\text{mm}$，$\rho_{\min}=0.2\%>0.45\dfrac{f_t}{f_y}=0.45\times\dfrac{1.43}{360}=0.179\%$。

(2) 确定翼缘计算宽度b'_f

由表4-6，按次梁计算跨度考虑$b'_f=l_0/3=3600/3=1200\text{mm}$；按次梁净距$s_n$考虑，$b'_f=b+s_n=200+1900=2100\text{mm}$；按次梁翼缘高度$h'_f$考虑，由于$b+12h'_f=200+12\times70=1040\text{mm}$，根据$b'_f$取以上三项最小值的要求，最后取$b'_f=1040\text{mm}$。

(3) 判断截面类型

由式(4-44)判别

$$\alpha_1 f_c b'_f h'_f\left(h_0-\frac{h'_f}{2}\right)=1.0\times14.3\times1040\times70\times\left(380-\frac{70}{2}\right)=359.16\text{kN}\cdot\text{m}$$

$<M=390\text{kN}\cdot\text{m}$故属于第二类T形截面。

(4) 计算钢筋面积A_s

① 由式(4-51)计算A_{s1}

$$A_{s1}=\alpha_1 f_c(b'_f-b)h'_f/f_y=1\times14.3\times(1040-200)\times70/360=2335.67\ \text{mm}^2$$

② 由式(4-52)计算M_{u1}

$$M_{u1}=\alpha_1 f_c(b'_f-b)h'_f\left(h_0-\frac{h'_f}{2}\right)=1\times14.3\times(1040-200)\times70\times\left(380-\frac{70}{2}\right)$$

$$=290.09\text{kN}\cdot\text{m}$$

③ 由公式(4-49)计算M_{u2}

$$M_{u2}=M_u-M_{u1}=390-290.09=99.91\text{kN}\cdot\text{m}$$

④ 由式(4-54)计算α_s，得

$$\alpha_s=\frac{M_{u2}}{\alpha_1 f_c b h_0^2}=\frac{99.91\times10^6}{1\times14.3\times200\times380^2}=0.242$$

$\xi=1-\sqrt{1-2\alpha_s}=1-\sqrt{1-2\times0.242}=0.282$

$x=\xi h_0=0.282\times380=107.16\text{mm}<\xi_b h_0=0.518\times380=196.84\text{mm}$

⑤ 由式(4-53) 计算 A_{s2}，得

$$A_{s2}=\frac{\alpha_1 f_c bx}{f_y}=\frac{1\times14.3\times200\times107.16}{360}=851.33\ \text{mm}^2$$

⑥ 最后求受拉钢筋的总面积 A_s，得

$A_s=A_{s1}+A_{s2}=2335.67+851.33=3187\ \text{mm}^2$。

(5) 选配钢筋、绘配筋简图

受拉钢筋选用 4 Φ25+2 Φ28 ($A_s=3196\ \text{mm}^2$)，配筋简图如图 4-33 所示。

【例 4-12】 已知 T 形截面吊车梁，处于二类 a 环境，截面尺寸为 $b'_f=500\text{mm}$，$h'_f=100\text{mm}$，$b=250\text{mm}$，$h=600\text{mm}$，采用 C30 混凝土和 HRB500 级钢筋。试计算如果受拉钢筋为 6 Φ20，截面所能承受的弯矩设计值是多少？

解 本题属于截面复核类型

(1) 设计参数

查附表 1-2、附表 1-8、表 4-4、表 4-5，可知：C30 混凝土 $f_c=14.3\text{N/mm}^2$，$f_t=1.43\text{N/mm}^2$；HRB500 级钢筋 $f_y=435\text{N/mm}^2$；$\alpha_1=1.0$，$\xi_b=0.482$；查附表 3-4，取 $c=25\text{mm}$，双排纵筋，假设箍筋为Φ8，二类 a 环境，取 $a_s=c+d_{sv}+d+e/2=25+8+20+25/2=65.5\text{mm}$，则 $h_0=h-a_s=600-65.5=534.5\text{mm}$；$A_s=1884\text{mm}^2$。

(2) 判断截面类型

由式(4-43) 判别

$\alpha_1 f_c b'_f h'_f=1.0\times14.3\times500\times100=715\text{kN}<f_y A_s=435\times1884=819.54\text{kN}$

故为第二类 T 型截面，按第二类 T 形截面公式计算。

(3) 计算截面弯矩设计值

由式(4-47) 计算 x

$$x=\frac{A_s f_y-\alpha_1 f_c(b'_f-b)h'_f}{\alpha_1 f_c b}=\frac{1884\times435-1\times14.3\times(500-250)\times100}{1\times14.3\times250}$$

$$=129.24\text{mm}<\xi_b h_0=0.482\times534.5=257.63\text{mm}$$

$$M_u=\alpha_1 f_c(b'_f-b)h'_f\left(h_0-\frac{h'_f}{2}\right)+\alpha_1 f_c bx\left(h_0-\frac{x}{2}\right)$$

$$=1.0\times14.3\times(500-250)\times100\times\left(534.5-\frac{100}{2}\right)+1.0\times14.3\times250\times129.24\times\left(534.5-\frac{129.24}{2}\right)$$

$$=390.31\text{kN}\cdot\text{m}$$

故截面能承受的弯矩设计值为 390.31kN · m。

思考题与习题

思考题

1. 适筋梁从开始加载到正截面承载力破坏经历了哪几个阶段？各阶段截面上应变-应力

分布、裂缝开展、中和轴位置、梁的跨中挠度的变化规律如何？各阶段的主要特征是什么？每个阶段是哪种极限状态设计的基础？

2. 适筋梁、超筋梁和少筋梁的破坏特征有何不同？

3. 什么是界限破坏？界限破坏时的界限相对受压区高度 ξ_b 与什么有关？ξ_b 与最大配筋率 ρ_{max} 有何关系？

4. 适筋梁正截面承载力计算中，如何假定钢筋和混凝土材料的应力？

5. 单筋矩形截面承载力计算公式是如何建立的？为什么要规定其使用范围？公式适用条件是什么？

6. α_s、γ_s 和 ξ 的物理意义是什么？试说明其相互关系及变化规律？

7. 配筋率不同的钢筋混凝土梁，即 $\rho<\rho_{min}$，$\rho_{min}<\rho<\rho_{max}$，$\rho=\rho_{max}$，$\rho>\rho_{max}$，试回答下列问题：

(1) 分别属于何种破坏？破坏现象有何区别？

(2) 哪些截面能写出极限承载力受压区高度 x 的计算公式？哪些截面不能？

(3) 破坏时钢筋应力各等于多少？

(4) 破坏时截面承载力 M_u 各等于多少？

8. 在正截面承载力计算中，对于混凝土强度等级小于 C50 的构件和混凝土强度等级等于及大于 C50 的构件，其计算有什么区别？

9. 在双筋截面中受压钢筋起什么作用？为何一般情况下采用双筋截面，受弯构件不经济？在什么条件下可采用双筋截面梁？

10. 为什么在双筋矩形截面承载力计算中必须满足 $x \geqslant 2a'_s$ 的条件？当双筋矩形截面出现 $x<2a'_s$ 时应当如何计算？

11. 在矩形截面弯矩设计值、截面尺寸、混凝土强度等级和钢筋级别都已知的条件下，如何判别应设计成单筋还是双筋？

12. 设计双筋截面，A_s 及 A'_s 均未知时，x 应如何取值？当 A'_s 已知时应当如何求 A_s？

13. T 形截面翼缘计算宽度为什么是有限的？取值与什么有关？

14. 根据中和轴位置不同，T 形截面的承载力计算有哪几种情况？截面设计和承载力复核时应如何判断？

15. 第一类 T 形截面梁为什么可以按宽度为 b'_f 的矩形截面计算？如何计算其最小配筋面积？

16. T 形截面承载力计算公式与单筋矩形截面及双筋矩形截面承载力计算公式有何异同？

习题

1. 填空题

(1) 在荷载作用下，钢筋混凝土梁正截面受力和变形的发展过程可划分为三个阶段，第Ⅰ阶段末的应力图形可作为________的计算依据，第Ⅱ阶段的应力图形可作为________的计算依据，第Ⅲ阶段末的应力图形可作为________的计算依据。

(2) 适筋梁的破坏始于________，它的破坏特征属于________。超筋梁的破坏始于________，它的破坏特征属于________。

(3) 截面的有效高度为纵向受拉钢筋________与________的距离。

(4) 一配置 HRB335 级热轧钢筋的单筋矩形截面梁，$\xi_b=0.55$，该梁所能承受的最大弯矩等于________。若该梁承受的弯矩设计值大于上述最大弯矩，则应________________或________________。

(5) 受弯构件正截面计算假定的受压混凝土应力图形中，混凝土强度等级≤C50 时，$\varepsilon_0=$________；$\varepsilon_u=$________。

(6) 受弯构件的混凝土强度等级≤C50 钢筋 HPB300 级时，$f_y=f'_y=$________；$\xi_b=$________，$a_{s,max}=$________。

(7) 受弯构件的正截面破坏形态有________、________和超筋梁破坏。

(8) 受弯构件采用 HRB400 级钢筋，C50 以下等级混凝土，纵向受拉钢筋的最小配筋率 $\rho_{min}=$________。

(9) 梁下部钢筋的净距为________mm；上部钢筋的净距为________mm。

(10) 受弯构件 $\rho\geqslant\rho_{min}$ 是为了________；$\rho\leqslant\rho_{max}$ 是为了________。

(11) 受弯构件要求 $\rho_{min}\leqslant\rho\leqslant\rho_{max}$，关于 ρ 的计算式为：单筋矩形截面梁________。

(12) T 形截面连续梁，跨中按________截面，而支座也按________截面计算。

(13) 受弯构件强度计算公式是在配筋量________的条件下推导出来的。

2. 判断题

(1) 梁中受力筋排成两排或以上时，上下排钢筋应相互错位。( )

(2) 适筋梁在破坏时呈现出塑性破坏的特征。( )

(3) 在 T 形截面梁中，当 $M\leqslant b'_f h'_f \alpha_1 f_c\left(h_0-\dfrac{h'_f}{2}\right)$ 时，属于第二种 T 形梁。( )

(4) 钢筋用量过多的梁在破坏时呈现出脆性破坏的特征。( )

(5) 钢筋混凝土受弯构件的应力应变过程第三阶段（破坏阶段）是计算其正截面承载能力计算时所依据的应力阶段。( )

(6) 钢筋混凝土梁的应力应变过程中第二阶段（开裂阶段）是计算构件裂缝宽度时所依据的应力阶段。( )

(7) $x=\xi_b h_0$ 是受弯构件少筋与适筋的界限。( )

(8) 在适筋梁中提高混凝土强度等级时，对提高受弯承载力的作用很大。( )

(9) 相对界限受压高度系数 ξ_b 与混凝土等级无关。( )

3. 计算题

(1) 已知钢筋混凝土矩形梁，处于一类环境，其截面尺寸 $b\times h=250\text{mm}\times500\text{mm}$，承受弯矩设计值 $M=130\text{kN}\cdot\text{m}$，采用 C25 混凝土和 HRB400 级钢筋。试配置截面钢筋。

(2) 已知钢筋混凝土矩形梁，处于二类 a 环境，承受弯矩设计值 $M=160\text{kN}\cdot\text{m}$，采用 C30 混凝土和 HRB500 级钢筋，试按正截面承载力要求确定截面尺寸及纵向钢筋截面面积。

(3) 已知某单跨简支板，处于一类环境，计算跨度 $l=2.58\text{m}$，承受均布荷载设计值 $g+q=6.5\text{kN/m}^2$（包括板自重），采用 C25 混凝土和 HPB300 级钢筋，试配置该简支板的受拉钢筋。

(4) 已知钢筋混凝土矩形梁，所处环境类别为二类 a，其截面尺寸 $b\times h=250\text{mm}\times550\text{mm}$，采用 C25 混凝土，配有 HRB355 级钢筋 3Φ22（$A_s=1140\text{mm}^2$）。试验算此梁承受弯矩设计值 $M=150\text{kN}\cdot\text{m}$ 时，是否安全？

(5) 已知某矩形截面梁，所处环境类别为二类 a，截面尺寸 $b\times h=250\text{mm}\times500\text{mm}$，采用 C30 混凝土和 HRB400 级钢筋，截面弯矩设计值 $M=350\text{kN}\cdot\text{m}$，试配置截面钢筋。

(6) 已知条件同题 (5)，但在受压区已配有 3Φ22 的 HRB400 级钢筋。试计算受拉钢筋的截面面积 A_s。

(7) 已知矩形截面梁，处于二 b 类环境，截面尺寸 $b \times h = 250\text{mm} \times 500\text{mm}$，采用 C30 混凝土和 HRB500 级钢筋。在受压区配有 3Φ20 的钢筋，在受拉区配有 4Φ22 的钢筋，计算此梁能承受的最大弯矩设计值是多少？

(8) 已知 T 形截面梁，处于一类环境，截面尺寸 $b \times h = 250\text{mm} \times 650\text{mm}$，$b'_f = 600\text{mm}$，$h'_f = 120\text{mm}$，承受弯矩设计值 $M = 450\text{kN} \cdot \text{m}$，采用 C30 混凝土和 HRB400 级钢筋。求该截面所需的纵向受力钢筋。若选用混凝土强度等级为 C50，其他条件不变，试求纵向受力钢筋截面面积，并将两种情况进行对比。

(9) 已知 T 形截面吊车梁，所处环境类别为二 a，截面尺寸为 $b'_f = 550\text{mm}$，$h'_f = 100\text{mm}$，$b = 250\text{mm}$，$h = 600\text{mm}$。承受弯矩设计值 $M = 490\text{kN} \cdot \text{m}$，采用 C25 混凝土和 HRB400 级钢筋。试配置截面钢筋。

(10) 已知 T 形截面吊车梁，所处环境类别为一类，截面尺寸为 $b'_f = 450\text{mm}$，$h'_f = 100\text{mm}$，$b = 250\text{mm}$，$h = 550\text{mm}$，采用 C30 混凝土和 HRB400 级钢筋。试计算如果受拉钢筋为 6Φ22，截面所能承受的弯矩设计值是多少？

钢筋混凝土受弯构件斜截面承载力计算

学习目标

1. 掌握无腹筋梁和有腹筋梁斜截面受剪承载力的计算公式和适用条件；
2. 掌握防止斜压破坏和斜拉破坏的措施；
3. 掌握纵向受力钢筋伸入支座的锚固要求和箍筋的构造要求；
4. 了解斜截面破坏的主要形态，影响斜截面抗剪承载力的主要因素；
5. 了解受弯承载力图的作法，弯起钢筋的弯起位置和纵向受力钢筋的截断位置。

5.1 概述

从材料力学分析得知，受弯构件在荷载作用下，除由弯矩作用产生法向应力外，同时还伴随着剪力作用产生的剪应力。由法向应力和剪应力的结合，产生斜向主拉应力和主压应力。

图 5-1 所示为无腹筋钢筋混凝土梁斜裂缝出现前的应力状态。当荷载较小时，梁尚未出现裂缝，全截面参加工作。荷载作用产生的法向应力、剪应力以及由法向应力和剪应力组合而产生的主拉应力和主压应力可按材料力学公式计算。对于混凝土材料，其抗拉强度很低，当荷载继续增加，主拉应力达到混凝土抗拉强度极限值时，就会出现垂直于主拉应力方向的斜向裂缝。这种由斜向裂缝的出现而导致的梁破坏称为斜截面破坏。无腹筋梁的斜裂缝出现

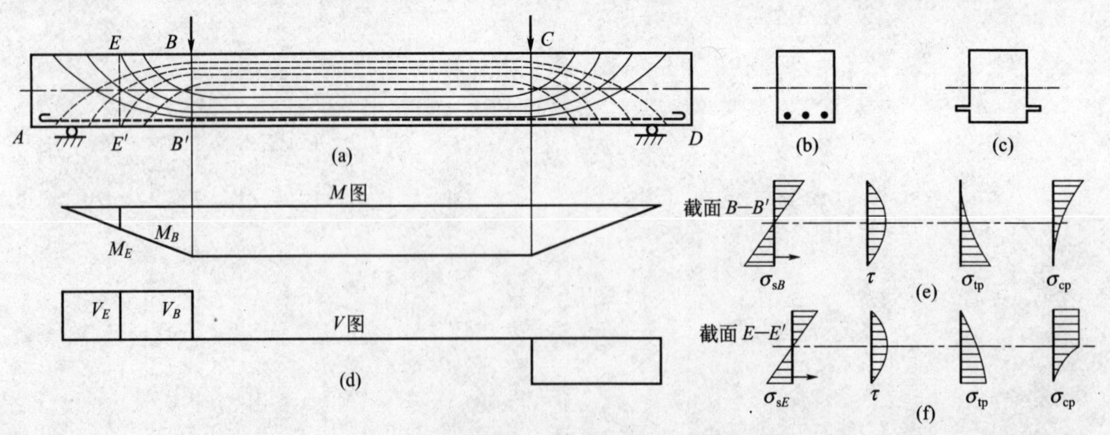

图 5-1 无腹筋钢筋混凝土梁斜裂缝出现前的应力状态

过程有两种典型情况：一种是梁底因为弯矩作用而首先出现垂直裂缝，随着荷载增加逐渐向上发展，裂缝向集中荷载作用点延伸，称为弯剪斜裂缝，呈现下宽上窄［图 5-2(a)］；另一种是首先在梁中和轴附近出现大致与中和轴成45°角的斜裂缝，随着荷载增加，沿主压应力迹线分别向支座和集中荷载作用点延伸，称为腹剪斜裂缝，呈现两头窄，中间宽［图 5-2(b)］。

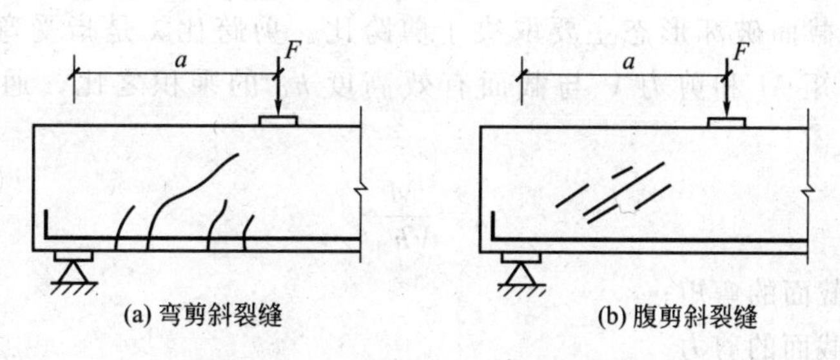

图 5-2　弯剪斜裂缝和腹剪斜裂缝

为了防止梁的斜截面破坏，通常在梁内设置箍筋和弯起钢筋（斜筋），以增强斜截面的抗拉能力。弯起钢筋大多利用弯矩减少后多余的纵向主筋弯起。箍筋和弯起钢筋又统称为腹筋或剪力钢筋。它们与纵向主筋、架立筋及其他构造钢筋焊接（或绑扎）在一起，形成刚劲的钢筋骨架，如图 5-3 所示。在钢筋混凝土板中，一般正截面承载力起控制作用，斜截面承载力相对较高，通常不需设置箍筋和弯起钢筋。

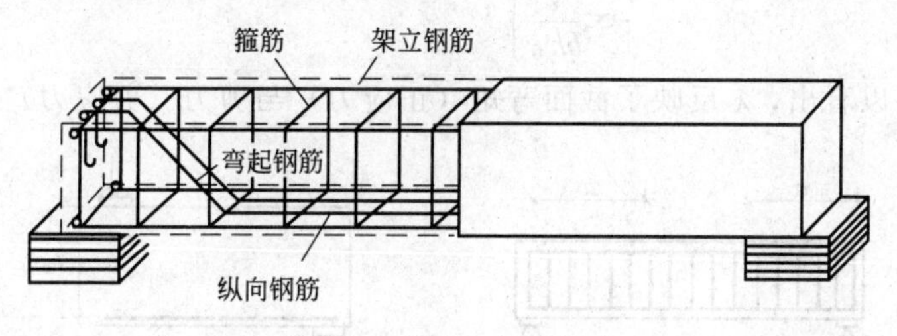

图 5-3　箍筋和弯起钢筋

在保证受弯构件正截面受弯承载力的同时，还要保证斜截面承载力，它包括斜截面受剪承载力和斜截面受弯承载力两方面。工程设计中，斜截面受剪承载力是由计算和构造来满足的，斜截面受弯承载力则是通过对纵向钢筋和箍筋的构造要求来保证的。

工程设计中，应优先选用箍筋，然后再考虑采用弯起钢筋。由于弯起钢筋承受的拉力比较大，且集中，有可能引起弯起处混凝土的劈裂裂缝，如图 5-4 所示。因此放置在梁侧边缘的钢筋不宜弯起，梁底层钢筋中的角部钢筋不应弯起，顶层钢筋中的角部钢筋不应弯下。弯起钢筋的弯起角一般取 45°，梁高大于 800mm 时取 60°。

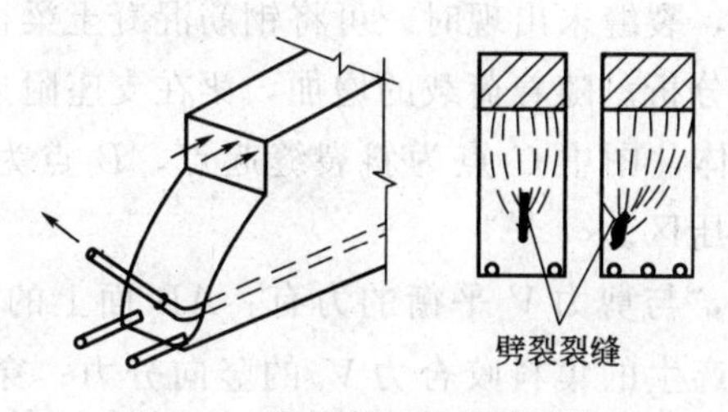

图 5-4　钢筋弯起处劈裂裂缝

5.2 受弯构件斜截面受剪性能

5.2.1 剪跨比

无腹筋梁的斜截面破坏形态主要取决于剪跨比。剪跨比 λ 是指受弯构件的弯剪区域某一计算截面的弯矩 M 和剪力 V 与截面有效高度 h_0 的乘积之比，通常也称为广义剪跨比，即

广义剪跨比
$$\lambda=\frac{M}{Vh_0} \tag{5-1}$$

式中 M——验算截面的弯矩；

V——验算截面的剪力。

对图 5-5 所示集中荷载作用下的简支梁，则有

$$\lambda=\frac{M}{Vh_0}=\frac{Va}{Vh_0}=\frac{a}{h_0} \tag{5-2}$$

式中 a——剪跨。

$$\left.\begin{array}{l}\sigma\propto\dfrac{M}{bh_0^2}\\ \tau\propto\dfrac{V}{bh_0}\end{array}\right\}\rightarrow\frac{\sigma}{\tau}\propto\frac{M}{Vh_0}=\lambda \tag{5-3}$$

从式(5-3) 可以看出，λ 反映了截面弯矩（正应力）与剪力（剪应力）之比。

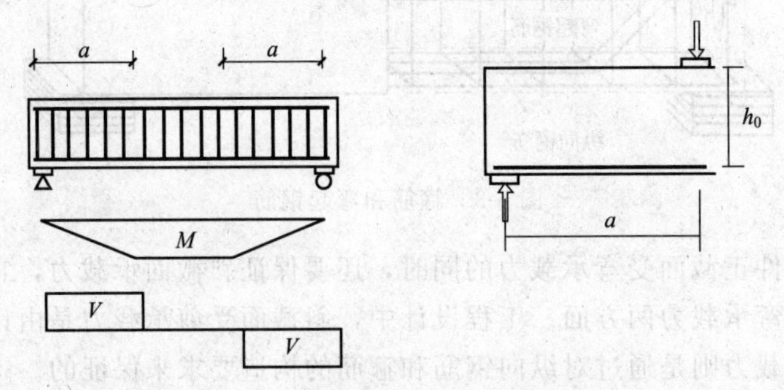

图 5-5 集中荷载作用下的简支梁

5.2.2 无腹筋梁的斜截面受力分析

腹筋是箍筋和弯起钢筋的总称，无腹筋梁是指不配箍筋和弯起钢筋的梁。

试验表明，当荷载较小，裂缝未出现时，可将钢筋混凝土梁视为均质弹性材料梁，其受力特点可用材料力学的方法分析。随着荷载的增加，梁在支座附近出现斜裂缝。如图 5-6 所示斜裂缝 CB 为界取出隔离体，图中 C 点为斜裂缝起点，B 点为斜裂缝终点，斜裂缝上方未开裂的部分 AB 段称为剪压区。

考虑隔离体的平衡条件，与剪力 V 平衡的力有：AB 面上的混凝土剪应力合力 V_c；由于开裂面 BC 两侧凹凸不平产生的集料咬合力 V_a 的竖向分力；穿过斜裂缝的纵向钢筋在斜裂缝相交处的销栓力 V_d。

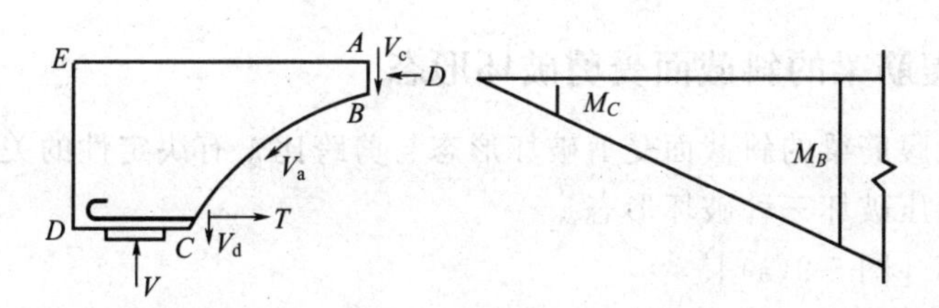

图 5-6　隔离体受力

与弯矩 M 平衡的力矩主要由纵向钢筋拉力 T 和 AB 面上混凝土压应力合力 D 组成的内力矩。

由于斜裂缝的出现，梁在剪弯段内的应力状态将发生变化，主要表现在以下方面。

① 开裂前的剪力是由全截面承担的，开裂后则主要由剪压区承担，混凝土的剪应力大大增加，应力的分布规律不同于斜裂缝出现前的情况。

② 混凝土剪压区的面积因斜裂缝的出现和发展而减小，剪压区内的混凝土压应力将大大增加。

③ 斜裂缝相交处的纵向钢筋应力，由于斜裂缝的出现而突然增大。因为该处的纵向钢筋拉力 T 在斜裂缝出现前是由截面 C 处的弯矩 M_C 决定的，如图 5-6 所示，而在斜裂缝出现后，根据力矩平衡的概念，纵向钢筋的拉力 T 则是由斜裂缝端点处截面 AB 的弯矩 M_B 决定的，而 M_B 比 M_C 大很多。

纵向钢筋拉应力的增大导致钢筋与混凝土间黏结应力的增大，有可能出现沿纵向钢筋的黏结裂缝或撕裂裂缝（如图 5-7 所示）。

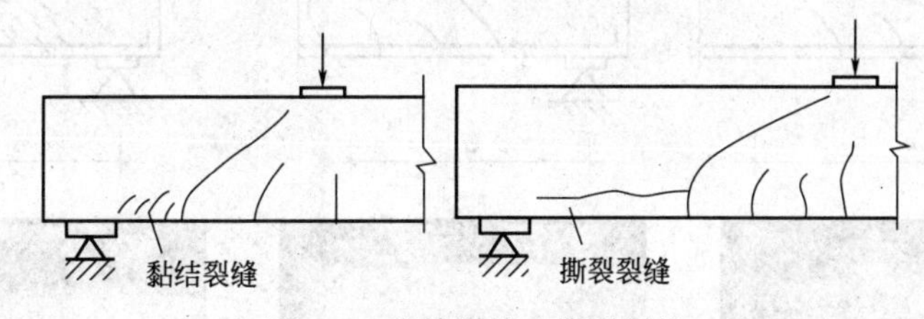

图 5-7　黏结裂缝和撕裂裂缝

当荷载继续增加，斜裂缝条数增多，裂缝宽度增大，集料咬合力下降，沿纵向钢筋的混凝土保护层被撕裂，钢筋的销栓力也逐渐减弱；斜裂缝中的一条发展成为主要斜裂缝，称为临界斜裂缝。无腹筋梁如同拱结构，如图 5-8 所示，纵向钢筋成为拱的拉杆。

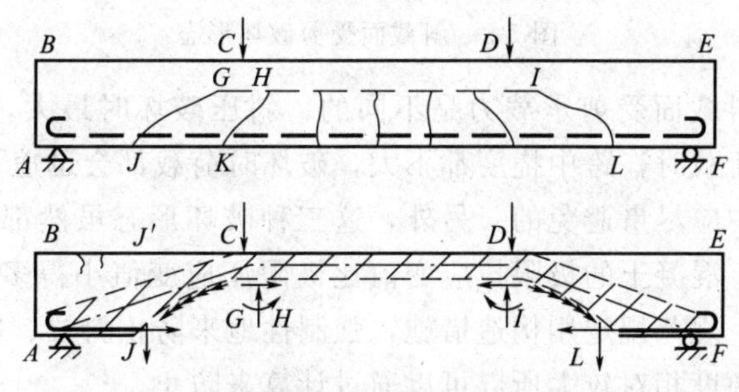

图 5-8　无腹筋梁的拱体受力机制

破坏情况：混凝土剪压区在剪应力和压应力共同作用下，梁因剪压区混凝土被压碎（拱顶破坏）而发生破坏。

5.2.3 无腹筋梁的斜截面受剪破坏形态

试验表明，无腹筋梁的斜截面受剪破坏形态与剪跨比λ有决定性的关系，主要有斜拉破坏、剪压破坏和斜压破坏三种破坏形态。

(1) 斜拉破坏［图 5-9(a)］

$\lambda>3$ 时，常发生斜拉破坏。其特点是当竖向裂缝一出现，就迅速向受压区斜向伸展，斜截面承载力随之丧失。破坏荷载与出现斜裂缝时的荷载很接近，破坏过程急骤，破坏前梁变形很小，具有很明显的脆性，其斜截面受剪承载力最小。

(2) 剪压破坏［图 5-9(b)］

$1\leqslant\lambda\leqslant3$ 时，常发生剪压破坏。其破坏特征通常是，在弯剪区段的受拉区边缘先出现一些竖向裂缝，它们沿竖向延伸一小段长度后，就斜向延伸形成一些斜裂缝，而后又产生一条贯穿的较宽的主要斜裂缝，称为临界斜裂缝，临界斜裂缝出现后迅速延伸，使斜截面剪压区的高度缩小，最后导致剪压区的混凝土破坏，使斜截面丧失承载力。

(3) 斜压破坏［图 5-9(c)］

$\lambda<1$ 时，发生斜压破坏。这种破坏多数发生在剪力大而弯矩小的区段，以及梁腹板很薄的T形截面或I形截面梁内。破坏时，混凝土被腹剪斜裂缝分割成若干个斜向短柱而压坏，因此受剪承载力取决于混凝土的抗压强度，是斜截面受剪承载力中最大的。

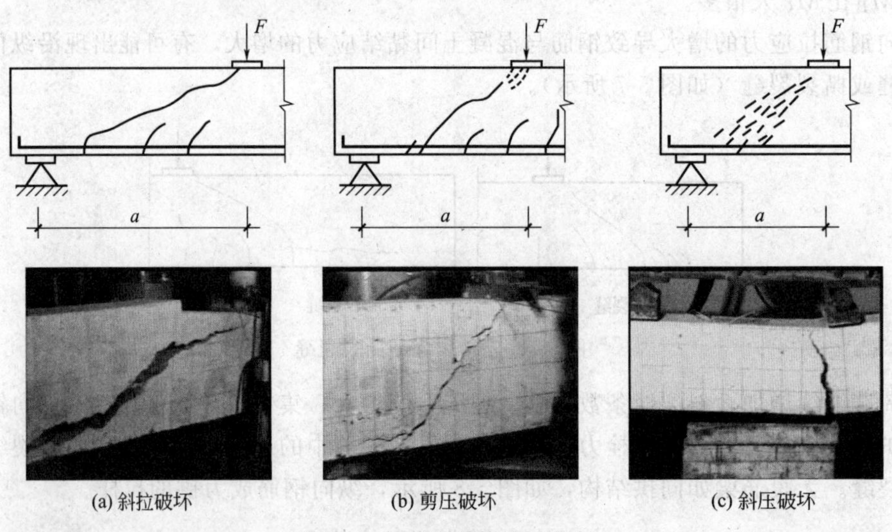

(a) 斜拉破坏　(b) 剪压破坏　(c) 斜压破坏

图 5-9　斜截面受剪破坏形态

三种破坏形态的斜截面受剪承载力是不同的，斜压破坏时最大，其次为剪压，斜拉最小。它们在达到峰值荷载时，跨中挠度都不大，破坏时荷载都会迅速下降，表明它们都属脆性破坏类型，是工程中应尽量避免的。另外，这三种破坏形态虽然都是属于脆性破坏类型，但脆性程度是不同的。混凝土的极限拉应变值比极限压应变值小得多，所以斜拉破坏最脆，斜压破坏次之。为此，规范规定用构造措施，强制性地来防止斜拉、斜压破坏，而对剪压破坏，因其承载力变化幅度相对较大所以可以通过计算来防止。

5.2.4 有腹筋梁的斜截面受力分析

无腹筋梁的斜截面受剪承载力很小，为了提高混凝土的抗剪承载力，防止梁沿斜裂缝发生脆性破坏，一般在梁中配置腹筋。斜裂缝出现前，箍筋应力很小，箍筋对阻止和推迟斜裂缝出现的作用也很小，但在斜裂缝出现后，有腹筋梁受力性能与无腹筋梁相比，将有显著的不同。

配置箍筋可以有效提高梁的斜截面受剪承载力。在有腹筋梁中，箍筋主要有以下几方面作用：①箍筋可以直接承担一部分剪力；②箍筋能限制斜裂缝的开展和延伸，增大混凝土剪压区的截面面积，提高混凝土剪压区的抗剪能力；③箍筋还将提高斜裂缝交界面集料的咬合作用和摩擦作用，限制斜裂缝的开展，提高纵向钢筋的销栓作用。所以，箍筋将使梁的受剪承载力有较大的提高。箍筋最有效的布置方式是与梁腹中的主拉应力方向一致，但为了施工方便，一般和梁轴线成90°布置。

斜裂缝出现后，与斜裂缝相交的箍筋应力增大。此时，有腹筋梁如同一个铰接桁架，压区混凝土为上弦杆，受拉钢筋为下弦杆，腹筋为竖向拉杆，斜裂缝间的混凝土则为斜压杆。最初桁架模型假定斜腹杆倾角为45°，称为45°桁架模型，如图5-10(a)所示，后又提出了斜腹杆倾角不一定为45°，而是在一定范围内变化，称为变角桁架模型，如图5-10(b)所示。

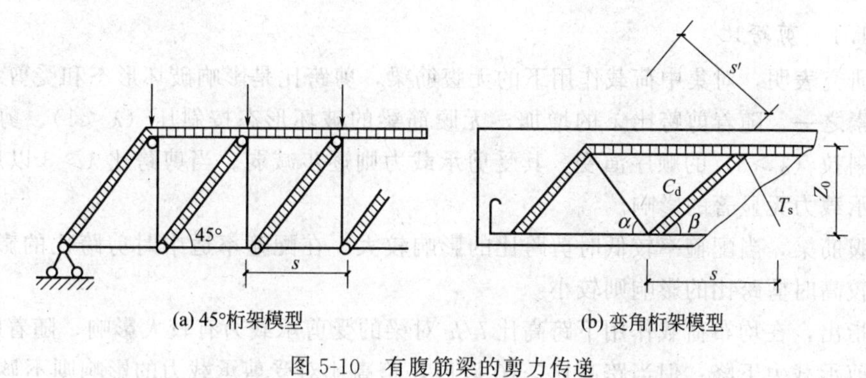

图5-10 有腹筋梁的剪力传递

当纵向受力钢筋在梁的端部弯起时，弯起钢筋和箍筋有相似的作用，可提高梁斜截面的抗剪承载力。

5.2.5 有腹筋梁的斜截面受剪破坏形态

配置箍筋的有腹筋梁，它的斜截面受剪破坏形态是以无腹筋梁为基础的，也分为斜压破坏、剪压破坏和斜拉破坏三种破坏形态。这时，除了剪跨比对斜截面破坏形态有决定性的影响以外，箍筋的配置数量对破坏形态也有很大影响。

(1) 斜拉破坏

当剪跨比较大($\lambda>3$)，且箍筋配置数量过少时，斜裂缝一旦出现，与斜裂缝相交的箍筋承受不了原来由混凝土所承担的拉力，箍筋立即屈服而不能限制斜裂缝的开展，与无腹筋梁相似，发生斜拉破坏。

(2) 剪压破坏

如果剪跨比适中($1\leqslant\lambda\leqslant3$)，箍筋配置数量适当的话，则可避免斜拉破坏，而转为剪压破坏。这是因为斜裂缝产生后，与斜裂缝相交的箍筋不会立即受拉屈服，箍筋限制了斜裂缝的开展，避免了斜拉破坏。其特征是当加载到一定阶段时，斜裂缝中的某一条发展成为临界斜裂缝，临界斜裂缝向荷载作用点缓慢发展，使斜裂缝上端剩余截面减小，使剪压区的混凝土在正应力σ和剪应力τ共同作用下，剪压区混凝土被压碎，梁丧失承载能力。

剪压破坏，破坏前有一定的预兆，破坏荷载要比刚出现斜裂缝时的荷载高。但与适筋梁的正截面破坏相比，剪压破坏仍属脆性破坏。

（3）斜压破坏

斜压破坏一般发生在剪力较大、弯矩较小，即剪跨比较小（$\lambda<1$）的情况。剪跨比较大，如果箍筋配置数量过多，也会发生斜压破坏。其破坏特征是：首先在荷载作用点与支座间梁的腹部出现若干条平行的斜裂缝（即腹剪型斜裂缝），随着荷载的增加，梁腹被这些斜裂缝分割为若干斜压柱体，最后因柱体混凝土被压碎而破坏。

斜压破坏的破坏荷载很高，但变形很小，亦属脆性破坏。

5.3 受弯构件斜截面抗剪承载力

5.3.1 影响斜截面抗剪承载力的主要因素

5.3.1.1 剪跨比

试验研究表明，对集中荷载作用下的无腹筋梁，剪跨比是影响破坏形态和受剪承载力最主要的因素之一。随着剪跨比 λ 的增加，无腹筋梁的破坏形态按斜压（$\lambda<1$）、剪压（$1\leqslant\lambda\leqslant3$）和斜拉（$\lambda>3$）的顺序演变，其受剪承载力则逐步减弱。当剪跨比 $\lambda>3$ 以后，剪跨比对受剪承载力无显著的影响。

对有腹筋梁，当配箍率较低时剪跨比的影响较大，在配箍率适中时剪跨比的影响次之，在配箍率较高时剪跨比的影响则较小。

顺便指出，在均布荷载作用下跨高比 l/h 对梁的受剪承载力有较大影响，随着跨高比的增大，受剪承载力下降；但当跨高比>10 以后，跨高比对受剪承载力的影响则不显著。

图 5-11 是我国一些单位进行的几种集中荷载作用下简支梁的试验结果，它表明在梁截面尺寸、混凝土强度等级、箍筋的配箍率和纵筋的配筋率基本相同的条件下，剪跨比愈大，梁的抗剪承载力愈低。

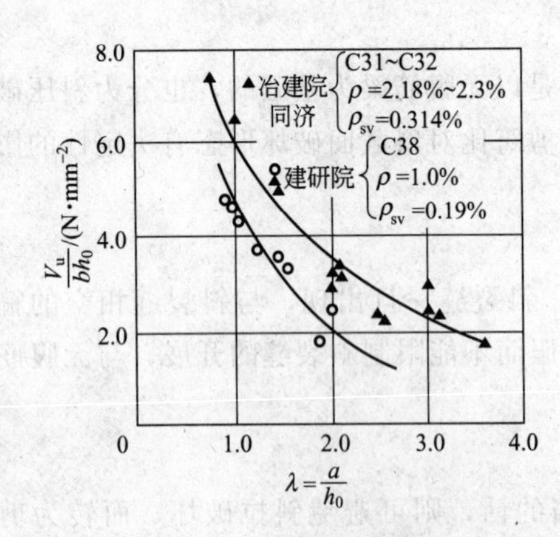

图 5-11 剪跨比的影响

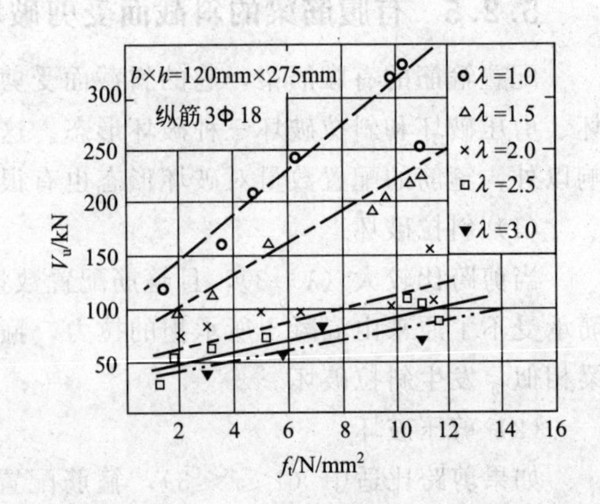

图 5-12 混凝土强度的影响

5.3.1.2 混凝土强度

斜裂缝间的混凝土在剪应力和压应力的作用下处于拉压应力状态，是在拉应力和压应力的共同作用下破坏的。斜拉破坏取决于混凝土抗拉强度 f_t，剪压破坏和斜压破坏则取决于混凝土的抗压强度 f_c，斜截面破坏是由混凝土应力达到极限强度而发生的，在剪跨比和其他条件相同时斜截面抗剪承载力随混凝土强度等级的提高而增大。试验表明无腹筋梁的受剪承载力与混凝土的抗拉强度近似成正比，梁的受剪承载力随混凝土抗拉强度的提高而提高，大致呈直线关系，如图 5-12 所示。

5.3.1.3 箍筋的配箍率

梁内箍筋的配箍率是指沿梁长在箍筋的一个间距范围内，箍筋各肢的全部截面面积与混凝土水平截面面积的比值，如图 5-13 所示。

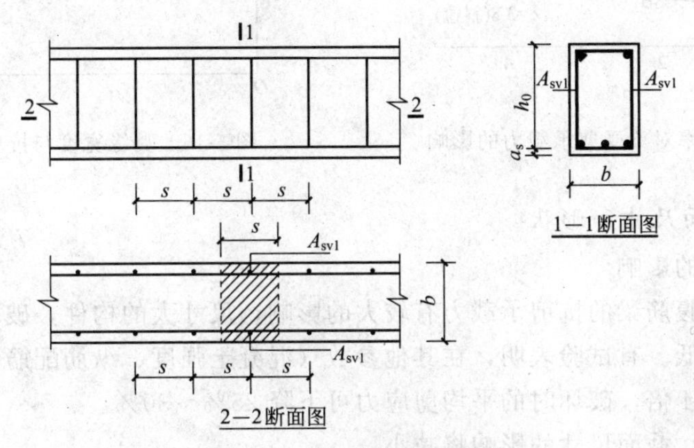

图 5-13 箍筋配筋率示意图

$$\rho_{sv}=\frac{A_{sv}}{bs}=\frac{nA_{sv1}}{bs} \tag{5-4}$$

式中 ρ_{sv}——箍筋的配筋率，简称配箍率；

A_{sv}——配置在同一截面内箍筋各肢的全部截面面积（$A_{sv}=nA_{sv1}$）；

A_{sv1}——单肢箍筋的截面面积；

n——同一个截面内箍筋的肢数，如图 5-14 所示。

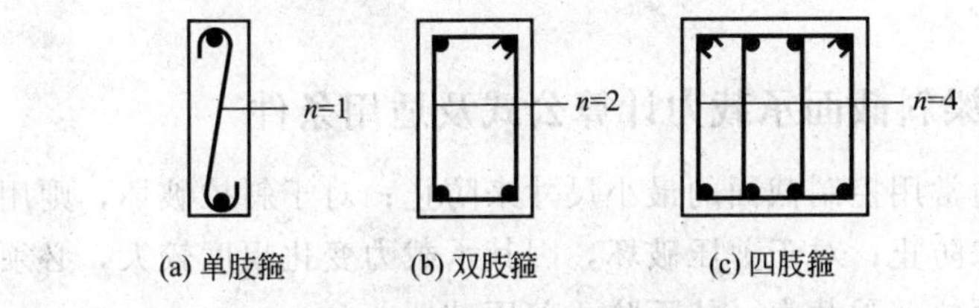

图 5-14 箍筋的肢数

有腹筋梁出现裂缝以后，箍筋不仅可以直接承受大部分剪力，还能抑制斜裂缝的开展和延伸，提高剪压区混凝土的抗剪能力和纵筋的销栓作用，间接地提高梁的受剪承载力。试验研究表明，当箍筋配筋率适中时，梁的受剪承载力随配置箍筋量的增大和箍筋强度的提高而有较大幅度的提高。

5.3.1.4 纵筋配筋率

纵向钢筋能抑制斜裂缝的扩展，增大斜裂缝上端的剪压区面积，从而可以提高梁的抗剪能力，纵向钢筋的存在还增大了斜裂面间集料的咬合作用，同时，纵向钢筋本身的横截面也能承受少量剪力（即销栓力）。试验表明，其他条件相同时，纵筋配筋率越大，斜截面抗剪承载力也越大，大致呈线性关系，如图 5-15 所示。

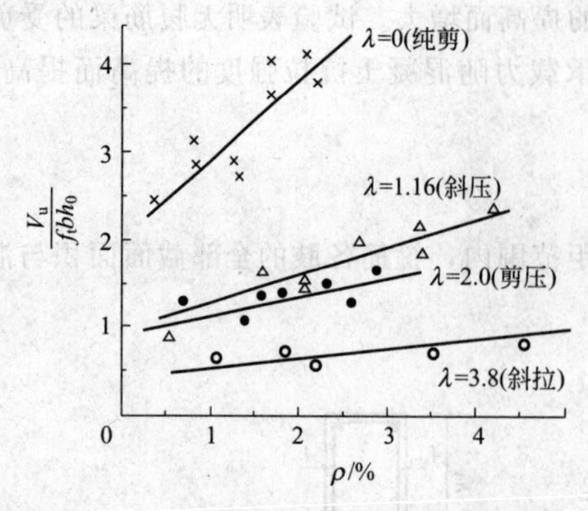

图 5-15　纵筋配筋率对梁受剪承载力的影响

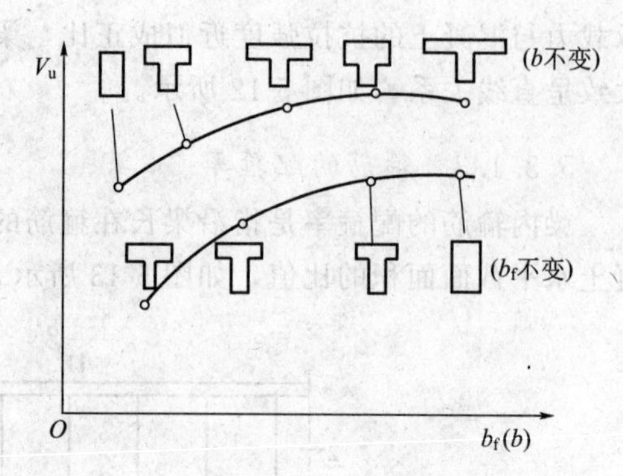

图 5-16　翼缘宽度与抗剪承载力的关系

5.3.1.5　截面尺寸和形状

(1) 截面尺寸的影响

截面尺寸对无腹筋梁的抗剪承载力有较大的影响，尺寸大的构件，破坏时的平均剪应力比尺寸小的构件要低。有试验表明，在其他参数（混凝土强度、纵筋配筋率、剪跨比）保持不变时，梁高扩大 4 倍，破坏时的平均剪应力可下降 25%～30%。

对于有腹筋梁，截面尺寸的影响将减小。

(2) 截面形状的影响

这主要是指 T 形梁，其翼缘大小对抗剪承载力有影响。适当增加翼缘宽度，可提高抗剪承载力 25%，但翼缘过大，增大作用就趋于平缓。另外，加大梁宽也可提高抗剪承载力。如图 5-16 所示。

5.3.1.6　其他

除上述之外，梁的斜截面承载力与斜裂缝处的集料咬合力、预应力以及梁的连续性等因素都有关系。

5.3.2　有腹筋梁斜截面承载力计算公式及适用条件

对于斜压破坏，通常用控制截面的最小尺寸来防止；对于斜拉破坏，则用满足箍筋的最小配箍率及构造要求来防止；对于剪压破坏，因其承载力变化幅度较大，必须通过计算，使构件满足一定的斜截面抗剪承载力，从而防止剪压破坏。

5.3.2.1　计算公式

(1) 不配置箍筋和弯起钢筋的一般板类受弯构件，其斜截面受剪承载力计算公式

$$V \leqslant V_u = 0.7\beta_h f_t b h_0 \tag{5-5}$$

$$\beta_h = \left(\frac{800}{h_0}\right)^{1/4} \tag{5-6}$$

式中　V——控制截面剪力设计值。

V_u——板斜截面抗剪承载力设计值。

f_t——混凝土轴心抗拉强度设计值。

β_h——截面高度影响系数，当 h_0 小于 800mm 时，取 800mm；当 h_0 大于 2000mm 时，取 2000mm。

b——矩形截面的宽度，T 形或 I 形截面的腹板宽度。

（2）仅配置箍筋的矩形、T 形和 I 形截面受弯构件的斜截面受剪承载力计算公式

$$V \leqslant V_u = V_{cs} \tag{5-7}$$

$$V_{cs} = \alpha_{cv} f_t b h_0 + f_{yv} \frac{A_{sv}}{s} h_0 \tag{5-8}$$

式中　V_{cs}——构件斜截面上混凝土和箍筋的受剪承载力设计值。

α_{cv}——斜截面混凝土受剪承载力系数，对于一般受弯构件，取 0.7；对集中荷载作用下（包括作用有多种荷载对支座截面或节点边缘处产生的剪力值占总剪力的 75%以上的情况）的独立梁，取 α_{cv} 为 $\frac{1.75}{\lambda+1}$（λ 为计算截面的剪跨比，可取 λ 等于 a/h_0，当 λ 小于 1.5 时，取 1.5，当 λ 大于 3 时，取 3，a 取集中荷载作用点至支座截面或节点边缘的距离）。

A_{sv}——配置在同一截面内箍筋各肢的全部截面面积，即 nA_{sv1}。

n——同一个截面内箍筋的肢数。

A_{sv1}——单肢箍筋的截面面积。

s——沿构件长度方向的箍筋间距。

f_{yv}——箍筋的抗拉强度设计值。

（3）当配置箍筋和弯起钢筋时，矩形、T 形和 I 形截面斜截面受剪承载力计算公式

$$V \leqslant V_u = V_{cs} + V_{sb} \tag{5-9}$$

$$V_{sb} = 0.8 f_y A_{sb} \sin\alpha_s \tag{5-10}$$

$$V_u = \alpha_{cv} f_t b h_0 + f_{yv} \frac{A_{sv}}{s} h_0 + 0.8 f_y A_{sb} \sin\alpha_s \tag{5-11}$$

式中　V_{sb}——弯起钢筋承担的剪力值；

A_{sb}——同一平面内弯起钢筋的截面面积；

0.8——应力不均匀系数，用来考虑靠近剪压区的弯起钢筋在斜截面破坏时，可能达不到钢筋抗拉强度设计值；

α_s——弯起钢筋与梁轴线的夹角，一般取 45°，当梁高大于 800m 时，取 60°。

5.3.2.2　计算公式的适用范围

由于梁的斜截面受剪承载力计算公式仅是针对剪压破坏形态确定的，因而具有一定的适用范围，也即公式有其上、下限值。

（1）截面的最小尺寸（上限值）

当梁截面尺寸过小，而剪力较大时，梁常常发生斜压破坏。这时，即使多配箍筋，也无济于事。因而，为避免斜压破坏，梁截面尺寸不宜过小，这是主要的原因，其次也为了防止梁在使用阶段斜裂缝过宽（主要是薄腹梁）。《混凝土结构设计规范》对矩形、T 形和 I 形截面梁的截面尺寸作如下的规定：

当 $h_w/b \leqslant 4$（厚腹梁，也即一般梁）时，应满足

$$V \leqslant 0.25 \beta_c f_c b h_0 \tag{5-12}$$

当 $h_w/b \geqslant 6$（薄腹梁）时，应满足

$$V \leqslant 0.2\beta_c f_c bh_0 \tag{5-13}$$

当 $4<h_w/b<6$ 时，按直线内插法取用。

式中 V——构件斜截面上的最大剪力设计值。

β_c——混凝土强度影响系数，当混凝土强度等级不超过 C50 时，取 1.0；当混凝土强度等级为 C80 时取 0.8，其间按直线内插法取用。

b——矩形截面的宽度，T 形截面或 I 字形截面的腹板宽度。

h_w——截面的腹板高度，矩形截面取有效高度 h_0；T 形截面取有效高度减去翼缘高度；I 字形截面取腹板净高。

注：1. 对 T 形截面的简支受弯构件，当有实践经验时，式(5-12) 中的系数可改用 0.3；

2. 对受拉边倾斜的构件，当有实践经验时，其受剪截面的控制条件可适当放宽。

(2) 箍筋的最小含量（下限值）

箍筋配置过少，一旦斜裂缝出现，箍筋中突然增大的拉应力很可能达到屈服强度，造成裂缝的加速开展，甚至箍筋被拉断，而导致斜拉破坏。为了避免这类破坏，当 $V>0.7f_t bh_0$ 时规定了梁内箍筋配筋率的下限值，即箍筋的配筋率 ρ_{sv} 应不小于其最小配筋率 $\rho_{sv,min}$

$$\rho_{sv} \geqslant \rho_{sv,min} = 0.24\frac{f_t}{f_{yv}} \tag{5-14}$$

对于矩形、T 形和 I 形截面的一般受弯构件，符合式(5-15) 条件时，可不进行斜截面受剪承载力计算，可仅按照构造配置箍筋。否则按照计算配置箍筋或是同时配置箍筋或是弯起钢筋。

$$V \leqslant \alpha_{cv} f_t bh_0 \tag{5-15}$$

5.4 受弯构件斜截面受剪承载力计算实例

5.4.1 计算截面

在计算斜截面的受剪承载力时，其剪力设计值的计算截面应按下列规定采用(图 5-17)：

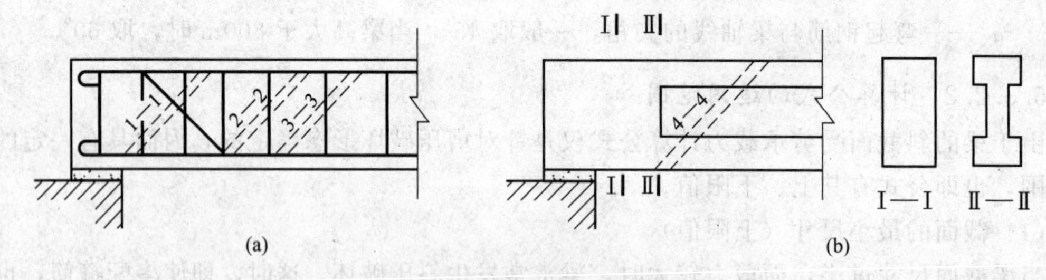

图 5-17 斜截面受剪承载力的计算截面位置

(1) 支座边缘处的截面，即图 5-17(a) 中的截面 1—1；

(2) 弯起钢筋弯起点处的截面，即图 5-17(a) 中的截面 2—2；

(3) 箍筋直径和间距改变处的截面，即图 5-17(a) 中的截面 3—3；

(4) 腹板宽度改变处的截面，即图 5-17(b) 中的截面 4—4。

上述截面位置均为计算梁的斜截面受剪计算时应该考虑的关键部位，梁的剪切破坏很可能在这些薄弱的位置上出现。总之，斜截面受剪承载力的计算是按需要进行分段计算的，计算时应取区段内的最大剪力作为该区段的剪力设计值。

5.4.2 箍筋配置规定

（1）按计算不需要箍筋的梁，当截面高度大于 300mm 时，应沿梁全长设置构造箍筋，当截面高度 $h=150\sim300$mm 时，可仅在构件端部 $l_0/4$ 范围内设置构造箍筋；但当在构件中部 $l_0/2$ 范围内有集中荷载作用时，则应沿梁全长设置箍筋；当截面高度小于 150mm 时，可不设置箍筋。

（2）截面高度大于 800mm 的梁，箍筋直径不宜小于 8mm；对截面高度 h 不大于 800mm 的梁，箍筋直径不宜小于 6mm。梁中配有计算需要的纵向受压钢筋时，箍筋直径尚不应小于 $d/4$，d 为纵向受压钢筋最大直径。

（3）梁中箍筋的最大间距宜符合表 5-1 的规定，当 V 大于 $0.7\beta_h f_t bh_0+0.05N_{po}$时，箍筋的配筋率 ρ_{sv} $[\rho_{sv}=A_{sv}/(bs)]$ 尚不应小于 $0.24f_t/f_{yv}$。

表 5-1　梁中箍筋的最大间距　　单位：mm

梁高 h	$V>0.7f_tbh_0$	$V<0.7f_tbh_0$
$150<h\leqslant300$	150	200
$300<h\leqslant500$	200	300
$500<h\leqslant800$	250	350
$h>800$	300	400

（4）当梁中配有按计算需要的纵向受压钢筋时，箍筋应符合以下规定：

① 箍筋应做成封闭式，且弯钩直线段长度不应小于 $5d$，d 为箍筋直径；

② 箍筋的间距不应大于 $15d$（d 为纵向受压钢筋的最小直径），并不应大于 400mm；当一层内的纵向受压钢筋多于 5 根且直径大于 18mm 时，箍筋间距不应大于 $10d$，d 为受压钢筋的最小直径；

③ 当梁的宽度大于 400mm 且一层内的纵向受压钢筋多于 3 根时，或当梁的宽度不大于 400mm 但一层内的纵向受压钢筋多于 4 根时，应设置复合箍筋。

5.4.3 计算步骤

在工程设计中，一般有两类问题：截面选择（设计问题）和截面校核（复核问题）。

5.4.3.1　截面选择（设计问题）

已知构件的截面尺寸 b、h_0，材料强度设计值 f_t、f_{yv}，荷载设计值（或内力设计值）和跨度等，要求确定箍筋和弯起钢筋的数量。

对这类问题可按如下步骤进行计算。

（1）求控制截面的剪力设计值，必要时做剪力图。

（2）验算截面尺寸。根据构件斜截面上的最大剪力设计值 V，按式(5-12) 或式(5-13) 验算由正截面受弯承载力计算所选定的截面尺寸是否合适，如不满足则应加大截面尺寸或提高混凝土强度等级。

（3）验算是否按计算配置箍筋。当某一计算截面的剪力设计值满足式(5-15) 时，则不需按计算配置腹筋，此时应按表 5-1 的构造要求配置箍筋。否则，应按计算要求配置腹筋。

(4) 当要求按计算配置腹筋时，计算腹筋数量。

工程设计中一般采用下列两种方案。

① 只配箍筋不配弯起钢筋。由式(5-8) 可得

$$\frac{A_{sv}}{s} \geqslant \frac{V-\alpha_{cv} f_t b h_0}{f_{yv} h_0} \tag{5-16}$$

计算出$\frac{A_{sv}}{s}$后，一般采用双肢箍筋，即取 $A_{sv}=2A_{sv1}$（A_{sv1} 为单肢箍筋的截面面积），然后选用箍筋直径，并求出箍筋间距 s。注意选用的箍筋直径和间距应满足表 5-1 构造要求，同时箍筋的配筋率应满足式(5-14)。

② 既配箍筋又配弯起钢筋。当计算截面的剪力设计值较大，箍筋配置数量较多但仍不满足斜截面抗剪要求时，可配置弯起钢筋与箍筋一起抗剪。此时，可先按经验选定箍筋数量，然后按式(5-17) 确定弯起钢筋面积 A_{sb}

$$A_{sb}=\frac{V-V_{cs}}{0.8 f_y \sin\alpha_s} \tag{5-17}$$

5.4.3.2 截面校核（复核问题）

已知构件截面尺寸 b、h_0，材料强度设计值 f_t、f_y、f_{yv}，箍筋数量，弯起钢筋数量及位置等，要求复核构件斜截面所能承受的剪力设计值。

设计步骤如下。

① 计算配箍率 $\rho_{sv}=\frac{nA_{sv1}}{bs}$

当 $\rho \leqslant \rho_{sv,min}=0.24\frac{f_t}{f_{yv}}$时，可取 $V=\alpha_{cv} f_t b h_0$；

当 $\rho > \rho_{sv,min}=0.24\frac{f_t}{f_{yv}}$时，则根据式(5-8) 或式(5-11) 计算 V。

② 复核截面尺寸

当 $h_w/b \leqslant 4$ 时，应满足 $V \leqslant 0.25\beta_c f_c b h_0=V_{max}$；

当 $h_w/b \geqslant 6$ 时，应满足 $V \leqslant 0.2\beta_c f_c b h_0=V_{max}$；

当 $4<h_w/b<6$ 时，按直线内插法取用。

否则取 $V=V_{max}$。

③ 当 $V \leqslant V_u$，截面安全。

5.4.4 计算实例

【例 5-1】 某地下室底板采用强度等级 C25 的混凝土浇筑，未配置箍筋和弯起钢筋，板厚 1200mm。安全等级二级，环境类别一类。要求：确定该底板能承受的最大剪力设计值。

解 (1) 确定设计参数

查附表 1-2，可知 C25 混凝土 $f_c=11.9\text{N/mm}^2$，$f_t=1.27\text{N/mm}^2$；C25 混凝土、一类环境，查附表 3-4，取底板的混凝土保护层厚度 $c=40$mm，取 $a_s=50$mm，$h_0=h-a_s=1200-50=1150$mm。

(2) 计算 β_h

由式(5-6) 可得 $\beta_h=\left(\frac{800}{h_0}\right)^{1/4}=\left(\frac{800}{1150}\right)^{1/4}=0.913$

（3）计算底板最大剪力值

代入式(5-5)可得

$V=0.7\beta_h f_t bh_0=0.7\times0.913\times1.27\times1000\times1150=933406\text{N}\approx933\text{kN}$

所以该底板每米宽度板能承担的剪力设计值是933kN。

【例 5-2】 钢筋混凝土矩形截面简支梁，所处环境为一类，如图 5-18 所示，截面尺寸 250mm×500mm，混凝土强度等级为C30，箍筋为热轧 HPB300 级钢筋，纵筋为 2⌀25 和 2⌀22的 HRB400 级钢筋。若只配箍筋，求所需箍筋数量。

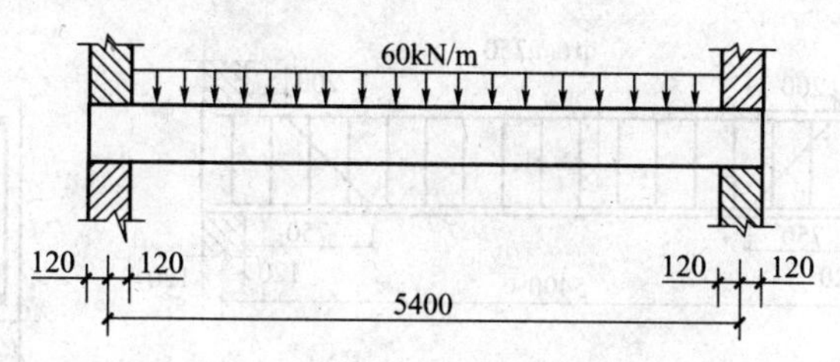

图 5-18 例 5-2 图

解 （1）确定设计参数

查附表 1-2，可知：C30 混凝土 $f_c=14.3\text{N/mm}^2$，$f_t=1.43\text{N/mm}^2$，C30 混凝土、一类环境，由表 4-1，取 $a_s=40\text{mm}$，$h_0=h-a_s=500-40=460\text{mm}$。

（2）计算控制截面剪力设计值

因为支座边缘处截面的剪力值最大

得 $V=\frac{1}{2}ql_n=\frac{1}{2}\times60\times(5.4-0.24)=154.8\text{kN}$

（3）验算截面尺寸

由式(5-12)得 $h_w=h_0=460\text{mm}$，$\frac{h_w}{b}=\frac{460}{250}=1.84<4$

$0.25\beta_c f_c bh_0=0.25\times1\times14.3\times250\times460=411.13\text{kN}>V_{max}$，截面符合要求。

（4）验算是否需要计算配置箍筋

由式(5-15)得 $\alpha_{cv} f_t bh_0=0.7\times1.43\times250\times460=115.12\text{kN}<V=154.8\text{kN}$

故需要进行计算配置箍筋。

（5）计算所需箍筋用量

由式(5-8)得 $V_{cs}=\alpha_{cv}f_t bh_0+f_{yv}\frac{A_{sv}}{s}h_0$

得 $\frac{nA_{sv1}}{s}=\frac{V-0.7f_t bh_0}{f_{yv}h_0}=\frac{154.8\times10^3-0.7\times1.43\times250\times460}{270\times460}=0.320\text{mm}^2/\text{mm}$

若选用双肢Φ6 的箍筋，则

$s\leqslant\frac{nA_{sv1}}{0.320}=\frac{2\times28.3}{0.320}=176.88\text{mm}$，取 $s=150\text{mm}<s_{max}=200\text{mm}$

（6）验算箍筋配筋率

配箍率 $\rho_{sv}=\frac{nA_{sv1}}{bs}=\frac{2\times28.3}{250\times150}=0.15\%$

由式(5-14)得最小配箍率

$\rho_{sv,min}=0.24\dfrac{f_t}{f_{yv}}=0.24\times\dfrac{1.43}{270}=0.13\%<\rho_{sv}=0.15\%$，满足要求。

所以，梁最终配双肢Φ6@150的箍筋。

【例5-3】 钢筋混凝土矩形截面简支梁（图5-19），截面尺寸 $b\times h=250\text{mm}\times600\text{mm}$，混凝土强度等级C35，环境类别为一类。纵筋为HRB500级钢筋，箍筋为HPB300。梁承受均布荷载设计值100kN/m。根据正截面受弯承载力计算所配置的纵筋为4Φ22。要求确定腹筋数量。

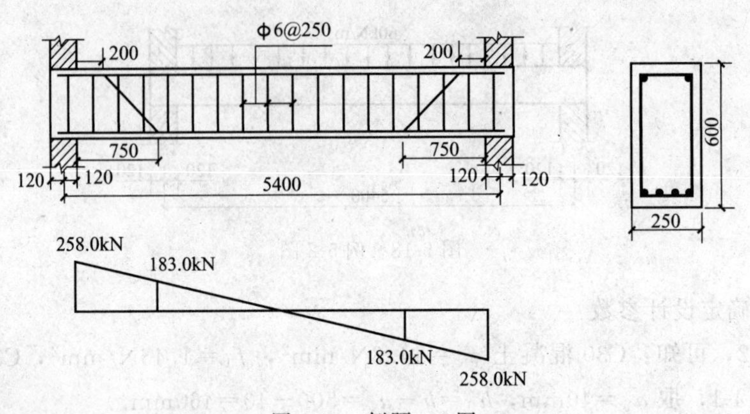

图5-19 例题5-3图

解 (1) 确定设计参数

查附表1-2和附表1-8得：$f_c=16.7\text{N/mm}^2$，$f_t=1.57\text{N/mm}^2$，$f_{yv}=270\text{N/mm}^2$，$f_y=435\text{N/mm}^2$，$a_s=40\text{mm}$，$\beta_c=1.0$，$h_0=h-a_s=600-40=560\text{mm}$。

(2) 计算控制截面剪力设计值

支座边缘处截面的剪力设计值 $V=\dfrac{1}{2}\times100\times(5.4-0.24)=258\text{kN}$

(3) 验算截面尺寸

由式(5-12)得 $\dfrac{h_w}{b}=\dfrac{560}{250}=2.24<4$

$0.25\beta_c f_c bh_0=0.25\times1.0\times16.7\times250\times560=584500\text{N}=584.5\text{kN}>V=258\text{kN}$

截面尺寸符合要求。

(4) 验算是否需要按照计算配筋

由式(5-15)得 $\alpha_{cv}f_t bh_0=0.7\times1.57\times250\times560=153860\text{N}=153.86\text{kN}<V=258\text{kN}$

需要按照计算配筋。

(5) 计算腹筋数量

① 若只配箍筋

由式(5-8)得 $V=\alpha_{cv}f_t bh_0+f_{yv}\dfrac{A_{sv}}{s}h_0$

$$\frac{A_{sv}}{s}\geqslant\frac{V-\alpha_{cv}f_t bh_0}{f_{yv}h_0}=\frac{258000-153860}{270\times560}=0.689$$

若选用双肢Φ8的箍筋，则

$$s\leqslant\frac{A_{sv}}{0.689}=\frac{101}{0.689}=147\text{mm}<s_{max}=250\text{mm}$$

取 $s=140$mm，相应的最小配箍率为 $\rho_{sv}=\frac{A_{sv}}{bs}=0.289\%>\rho_{sv,min}=0.24\frac{f_t}{f_{yv}}=0.14\%$

满足最小配箍率要求。

② 若既配置箍筋又配置弯起钢筋

根据表 5-1 的构造要求，选用双肢Φ6@250 的箍筋，弯起钢筋弯起角度取为 45°。

由式(5-11) 得　$V=\alpha_{cs}f_tbh_0+f_{yv}\frac{A_{sv}}{s}h_0+0.8f_yA_{sb}\sin\alpha_s$

$$A_{sb}\geqslant\frac{V-V_{cs}}{0.8f_y\sin\alpha_s}=\frac{258000-\left(153860+210\times\frac{57}{250}\times560\right)}{0.8\times435\times\sin45°}=200\text{mm}^2$$

将跨中抵抗正弯矩的钢筋弯起 1Φ22（$A_{sb}=380.1\text{mm}^2$）。梁外边缘至纵筋外表面的距离为保护层厚度与箍筋直径之和，即 20＋6＝26mm，弯起钢筋的水平投影长度为 600－26×2＝548mm，近似取为 550mm。弯起钢筋的上弯点取为 200mm$<s_{max}=250$mm，则弯起钢筋的下弯点至支座边缘的距离为 200＋550＝750mm，如图 5-19 所示。

再验算弯起点的斜截面。弯起点对应的剪力设计值 V_1 和该截面的受剪承载力设计值 V_{cs}计算如下。

$$V_1=\frac{1}{2}\times100\times(5.4-0.24-1.5)=183\text{kN}$$

$$V_{cs}=153860+270\times\frac{57}{250}\times560=188334\text{N}=188.33\text{kN}>V_1$$

该截面满足受剪承载力要求，该梁只需配置一排受弯钢筋即可。

【例 5-4】 承受均布荷载作用的矩形截面简支梁，截面尺寸为 $b\times h=250\text{mm}\times550\text{mm}$，混凝土强度等级为 C30，采用双肢箍筋Φ8@150，纵筋为 HRB400，求截面所能承受的最大剪力设计值。

解　(1) 确定设计参数

查附表 1-2 和附表 1-8，得：$f_t=1.43\text{N/mm}^2$，$f_c=14.3\text{N/mm}^2$，$f_{yv}=270\text{N/mm}^2$，取 $a_s=a'_s=40$mm，$\beta_c=1.0$，$h_0=h-a_s=550-40=510$mm。

(2) 验算箍筋配箍率

由式(5-14) 得　$\rho_{sv}=\frac{nA_{sv1}}{bs}=\frac{2\times50.3}{250\times150}=0.268\%>\rho_{sv,min}=0.24\frac{f_t}{f_{yv}}=0.127\%$

满足要求。

(3) 计算能承受的最大剪力设计值

由式(5-8) 得

$$V_u=0.7f_tbh_0+f_{yv}\frac{A_{sv}}{s}h_0=0.7\times1.43\times250\times510+270\times\frac{2\times50.3}{150}\times510=219.98\text{kN}$$

(4) 验算截面尺寸

由式(5-12) 得　$\frac{h_w}{b}=\frac{550-40}{250}=2.04\leqslant4.0$

$0.25\beta_cf_cbh_0=0.25\times1\times14.3\times250\times510=455.81\text{kN}$

$V=219.98\text{kN}\leqslant0.25\beta_cf_cbh_0$，满足最小截面尺寸。

故截面最大能承受 219.98kN 的剪力。

【例 5-5】 钢筋混凝土简支梁如图 5-20 所示，混凝土强度等级为 C25，纵筋为 HRB400 级钢筋，箍筋为 HPB300 级钢筋，环境类别为一类。如果忽略梁自重及架立钢筋的作用，试求此梁所能承受的最大荷载设计值 P。

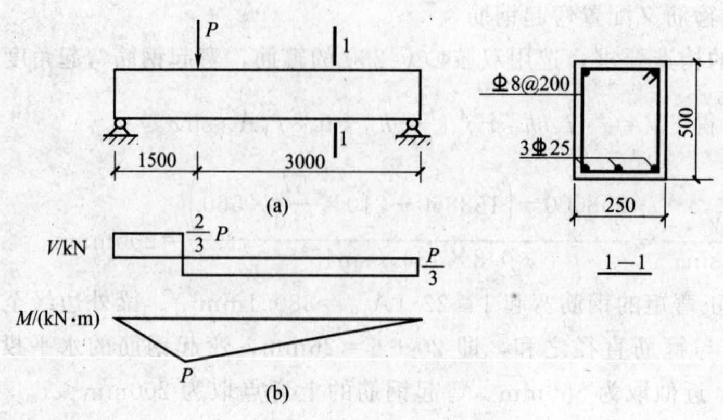

图 5-20 例题 5-5 图

解 (1) 确定设计参数

查附表 1-2 和附表 1-8 得：$f_t=1.27\text{N/mm}^2$，$f_c=11.9\text{N/mm}^2$，$f_{yv}=270\text{N/mm}^2$，$f_y=360\text{N/mm}^2$，$\alpha_1=1.0$，$\xi_b=0.518$，$A_s=1473\text{mm}^2$，$A_{sv1}=50.3\text{mm}^2$，取 $a_s=40\text{mm}$，$\beta_c=1.0$。

(2) 计算剪力和弯矩

剪力设计值和弯矩设计值如图 5-20 所示。

(3) 按斜截面受剪承载力计算公式计算

① 计算受剪承载力

$$\lambda=\frac{\alpha}{h_0}=\frac{1500}{460}=3.26>3，取 \lambda=3$$

$$V_u=\frac{1.75}{\lambda+1}f_t bh_0+f_{yv}\frac{A_{sv}}{s}h_0=\frac{1.75}{3+1}\times1.27\times250\times460+270\times\frac{50.3\times2}{200}\times460=126.37\text{kN}$$

② 验算截面尺寸和箍筋配筋率

$$\frac{h_w}{b}=\frac{h_0}{b}=\frac{460}{250}=1.84<4 时$$

$V_u=126.37\text{kN}<0.25\beta_c f_c bh_0=0.25\times1\times11.9\times250\times460=342.13\text{kN}$，截面满足要求。

$$\rho_{sv}=\frac{nA_{sv1}}{bs}=\frac{2\times50.3}{250\times200}=0.20\%>\rho_{sv,\min}=0.24\frac{f_t}{f_{sv}}=0.24\times\frac{1.27}{270}=0.11\%$$

所以该梁能承受的最大剪力设计值为 126.37kN。

③ 计算最大荷载设计值 P

$$由\frac{2}{3}P=V_u 得 \quad P=\frac{3}{2}V_u=\frac{3}{2}\times126.37=189.56\text{kN}$$

(4) 按正截面受弯承载力公式计算

① 计算受弯承载力 M_u

$$x=\frac{f_yA_s}{\alpha_1 f_c b}=\frac{360\times1473}{1.0\times11.9\times250}=178.2\text{mm}<\xi_b h_0=0.518\times460=238.28\text{mm}，满足适用$$

条件。

则 $M_u=\alpha_1 f_c bx\left(h_0-\dfrac{x}{2}\right)=1.0\times11.9\times250\times178.2\times\left(460-\dfrac{178.2}{2}\right)$

$=196630780.5\text{N}\cdot\text{mm}=196.63\text{kN}\cdot\text{m}$

② 计算荷载设计值 P

$M_u=P$，$P=196.63\text{kN}$

该梁所能承受的最大荷载设计值应该为上述两种承载力计算结果的较小值，故 $P=189.56\text{kN}$。

5.5 斜截面受弯承载力及构造要求

钢筋混凝土梁除了可能沿斜截面发生受剪破坏外，还可能沿斜截面发生受弯破坏。如果按跨中弯矩 M_{max} 计算的纵筋沿梁全长布置，既不弯起也不截断，则必然会满足任何截面上的弯矩。这种纵筋沿梁长布置，构造虽然简单，但钢筋强度没有得到充分利用，是不够经济的。在实际工程中，一部分纵筋有时要弯起，有时要截断，这就可能影响梁的承载力，特别是影响斜截面的受弯承载力。因此，需要掌握如何根据正截面和斜截面的受弯承载力来确定纵筋的弯起点和截断位置。

此外，梁的承载力还取决于纵向钢筋在支座的锚固，如果锚固长度不足，将引起支座处的粘接锚固破坏，造成钢筋强度不能充分发挥而降低承载力。如何通过构造措施，保证钢筋在支座处的有效锚固，也是十分重要的。

5.5.1 抵抗弯矩图

正截面抵抗弯矩图，是指按实际配置的纵向钢筋绘制的梁上各正截面所能承受的弯矩图。它反映了沿梁长正截面上材料的抗力，故也称为材料图（M_R 图）。抵抗弯矩可近似由下式求得

$$M_u=f_y A_s h_0\left(1-\frac{f_y A_s}{2\alpha_1 f_c b h_0}\right) \tag{5-18}$$

其中，每根钢筋抵抗弯矩值可近似按相应的钢筋截面面积与总受拉钢筋面积比分配

$$M_{ui}=\frac{A_{si}}{A_s}M_u \tag{5-19}$$

（1）纵向受力钢筋沿梁长不变化时的抵抗弯矩图

纵向受拉钢筋全部伸入支座时各截面 M_u 相同，材料图为矩形图。以均布荷载作用下的简支梁为例（如图 5-21），设计弯矩图为 aOb，根据 O 点最大弯矩计算所需纵向受拉钢筋为 2Φ25+2Φ22，钢筋若是通长布置，全部纵筋伸入支座且有足够的锚固长度，则抵抗弯矩图为 $aa'bb'$，由图可见抵抗弯矩图完全包住了设计弯矩图，则梁任意截面（正截面和斜截面）的承载力必然得到保证。显然在设计弯矩图和抵抗弯矩图之间的钢筋强度有富余，且受力弯矩越小，钢筋强度富余越多。为节省钢材，可以将其中一部分纵向受拉钢筋在保证正截面和斜截面受弯承载力条件下弯起或折断。

由图 5-21 可知，1 截面处③号钢筋强度充分利用；2 截面处②号钢筋强度充分利用；3 截面处①号钢筋充分利用。而③号钢筋在 2 截面以外（向支座方向）就不再需要，②号钢筋

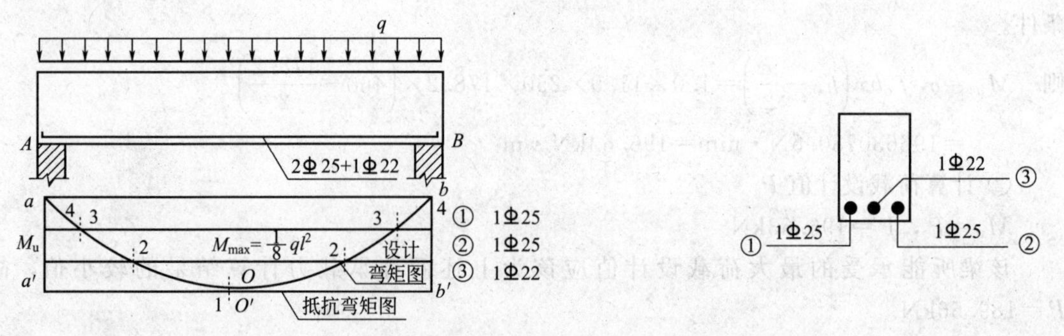

图 5-21 纵筋全部伸入支座时简支梁的抵抗弯矩图

在 3 截面以外也不再需要。因而，可以把 1、2、3 三个截面分别称为③、②、①号钢筋的充分利用截面，而把 2、3、4 三个截面分别称为③、②、①号钢筋的不需要截面。

(2) 纵向受力钢筋截断时的抵抗弯矩图

如图 5-22 所示，根据钢筋百分比画出各钢筋所能抵抗的弯矩，现拟将③号钢筋在 c 点处截断，则这两点的抵抗弯矩发生突变，d、g 两点之外的抵抗弯矩减少了 cd 和 fg，其抵抗弯矩图为 $adcefgb$ 所示区域。然而，实际上，③号钢筋是不能够在 d、g 点截断的，还必须再延伸一段锚固长度，而且一般情况下，在梁的下部受拉区是不能够截断钢筋的。

(3) 纵向受力钢筋弯起时的抵抗弯矩图

简支梁设计中，一般不宜在跨中截面将纵向受力钢筋截断，而是可在支座附近将部分纵筋弯起以抵抗剪力，如图 5-23 所示。若将③号钢筋在 c 点弯起，该钢筋弯起后对中和轴的内力臂逐渐减小，因而对应截面的抵抗弯矩逐渐变小，直至为 0。假定该钢筋弯起后与梁轴线（取 1/2 梁高处）的交点为 D，则过了 D 点后，③号钢筋进入了受压区，不再考虑该钢筋承担弯矩的能力，CD 段的材料图为斜直线。d、g 点之外，③号钢筋不再参与正截面受弯工作。其抵抗弯矩图如图 5-23 中 $adcefgb$ 所示。

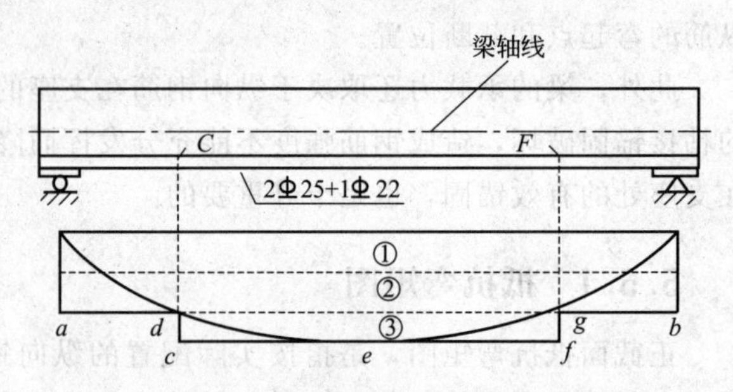

图 5-22 钢筋截断时简支梁的抵抗弯矩图

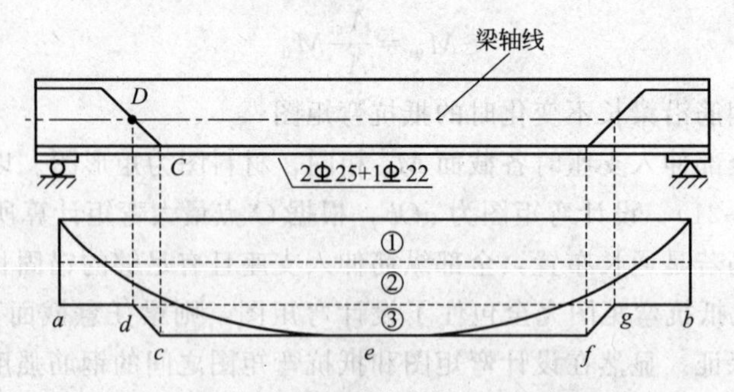

图 5-23 钢筋弯起时简支梁的抵抗弯矩图

5.5.2 纵筋的弯起

确定纵向钢筋的弯起时，必须考虑以下三方面的要求。

（1）保证正截面受弯承载力

纵筋弯起后，剩下的纵筋数量减少，正截面受弯承载力降低。为了保证正截面受弯承载力满足要求，纵筋的始弯点必须位于按正截面受弯承载力计算该纵筋强度被充分利用截面（充分利用点）以外，使抵抗弯矩图包在设计弯矩图的外面，而不得切入设计弯矩图以内。

（2）保证斜截面受剪承载力

纵筋弯起的数量由斜截面受剪承载力计算确定。当有集中荷载作用并按计算需配置弯起钢筋时，弯起钢筋应覆盖计算斜截面始点（支座边缘处）至相邻集中荷载作用点之间的范围，因为在这个范围内剪力值大小不变。弯起纵筋的布置，包括支座边缘到第一排弯筋的终点，以及从前排弯筋的始弯点到次一排弯筋的终弯点的距离，均应小于箍筋的最大间距，同时第一排弯起钢筋的弯终点至支座边的距离应大于或等于 50mm，如图 5-24 所示。箍筋间距取值见表 5-1。

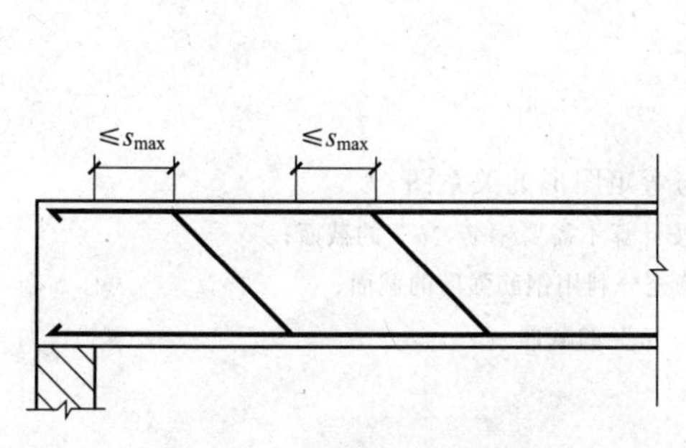

图 5-24　弯筋的构造要求

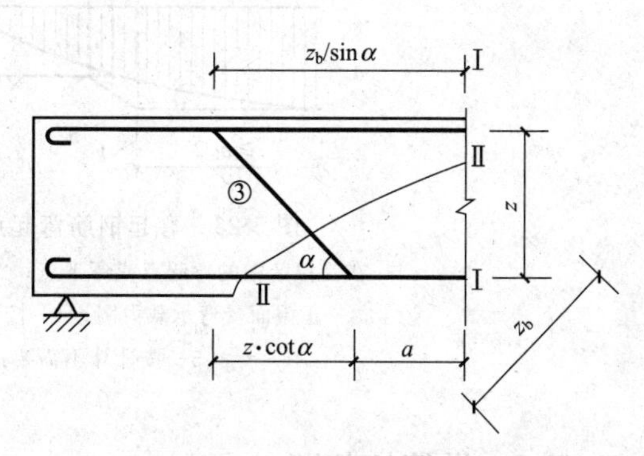

图 5-25　弯起钢筋弯起点位置

（3）保证斜截面受弯承载力

钢筋弯起只是从正截面受弯承载力出发是不全面的，还必须保证斜截面受弯承载力。现在研究③号钢筋的弯起点 f 距离充分利用截面的距离。图 5-25 中，设要弯起的纵向受拉钢筋截面面积为 A_{sb}，弯起前，它在被充分利用的正截面Ⅰ—Ⅰ处提供的受弯承载力

$$M_{u,\mathrm{I}}=f_yA_{sb}z \tag{5-20}$$

弯起后，它在斜截面Ⅱ—Ⅱ处提供的受弯承载力

$$M_{u,\mathrm{II}}=f_yA_{sb}z_b \tag{5-21}$$

由图 5-25 可知，斜截面Ⅱ—Ⅱ所承担的弯矩设计值就是斜截面末端剪压区处正截面Ⅰ—Ⅰ所承担的弯矩设计值，所以不能因为纵向钢筋弯起而使斜截面Ⅱ—Ⅱ受弯承载力降低，也就是说为了保证斜截面的受弯承载力，至少要求斜截面受弯承载力与正截面受弯承载力相等，即 $M_{u,\mathrm{II}}=M_{u,\mathrm{I}}$，$z_b=z$。

设弯起点离弯筋充分利用的截面Ⅰ—Ⅰ的距离为 a，从图 5-25 可知

$$\frac{z_b}{\sin\alpha}=z\cot\alpha+a \tag{5-22}$$

所以

$$a=\frac{z_b}{\sin\alpha}-z\cot\alpha=\frac{z(1-\cos\alpha)}{\sin\alpha} \tag{5-23}$$

通常，$\alpha=45°$

则

$$a=(0.373\sim0.52)h_0 \tag{5-24}$$

为方便起见，《混凝土结构设计规范》规定钢筋实际弯起点应与该钢筋计算充分利用点

之间的距离不应小于 $a=0.5h_0$，也即弯起点应在该钢筋充分利用截面以外大于或等于 $0.5h_0$ 处，如图 5-26 所示。这样规定是为了使斜截面受弯承载力得到保证，避免繁琐的验算。另外，钢筋弯起后与梁中心线的交点应在该钢筋正截面抗弯的不需要点以外，使正截面的抗弯承载力也得以保证。

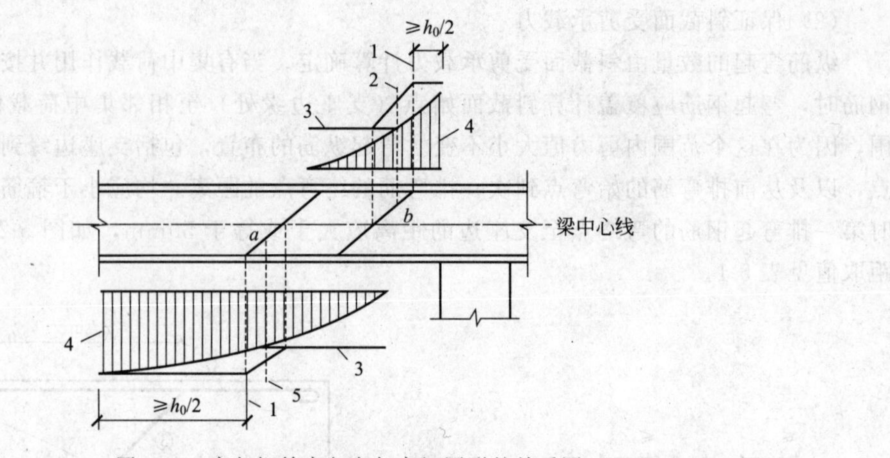

图 5-26 弯起钢筋弯起点与弯矩图形的关系图

1—在受拉区中的弯起点或弯下点；2—按计算不需要钢筋“b”的截面；
3—正截面受弯承载力图；4—按计算充分利用钢筋强度的截面；
5—按计算不需要钢筋“a”的截面

5.5.3 纵筋的截断

在连续梁和框架梁中，支座负弯矩区的受拉钢筋在向跨内延伸时，可根据弯矩图在适当部位截断。如图 5-27 所示，纵向受力钢筋在结构中要发挥承载力作用，则必须从其强度充分利用截面向外有一定的锚固长度，依靠这段长度与混凝土的黏结嵌固作用维持钢筋的抗力。同时，梁中钢筋在截断时，不能从不需要该钢筋的截面直接截断，而是要延伸一定长度，作为受力钢筋应有的构造措施。结构设计中，应从上述两个条件中确定的较长外伸长度作为纵向钢筋的实际延伸长度，以此确定实际截断点。

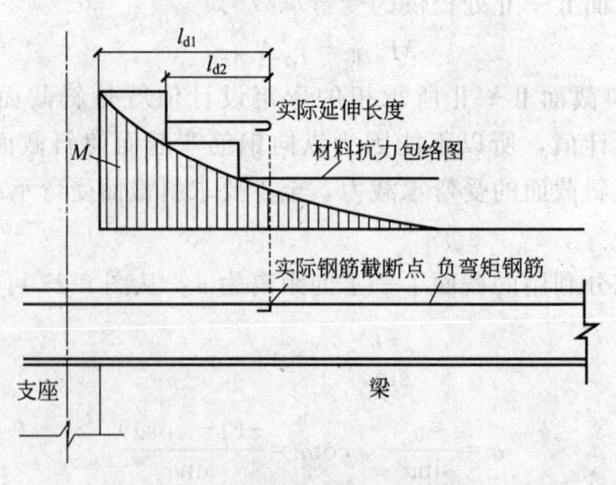

图 5-27 钢筋的延伸长度和截断点

为了使负弯矩钢筋的截断不影响它在各个截面中发挥所需的抗弯能力，其延伸长度可以按表 5-2 中选取 l_{d1} 和 l_{d2} 中的较大值。其中 l_{d1} 为从充分利用该钢筋强度的截面延伸的长度；

而 l_{d2} 是从按正截面承载力计算不需要该钢筋的截面延伸的长度。

表 5-2 负弯矩钢筋的延伸长度取值

截面条件	强度充分利用截面伸出 l_{d1}	计算不需要截面伸出 l_{d2}
$V \leqslant 0.7bh_0f_t$	$\geqslant 1.2l_a$	$\geqslant 20d$
$V > 0.7bh_0f_t$	$\geqslant 1.2l_a+h_0$	$\geqslant 20d$ 和 h_0
若按上两条确定的截断点仍在负弯矩受拉区内	$\geqslant 1.2l_a+1.7h_0$	$\geqslant 20d$ 和 $1.3h_0$

也即，延伸长度按以下规定采用。

① 当 $V \leqslant 0.7bh_0f_t$ 时，应延伸至按正截面受弯承载力计算不需要该钢筋的截面以外不小于 $20d$ 处截断，且从该钢筋强度充分利用截面伸出的长度不应小于 $1.2l_a$。

② 当 $V > 0.7bh_0f_t$ 时，应延伸至按正截面受弯承载力计算不需要该钢筋的截面以外不小于 h_0，且不小于 $20d$ 处截断，且从该钢筋强度充分利用截面伸出的长度不应小于 $1.2l_a+h_0$。

③ 若按上述规定确定的截断点仍位于负弯矩受拉区内，则应延伸至按正截面受弯承载力计算不需要该钢筋的截面以外不小于 $1.3h_0$，且不小于 $20d$ 处截断，且从该钢筋强度充分利用截面伸出的延伸长度不应小于 $1.2l_a+1.7h_0$。

5.5.4 纵筋与弯起钢筋的锚固

（1）纵筋在支座处的锚固

梁中剪力较大的截面开裂后，由于与斜裂缝相交的纵筋锚固长度不够，就会出现滑移，使混凝土中的钢筋被拔出，引起锚固破坏。防止锚固破坏可通过控制纵向钢筋伸入支座的长度和数量来实现。

① 伸入梁支座的纵向受力钢筋根数。伸入梁支座的纵向受力钢筋根数不应少于 2 根。

② 简支梁和连续梁简支端下部纵向钢筋的锚固。简支梁和连续梁简支端下部纵筋伸入支座的锚固长度应符合表 5-3 要求。

表 5-3 简支梁纵筋锚固长度

$V \leqslant 0.7bh_0f_t$	$V > 0.7bh_0f_t$
$\geqslant 5d$	带肋钢筋不应小于 $12d$，光圆钢筋不应小于 $15d$

如果纵向受力钢筋伸入梁支座的锚固长度不符合上述要求时，应采取在钢筋上加焊锚固钢板或将钢筋端部焊接在梁端预埋件上等有效锚固措施。

（2）梁纵向钢筋在框架中间层端节点的锚固

① 梁上部纵向钢筋伸入节点的锚固。

a. 当采用直线锚固形式时，锚固长度不应小于 l_a，且应伸过柱中心线，伸过的长度不宜小于 $5d$，d 为梁上部纵向钢筋的直径。

b. 当柱截面尺寸不满足直线锚固要求时，梁上部纵向钢筋可采用钢筋端部加机械锚头的锚固方式。梁上部纵向钢筋宜伸至柱外侧纵向钢筋内边，包括机械锚头在内的水平投影锚固长度不应小于 l_{ab} [图 5-28(a)]。

c. 梁上部纵向钢筋也可采用90°弯折锚固的方式，此时梁上部纵向钢筋应伸至柱外侧纵向钢筋内边并向节点内弯折，其包含弯弧在内的水平投影长度不应小于 $0.4l_{ab}$，弯折钢筋在弯折平面内包含弯弧段的投影长度不应小于 $15d$ [图 5-28(b)]。

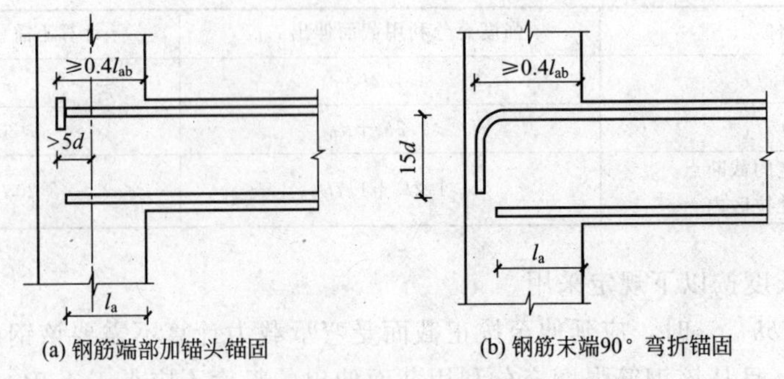

图 5-28 梁上部纵向钢筋在中间层端节点内的锚固

② 框架梁下部纵向钢筋的强度仅利用该钢筋的抗压强度时，伸入节点的锚固长度应分别符合中间节点梁下部纵向钢筋锚固的规定［即下列第（3）条规定］。

（3）梁纵向钢筋在中间层中间节点或连续梁中间支座的锚固

框架中间层中间节点或连续梁中间支座，梁的上部纵向钢筋应贯穿节点或支座。梁的下部纵向钢筋宜贯穿节点或支座。当必须锚固时，应符合下列锚固要求。

① 当计算中不利用该钢筋的强度时，其伸入节点或支座的锚固长度对带肋钢筋不应小于 $12d$，对光面钢筋不小于 $15d$，d 为钢筋的最大直径。

② 当计算中充分利用钢筋的抗压强度时，钢筋应按受压钢筋锚固在中间节点或中间支座内，其直线锚固长度不应小于 $0.7l_a$。

③ 当计算中充分利用钢筋的抗拉强度时，钢筋可采用直线方式锚固在节点或支座内，锚固长度不应小于钢筋的受拉锚固长度 l_a [图 5-29(a)]。

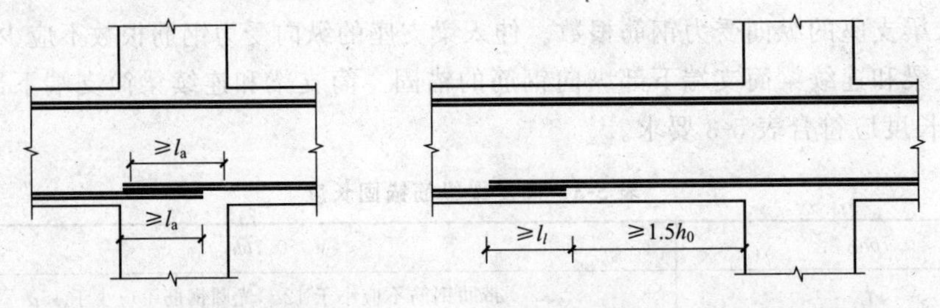

图 5-29 梁下部纵向钢筋在中间节点或中间支座范围的锚固与搭接

④ 当柱截面尺寸不足时，宜按图 5-28(a) 中采用钢筋端部加锚头的机械锚固措施，也可按图 5-28(b) 中采用90°弯折锚固的方式。

⑤ 钢筋可在节点或支座外梁中弯矩较小处设置搭接接头，搭架长度的起始点至节点或支座边缘的距离不应小于 $1.5h_0$ [图 5-29(b)]。

（4）柱纵向钢筋的锚固和搭接

柱纵向钢筋应贯穿中间层的中间节点或端节点，接头应设在节点区以外。

① 柱纵向钢筋在顶层中节点的锚固应符合下列要求。

a. 柱纵向钢筋应伸至柱顶，且自梁底算起的锚固长度不应小于 l_a。

b. 当截面尺寸不满足直线锚固要求时，可采用 90°弯折锚固措施。此时，包括弯弧在内的钢筋垂直投影锚固长度不应小于 $0.5l_{ab}$，在弯折平面内包含弯弧段的水平投影长度不宜小于 $12d$ [图 5-30(a)]。

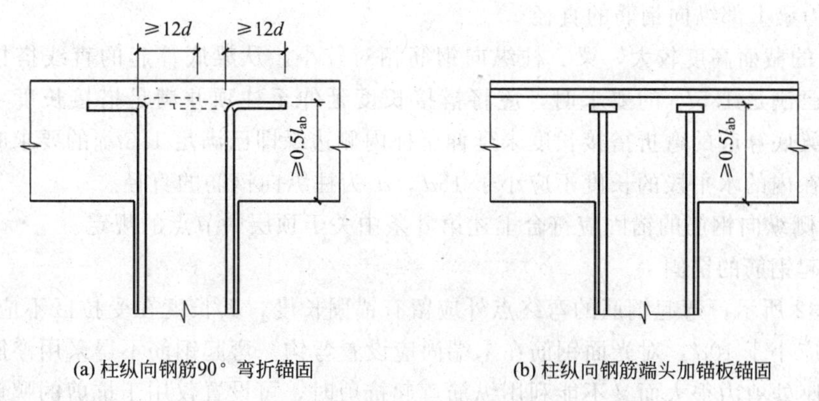

(a) 柱纵向钢筋90°弯折锚固 (b) 柱纵向钢筋端头加锚板锚固

图 5-30 顶层节点中柱纵向钢筋在节点内的锚固

c. 当截面尺寸不足时，也可采用带锚头的机械锚固措施。此时，包含锚头在内的竖向锚固长度不应小于 $0.5l_{ab}$ [图 5-30(b)]。

d. 当柱顶有现浇楼板且板厚不小于 100mm 时，柱纵向钢筋也可向外弯折，弯折后的水平投影长度不宜小于 $12d$。

② 顶层端节点柱外侧纵向钢筋在节点及附近部位搭接，搭接可采用下列方式。

a. 搭接接头可沿顶层端节点外侧及梁端顶部布置，搭接长度不应小于 $1.5l_{ab}$ [图 5-31(a)]。其中，伸入梁内的柱外侧钢筋截面面积不宜小于其全部面积的 65%；梁宽范围以外的柱外侧钢筋宜沿节点顶部伸至柱内边锚固。当柱外侧纵向钢筋位于柱顶第一层时，钢筋伸至柱内边锚固。当柱外侧纵向钢筋位于柱顶第一层时，钢筋伸至柱内边后宜向下弯折不小于 $8d$ 后截断 [图 5-31(a)]，d 为柱纵向钢筋的直径；当柱外侧纵向钢筋位于柱顶第二层时，可不向下弯折。当现浇板厚度不小于 100mm 时，梁宽范围以外的柱外侧纵向钢筋也可伸入现浇板内，其长度与伸入梁内的柱纵向钢筋相同。

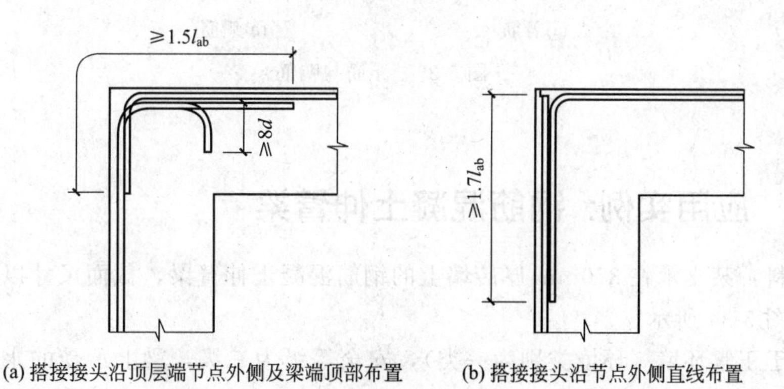

(a) 搭接接头沿顶层端节点外侧及梁端顶部布置 (b) 搭接接头沿节点外侧直线布置

图 5-31 顶层端节点梁、柱纵向钢筋在节点内的锚固与搭接

b. 当柱外侧纵向钢筋配筋率大于 1.2% 时，伸入梁内的柱纵向钢筋应满足本条第 1 款规定且宜分两批截断，截断点之间的距离不宜小于 $20d$，d 为柱外侧纵向钢筋的直径。梁上部纵向钢筋应伸至节点外侧并向下弯至下边缘高度位置截断。

c. 纵向钢筋搭接接头也可沿节点柱顶外侧直线布置 [图 5-31(b)]，此时，搭接长度自柱顶算起不应小于 1.7l_{ab}。当梁上部纵向钢筋的配筋率大于 1.2%时，弯入柱外侧的梁上部纵向钢筋应满足本条第 1 款规定的搭接长度，且宜分两批截断，其截断点之间的距离不宜小于 20d，d 为梁上部纵向钢筋的直径。

d. 当梁的截面高度较大，梁、柱纵向钢筋相对较小，从梁底算起的直线搭接长度为延伸至柱顶即已满足 1.5l_{ab}的要求时，应将搭接长度延伸至柱顶并满足搭接长度 1.7l_{ab}的要求；或者从梁底算起的弯折搭接长度未延伸至柱内侧边缘即已满足 1.5l_{ab}的要求时，其弯折后包括弯弧在内的水平段的长度不应小于 15d，d 为柱纵向钢筋的直径。

e. 柱内侧纵向钢筋的锚固应符合上述第 d 条中关于顶层中节点的规定。

(5) 弯起钢筋的锚固

如图 5-32 所示，弯起钢筋的弯终点外应留有锚固长度，其长度在受拉区不应小于 20d，在受压区不应小于 10d，对光面钢筋在末端尚应设置弯钩。弯起钢筋不得采用浮筋［图 5-33(a)］；当支座处剪力很大而又不能利用纵筋弯起抗剪时，可设置仅用于抗剪的鸭筋［图 5-33(b)］，其端部锚固与弯起钢筋相同。

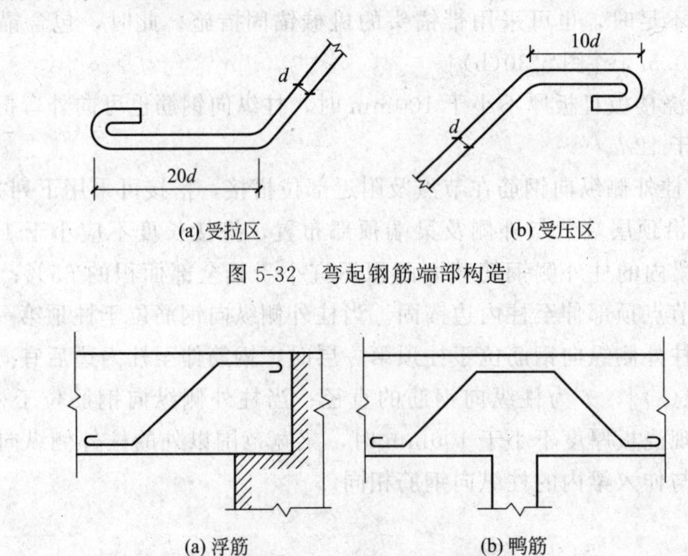

图 5-32 弯起钢筋端部构造

图 5-33 浮筋与鸭筋

5.6 应用实例：钢筋混凝土伸臂梁

设计资料：某支承在 370mm 厚砖墙上的钢筋混凝土伸臂梁，截面尺寸以及所负担的荷载设计值如图 5-34 所示。

构件处于正常环境（环境类别为一类），安全等级为二级，梁上承受的永久荷载标准值（包括梁自重）g_k=32.5kN/m，q_{1k}=26kN/m，q_{2k}=91kN/m，设计中建议采用 HRB500 级纵向受力钢筋，HPB300 级箍筋，梁的混凝土等级 C30。

要求：设计以下内容。

① 根据结构设计方法的有关规定，计算梁的内力（M、V），并作出梁的内力图及内力包络图。

② 进行梁的正截面抗弯承载力计算，并选配纵向受力钢筋。

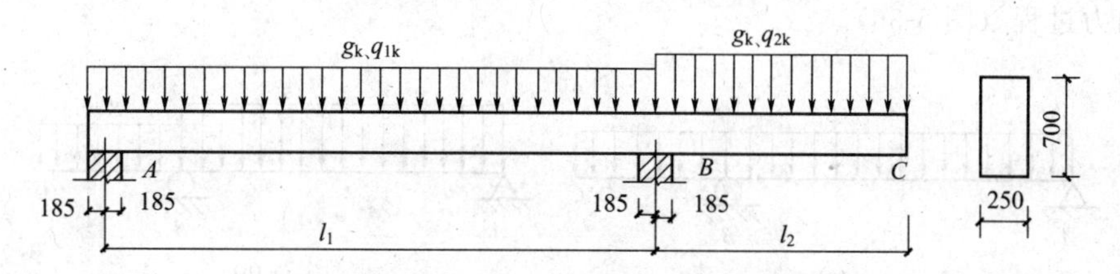

图 5-34　梁的跨度、荷载与截面尺寸

l_1—梁的简支跨计算跨度（取为 7m）；l_2—梁的外伸跨计算跨度（取为 1.8m）；

q_{1k}—简支跨活荷载标准值；q_{2k}—外伸跨活荷载标准值；

g_k—梁的永久荷载标准值（包含梁自重）

③ 进行梁的斜截面抗剪承载力计算，选配箍筋和弯起钢筋。

④ 作梁的材料抵抗弯矩图（作为配筋图的一部分），并根据此图确定梁的纵向受力钢筋的弯起与截断位置。

5.6.1　梁的内力及内力图

(1) 荷载计算

恒载：AB 跨（简支跨）的永久荷载标准值 $g_k=32.5\text{kN/m}$

设计值 $g=1.2g_k=1.2\times32.5=39\text{kN/m}$

BC 跨（外伸跨）的永久荷载标准值 $g_k=32.5\text{kN/m}$

设计值 $g'=1.0g_k=32.5\text{kN/m}$

或 $g=1.2g_k=1.2\times32.5=39\text{kN/m}$

活载：AB 跨（简支跨）的可变荷载标准值 $q_{1k}=26\text{kN/m}$

设计值 $q_1=1.4\times26=36.4\text{kN/m}$

BC 跨（外伸跨）的可变荷载标准值 $q_{2k}=91\text{kN/m}$

设计值 $q_2=1.4\times91=127.4\text{kN/m}$

总荷载：

① AB 跨（简支跨）的总荷载设计值 $Q_1=g+q_1=39+36.4=75.4\text{kN/m}$

② BC 跨（外伸跨）的总荷载设计值 $Q_2=g'+q_2=32.5+127.4=159.9\text{kN/m}$

或 $Q_2=g+q_2=39+127.4=166.4\text{kN/m}$

(2) 梁的内力及内力包络图

荷载效应计算时，应注意伸臂端上的荷载对跨中正弯矩是有利的，故永久荷载（恒载）设计值作用于梁上的位置虽然是固定的，均为满跨布置，但应区分下列情况。

① 恒载作用情况之一［图 5-35(a)］：简支跨和外伸跨均作用最大值。

② 恒载作用情况之二［图 5-35(b)］：简支跨作用最大值，外伸跨作用最小值。

③ 活载作用位置之一［图 5-35(c)］：简支跨作用活载 q_1，外伸跨无活载。

④ 活载作用位置之二［图 5-35(d)］：简支跨无活载，外伸跨作用活载 q_2。

求简支跨（AB 跨）跨中最大正弯矩（求支座 A 最大剪力）按②＋③组合；

求简支跨（AB 跨）跨中最小正弯矩按①＋④组合；

求支座 B 最大负弯矩（求支座 B 最大剪力）按①＋③＋④组合。

以求简支跨（AB 跨）跨中最大正弯矩（求支座 A 最大剪力）（按②＋③组合）为例说

明求解内力过程（图 5-36）。

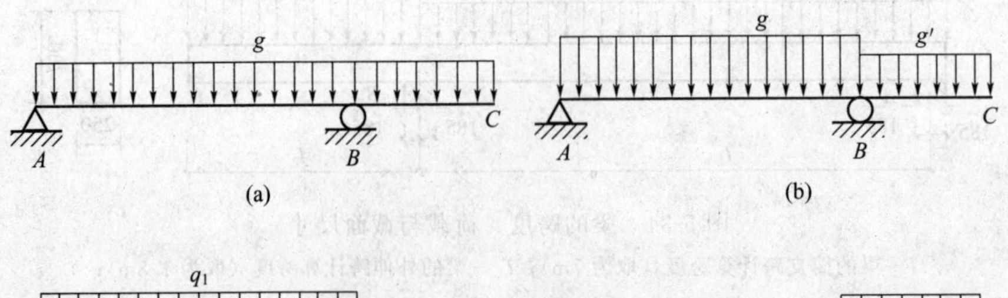

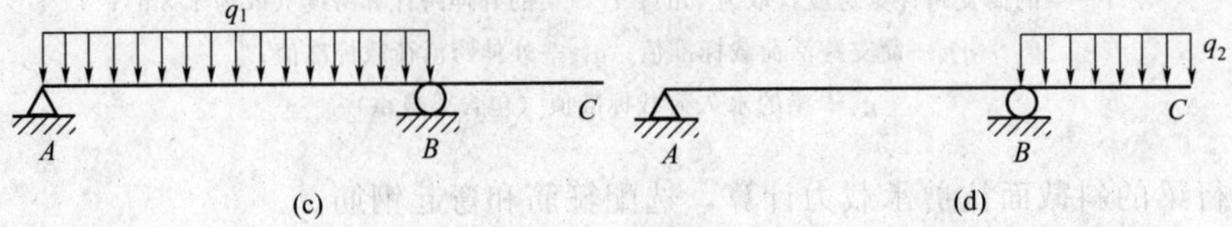

图 5-35　梁上各种荷载的作用

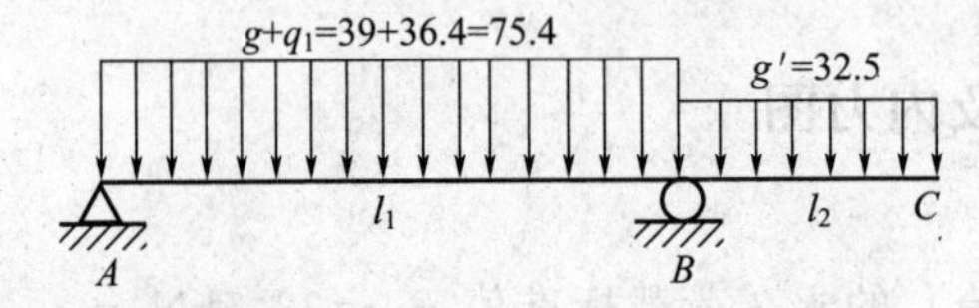

图 5-36　②＋③组合时梁上的荷载设计值

根据平衡条件求得支座反力

$\sum M_B=0$

$$R_A=\frac{(g+q_1)\times 7\times 3.5-g'\times 1.8\times 0.9}{7}=\frac{75.4\times 7\times 3.5-32.5\times 1.8\times 0.9}{7}$$

$$=256.38\mathrm{kN}$$

$\sum y=0$

$$R_B=(g+q_1)\times 7+g'\times 1.8-R_A=75.4\times 7+32.5\times 1.8-256.38=329.92\mathrm{kN}$$

根据荷载情况可知 AB 梁段剪力图向右下倾斜直线，支座 B 处剪力图有突变，外伸臂梁剪力图向右下倾斜直线，控制点数值计算如下。

AB 段（斜直线）：$V_{A右}=256.38\mathrm{kN}$

$V'_{A右}=256.38-75.4\times 0.37/2=242.43\mathrm{kN}$

$V_{B右}=32.5\times 1.8=58.5\mathrm{kN}$

$V'_{B右}=58.5-32.5\times 0.37/2=52.49\mathrm{kN}$

$V_{B左}=58.5-329.92=-271.42\mathrm{kN}$

AB 梁段弯矩图为二次抛物线，荷载方向向下，抛物线向下弯曲，剪力图交于横轴处，弯矩有极值，极值点两侧由于剪力图是由正变到负，所以弯矩的极值是最大 $M_{\max}$。在支座 B 处图形转折成尖角，伸臂梁段为二次抛物线。

根据弯矩图的变化规律，可以计算出各控制值

$$M_A=0,M_B=-\frac{ql^2}{2}=-\frac{1}{2}g^{1}l_2^2=-32.5\times 1.8^2/2=52.65\mathrm{kN\cdot m},M_{端}=0$$

AB 梁段弯矩图是抛物线，除了 M_A、M_B 两个抛物线的端点数值知道外，还需定出第三点的控制数值就可绘出弯矩图，第三控制点以取 $M_{\max}$ 为适宜，计算 $M_{\max}$，首先要算出剪力为零的截面位置 x，计算如下。

设剪力为零的截面距左支座 A 为 x，由相似三角形对应边成比例的关系可得

$$x/256.38=(7-x)/271.42$$

解出 $$x=3.4\text{m}=3400\text{mm}$$

因此，剪力为零的截面在距左支座 A 点 3.4m。该截面的最大弯矩为

$$M_{\max}=xV_{A右}-\frac{qx^2}{2}=xV_{A右}-\frac{1}{2}(g+q_1)l_1^2=3.4\times256.38-75.4\times\frac{3.4^2}{2}=435.88\text{kN}\cdot\text{m}$$

可得：在按②+③组合下 AB 跨跨中最大弯矩 $M_{\max}=435.88\text{kN}\cdot\text{m}$，支座 A 的最大剪力 $V_{A右}=256.38\text{kN}$。

其余截面内力计算同上。按上述三种组合情况绘制内力图及包络图如图 5-37 所示。

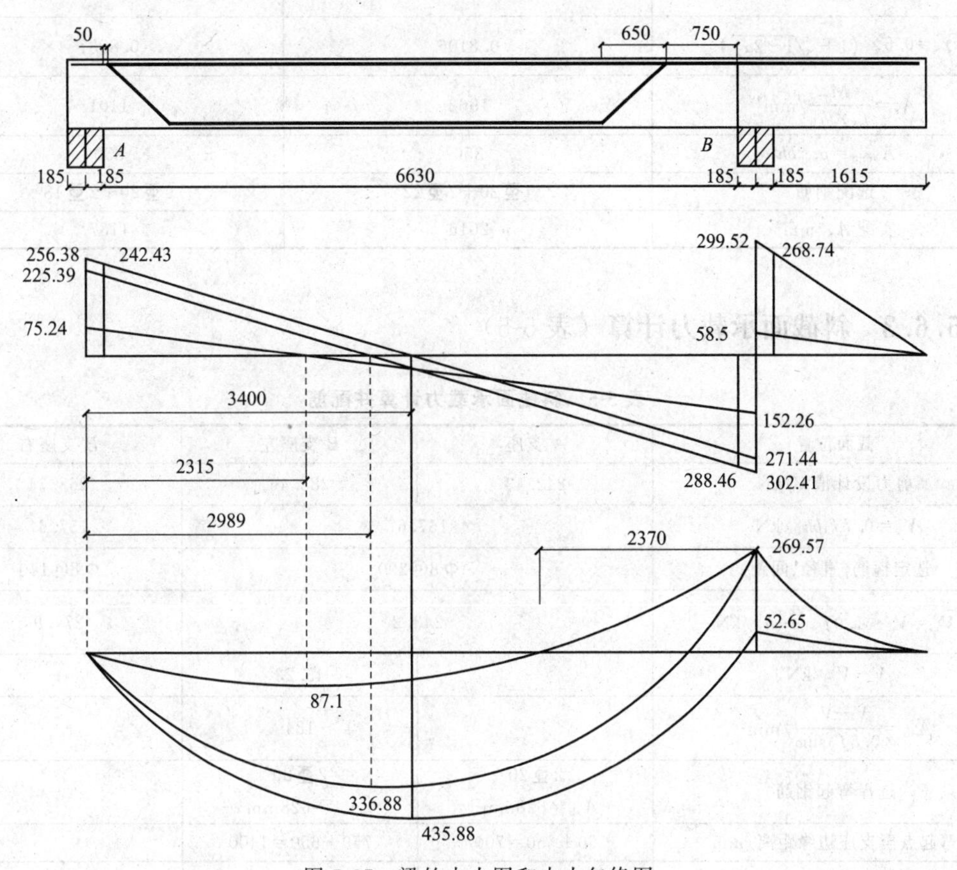

图 5-37　梁的内力图和内力包络图

5.6.2　正截面承载力计算

(1) 已知条件：由于弯矩较大，估计纵筋需排两排，取 $a_s=70\text{mm}$，$h_0=h-a_s=700-70=630\text{mm}$，C30 混凝土，$f_c=14.3\text{N/mm}^2$，$f_t=1.43\text{N/mm}^2$

HRB500 钢筋，$f_y=435\text{N/mm}^2$，$\xi_b=0.482$，HPB300 钢筋，$f_y=270\text{N/mm}^2$

(2) 截面尺寸验算

沿梁全长的剪力设计值的最大值在 B 支座左边缘，$V_{\max}=269.57\text{kN}$

$\frac{h_0}{b}=\frac{630}{250}=2.52<4$，

$0.25f_cbh_0=0.25\times14.3\times250\times630=563062.5\text{N}=563.06\text{kN}>269.57\text{kN}$

故截面尺寸满足要求。

(3) 纵筋计算（表 5-4）

表 5-4　纵向受拉钢筋计算

截面位置	AB 跨中截面	B 支座截面
$M/(\text{kN}\cdot\text{m})$	435.88	269.57
$\alpha_s=\dfrac{M}{\alpha_1f_cbh_0^2}$	0.3071	0.19
$\xi=1-\sqrt{1-2\alpha_s}$	0.3789	0.2126
$\gamma_s=0.5\times(1+\sqrt{1-2\alpha_s})$	0.8106	0.8937
$A_s=\dfrac{M}{f_y\gamma_sh_0}/\text{mm}^2$	1962	1101
$A_{s\min}=\rho_{\min}bh$	350	350
选配钢筋	4Φ20+2Φ22	2Φ20+2Φ18
实配 A_s/mm^2	2016	1137

5.6.3 斜截面承载力计算（表 5-5）

表 5-5　斜截面承载力计算并配筋

截面位置	A 支座	B 支座左	B 支座右
剪力设计值 V/kN	242.43	288.46	268.74
$V_c=0.7f_tbh_0$/kN	157.67		157.67
选定箍筋(直径、间距)	φ8@200		φ8@140
$V_{cs}=V_c+1.0f_{yv}\dfrac{A_{sv}}{s}h_0$/kN	243.2		279.9
$V-V_{cs}$/kN	—	45.23	—
$A_{sb}=\dfrac{V-V_{cs}}{0.8f_y\sin\alpha}/\text{mm}^2$	—	184	—
选择弯起钢筋	2Φ20 $A_{sb}=628\text{mm}^2$	2Φ20 $A_{sb}=628\text{mm}^2$	—
弯起点至支座边缘距离/mm	50+650=700	750+650=1400	—
弯起点处剪力设计值 V_2/kN	189.6	182.9	—
是否需第二排弯起筋	$V_2<V_{cs}$不需要	$V_2<V_{cs}$不需要	—

5.6.4 钢筋布置和抵抗弯矩图的绘制

(1) 确定各纵筋承担的弯矩

跨中钢筋 2Φ22+4Φ20，由抗剪计算可知需弯起 2Φ20，故可将跨中钢筋分为两种：①2Φ22+2Φ20 伸入支座；②2Φ20 弯起。按它们的面积比例将正弯矩包络图用虚线分为两部分，每一部分就是相应钢筋可承担的弯矩，虚线与包络图的交点就是钢筋强度的充分利用截面或不需要截面。

支座负弯矩钢筋 2Φ20+2Φ18，其中 2Φ20 利用跨中弯起钢筋②，2Φ18 抵抗剩余弯矩，编号为③，在排列钢筋时，应将伸入支座的跨中钢筋、最后截断的负弯矩钢筋（或不截断的负弯矩钢筋）排在相应弯矩包络图内的最长区段内，然后再排列弯起点离支座距离最近（负弯矩钢筋为最远）的弯矩钢筋、离支座较远截面截断的负弯矩钢筋。

（2）确定弯起钢筋的弯起位置

由抗剪计算确定的弯起钢筋位置作材料图。显然，②号筋的材料全部覆盖相应弯矩图，且弯起点离它的强度充分利用截面的距离都大于 $h_0/2$。故它满足抗剪、正截面抗弯、斜截面抗弯的三项要求。

若不需要弯起钢筋抗剪而仅需要弯起钢筋后抵抗负弯矩时，只需满足后两项要求（材料图覆盖弯矩图、弯起点离开其钢筋充分利用截面距离 $\geqslant h_0/2$）。

（3）确定纵筋截断位置

②号筋的理论截断位置就是按正截面受弯承载力计算不需要该钢筋的截面（图5-38中 D 处），从该处向外的延伸长度应不小于 $20d=400$mm，且不小于 $1.3h_0=1.3\times660=858$mm；同时，从该钢筋强度充分利用截面（图5-38中 C 处）和延伸长度应不小于 $1.2l_a+1.7h_0=1.2\times852+1.7\times660=2144$mm（$l_a=0.14\times435/1.43\times20=852$mm）。根据材料图，可知其实际截断位置由尺寸2144mm控制。③号筋的理论截断点是图5-38中的 E 和 F，其中 $20d=360$mm，$h_0=660$mm；$1.2l_a+h_0=1.2\times767+660=1580$mm（$l_a=0.14\times435/1.43\times18=767$mm）。根据材料图，该筋的左端截断位置由660mm控制。

5.6.5 绘制梁的配筋图

梁的配筋图包括纵断面图、横断面图及单根钢筋图。纵断面图表示各钢筋沿梁长方向的布置情形，横断面图表示钢筋在同一截面内的位置。

（1）直钢筋①2Φ22+2Φ20全部伸入支座，伸入支座的锚固长度 $l_{as}\geqslant12d=12\times22=264$mm。考虑到施工方便，伸入 A 支座长度取 $370-30=340$mm；伸入 B 支座长度取300mm。故该钢筋总长 $=340+300+(7000-370)=7270$mm。

（2）弯起钢筋②2Φ20根据作材料图后确定的位置，在 A 支座附近弯上后锚固于受压区，应使其水平长度 $\geqslant10d=10\times20=200$mm，实际取 $370-30+50=390$mm，在 B 支座左侧弯起后，穿过支座伸至其端部后下弯 $20d=400$mm。该钢筋斜弯段的水平投影长度 $=700-25\times2=650$mm（弯起角度 $\alpha=45°$，该长度即为梁高减去两倍混凝土保护层厚度），则②筋的各段长度和总长度即可确定。

（3）负弯矩钢筋③2Φ18左端按实际的截断位置截断延伸至正截面受弯承载力计算不需要该钢筋的截面之外660mm。同时，从该钢筋强度充分利用截面延伸的长度为2095（$2370+660-750-185=2095$）mm，大于 $1.2l_a+h_0$。右端向下弯折 $20d=360$mm。该筋同时兼作梁的架立钢筋。

（4）AB 跨内的架立钢筋可选2Φ12，左端伸入支座内 $370-25=345$mm 处，右端与③筋搭接，搭接长度可取150mm（非受力搭接）。该钢筋编号④，其水平长度 $=345+7000-370-(750+2095)+150=4280$mm。

伸臂下部的架立钢筋可同样选2Φ12，伸入支座300mm，即在支座 B 内与①筋搭接230mm，其水平长度 $=1800-185+(300-230)-25=1660$mm，钢筋编号为⑤。

（5）箍筋编号为⑥，在纵断面图上标出不同间距的范围。

伸臂梁配筋图见图5-38。

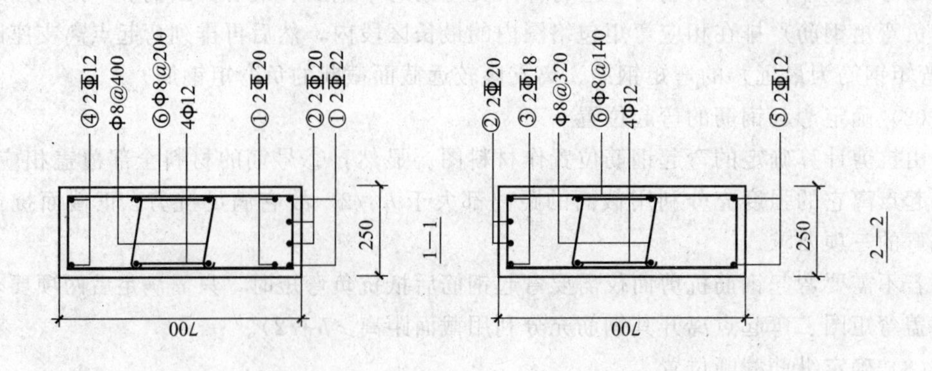

④ 2Φ12
Φ8@400
⑥ Φ8@200
4Φ12
① 2Φ20
② 2Φ20
① 2Φ22
250
700
1—1
② 2Φ20
③ 2Φ18
Φ8@320
⑥ Φ8@140
4Φ12
⑤ 2Φ12
250
700
2—2

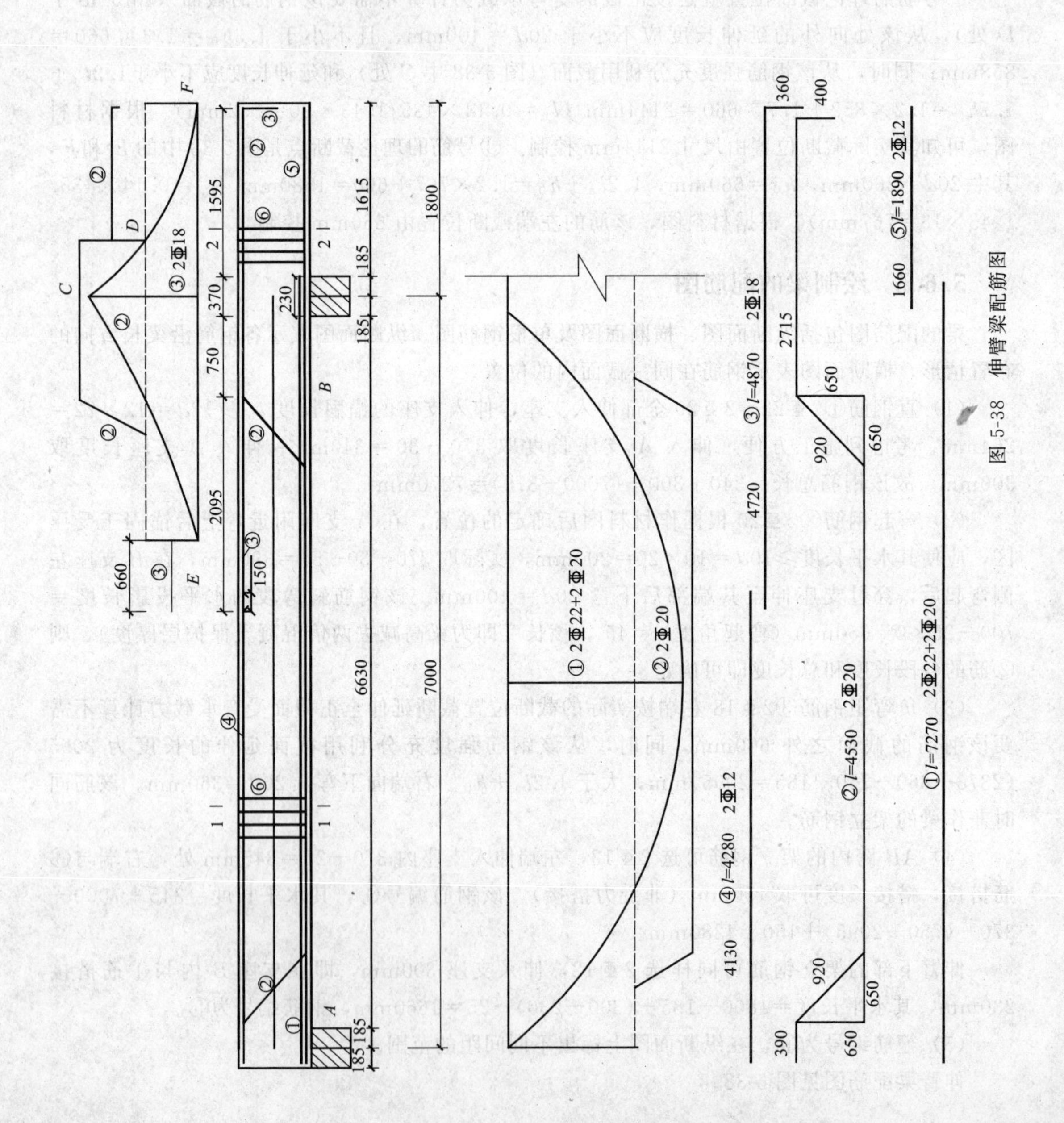

A
B
C
D
E
F
185
185
660
150
2095
750
370
2
1595
1615
1800
360
400
230
6630
7000
① 2Φ22+2Φ20
② 2Φ20
③ 2Φ18
④ l=4280 2Φ12
② l=4530 2Φ20
① l=7270 2Φ22+2Φ20
③ l=4870 2Φ18
⑤ l=1890 2Φ12
4130
390
650
920
650
4720
2715
1660

图 5-38 伸臂梁配筋图

思考题与习题

思考题

1. 斜裂缝产生的原因是什么？

2. 钢筋混凝土梁斜截面破坏有几种类型？它们的特点是什么？

3. 影响斜截面破坏类型和承载能力的因素是什么？

4. 斜压破坏、斜拉破坏、剪压破坏都属于脆性破坏，为何却以剪压破坏的受力特征为依据建立基本公式？

5. 对多种荷载作用下的钢筋混凝土受弯构件进行斜截面受剪承载力计算，什么情况下应采用集中荷载作用下的受剪承载力计算公式？对剪跨比有何限制？

6. 钢筋混凝土受弯构件斜截面受剪承载力计算公式的适用条件是什么？

7. 斜截面抗剪承载力计算时，何时不需考虑剪跨比的影响？

8. 为什么弯起筋的设计强度取 $0.8f_y$？

9. 如何选用梁中箍筋的直径和间距？

10. 受弯构件设计时，如何防止发生斜压破坏、斜拉破坏、剪压破坏？

11. 钢筋混凝土梁斜截面承载力应验算哪些截面？

12. 什么叫抵抗弯矩图（材料图）？有什么作用？

13. 如何确定纵向受力钢筋弯起点的位置？梁内设置弯起筋抗剪时应注意哪些问题？

14. 什么叫腰筋？有何作用？如何设置？

15. 什么叫浮筋、鸭筋，它们起什么作用？为什么不能设计成浮筋？

16. 工程实践中，抗剪设计的方案有哪几种方案？具体如何选择？

17. 纵向受力钢筋可以在哪里截断？延伸长度有何要求？

习题

1. 钢筋混凝土矩形截面简支梁，如图 5-39 所示，截面尺寸 250mm×500mm，混凝土强度等级为 C25，双肢箍筋Φ8@200 的 HPB300 级钢筋，纵筋为 4⏀22 的 HRB400 级钢筋，无弯起钢筋，求集中荷载设计值 P。

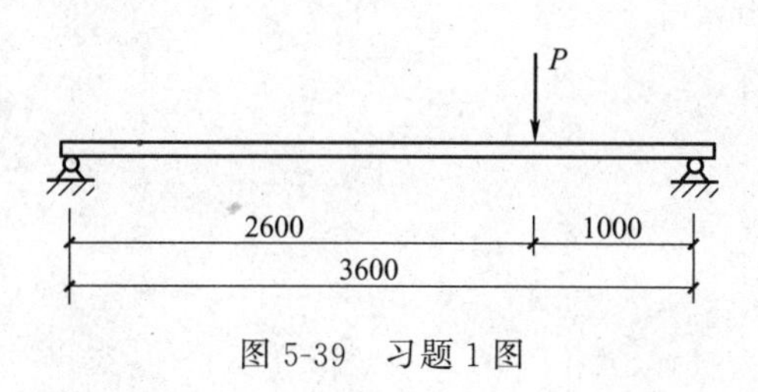

图 5-39 习题 1 图

2. 某钢筋混凝土矩形截面简支梁如图 5-40 所示，梁端支承在砖墙上，净跨度 l_n = 3600mm，截面尺寸 $b \times h$ = 250mm×600mm。该梁承受均布荷载，其中永久荷载标准值（包括梁自重）g_k=25kN/m，q_k=40kN/m，采用 HRB500 级纵向受力钢筋，HPB300 级箍筋，梁混凝土等级 C30，试根据斜截面受剪承载力要求确定腹筋。

3. 钢筋混凝土矩形截面简支梁如图 5-41 所示，截面尺寸为 $b \times h$ = 250mm×600mm，混凝土强度等级为 C30，纵筋为 4⏀25 的 HRB400 级钢筋，采用双肢箍筋Φ8@120，已知均布荷载设计值（包括自重）q=10kN/m，求集中荷载设计值 P。

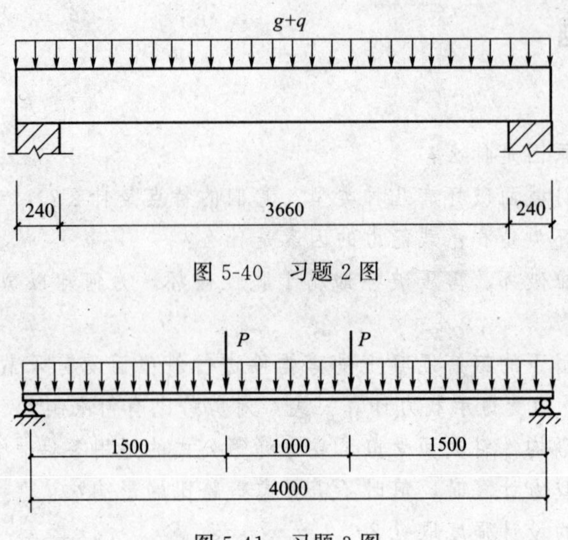

图 5-40　习题 2 图

图 5-41　习题 3 图

4. 一钢筋混凝土两跨连续梁的跨度、截面尺寸以及所负担的荷载设计值如图 5-42 所示。混凝土强度等级 C30，纵向受力钢筋采用 HRB400 级，箍筋采用 HPB300 级，试确定箍筋和纵筋弯起或截断的位置，做出材料抵抗弯矩图。

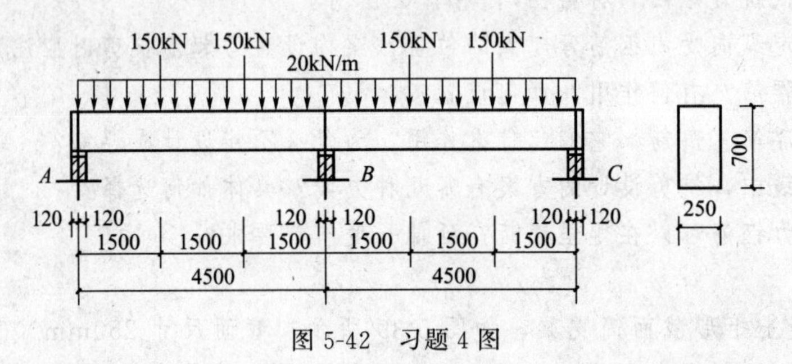

图 5-42　习题 4 图

第6章 受压构件的截面承载力计算

学习目标

1. 理解轴心受压和偏心受压构件的破坏形态、计算简图和基本公式；
2. 熟练掌握轴心受压构件和偏心受压构件正截面承载力计算方法；
3. 掌握受压构件正截面承载力 M-N 相关曲线及其应用；
4. 熟悉受压构件中纵向钢筋和箍筋的主要构造要求。

受压构件是指工程结构中以承受纵向压力为主的构件，它将上部结构荷载传递给基础，在整个建筑结构中具有重要作用，一旦破坏，将导致结构局部或整体严重损坏，甚至倒塌。同时受压构件也是土木工程中最为常见的受力构件之一，例如，多高层建筑中的框架柱、剪力墙、单层厂房排架柱、桥墩及桁架结构中受压弦杆、腹杆等均属于典型受压构件，如图6-1所示。受压构件截面上一般作用有轴力、弯矩、剪力。

在结构工程中，钢筋混凝土受压构件按照轴向力 N 的作用线是否作用于截面形心可分为轴向受压、单向偏心受压、双向偏心受压（图6-2）。轴向力 N 作用于截面形心的构件称为轴心受压构件，然而在实际工程中，由于混凝土材料的不均匀性、施工时钢筋位置和截面几何尺寸的误差以及荷载实际位置的偏差等，致使截面的几何中心与物理中心往往不重合，从而理想的轴心受压构件几乎不存在，但在结构设计中，为简化结构计算，一般可将桁架的受压腹杆，以承受恒荷载为主的框架结构的中柱近似地当作轴心受压构件来计算。

轴向力 N 作用于截面形心以外的构件，称为偏心受压构件，根据偏心方向及位置的不同，偏心受压构件可分为单向偏心受压构件和双向偏心受压构件。当轴向压力作用点仅与构件一个方向的形心作用线不重合时，称为单向偏心受压构件；当轴向压力作用点与两个方向的形心作用线都不重合时，称为双向偏心受压构件。

6.1 轴心受压构件承载力计算

理想的轴心受压构件几乎是不存在的，在工程设计中，对以承受恒荷载为主的多层房屋的中柱，只承受节点荷载的桁架受压弦杆和腹杆，可近似地按轴心受压构件计算。另外，对于排架或框架柱在垂直于弯矩作用平面方向，尚需按轴心受压构件正截面承载力进行验算。

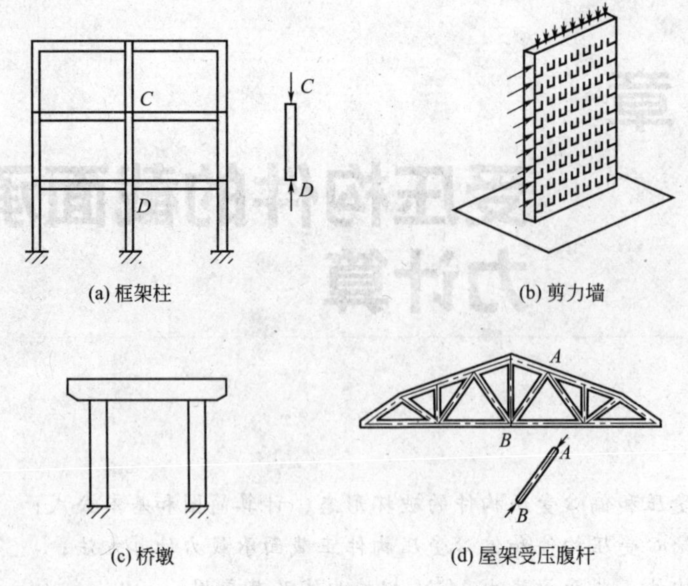

图 6-1 受压构件的工程应用

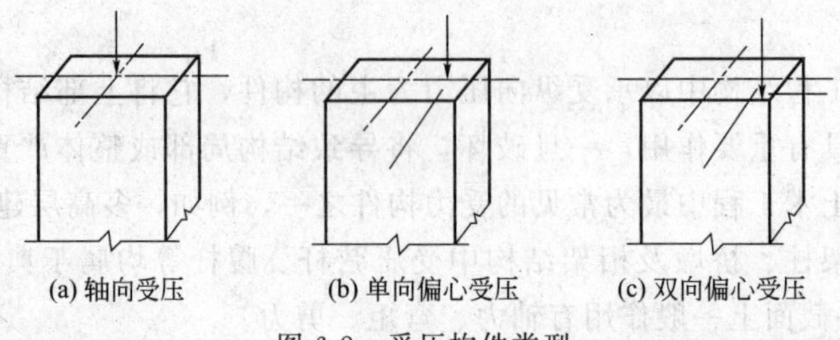

图 6-2 受压构件类型

根据柱中箍筋形式的不同，可分为普通箍筋柱和螺旋（或焊接环式）箍筋柱。普通箍筋柱中配有纵向受压钢筋和普通箍筋，螺旋箍筋柱中配有纵向受压钢筋和螺旋式（或焊接环式）箍筋，截面和配筋形式见图 6-3。其中纵筋除了与混凝土共同承担轴向压力外，还能承担由于初始偏心或其他偶然因素引起的附加弯矩。普通箍筋不仅可以固定纵向受力钢筋的位置，防止纵向钢筋在混凝土压碎之前向外压屈，确保纵筋与混凝土共同受力直至构件破坏；而且其对核心混凝土的约束作用可以在一定程度上改善构件脆性破坏性质。螺旋形箍筋能够显著约束核心区混凝土，使混凝土处于三向受压状态，因而能够提高构件的承载力和延性。综上所述，在实际工程设计中不可忽视箍筋的作用。

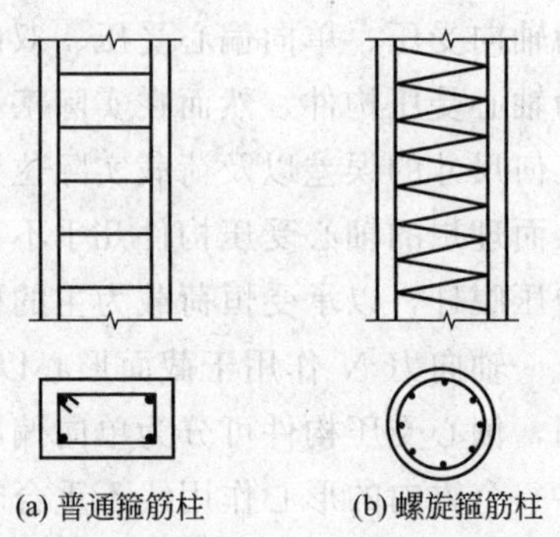

图 6-3 轴心受压柱构造示意图

6.1.1 轴心受压普通箍筋柱的正截面受压承载力计算

根据柱的长细比（构件的计算长度 l_0 与构件截面回转半径 i 之比）的不同，可将试件分为短柱、中长柱和长柱。试验研究表明短柱和中长柱的破坏形态有很大的区别。

（1）短柱的受力分析和破坏形态

在整个持续加载过程中，受压短柱可能存在初始偏心距，对承载力影响很小。试验研究表明，在轴心压力作用下，由于钢筋与混凝土之间存在着黏结力，两者相对变形较小，致使短柱截面应变分布基本上是均匀的。加载初期，构件基本处于弹性阶段，纵筋和混凝土的压应力呈线性变化规律，但钢筋的压应力比混凝土的压应力增加得快；随着轴向荷载的增加，混凝土出现塑性变形，从而使混凝土的压应力增加小于纵筋的压应力，纵筋与混凝土之间出现了应力重分布，如图 6-4 所示。随着轴向荷载的继续增加，柱中部混凝土开始出现纵向微细裂缝，钢筋应变继续增大；当轴向压力接近极限荷载时，柱四周的纵向裂缝明显加宽，且裂缝长度不断延伸，箍筋间的纵向钢筋被压屈呈灯笼状向外，构件中的混凝土达到极限压应变，最终构件因混凝土被压碎而破坏，破坏形态如图 6-5 所示。轴心受压短柱破坏时，一般是纵向钢筋仍先达到屈服强度，继续增加一定荷载后，混凝土达到极限应变，构件发生破坏。但是如果采用高强度钢筋，可能在混凝土达到极限应变时纵向钢筋仍没有达到屈服强度，再继续发生一段变形后构件破坏，无论受压钢筋是否屈服，构件的最终承载力都以混凝土被压碎作为控制条件。

(2) 长柱的受力分析和破坏形态

试验研究表明：偶然因素引起的初始偏心距对钢筋混凝土轴心受压长柱的承载力及破坏形态的影响较大。由于初始偏心的存在，纵向压力使构件产生附加弯矩和侧向挠曲，而侧向挠曲又增大了荷载的偏心距，随着荷载的增加，附加弯矩和侧向挠度将不断增大，使长柱在轴力和附加弯矩的共同作用下向一侧弯曲而破坏。对于长细比较大的构件还有可能由于失稳破坏。长柱的破坏特征是：弯曲变形后，柱外凸，一侧混凝土出现水平裂缝，凹进一侧出现纵向裂缝，随后混凝土压碎、纵筋压屈外鼓，侧向挠度急剧增大。轴心受压长柱破坏形态如图 6-6 所示。另外，在长期荷载作用下，由于混凝土的徐变，侧向挠度将增大更多，从而使长柱的承载力降低更多，长期荷载中占的比例越多，其承载力降低越多。

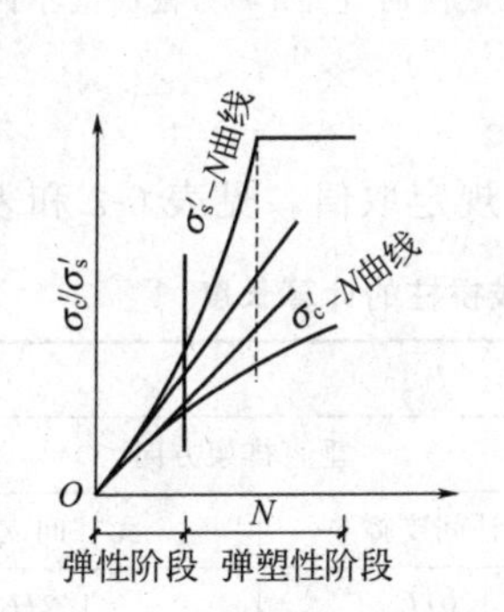

图 6-4　荷载-应力曲线示意图

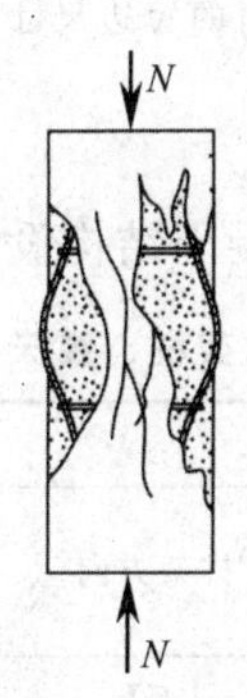

图 6-5　短柱的破坏

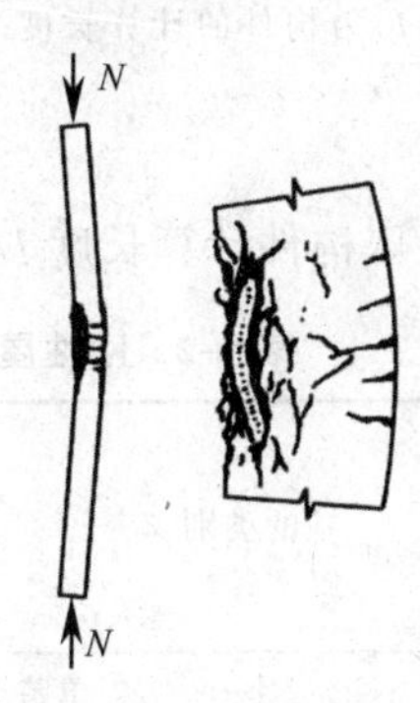

图 6-6　长柱的破坏

与短柱相比，长柱的受压承载力随着构件长细比的增大而逐渐降低。因此，对长柱的受压承载力需乘以折减系数。在轴心受压构件承载力计算时，《混凝土结构设计规范》采用稳定系数 φ 来表示长柱承载力降低的程度，即

$$\varphi=\frac{N_u^l}{N_u^s} \tag{6-1}$$

式中　N_u^l、N_u^s——长柱和短柱的受压承载力。

中国建筑科学研究院的试验资料及一些国外的试验数据表明，l_0/b 越大，φ 值越小。当 $l_0/b\leqslant 8$ 时，柱的承载力没有降低，$\varphi=1.0$；当 $l_0/b>8$ 时，φ 值随 l_0/b 的增大而减小。

对于具有相同 l_0/b 值的柱，由于混凝土强度等级和钢筋的种类以及配筋率的不同，φ 值的大小还略有变化，计算时规范未考虑这方面影响。根据试验结果及数理统计可得下列经验公式

当 $\frac{l_0}{b}=8\sim34$ 时 $$\varphi=1.177-0.021\frac{l_0}{b} \tag{6-2}$$

当 $\frac{l_0}{b}=35\sim50$ 时 $$\varphi=0.87-0.012\frac{l_0}{b} \tag{6-3}$$

稳定系数 φ 随着构件长细比的增大而减小。考虑到荷载的初始偏心和长期荷载的不利影响，《混凝土结构设计规范》规定的稳定系数 φ 的取值比试验值略低一些，具体见表 6-1。

表 6-1 钢筋混凝土轴心受压构件的稳定系数

l_0/b	l_0/d	l_0/i	φ	l_0/b	l_0/d	l_0/i	φ
≤8	≤7	≤28	≤1.0	30	26	104	0.52
10	8.5	35	0.98	32	28	111	0.48
12	10.5	42	0.95	34	29.5	118	0.44
14	12	48	0.92	36	31	125	0.40
16	14	55	0.87	38	33	132	0.36
18	15.5	62	0.81	40	34.5	139	0.32
20	17	69	0.75	42	36.5	146	0.29
22	19	76	0.70	44	38	153	0.26
24	21	83	0.65	46	40	160	0.23
26	22.5	90	0.60	48	41.5	167	0.21
28	24	97	0.56	50	43	174	0.19

注：表中 l_0 为构件的计算长度；b 为矩形截面的短边尺寸；d 为圆形截面的直径；i 为截面最小回转半径，$i=\sqrt{\frac{I}{A}}$。

对于受压构件计算长度 l_0 可按《混凝土结构设计规范》规定取值，见表 6-2 和表 6-3。

表 6-2 刚性屋盖单层房屋排架柱、露天吊车柱和栈桥柱的计算长度

柱的类别		l_0		
		排架方向	垂直排架方向	
			有柱间支撑	无柱间支撑
无吊车房屋柱	单跨	$1.5H$	$1.0H$	$1.2H$
	两跨及多跨	$1.25H$	$1.0H$	$1.2H$
有吊车房屋柱	上柱	$2.0H_u$	$1.25H_u$	$1.5H_u$
	下柱	$1.0H_l$	$0.8H_l$	$1.0H_l$
露天吊车柱和栈桥柱		$2.0H_l$	$1.0H_l$	

注：1. 表中 H 为从基础顶面算起的柱全高；H_l 为从基础顶面至装配式吊车梁底面或现浇式顶面的柱下部高度；H_u 为从装配式吊车梁底部或从现浇式吊车梁顶面算起的柱上部高度。

2. 表中有吊车房屋排架柱的计算长度，当计算中不考虑吊车荷载时，可按无吊车房屋柱的计算长度采用，但上柱的计算长度仍可按有吊车房屋采用。

3. 表中有吊车房屋排架柱的上柱在排架方向的计算长度，仅适用于 $H_u/H_l\geqslant0.3$ 情况；当 $H_u/H_l<0.3$ 时，计算长度宜采用 $2.5H_u$。

表 6-3 框架结构各层柱的计算长度

楼盖类型	柱的类别	l_0
现浇楼盖	底层柱	$1.0H$
	其余各层柱	$1.25H$
装配式楼盖	底层柱	$1.25H$
	其余各层柱	$1.5H$

注：表中 H 对底层柱为从基础顶面到一层楼盖顶面的高度；对其余各层柱为上、下两层楼盖顶面之间的距离。

(3) 承载力计算公式

根据上述分析，轴心受压短柱的正截面承载力主要由钢筋和混凝土两部分提供，短柱破坏时的计算应力图形如图 6-7 所示。在考虑长柱承载力的降低和可靠度的调整因素后，《混凝土结构设计规范》给出的轴心受压构件承载力计算公式如下

$$N \leqslant N_u = 0.9\varphi(f_c A + f'_y A'_s) \tag{6-4}$$

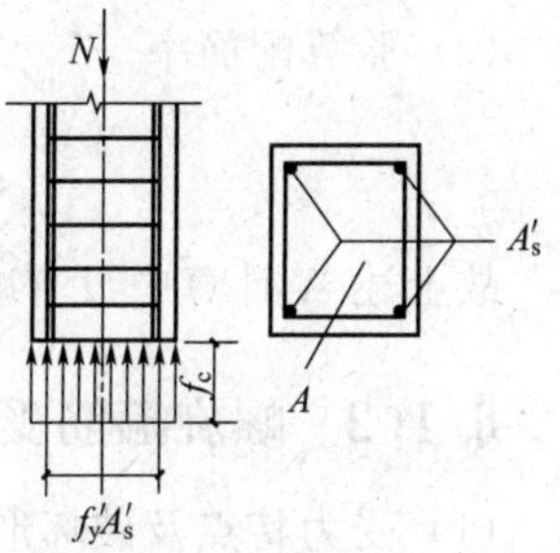

图 6-7 轴心受压柱计算简图

式中 N——构件的轴向压力设计值；

N_u——轴向压力承载力设计值；

0.9——可靠度调整系数；

φ——钢筋混凝土轴心受压构件的稳定系数；

f_c——混凝土的轴心抗压设计值；

f'_y——纵向钢筋的抗压强度设计值；

A'_s——全部纵向受压钢筋的截面面积；

A——构件截面面积，当纵向钢筋配筋率大于 3.0% 时，A 改为 $A_c = A - A'_s$。

(4) 公式应用

钢筋混凝土轴心受压柱设计包括截面设计和截面复核两类问题。

① 截面设计。已知轴压设计值、受压柱计算长度、截面尺寸、材料强度，求纵向钢筋的截面面积。首先确定 φ 值，然后根据公式计算纵向钢筋截面面积

$$A'_s = \frac{\dfrac{N}{0.9\varphi} - f_c A}{f'_y} \tag{6-5}$$

最后选配钢筋，并验算最小配筋率。

② 截面复核。已知轴向压力设计值、受压柱计算长度、截面尺寸、材料强度、纵向钢筋截面面积，求轴心受压柱正截面承载力设计值。

一般首先验算配筋率，然后确定稳定系数 φ 值，再次计算承载力设计值，并与轴向压力设计值进行比较，如果不等式成立，满足承载力要求，否则，不满足承载力要求。

【例 6-1】 已知某高层现浇框架结构的底层中柱，轴向压力设计值 $N = 2250\text{kN}$，基础顶面到一层楼盖顶面之间的距离为 6m。混凝土强度等级为 C25（$f_c = 11.9\text{N/mm}^2$），采用 HRB335 级钢筋（$f'_y = 300\text{N/mm}^2$），柱截面尺寸为 400mm×400mm，试计算该柱所需纵筋面积 A'_s。

解 (1) 确定基本参数

计算长度 $l_0 = H = 6\text{m}$，$l_0/b = 6000/400 = 15$，查表 6-1 得：当 $l_0/b = 14$ 时，$\varphi = 0.92$；

当 $l_0/b=16$ 时，$\varphi=0.87$；由线性内插法可得：当 $l_0/b=15$ 时，$\varphi=0.895$。

(2) 计算 A'_s

则取 $N=N_u$，由公式得

$$A'_s=\frac{\frac{N}{0.9\varphi}-f_cA}{f'_y}=\frac{\frac{2250\times10^3}{0.9\times0.895}-11.9\times400\times400}{300}$$

$=2964.32\text{mm}^2$

故选用 8⌀22 的纵向受压钢筋 $A'_s=3041\text{mm}^2$。

(3) 验算配筋率

$$\rho'=\frac{A'_s}{A}=\frac{3041}{400\times400}=1.9\%<3\%$$

故上述 A 计算中没有减去 A'_s 是正确的，且满足 $\rho'>\rho_{min}=0.6\%$，可以。

6.1.2 螺旋箍筋受压截面承载力计算

(1) 受力特点及破坏形态

当普通箍筋柱的截面尺寸受到设计要求的限制且承受非常大的轴心压力时，即使再提高混凝土强度等级和增加纵筋配筋量也不能满足该轴心压力时，可考虑在构件中配置螺旋（或焊接环）箍筋，以提高构件对轴向压力的承载力以及抵抗因轴向压力产生变形的能力。这种受压柱的截面形状一般为圆形或正多边形，图 6-8 为普通箍筋柱与螺旋（或焊接环）箍筋柱的构造型式和特点。

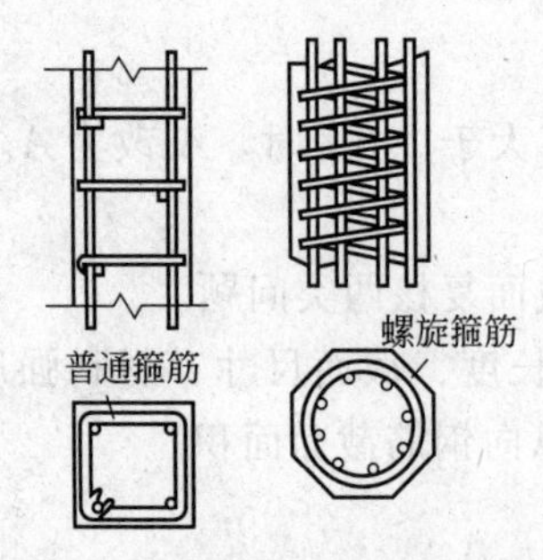

图 6-8 普通箍筋柱与螺旋箍筋柱

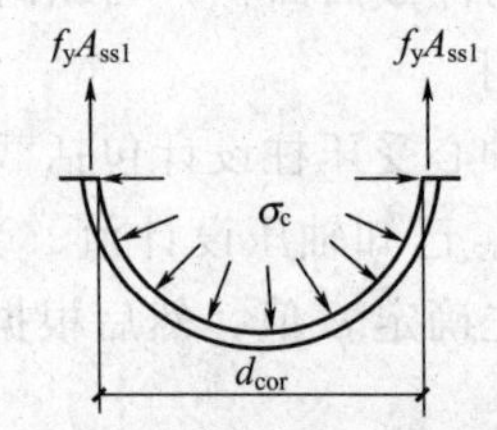

图 6-9 间接钢筋受力示意图

由试验研究可知，当压力较小时，因构件承受轴向力较小，此时还不能表现出螺旋箍筋的作用，当压力较大时，混凝土纵向开始产生裂缝，导致横向变形逐渐增大，在螺旋箍筋上产生一定的压应力，螺旋箍筋反过来约束核心区混凝土的侧向膨胀。这导致核心区混凝土处在一个像套箍作用的三向受压应力状态，侧向压力对核心区混凝土受压时的侧向变形和内部微裂缝发展起到了一定的约束作用，这样可以提高核心区混凝土的抗压强度，螺旋箍筋的作用逐渐显现出来。螺旋箍筋约束混凝土侧向变形而提高混凝土的强度和变形能力的同时在其自身中也产生了拉应力。随着外力的不断增大，螺旋箍筋因其拉应力达到抗拉屈服极限，对核心区混凝土的侧向变形逐渐失去了约束，这时混凝土的抗压强度就不能再提高了，就会发生混凝土被压碎和柱子破坏的现象。可见，在柱的横向采用螺旋箍筋（或焊接环筋）也能起到与配置纵向钢筋来提高承载力和变形能力相同的作用，故把这种配筋方式称为“间接配筋”。试验发现，间接配筋柱核心区混凝土抗压强度提高值与箍筋的侧向压力成线性关系。

由于螺旋箍筋外的混凝土保护层在螺旋箍筋受力时就开裂，剥落，计算时这部分混凝土作用可以忽略不计。

与普通箍筋柱相比，螺旋箍筋柱的受力性能和破坏特点有所不同，虽然混凝土保护层提早脱落，但由于螺旋箍筋间距可以保证相互之间的纵向钢筋不被压屈，因此，纵向钢筋能继续承载，并且处在三向应力状态下的核心区混凝土，比普通混凝土具有较高的承载能力且具有良好延性。

(2) 承载力计算

由于螺旋箍筋的包裹使核心混凝土处于三向应力状态，其实际抗压强度因套箍作用而高于混凝土轴心抗压强度，这类箍筋柱在承载力计算时要考虑横向箍筋的作用，计算公式应按圆柱体侧向均匀受压的方式考虑，核心混凝土的纵向抗压强度可按 $f_{c1}=f'_c+4\alpha\sigma_r$ 计算，即

$$f_{c1}=f_c+4\alpha\sigma_r \tag{6-6}$$

式中　σ_r——螺旋箍筋与混凝土之间的相互作用（如图 6-9），即混凝土所受到的侧向压力。

一个螺旋箍筋间距 s 范围内的 σ_r 在水平方向上的合力为

$$2\int_0^{\frac{\pi}{2}}\sigma_r s\sin\theta\frac{d_{cor}}{2}\mathrm{d}\theta=\sigma_r sd_{cor} \tag{6-7}$$

由水平方向力的平衡条件可得

$$\sigma_r sd_{cor}=2f_{yv}A_{ss1} \tag{6-8}$$

$$\sigma_r=\frac{2f_{yv}A_{ss1}}{sd_{cor}}=\frac{2f_{yv}}{4\frac{\pi d_{cor}^2}{4}}\times\frac{\pi d_{cor}A_{ss1}}{s}=\frac{f_{yv}}{2A_{cor}}A_{ss0} \tag{6-9}$$

$$A_{ss0}=\frac{\pi d_{cor}A_{ss1}}{s} \tag{6-10}$$

式中　d_{cor}——构件的核心截面直径，间接钢筋内表面积之间的距离；

s——间接钢筋沿构件轴线方向的间距；

A_{ss1}——螺旋式（或焊接环式）单根间接钢筋的截面面积；

f_{yv}——间接钢筋的抗拉强度设计值；

A_{cor}——构件的核心截面面积，即间接钢筋内表面积范围内的混凝土面积；

A_{ss0}——螺旋式（或焊接环式）间接钢筋的换算截面面积。

根据内外力平衡条件，破坏时受压纵筋达到抗压屈服强度的同时螺旋箍筋内混凝土也达到抗压屈服强度，在考虑可靠调整系数 0.9 后，螺旋箍筋柱可按下式计算承载力

$$N_u=0.9(f_{c1}A_{cor}+f'_yA'_s)=0.9\left(f_cA_{cor}+4\times\frac{\alpha f_{yv}}{2A_{cor}}A_{ss0}A_{cor}+f'_yA'_s\right) \tag{6-11}$$

即螺旋式间接钢筋柱的承载力计算公式为

$$N\leqslant N_u=0.9(f_cA_{cor}+2\alpha f_yA_{ss0}+f'_yA'_s) \tag{6-12}$$

式中　α——间接钢筋对混凝土约束的折减系数，当混凝土强度等级小于或等于 C50 时，$\alpha=1.0$；当混凝土强度等级为 C80 时，$\alpha=0.85$；当混凝土强度等级在 C50～C80 时，按线性内插法确定。

(3) 应用公式过程中应注意的几个问题

首先按配置螺旋箍筋计算的构件受压承载力设计值要小于等于按配置普通箍筋计算的受压承载力设计值的 1.5 倍，目的是为了保证在正常使用荷载作用下箍筋外表面混凝土不致过

早剥落，使间接钢筋外面的钢筋混凝土保护层有足够的抵抗破坏的安全度。

此外，由《混凝土结构设计规范》规定，凡属下列情况之一者，不考虑间接钢筋的影响，而应按照普通箍筋柱计算构件的承载力。

① 当 $l_0/d>12$ 时，因柱的长细比较大，由于侧向挠度和附加弯矩构件在初始偏心距的作用下处于偏心受压状态，对核心混凝土有效约束作用难以充分发挥，因此不考虑间接钢筋的作用。

② 当按配螺旋箍筋计算的受压承载力比按普通箍筋计算得到的受压承载力小时，不考虑间接钢筋的影响。

③ 当间接钢筋换算面积 A_{ss0} 小于全部纵向钢筋面积的 25%时，则认为间接钢筋配置过少，套箍的作用效果不明显，对混凝土发挥有效的约束不能起到作用时，可以忽略间接钢筋的作用。

如考虑间接钢筋的作用时，为便于施工，间接钢筋间距应满足不大于 80mm 及 $d_{cor}/5$，也不小于 40mm，间接钢筋的直径可以按照箍筋有关规定采用。

【例 6-2】 已知某教学楼现浇钢筋混凝土柱，承受轴向压力设计值 $N=5000\text{kN}$，基础顶面到一层楼盖顶面的距离 $H=5.5\text{m}$。混凝土强度等级为 C35，根据建筑设计要求，柱的截面选用圆形，直径 $d=470\text{mm}$，柱中纵筋为 HRB335 级钢筋，箍筋为 HRB335 级钢筋。试设计该柱中的箍筋。

解 （1）先按配筋有纵筋和普通箍筋计算

① 计算稳定系数和参数。柱计算长度 $l_0=H=5.5\text{m}$，即 $l_0/d=5500/470=11.7$，查表 6-1，得 $\varphi=0.926$，$f_y=16.7\text{N/mm}^2$。

② 计算纵筋截面积 A'_s。

柱截面积为 $A=\dfrac{\pi d^2}{4}=\dfrac{3.14\times470^2}{4}=17.34\times10^4\text{mm}^2$

由公式(6-5) 计算得

$$A'_s=\frac{1}{f'_y}\left(\frac{N}{0.9\varphi}-f'_cA\right)=\frac{1}{300}\times\left(\frac{5000\times10^3}{0.9\times0.926}-16.7\times17.34\times10^4\right)=10346\text{mm}^2$$

$$\rho'=\frac{A'_s}{A}=\frac{10346}{17.34\times10^4}=6.0\%>5\%$$

配筋率过高，若混凝土强度等级不再提高，因 $\dfrac{l_0}{d}<12$，可采用螺旋箍筋柱。

（2）按螺旋箍筋柱计算

① 求混凝土的核芯截面面积 A_{cor}。假定纵筋配筋率 $\rho'=0.03$，则 $A'_s=\rho'A=0.03\times17.34\times10^4=5202\text{mm}^2$

选用 15 Φ 22 钢筋，$A'_s=5322\text{mm}^2$，混凝土保护层取 20mm，螺旋箍筋选用直径为 12mm（$A_{ss1}=113\text{mm}^2$），混凝土的核芯截面面积为

$$d_{cor}=d-2\times(12+20)=470-64=406\text{mm}$$

$$A_{cor}=\frac{\pi d_{cor}^2}{4}=\frac{3.14\times406^2}{4}=13\times10^4\text{mm}^2$$

② 求间接钢筋的换算截面面积 A_{ss0}。由式(6-12) 得

$$A_{ss0}=\frac{\dfrac{N}{0.9}-(f_cA_{cor}+f'_yA'_s)}{2\alpha f_y}$$

$$=\frac{5000\times\frac{10^3}{0.9}-(16.7\times13\times10^4+300\times5322)}{2\times1.0\times300}=2980\text{mm}^2$$

$0.25A'_s=0.25\times5322=1331\text{mm}^2<A_{ss0}$

所以，满足构造要求。

③ 求螺旋箍筋的间距。假定螺旋箍筋直径 $d=12\text{mm}$，则 $A_{ss1}=113.1\text{mm}^2$，代入式(6-10)，得

$$s=\frac{\pi d_{cor}A_{ss1}}{A_{ss0}}=\frac{3.14\times406\times113.1}{2980}=48\text{mm}$$

取用 $s=40\text{mm}<\frac{d_{cor}}{5}=\frac{406}{5}=81.2\text{mm}$，$s=40\text{mm}<80\text{mm}$，且 $s\geqslant40\text{mm}$，满足构造要求。

④ 求间接钢筋柱的承载力 N_u。

当按以上配置纵筋和螺旋箍筋后，按式(6-12) 计算柱的承载力为

$$A_{ss0}=\frac{\pi d_{cor}A_{ss1}}{s}=\frac{3.14\times406\times113.1}{40}=3605\text{mm}^2$$

$$\begin{aligned}N_u&=0.9(f_cA_{cor}+f'_yA'_s+2\alpha f_yA_{ss0})\\&=0.9\times(16.7\times13\times10^4+300\times5322+2\times1\times300\times3605)=5337540\text{N}\\&=5338\text{kN}>5000\text{kN}\end{aligned}$$

⑤ 柱的承载力验算。

按式(6-4) 计算得

$$\begin{aligned}N_u&=0.9\varphi(f_cA+f'_yA'_s)=0.9\times0.926\times[16.7\times(17.34\times10^4-5322)+300\times5322]\\&=3670\text{kN}\end{aligned}$$

$1.5\times3670=5505\text{kN}>5338\text{kN}$

该螺旋箍筋柱的轴心受压承载力设计值 $N_u=5338\text{kN}>N=5000\text{kN}$，故满足要求。配筋如图 6-10。

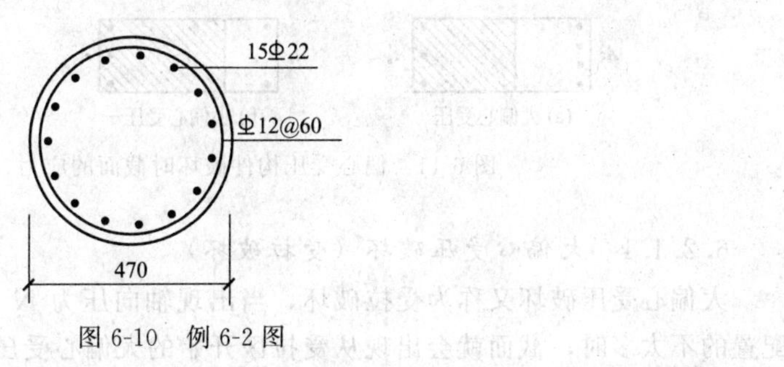

图 6-10　例 6-2 图

6.2 偏心受压构件破坏形态

轴向力 N 的作用点偏离构件形心的距离叫做偏心距，用 e_0 表示。当纵向压力 N 与弯矩 M 同时作用在构件上时，将这种同时承受轴力和弯矩作用的构件称为偏心受压构件。实际工程中，偏心受压构件不仅承受轴向力和弯矩，而且还会承受横向剪力的作用。因此，偏心受压构件和受弯构件一样，除了需要进行正截面承载力计算外，还需要进行斜截面承载力

计算。

偏心受压状态从正截面受力性能方面考虑看成是轴心受压和受弯的过渡状态。当弯矩为零时，偏心受压构件转变为轴心受压构件；当轴力为零时，偏心受压构件转变为受弯构件。所以，轴心受压构件和受弯构件是偏心受压构件的两种极限情况。偏心受压构件破坏是介于轴心受压构件破坏和受弯构件破坏之间的一种破坏形态。偏心受压构件在弯矩作用方向的两端分别集中布置纵向钢筋，离纵向力较近一侧的受力钢筋一般称为受压钢筋，用 A'_s表示；离纵向力较远一侧的钢筋一般称为受拉钢筋用 A_s 表示。钢筋混凝土偏心受压构件的最终破坏是由混凝土被压碎所造成的，但引起混凝土受压破坏的原因有多种，主要与轴向力 N 的偏心距大小和纵向配筋数量有关。根据偏心距和纵筋配筋率的不同，偏心受压构件发生不同的破坏形态，一般分为大偏心受压破坏和小偏心受压破坏。

6.2.1 偏心受压短柱的破坏形态

试验表明，钢筋混凝土偏心受压构件的正截面破坏形态有受拉破坏（大偏心受压破坏）和受压破坏（小偏心受压破坏）和界限受压破坏情况三种（图 6-11）。不论哪种破坏，在破坏前，截面的平均应变仍符合平截面假定。利用平截面假定来区分和解释偏心受压构件的三种破坏形态，物理概念更加明确。

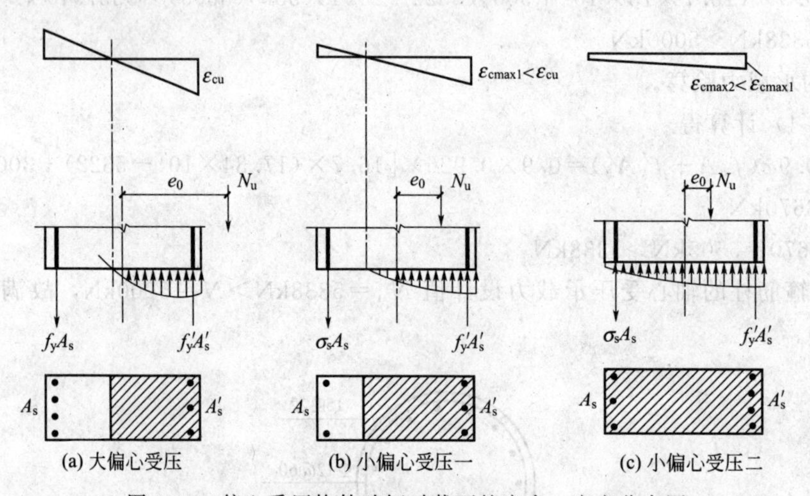

图 6-11 偏心受压构件破坏时截面的应力、应变分布图

6.2.1.1 大偏心受压破坏（受拉破坏）

大偏心受压破坏又称为受拉破坏，当出现轴向压力 N 的相对偏心距较大，且受拉钢筋配置的不太多时，截面就会出现从受拉区开始的大偏心受压破坏。此时，在靠近轴向压力的一侧受压，另一侧受拉。随着荷载的增加，首先在受拉区产生横向裂缝，随着荷载继续增加，受拉区出现一条或几条主要的水平裂缝，同时宽度也不断增加，在破坏前主裂缝逐渐明显，受拉钢筋的应力逐渐达到屈服强度、随后进入流幅阶段，受拉变形产生比受压变形大的发展，导致构件的中和轴上升，混凝土受压区高度迅速减小，最后受压区边缘混凝土达到其极限压应变值，出现纵向裂缝，最终导致受压区混凝土被压碎，构件即破坏，这种破坏属延性破坏，破坏时受压区的纵筋也能达到受压屈服强度。总之，大偏心受压破坏（受拉破坏）形态特点是受拉钢筋先达到屈服强度，最终导致压区混凝土压碎，截面破坏。这种破坏形态与受弯构件适筋梁的破坏形态相似，构件破坏时，其正截面上的应力状态如图 6-11(a) 所

示，构件破坏时的立面展开图见图 6-13(a)。

6.2.1.2 小偏心受压破坏（受压破坏）

小偏心受压破坏又称受压破坏形态，截面破坏是从受压区开始的，轴向力的相对偏心距有两种情况。

(1) 第一种情况：当轴向力 N 的相对偏心距较小时，构件截面大部分受压，如图 6-11 (b) 或如图 6-11(c) 所示的情况。一般情况下截面破坏是从靠近轴向力的一侧受压区边缘处的混凝土压应变值达到其极限压应变值而开始的。破坏时，受压应力较大一侧的混凝土被压坏，这时发生破坏一侧的受压钢筋的应力也达到抗压屈服强度。而离轴向力 N 较远一侧的钢筋（以下简称“远侧钢筋”），无论受压还是受拉都不发生屈服。只有当偏心距很小（对矩形截面 $e_0 \leqslant 0.15h_0$）而轴向力 N 又较大（$N > \alpha f_c b h_0$）时，远侧钢筋才可能受压屈服。另外，当相对偏心距很小时，由于截面的实际形心和构件的几何中心不重合且远侧钢筋配置过少时，也会发生离轴向力作用点较远一侧的混凝土先压坏的现象，这个现象称为“反向破坏”。小偏心受压破坏形态见图 6-13(b)。

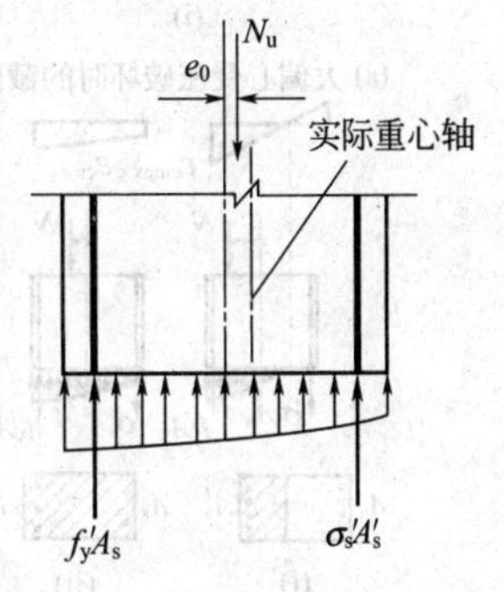

图 6-12 第二种小偏压破坏应力分布图

(2) 第二种情况：当轴向力 N 的相对偏心距虽然较大，但却配置了特别多的受拉钢筋，保证了受拉钢筋在轴向力的作用下始终不屈服。破坏时，受压区边缘混凝土达到极限压应变值，受压钢筋应力达到抗压屈服强度，而远侧钢筋受拉但不发生屈服，其截面上的应力状态如图 6-12 所示。这时的破坏无明显预兆，压碎区段较长，随着混凝土强度的提高，脆性破坏性质越加明显。

总之，小偏心受压破坏（受压破坏）形态的特点是混凝土先被压碎，远侧钢筋不论受拉还是受压，破坏时均未屈服，属于脆性破坏类型。

综上可知，构件的大、小偏心受压都属于材料发生了破坏，它们相同之处是最终破坏时都是因为受压区边缘混凝土达到其极限压应变值而被压碎；不同之处是引起截面破坏的原因，受拉破坏的起因是受拉钢筋屈服，受压破坏的起因是受压区边缘混凝土被压碎。

6.2.1.3 大小偏心受压破坏的界限

“界限破坏”是存在于大、小偏心受压破坏之间的一种破坏形态。这种破坏产生的横向主裂缝比较明显。其主要特征是：在受拉钢筋应力达到屈服强度的同时，受压区混凝土被压碎即受压混凝土的应变达到极限压应变。界限破坏形态也属于大偏心受压破坏，即受拉破坏形态。大小偏心受压破坏的根本区别在于破坏时受拉钢筋的应力是否达到其屈服强度。因此，两类偏心受压破坏的界限破坏状态应该是受拉钢筋应力达到屈服强度的同时受压区边缘混凝土应变刚好达到极限压应变。由试验分析表明，偏心受压构件破坏过程的截面平均应变分布较好地符合平截面假定。于是，界限状态时截面应变如图 6-14 所示。

由上述可见，两类偏心受压构件的界限破坏分别与受弯构件中适筋梁与超筋梁的界限破坏具有相同的破坏特征，因此，其相对界限受压区高度 ξ_b 的表达式为

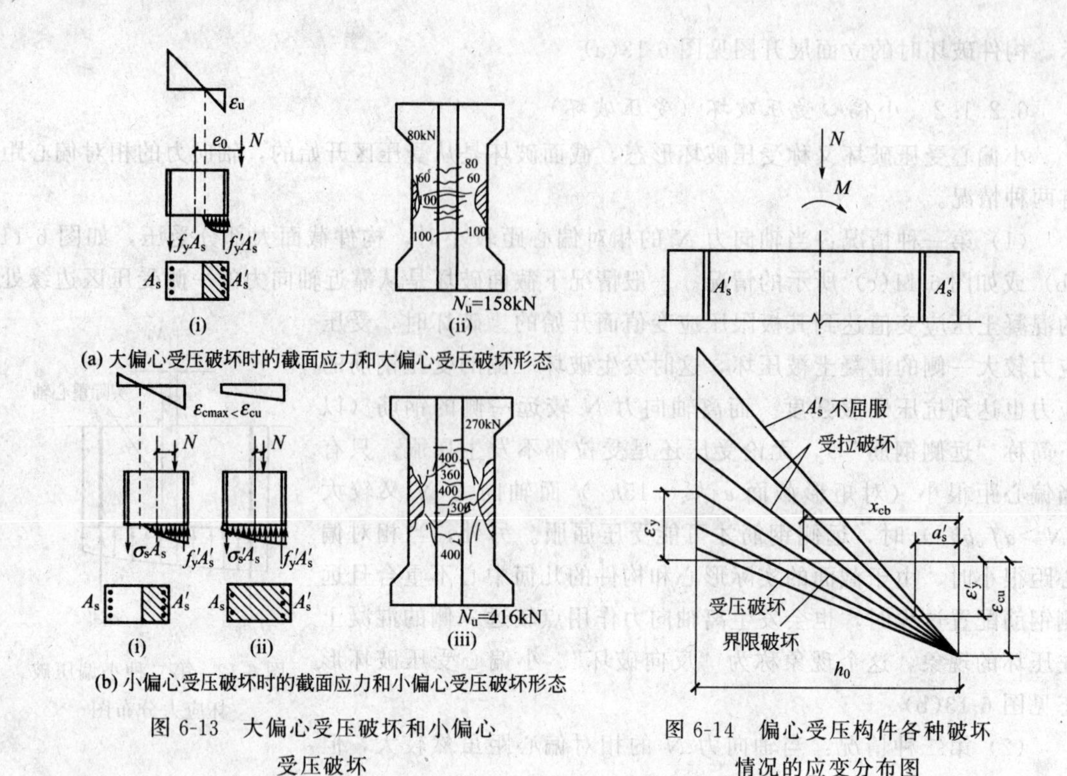

图 6-13　大偏心受压破坏和小偏心受压破坏

图 6-14　偏心受压构件各种破坏情况的应变分布图

$$\xi_b=\frac{\beta_1}{1+\frac{f_y}{\varepsilon_u E_s}} \tag{6-13}$$

由图 6-14 可看出，对于大偏心受压构件，破坏时 $\varepsilon_s \geqslant \varepsilon_y$，则 $x_c \leqslant x_{cb}$，根据受压区混凝土压应力图形的换算关系 $x=\beta_1 x_c$，得 $x \leqslant x_b$，对于小偏心受压构件，破坏时 $\varepsilon_s < \varepsilon_y$ 则 $x > x_b$。

由上述分析，用承载能力极限状态时偏心受压构件截面的计算相对受压区高度 ξ 来区分大、小偏心受压构件的破坏形态时，由图 6-14 可以得到：

当 $\xi \leqslant \xi_b$ 时，为大偏心受压构件；

当 $\xi > \xi_b$ 时，为小偏心受压构件。

6.2.2 偏心受压长柱的破坏类型

试验研究表明，钢筋混凝土柱在承受偏心受压荷载后，会产生纵向弯曲。但长细比小的柱，即所谓“短柱”，由于纵向弯曲小，在设计时一般可忽略不计。对于长细比较大的柱，即所谓“长柱”，与前者有所不同，它会产生比较大的纵向弯曲，设计时必须予以考虑。图 6-15 是一根长柱的荷载侧向变形（N-f）试验曲线。

偏心受压长柱由于纵向弯曲的影响，其可能发生两种破坏类型分别为失稳破坏和材料破坏。长细比很大时，构件由于纵向弯曲失去平衡引起的破坏，称为“失稳破坏”。当柱长细比在一定范围内时，虽然在承受偏心受压荷载后，偏心距由 e_i 增加到 e_i+f，使柱的承载能力比同样截面的短柱减小，但就其破坏特征来讲与短柱一样都是因截面材料强度耗尽而产生破坏，称为“材料破坏”。

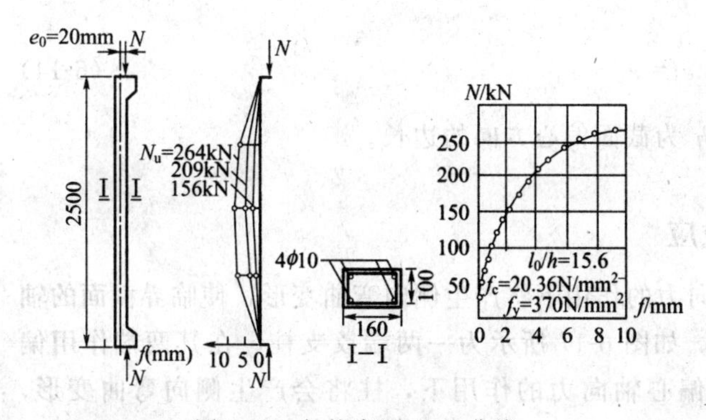

图 6-15　长柱实测 N-f 曲线

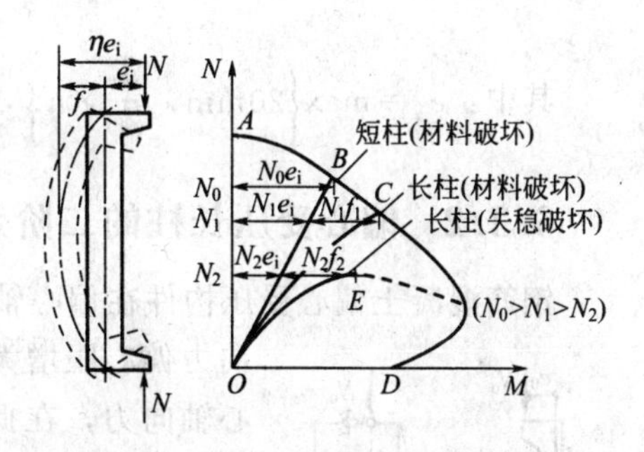

图 6-16　不同长细比柱从加载到破坏的 N-M 关系

在图 6-16 中，给出了三根控制截面尺寸、配筋和材料强度等完全相同，仅以长细比作为变量的柱从加载到破坏的示意图。

图 6-16 中的曲线 ABCD 表示某钢筋混凝土偏心受压构件截面材料破坏时的承载力 M 与 N 之间的关系。直线 OB 表示长细比小的短柱从加载到破坏点 B 时 N 和 M 的关系线，由于短柱的纵向弯曲很小，可设定一个大小不变的偏心距，即 M/N 为常数，所以其变化轨迹可以拟合成直线，属“材料破坏”。曲线 OC 表示的是长柱从加载到破坏点 C 时 N 和 M 的关系曲线。在长柱中，偏心距是随着纵向力的不断变化而呈非线性增加的，即 M/N 为变数。所以其变化轨迹可以拟合为一条曲线形状，这种破坏形式也属“材料破坏”。若柱的长细比很大时，在没有达到 M、N 的材料破坏关系曲线 ABCD 前，不收敛的弯矩 M 的大小由于轴向力微小增量的原因导致其增加而破坏，即“失稳破坏”。曲线 OE 即属于这种类型；承载力在 E 点已达极值，但此时截面内的钢筋应力并未达到屈服强度，混凝土也未达到极限应变值。在图 6-16 中还能看出，这三根柱有着相同的轴向力偏心距 e_i，但其承受轴向压力 N 值的能力是不同的，它们的大小关系分别为 $N_0>N_1>N_2$。这表明正截面受压承载力随着长细比的增大而降低。产生这一现象的原因是，当长细比较大时，偏心受压构件的纵向弯曲引起了个不可忽略的附加弯矩或称二阶弯矩。

6.3 偏心受压构件的二阶效应

轴向压力对偏心受压构件的侧移和挠曲所产生附加弯矩和附加曲率的荷载效应称为偏心受压构件的二阶荷载效应，简称二阶效应。其中，由侧移产生的二阶效应，通常称为 $P\text{-}\Delta$ 效应，由挠曲产生的二阶效应，通常称为 $P\text{-}\delta$ 效应。

6.3.1 附加偏心距和初始偏心距

偏心受压构件截面轴向压力的偏心距为：$e_0=M/N$，其中：M 为截面的弯矩设计值，N 为轴向压力设计值。由于工程实际中混凝土质量的不均匀性、荷载作用位置的不定性及施工偏差等因素的影响，都可能会产生附加的偏心距，用 e_a 来表示。当 e_a 比较小时，e_a 对构件承载力的影响较为显著，随着轴向压力偏心距 e_a 的增大，e_a 的影响也逐渐减小。在偏心受压构件的正截面承载力计算中，考虑附加偏心距以后的轴向压力偏心距称为初始偏心

距，用 e_i 表示，按以下公式计算，即

$$e_i = e_0 + e_a \tag{6-14}$$

其中：$e_a = \max\left\{20\text{mm}, \frac{1}{30} \times h\right\}$，$h$ 为截面偏心方向的边长。

6.3.2 偏心受压长柱的二阶效应

钢筋混凝土偏心受压构件在偏心轴向力的作用下将产生侧向弯曲变形，使临界截面的轴向力偏心距增大。如图 6-17 所示为一两端铰支柱，在其两端作用偏心轴向力，在此偏心轴向力的作用下，柱将会产生侧向弯曲变形，在临界截面处将产生最大挠度，因此，临界截面的偏心距由 e_i 增大到 $e_i + f$，弯矩由 Ne_i 增大到 $N(e_i + f)$，这种现象称为偏心受压构件的纵向弯曲，也称为偏心受压构件的二阶效应。

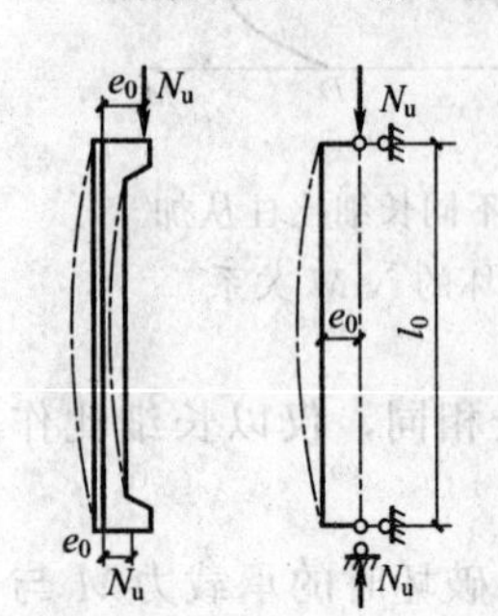

图 6-17 侧向弯曲影响

钢筋混凝土柱的长细比对纵向弯曲的影响很大，根据长细比不同，钢筋混凝土偏心受压柱可分为短柱、长柱和细长柱。

短柱：偏心受压短柱，由于柱的纵向弯曲很小，可以认为偏心距从开始加载到破坏始终不变，即 $M/N = e_0$ 为常数，M 和 N 成比例增加，(见图 6-16 中直线段 OB)，随荷载增大，直线与 N-M 相关曲线交于 B 点，达到承载能力极限状态，构件破坏属于“材料破坏”。因此，《混凝土结构设计规范》规定对于短柱可不考虑侧向挠度对偏心矩的影响。

长柱：对于长细比较大的柱，当荷载加大到一定数值时，M 和 N 不再成比例增加，其变化轨迹偏离直线，图 6-16 中 OC 是长柱的 N-M 增长曲线，M 较 N 增长更快，这是由于长柱在偏心压力作用下产生了不可忽略的纵向弯曲，对柱截面产生附加弯矩。构件的承载力比相同截面的短柱有所减小，但就其破坏特征来说与短柱相同，仍属材料破坏。

细长柱：对于长细比更大的细长柱，加载初期与长柱类似，但 M 的增长速度更快，在图 6-16 中内力增长曲线 OE 与截面承载力 N-M 相关曲线相交以前，轴力已达到其最大值，但这时混凝土及钢筋的应变均未达到其极限值，材料强度并未充分发挥作用，最终由于纵向弯曲失去平衡，引起构件破坏。由于此时的失稳破坏与材料破坏有了本质的区别，在设计当中应该避免采用细长柱作为受压构件，如确需采用，应进行专门计算。

6.3.2.1 杆端弯矩同号时的 P-δ 二阶效应

(1) 不考虑二阶效应的条件

如图 6-18 所示，杆端弯矩同号时，发生控制截面转移的情况是不普遍的，为了减少计算工作量，《混凝土结构设计规范》规定，当只要满足下述三个条件中的一个条件时，就要考虑二阶效应：

① 当同一主轴方向的构件两端弯矩比 $\frac{M_1}{M_2} > 0.9$ 时；

② 设计轴压比 $\frac{N}{f_c A} > 0.9$ 时；

③ 若构件的长细比满足式(6-15) 要求。

$$l_c/i > 34 - 12(M_1/M_2) \tag{6-15}$$

式中 M_1，M_2——偏心受压构件两端截面按结构分析确定的对同一主轴的组合弯矩设计

值，绝对值较大端为 M_1，绝对值较小端为 M_2，当构件按单曲率弯曲时，M_1/M_2 取正值，否则取负值；

l_c——构件的计算长度，可近似取偏心受压构件相应主轴方向上下支承点之间的距离；

i——偏心方向的截面回转半径，对于矩形截面 bh，$i=0.289h$；

A——偏心受压构件的截面面积。

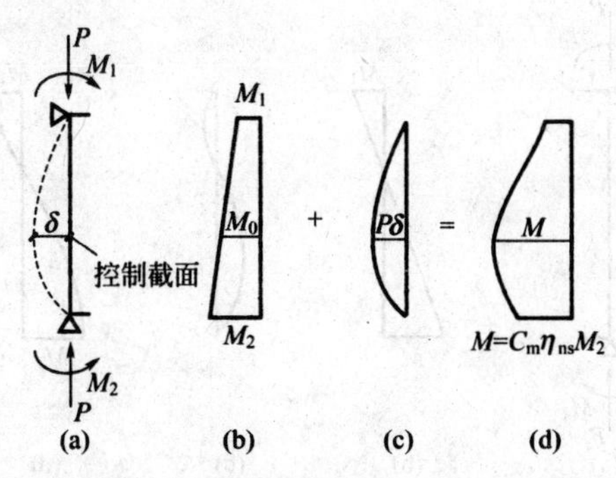

图 6-18 杆端弯矩同号时的 P-δ 二阶效应

(2) 考虑 P-δ 二阶效应后控制截面的弯矩设计值

杆端弯矩同号时，只要满足上面三个条件之一，就要考虑 P-δ 二阶效应对控制截面弯矩的影响。为此，《混凝土结构设计规范》对需要考虑 P-δ 二阶效应的弯矩进行修正，按式 (6-16) 计算控制截面弯矩，即

$$M=C_m\eta_{ns}M_2 \tag{6-16}$$

$$C_m=0.7+0.3\frac{M_1}{M_2} \tag{6-17}$$

式中 C_m——构件端截面偏心距调节系数，小于 0.7 时取 0.7；

η_{ns}——弯矩增大系数，$\eta_{ns}=1+\dfrac{\delta}{e_i}$，$e_i=\dfrac{M_2}{N}+e_a$。

当 $C_m\eta_{ns}<1.0$ 时，取 $C_m\eta_{ns}=1.0$；对剪力墙及核心筒墙，可取 $C_m\eta_{ns}=1.0$。

根据国内外试验数据，在美国规范相应公式的基础上，经拟合调整，《混凝土结构设计规范》给出的弯矩增大系数的计算公式为

$$\eta_{ns}=1+\frac{1}{1300\dfrac{\left(\dfrac{M_2}{N}+e_a\right)}{h_0}}\left(\frac{l_0}{h}\right)^2\zeta_c \tag{6-18}$$

$$\zeta_c=\frac{0.5f_cA}{N},\ e_0=\frac{M}{N} \tag{6-19}$$

式中 N——与弯矩设计值 M_2 相应的轴向压力设计值；

h_0——截面有效高度，对环形截面取 $h_0=r_2+r_s$，对圆形截面 $h_0=r+r_s$；

r_2——环形截面的外半径；

r_s——纵向普通钢筋重心所在圆周的半径；

r——圆形截面的半径；

ζ_c——截面曲率修正系数，当 $\zeta_c>1.0$ 时，取 1.0；

h——截面高度，对环形截面取外径，对圆形截面取直径。

6.3.2.2　杆端弯矩异号时的 P-δ 二阶效应

杆端弯矩异号时，杆件按双曲率弯曲，杆件长度中有反弯点。此时轴向压力对杆件中部的截面将产生附加弯矩，增大其弯矩，但弯矩增大后还是比不过端节点截面的弯矩值，即不会发生控制截面转移的情况，故不必考虑二阶效应，如图 6-19 所示。

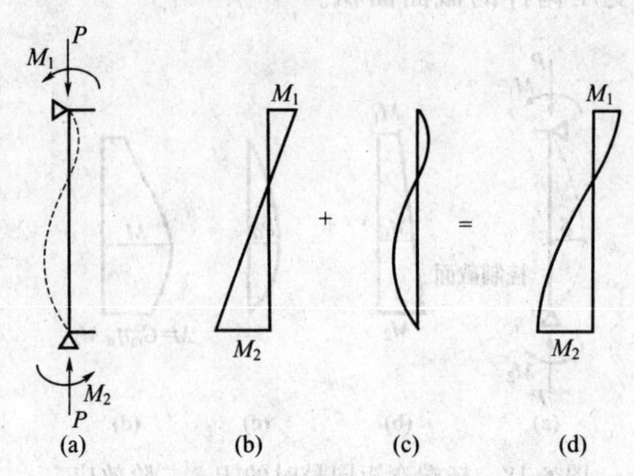

图 6-19　杆端弯矩异号时的二阶效应（P-δ 效应）

6.3.2.3　P-Δ 效应

由于 P-Δ 效应产生的弯矩增大属于结构分析中考虑几何非线性的内力计算问题，也就是说，在偏心受压构件截面计算中给出的内力设计值中已经包含了 P-Δ 效应，故不必在承载力计算中再考虑。

6.4　偏心受压构件正截面承载力基本公式

6.4.1　偏心受压构件正截面受压承载力基本假定

偏心受压构件正截面承载力计算与受弯构件采用相同的计算假定。

① 平截面假定：构件正截面弯曲变形后仍保持一平面且截面应变分布符合平截面假定。

② 不考虑混凝土的抗拉作用。

③ 截面压区混凝土应力图可简化为等效矩形应力图，其应力值取混凝土轴心抗压强度设计值 f_c 乘以系数 α，受压区边缘混凝土应变取 $\varepsilon_c=\varepsilon_{cu}$，如图 6-20 所示。

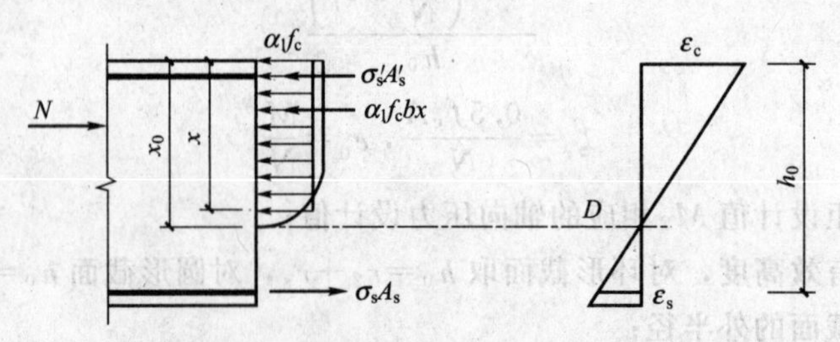

图 6-20　偏心受压构件应力-应变分布图

④ 当截面受压区高度满足 $x \geqslant 2a'_s$ 时，受压钢筋 A'_s 在构件破坏时能达到抗压强度设计值。

⑤ 受拉钢筋应力 $\sigma_s = E_s \varepsilon_s \leqslant f_y$。

6.4.2　钢筋应力 σ_s 值

在计算偏心受压构件承载力时，必须确定距离纵向力较远一侧的钢筋 A_s 中的应力值 σ_s。根据平截面假定确定 σ_s 的值

由图 6-20 知
$$\frac{\varepsilon_c}{\varepsilon_c + \varepsilon_s} = \frac{x_0}{h_0} \tag{6-20}$$

由上式可得
$$\varepsilon_s = \varepsilon_c \left(\frac{1}{\frac{x_0}{h_0}} - 1 \right) \tag{6-21}$$

$$\sigma_s = E_s \varepsilon_s = \varepsilon_c \left(\frac{1}{\frac{x_0}{h_0}} - 1 \right) E_s \tag{6-22}$$

根据基本假定，取等效矩形应力图形高度 $x = \beta_1 x_0$。当构件破坏时，取 $\varepsilon_c = \varepsilon_{cu}$，同时取 $\xi = \frac{x}{h_0}$，则得

$$\sigma_s = E_s \varepsilon_{cu} \left(\frac{\beta_1}{\xi} - 1 \right) \tag{6-23}$$

当 $\sigma_s > 0$ 时，A_s 受拉，反之，则 A_s 受压。如图 6-21 所示，σ_s 与 ξ 为双曲线函数关系，由于 σ_s 对小偏心受压构件的极限承载力影响较小，考虑界线条件 $\xi = \xi_b$ 时，$\varepsilon_s = f_y / E_s$；$\xi = \beta_1$ 时，$\varepsilon_s = 0$，通过以上两点可得，σ_s 与 ξ 的线性方程表示为

$$\sigma_s = \frac{f_y}{\xi_b - \beta_1} (\xi - \beta_1) \tag{6-24}$$

上式求得的 σ_s 应满足 $-f'_y \leqslant \sigma_s \leqslant f_y$。

6.4.3　大偏心受压构件正截面承载力计算公式($\xi \leqslant \xi_b$)

(1) 计算简图

根据基本假定，得大偏压构件的计算简图如图 6-22 所示。

(2) 计算公式

由力的平衡条件和各力对受拉钢筋合力点取矩的平衡条件及考虑第 3 章基本原理可以得到下面两个基本计算公式

$$N \leqslant N_u = \alpha_1 f_c bx + f'_y A'_s - f_y A_s \tag{6-25}$$

$$Ne \leqslant N_u e = \alpha_1 f_c bx \left(h_0 - \frac{x}{2} \right) + f'_y A'_s (h_0 - a'_s) \tag{6-26}$$

$$e = e_i + \frac{h}{2} - a_s, \ e_i = e_0 + e_a, \ e_0 = \frac{M}{N} \tag{6-27}$$

式中　N_u——轴向受压承载力设计值。

α_1——混凝土强度调整系数，当混凝土强度等级不大于 C50 时，取 1.0；混凝土强度等级为 C80 时，取 0.94；混凝土强度等级为 C55～C75 之间时，α_1 线性内插。

e——轴向力作用点至受拉钢筋 A_s 合力作用点之间的距离。

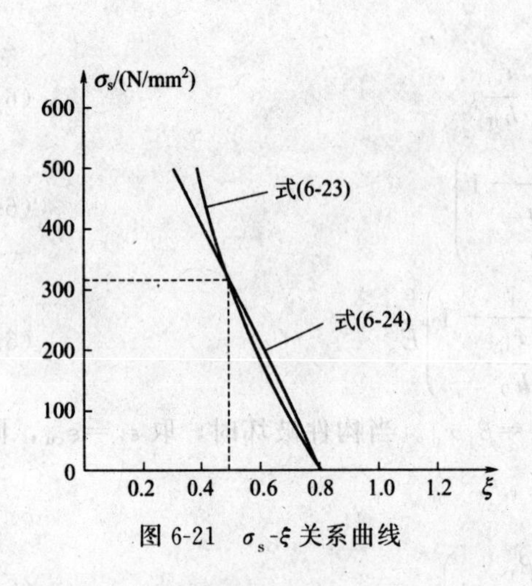

图 6-21 σ_s-ξ 关系曲线

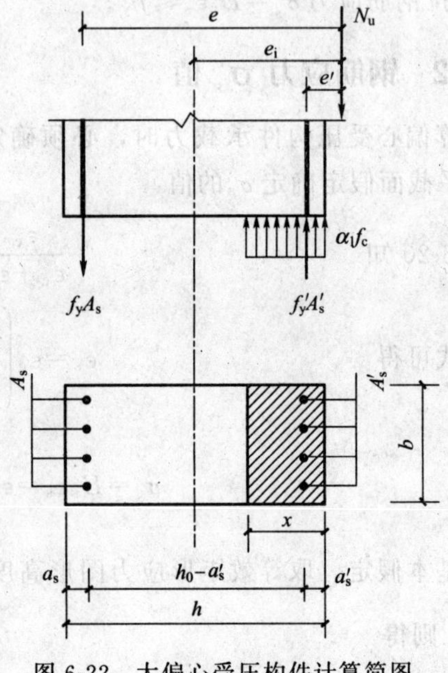

图 6-22 大偏心受压构件计算简图

e'——轴向力作用点至受压钢筋 A'_s合力作用点之间的距离。

e_i——初始偏心距。

e_a——附加偏心距，其值取偏心方向截面尺寸的 1/30 和 20mm 中较大者。

M——控制截面弯矩设计值。

N——与 M 相应的轴向压力设计值。

x——混凝土受压区高度。

(3) 适用条件

① 为保证构件破坏时受拉区钢筋应力先达到屈服强度 f_y，要求

$$x \leqslant x_b \tag{6-28}$$

式中 x_b——界限破坏时的混凝土受压区高度，$x_b=\xi_b h_0$，ξ_b 与受弯构件的取值相同。

② 为了保证构件破坏时受压钢筋应力能达到屈服强度 f'_y，与双筋受弯构件一样，需满足

$$x \geqslant 2a'_s \tag{6-29}$$

式中 a'_s——纵向受压钢筋合力点至受压区边缘的距离。

当 $x<2a'_s$时，说明构件破坏时受压钢筋应力没有达到屈服强度，受压钢筋未屈服，与双筋受弯构件的分析类似，可以取 $x=2a'_s$，即可认为受压区混凝土所承受压力合力 $\alpha_1 f_c bx$ 的作用点位置与受压钢筋合力的作用点位置重合。根据对受压钢筋合力作用点位置合力矩为零的平衡条件，可得

$$N_u e' = f_y A_s (h_0 - a'_s) \tag{6-30}$$

式中 e'——轴向压力的作用点位置至受压钢筋重心的距离，$e'=e_i-\dfrac{h}{2}+a'_s$。

设计表达式为

$$Ne' \leqslant N_u e' = f_y A_s (h_0 - a'_s) \tag{6-31}$$

6.4.4 小偏心受压构件正截面承载力计算公式($\xi>\xi_b$)

对于小偏心受压构件，在承载力极限状态下，受压区混凝土被压碎，受压钢筋A'_s的应力达到屈服强度设计值f'_y，而另一侧钢筋A_s可能受拉或受压，其应力一般达不到屈服强度。

故小偏心受压可分三种情况：

(1) $\xi_{cy}>\xi>\xi_b$，A_s受拉或受压，但都不屈服，见图6-23(a)；

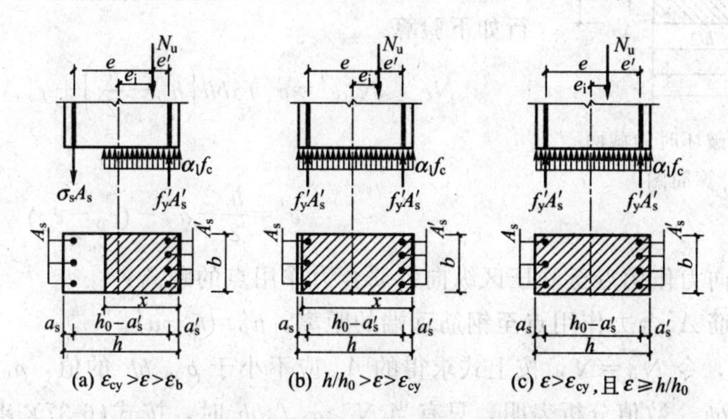

图6-23 小偏心受压截面承载力计算简图

(2) $h/h_0>\xi\geqslant\xi_{cy}$，$A_s$受压屈服，但$x<h$，见图6-23(b)；

(3) $\xi\geqslant\xi_{cy}$，且$\xi\geqslant h/h_0$，A_s受压屈服，且全截面受压，见图6-23(c)。

其中：ξ_{cy}为A_s受压屈服时的相对受压区高度，即$\xi_{cy}=2\beta_1-\xi_b$。

假定A_s是受拉的，根据力的平衡条件及力矩平衡条件，见图6-23(a)可得

$$N_u=\alpha_1 f_c bx+f'_y A'_s-\sigma_s A_s \tag{6-32}$$

$$N_u e=\alpha_1 f_c bx\left(h_0-\frac{x}{2}\right)+f'_y A'_s(h_0-a'_s) \tag{6-33}$$

或

$$N_u e'=\alpha_1 f_c bx\left(\frac{x}{2}-a'_s\right)-\sigma_s A_s(h_0-a'_s) \tag{6-34}$$

式中 x——混凝土受压区高度，当$x>h$时，取$x=h$。

σ_s——钢筋A_s的应力值，可根据截面应变保持平面的假定计算，亦可近似取

$$\sigma_s=\frac{\xi-\beta_1}{\xi_b-\beta_1}f_y \tag{6-35}$$

要求满足$-f'_y\leqslant\sigma\leqslant f_y$。

x_b——界限破坏时的混凝土受压区高度。

ξ，ξ_b——相对受压区高度和相对界限受压区高度。

e，e'——轴向力作用点至受拉钢筋A_s合力点和受压钢筋A'_s合力点之间的距离。

$$e'=\frac{h}{2}-e_i-a'_s \tag{6-36}$$

β_1——系数，当混凝土强度等级不足C50时，取0.8；当混凝土强度等级为C80时，取0.74；其间按线性内插法计算。

6.4.5 小偏心受压构件反向破坏的正截面承载力计算公式

对于非对称配筋的小偏心受压构件，当偏心距很小、轴向力很大，且距轴向力较近一侧

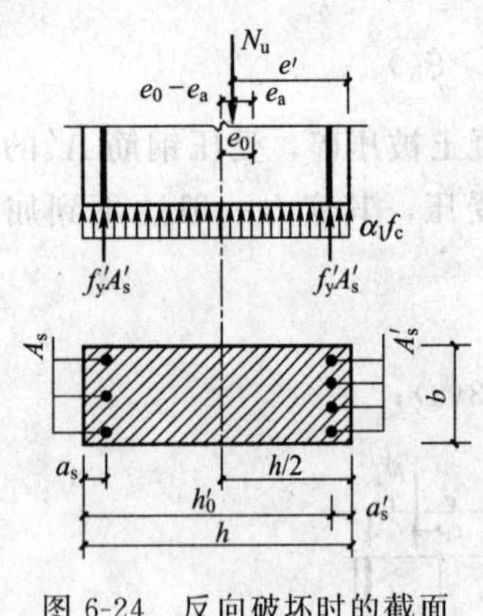

图 6-24 反向破坏时的截面承载力计算简图

的纵向钢筋 A'_s 比 A_s 大很多，A_s 配置过少时，由于截面实际重心和构件几何形心不重合，截面实际形心轴偏向 A'_s 一侧，导致偏心方向的改变，可能使离轴向力作用点较远的一侧的 A_s 先屈服，即混凝土先被压碎。这种情况称为非对称配筋小偏心反向受压破坏状态，如图 6-24 所示。

为了防止这种反向受压破坏的发生，规范规定，矩形截面非对称配筋的小偏心受压构件，当 $N>f_cbh$ 时，还应进行如下验算

$$Ne'\leqslant N_ue'=\alpha_1 f_cbh\left(h'_0-\frac{h}{2}\right)+f'_yA_s(h'_0-a_s) \tag{6-37}$$

$$e'=\frac{h}{2}-a'_s-(e_0-e_a) \tag{6-38}$$

式中 e'——轴向力作用点至受压区纵向钢筋合力作用点的距离；

h'_0——钢筋 A'_s 合力作用点至钢筋远端的距离，$h'_0=h-a'_s$。

截面设计时，令 $N_u=N$，按上式求得的 A_s 应不小于 $\rho_{min}bh$ 的值，$\rho_{min}=0.2\%$，否则应取 $A_s=0.002bh$。数值分析表明，只有当 $N>\alpha_1 f_cbh$ 时，按式(6-37) 求得的 A_s 才有可能大于 $0.002bh$；当 $N\leqslant\alpha_1 f_cbh$ 时，求得的 A_s 总是小于 $0.002bh$。所以《混凝土结构设计规范》规定，当 $N>f_cbh$ 时，仍应验算反向破坏的承载力。

6.5 矩形截面非对称配筋的正截面承载力计算

6.5.1 大、小偏心受压破坏的设计判别

在进行偏心受压构件截面设计时，应首先确定构件的类型。在设计之前，钢筋面积尚未确定，无法求出 ξ 并进行大、小偏心受压破坏的判别。而 ξ 值与纵向压力的偏心距有关，可根据偏心距的大小近似判别偏心受压破坏的类别。

当构件的材料、截面尺寸和配筋为已知，且配筋量适当时，纵向力的偏心距 e_0 是影响受压构件破坏特征的主要因素。当纵向力的偏心距 e_0 从大到小变化到 e_{0b} 某一数值时，构件从受拉破坏转化为受压破坏。采用非对称配筋时，考虑到 e_{0b} 随配筋率 ρ、ρ' 的变化而变化，若能找到 e_{0b} 中的最小值，则可以此作为大、小偏心受压构件的划分条件。即当 $e_0<e_{0b}$ 时，一定为小偏心受压构件；当 $e_0>e_{0b}$ 时，可能为大偏心受压构件，也可能为小偏心受压构件。

现对界限破坏时的应力状态进行分析。在大偏心受压构件计算公式中，取 $\xi=\xi_b$，可得到与界限状态对应的平衡方程，即

$$N_u=a_1 f_cbh_0\xi_b+f'_yA'_s-f_yA_s \tag{6-39}$$

$$N_u\left(e_{ib}+\frac{h}{2}-a_s\right)=a_1 f_ca_{sb}bh_0^2+f'_yA'_s(h_0-a'_s) \tag{6-40}$$

由上两式解得界限偏心距的表达式为

$$e_{ib}=\frac{a_1 f_ca_{sb}bh_0^2+f'_yA'_s(h_0-a'_s)}{a_1 f_cbh_0\xi_b+f'_yA'_s-f_yA_s}-\frac{h}{2}+a_s \tag{6-41}$$

经整理得

$$e_{ib}=\frac{a_{sb}+\rho'\frac{f'_y}{a_1f_c}\left(1-\frac{a'_s}{h_0}\right)}{\xi_b+\rho'\frac{f'_y}{a_1f_c}-\rho\frac{f_y}{a_1f_c}}h_0-\frac{1}{2}\left(1-\frac{a_s}{h_0}\right)h_0 \tag{6-42}$$

由上式可知，当截面尺寸以及材料强度等级确定后，e_{ib}主要与配筋率ρ、ρ'有关，其中e_{ib}的最小值可由公式中第一项的最小值确定。大量的计算分析表明，对于HRB335、HRB400和HRB500级钢筋以及常用的各种混凝土强度等级，相对界限偏心距的最小值$\frac{(e_{ib})_{min}}{h_0}$在0.3附近变化。对于一些常用材料，可取$e_{ib}=0.3h_0$作为大、小偏心受压的界限偏心距。设计时可按下列条件进行初步的判别：

当$e_{ib}>0.3h_0$时，可能为大偏心受压，也可能小偏心受压，可优先按大偏心受压设计；

当$e_{ib}\leqslant 0.3h_0$时，按小偏心受压设计。

6.5.2 截面设计

已知：轴向压力设计值N和构件两端弯矩设计值M_1、M_2以及构件的计算长度l_0，混凝土强度等级和钢筋种类、截面尺寸$b\times h$等已预先选定，要求确定钢筋截面面积A_s和A'_s。可按以下步骤进行计算。

(1) 二阶效应

首先根据杆端弯矩之比$\frac{M_1}{M_2}$、设计轴压比$\frac{N}{f_cA}$和构件长细比$\frac{l_0}{i}$，按式$\frac{l_c}{i}\leqslant 34-12\left(\frac{M_1}{M_2}\right)$判断是否需要考虑二阶效应。若需要考虑二阶效应，则分别计算出弯矩增大系数和柱端截面偏心距调节系数，再按$M=C_m\eta_{ns}M_2$计算构件临界截面弯矩设计值。

(2) 判别大、小偏心受压构件

根据构件临界截面弯矩设计值M和轴向压力设计值N计算偏心距e_0和初始偏心距e_i，然后初步判别偏心受压构件的类型。具体可按以下方式判别：

当$e_i>0.3h_0$时，先按大偏心受压构件设计；

当$e_i\leqslant 0.3h_0$时，则按小偏心受压构件设计。

(3) 计算A_s和A'_s

根据上面的判别结果，先按判别的结果进行设计，求出ξ，验证与之前判别的大、小偏心受压构件的类别是否相等，最终求出A_s和A'_s。

(4) 验算

求出A_s、A'_s后再计算x，用$x\leqslant x_b$，$x>x_b$来检查原来假定的是否正确，如果不正确需要重新计算。在所有情况下，A_s及A'_s还是需要满足最小配筋率的规定；同时$(A_s+A'_s)$不宜大于bh的5%。最后要按轴心受压构件验算垂直于弯矩作用平面的受压承载力。

6.5.2.1 大偏心受压构件

大偏心受压构件截面设计有以下两种情况。

(1) A_s和A'_s均未知，求A_s和A'_s

由大偏心受压构件基本公式可以看出，共有ξ、A_s、A'_s三个未知数，应补充条件，使$(A_s+A'_s)$总量最小，且应当满足$\xi\leqslant\xi_b$，可直接取$\xi=\xi_b$（简化计算），代入式(6-26)，解

出 A'_s，即

$$A'_s=\frac{Ne-\alpha_1 f_c\alpha_{sb}bh_0^2}{f'_y(h_0-a'_s)} \tag{6-43}$$

其中 $\alpha_{sb}=\xi_b(1-0.5\xi_b)$。

将 $\xi=\xi_b$ 和 A'_s及其他已知条件代入基本公式(6-25）中计算 A_s，即

$$A_s=\frac{\alpha_1 f_c bh_0\xi_b+f'_yA'_s-N}{f_y}\geqslant\rho_{min}bh \tag{6-44}$$

(2）已知 A'_s，求 A_s

在实际设计中，有时 A'_s有可能已经配置好，仅需计算 A_s。此时，未知数 ξ、A_s 可由两个基本公式直接求出。

① 将 A'_s代入基本公式(6-26）计算 α_s，即

$$\alpha_s=\frac{Ne-f'_yA'_s(h_0-a'_s)}{\alpha_1 f_c bh_0^2} \tag{6-45}$$

② 由 $\xi=1-\sqrt{1-2\alpha_s}$ 计算出 ξ，按以下三种情况求 A_s。

a. 若 $\frac{2a'_s}{h_0}\leqslant\xi\leqslant\xi_b$，则由基本公式(6-25）可得

$$A_s=\frac{\alpha_1 f_c bh_0\xi+f'_yA'_s-N}{f_y}\geqslant\rho_{min}bh \tag{6-46}$$

b. 若 $\xi>\xi_b$，则说明受压钢筋数量不足，应增加 A'_s的数量，按第一种情况或增大截面尺寸后重新计算。

c. 如果 $\xi<\frac{2a'_s}{h_0}$，说明受压钢筋 A'_s不能屈服，则按 $A_s=\frac{N\left(e_i+\frac{h}{2}+a'_s\right)}{f_y(h_0-a'_s)}$重新计算。

对大偏心受压构件的两种情况，按弯矩作用平面进行受压承载力计算之后，均应按轴心受压验算垂直于弯矩作用平面的受压承载力，如果不满足要求，应重新计算。

6.5.2.2　小偏心受压构件

从式 $N\leqslant N_u=\alpha_1 f_c bh_0+f'_yA'_s-\sigma_sA_s$ 和 $Ne\leqslant N_ue=\alpha_1 f_c bh_0^2\xi\left(1-\frac{\xi}{2}\right)+f'_yA'_s(h_0-a'_s)$ 可以看出，此时共有 ξ、A_s、A'_s三个未知数。由于构件发生小偏心受压破坏时，A_s 一般不能达到屈服，故不需配置较多的 A_s，可按最小配筋率确定，设计步骤如下。

(1）拟定 A_s 值

按最小配筋率初步拟定 A_s，取 $A_s=\rho_{min}bh$。对于矩形截面非对称配筋小偏心受压构件，当 $N>f_cbh$ 时，还应按反向受压破坏验算 A_s 用量，即由 $Ne'\leqslant N_ue'=f_cbh\left(h'_0-\frac{h}{2}\right)+f'_yA_s(h'_0-a_s)$得

$$A_s=\frac{Ne'-f_cbh\left(h'_0-\frac{h}{2}\right)}{f'_y(h'_0-a_s)} \tag{6-47}$$

$$e'=\frac{h}{2}-a'_s-(e_0-e_a) \tag{6-48}$$

按照最小配筋率和式(6-47)计算结果，取两者中的较大值确定 A_s 的数量，选配钢筋，并应符合相应的构造要求。

(2) 解方程求 ξ 值

将以上确定的 A_s 数值代入 $Ne' \leqslant N_u e' = \alpha_1 f_c b h_0^2 \xi\left(\frac{\xi}{2} - \frac{a'_s}{h_0}\right) - \sigma_s A_s (h_0 - a'_s)$，可得关于 ξ 的一元二次方程

$$Ne' \leqslant \alpha_1 f_c b h'^2_0 \xi\left(\frac{\xi}{2} - \frac{a'_s}{h'_0}\right) - \frac{\xi - \beta_1}{\xi_b - \beta_1} f_y A_s (h_0 - a'_s) \tag{6-49}$$

经整理，则可按式(6-50)计算 ξ

$$\xi = A + \sqrt{A^2 + B} \tag{6-50}$$

其中 $A = \frac{a'_s}{h_0} + \left(1 - \frac{a'_s}{h_0}\right) \frac{f_y A_s}{(\xi_b - \beta_1)\alpha_1 f_c b h_0}$

$$B = \frac{2Ne'}{\alpha_1 f_c b h_0^2} - \left(1 - \frac{a'_s}{h_0}\right) \frac{2\beta_1 f_y A_s}{(\xi_b - \beta_1)\ \alpha_1 f_c b h_0}$$

若 $\xi \leqslant \xi_b$，说明受拉钢筋能达到屈服，应按大偏心构件重新计算，出现这种情况还可能是由于截面尺寸过大造成的。此时，在轴向压力作用下，构件达不到承载能力状态，截面配筋均由最小配筋率控制。

(3) 根据 ξ 值，分情况计算 A'_s

将按 $\xi = A + \sqrt{A^2 + B}$ 求得的 ξ 值代入 $\sigma_s = \frac{\xi - \beta_1}{\xi_b - \beta_1} f_y$，可计算出 σ_s。由 $\sigma_s = \frac{\xi - \beta_1}{\xi_b - \beta_1} f_y$ 可知，σ_s 和 ξ 之间的关系如图 6-25(a)。当 $\xi = \xi_b$ 时，$\sigma_s = f_y$；当 $\xi = \beta_1$ 时，$\sigma_s = 0$；当 $\xi = 2\beta_1 - \xi_b$ 时，$\sigma_s = -f_y$。另外，考虑到 $\xi = \frac{h}{h_0}$ 时构件为全截面受压，当 $\xi > \frac{h}{h_0}$ 时，受压区计算高度超出全截面高度，应重新计算。

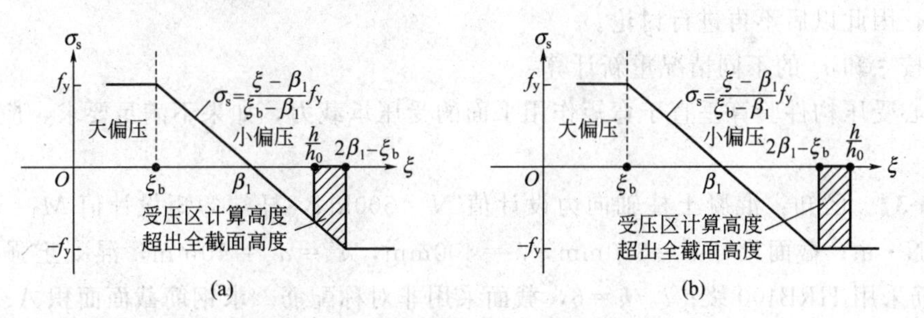

图 6-25　受拉钢筋应力 σ_s 与 ξ 的关系

① $\xi_b \leqslant \xi \leqslant \frac{h}{h_0}$ 时，$x < h$，ξ 值计算有效，代入基本公式(6-26)，得

$$A'_s = \frac{Ne - \alpha_1 f_c b h_0^2 \xi (1 - 0.5\xi)}{f'_y (h_0 - a'_s)} \tag{6-51}$$

② 当 $\frac{h}{h_0} \leqslant \xi \leqslant 2\beta_1 - \xi_b$ 时，$x \geqslant h$，$-f'_y \leqslant \sigma_s < 0$，混凝土受压区计算高度超出全截面高度，则第 (2) 步计算的 ξ 值无效，应重新计算。取 $x = h$，对 A_s 合力点取矩，则式(6-32)和式(6-33)改写为

$$N \leqslant N_u = \alpha_1 f_c bh + f'_y A'_s - \sigma_s A_s \tag{6-52}$$

$$Ne \leqslant N_u e = \alpha_1 f_c bh\left(h_0 - \frac{h}{2}\right) + f'_y A'_s (h_0 - a'_s) \tag{6-53}$$

采用第（1）步的方法拟定 A_s 的数量，两个方程中的未知数 σ_s 和 A'_s可联立方程求解。若由前式解得 σ_s 仍满足 $-f'_y \leqslant \sigma_s < 0$，则求得的 A'_s有效，如果 σ_s 超出此范围，说明拟定 A_s 的数量偏少，应增加 A_s 的用量，返回到第（2）步重新计算。

③ 当 $\xi > 2\beta_1 - \xi_b$ 时，$\sigma_s < -f_y$，$x > h$，说明 A_s 已经达到受压屈服，混凝土受压区计算高度超出全截面高度，第（2）步计算的 ξ 值无效，应重新计算。取 $x = h$，$\sigma_s = -f'_y$，则把式(6-33）改写为

$$N \leqslant N_u = \alpha_1 f_c bh + f'_y A'_s + f'_y A_s \tag{6-54}$$

$$A'_s = \frac{Ne - f_c bh(h_0 - 0.5h)}{f'_y (h_0 - a'_s)} \tag{6-55}$$

以上两个方程的未知数为 A'_s和 A_s，由式(6-55）计算 A'_s，代入式(6-54）中求出 A_s，与第（1）步确定的 A_s 比较，取大值。

④ 当保护层较厚，构件截面尺寸较小时，$\frac{h}{h_0}$较大，还可能出现 $2\beta_1 - \xi_b < \xi < \frac{h}{h_0}$，如图 6-25(b)，此时，$\sigma_s < -f_y$，但 $x < h$，说明 A_s 已经达到受压屈服，混凝土受压计算高度未超出全截面高度，第（2）步计算的 ξ 值无效，应取 $\sigma_s = -f'_y$重新计算，则将式(6-32）和式(6-33）改写为

$$N \leqslant N_u = \alpha_1 f_c b\xi + f'_y A'_s + f'_y A_s \tag{6-56}$$

$$Ne \leqslant N_u e = \alpha_1 f_c bh_0^2 \xi\left(1 - \frac{\xi}{2}\right) + f'_y A'_s (h_0 - a'_s) \tag{6-57}$$

以上两式联立求解可得 ξ、A'_s。

这种情况理论上可能会出现的，实际问题中却很少出现 A_s 受压屈服，未达到全截面受压的情况，因此以后不再进行讨论。

（4）按 ξ 和 σ_s 的不同情况重新计算

按轴心受压构件验算垂直于弯矩作用平面的受压承载力，如果不满足要求，应重新计算 A'_s。

【例 6-3】 已知：混凝土柱轴向力设计值 $N=500\text{kN}$，杆端弯矩设计值 $M_1=0.91M_2$，$M_2=80\text{kN}\cdot\text{m}$；截面尺寸 $b=350\text{mm}$，$h=400\text{mm}$，$a'_s=a_s=40\text{mm}$，混凝土强度等级为 C30，钢筋采用 HRB400 级；$l_c/h=6$，截面采用非对称配筋。求钢筋截面面积 A'_s和 A_s。

解 （1）确定基本参数，查附表 1-2 和附表 1-8 得：$f_c=14.3\text{N/mm}^2$，$f_y=f'_y=360\text{N/mm}^2$

$h_0 = h - a_s = 400 - 40 = 360\text{mm}$

（2）判断是否考虑挠曲二阶效应

因$\frac{M_1}{M_2}=0.91>0.9$，故需要考虑挠曲二阶效应。

（3）计算弯矩增大系数

$C_m = 0.7 + 0.3\frac{M_1}{M_2} = 0.973$

$$\xi_c=\frac{0.5f_cA}{N}=0.5\times\frac{14.3\times350\times400}{500\times10^3}=2.002>1，取\ \xi_c=1，e_a=20\text{mm}$$

$$\eta_{ns}=1+\frac{1}{1300\left(\frac{M_2}{N}+e_a\right)/h_0}\left(\frac{l_c}{h}\right)^2\xi_c=1+\frac{1}{1300\times\left(\frac{80\times10^6}{500\times10^3}+20\right)/360}\times6^2\times1=1.055$$

$$C_m\eta_{ns}=0.973\times1.055=1.03$$

$$M=C_m\eta_{ns}M_2=1.03\times80=82.4\text{kN}\cdot\text{m}$$

(4) 判别大、小偏心受压破坏类型

$$e_i=\frac{M}{N}+e_a=\frac{82.4\times10^6}{500\times10^3}+20=184.8\text{mm}$$

$$e=e_i+\frac{h}{2}-a_s=184.8+\frac{400}{2}-40=344.8\text{mm}>0.3h_0=0.3\times410=123\text{mm}$$

可初判为大偏心受压构件。

(5) 求受拉钢筋截面面积

$$x=\frac{N}{a_1f_cb}=\frac{500\times10^3}{1.0\times14.3\times350}=100\text{mm}>2a_s'=2\times40=80\text{mm}$$

且　$x=x_b=0.518h_0$

$$得\quad A_s'=\frac{Ne-a_1f_cbx\left(h_0-\frac{x}{2}\right)}{f_y'(h_0-a_s')}=\frac{500\times10^3\times344.8-14.3\times350\times\left(360-\frac{0.518\times360}{2}\right)}{360\times320}$$

$$=1485\text{mm}^2$$

查附表 2-1，所选配筋为 4 Φ 22（$A_s'=1540\text{mm}^2$）

$$A_s=\frac{\alpha_1f_cbh_0\xi_b+f_y'A_s'-N}{f_y}=\frac{14.3\times350\times360\times0.518+360\times1540-500\times10^3}{360}$$

$$=2743.7\text{mm}^2$$

所选配筋为 4 Φ 18＋6 Φ 20（$A_s=2901\text{mm}^2$）。

(6) 验算垂直于弯矩作用方向轴心受压承载力

由于$\frac{l_c}{h}=6$，得 $\varphi=1.0$，则

$$N_u=0.9\varphi[f_cA+f_y'(A_s+A_s')]=0.9\times[14.3\times400\times350+360\times(2901+1540)]$$

$$=3241\text{kN}>500\text{kN}$$

满足要求。

【例 6-4】 已知矩形偏心受压柱截面尺寸 $b\times h=300\text{mm}\times400\text{mm}$，$a_s=a_s'=40\text{mm}$，轴向力设计值 $N=600\text{kN}$，弯矩设计值 $M_1=M_2=185\text{kN}\cdot\text{m}$，柱的计算长度 $l_0=2.8\text{m}$。混凝土强度等级为 C35，采用 HRB400 级钢筋，截面上已配置受压钢筋截面面积为 $A_s'=941\text{mm}^2$，截面采用非对称配筋。试求受拉钢筋截面面积 A_s。

【解】 (1) 确定基本参数，查附表 1-2 和附表 1-8 得：$f_c=16.7\text{N/mm}^2$，$f_y=f_y'=360\text{N/mm}^2$

$$h_0=h-a_s=400-40=360\text{mm}$$

(2) 判断是否考虑挠曲二阶效应

$A=bh=300\times400=120000\text{mm}^2$

$I=\dfrac{1}{12}bh^3=\dfrac{1}{12}\times300\times400^3=1600\times10^6\text{mm}^4$

$i=\sqrt{\dfrac{I}{A}}=\sqrt{\dfrac{1600\times10^6}{120000}}=115.5\text{mm}$

$\dfrac{M_1}{M_2}=\dfrac{185}{185}=1>0.9,\dfrac{N}{f_cA}=\dfrac{600\times10^3}{16.7\times120000}=0.299<0.9$

由于 $\dfrac{l_0}{i}=\dfrac{2800}{115.5}=24.2>34-12\dfrac{M_1}{M_2}=34-12\times1=22$

故应当考虑挠曲二阶效应的影响。

(3) 计算弯矩增大系数

$e_a=\max\left(\dfrac{h}{30},\ 20\right)=\max\left(\dfrac{400}{30},\ 20\right)=20\text{mm}$

$\xi_c=\dfrac{0.5f_cA}{N}=\dfrac{0.5\times16.7\times120000}{600\times10^3}=1.67>1.0$

故取 $\xi_c=1$。

$C_m=0.7+0.3\dfrac{M_1}{M_2}=0.7+0.3\times1=1$

$$\eta_{ns}=1+\frac{1}{\dfrac{1300\times\left(\dfrac{M_2}{N}+e_a\right)}{h_0}}\left(\frac{l_0}{h}\right)^2\xi_c=1+\frac{1}{\dfrac{1300\times\left(\dfrac{185\times10^6}{600\times10^3}+20\right)}{360}}\times\left(\frac{2800}{400}\right)^2=1.04$$

则 $C_m\eta_{ns}=1\times1.04=1.04$

$M=C_m\eta_{ns}M_2=1.04\times185=192.4\text{kN}\cdot\text{m}$

(4) 判别大、小偏心受压破坏类型

$e_0=\dfrac{M}{N}=\dfrac{192.4\times10^6}{600\times10^3}=320.67\text{mm}$

$e_i=e_0+e_a=340.67\text{mm}>0.3h_0=0.3\times360=108\text{mm}$

$e=e_i+\dfrac{h}{2}-a_s=340.67+\dfrac{400}{2}-40=500.67\text{mm}$

故先按照大偏心受压破坏计算。

(5) 求受拉钢筋截面面积 A_s

已知 $A'_s=941\text{mm}^2$，则

$\alpha_s=\dfrac{Ne-f'_yA'_s(h_0-\alpha'_s)}{\alpha_1f_cbh_0^2}=\dfrac{600\times10^3\times500.67-360\times941\times(360-40)}{1\times16.7\times300\times360^2}=0.3$

$\xi=1-\sqrt{1-2\alpha_s}=1-\sqrt{1-2\times0.3}=0.3675<\xi_b=0.518$

$x=\xi h_0=0.3675\times360=132.3\text{mm}>2a'_s=80\text{mm}$

$$A_s=\frac{\alpha_1f_cbh_0\xi+f'_yA'_s-N}{f_y}$$

$$=\frac{1\times16.7\times300\times360\times0.3675+360\times941-600\times10^3}{360}$$

$=1115.5\text{mm}^2>\rho_{\min}bh=240\text{mm}^2$

查附表 2-1，选用钢筋 2⏀20+2⏀18，实配钢筋截面面积 $A_s=1137\text{mm}^2$，则全部纵向配筋率为

$$\rho=\frac{A_s+A'_s}{bh}=\frac{1137+941}{300\times400}\times100\%=1.73\%>\rho_{\min}=0.55\%$$

满足要求。

（6）验算垂直于弯矩作用方向轴心受压承载力

由于 $\frac{l_0}{b}=\frac{2800}{300}=9.3$，查表得 $\varphi=0.987$，则

$$N_u=0.9\varphi(f_cA+f'_yA_s)=0.9\times0.987\times(16.7\times400\times300+360\times1137)$$
$$=2143752.16\text{N}=2144\text{kN}>600\text{kN}$$

满足要求。

【例 6-5】 钢筋混凝土偏心受压柱，截面尺寸 $b\times h=400\text{mm}\times500\text{mm}$，混凝土保护层厚度 $c=20\text{mm}$。柱受轴向压力设计值 $N=420\text{kN}$，两端弯矩设计值 $M_1=100\text{kN}\cdot\text{m}$，$M_2=120\text{kN}\cdot\text{m}$。柱挠曲变形为单曲率，弯矩作用平面内柱上下两端的支撑长度为 3.3m；弯矩作用平面外柱的计算长度 $l_0=4.125\text{m}$。混凝土强度等级为 C40，纵筋采用 HRB400 级钢筋，受压区已配有 3⏀18($A'_s=763\text{mm}^2$)，截面采用非对称配筋，求纵向受拉钢筋 A_s。

解 （1）确定基本参数，查附表 1-2 和附表 1-8 得：$f_c=16.7\text{N/mm}^2$，$f_y=f'_y=360\text{N/mm}^2$

$$h_0=h-a_s=500-40=460\text{mm}$$

（2）判断是否考虑挠曲二阶效应

$\frac{M_1}{M_2}=\frac{100}{120}=0.833<0.9$，轴压比 $n=\frac{N}{f_cA}=\frac{420\times10^3}{19.1\times400\times500}=0.110<0.9$

$i=\sqrt{\frac{I}{A}}=\sqrt{\frac{h^2}{12}}=\frac{500}{\sqrt{12}}=144.3\text{mm}$，$\frac{l_c}{i}=\frac{3300}{144.3}=22.9<34-12\frac{M_1}{M_2}=34-12\times0.833=24$

所以不考虑构件自身挠曲产生的附加弯矩，取 $\eta_{ns}=1.0$。

（3）计算弯矩增大系数

$C_m=0.7+0.3\frac{M_1}{M_2}=0.7+0.3\times0.833=0.95$，$\frac{h}{30}=\frac{500}{30}=16.7\text{mm}<20\text{mm}$，取 $e_a=20\text{mm}$。

$C_m\eta_{ns}=0.95\times1.0=0.95<1.0$，取 $C_m\eta_{ns}=1.0$

$M=C_m\eta_{ns}M_2=1.0\times120\text{kN}\cdot\text{m}=120\text{kN}\cdot\text{m}$

（4）判别大、小偏心受压破坏类型

$e_i=e_0+e_a=\frac{M}{N}+e_a=\frac{120\times10^6}{420\times10^3}+20=306\text{mm}$，$\frac{e_i}{h_0}=\frac{306}{460}=0.665>0.3$

故按大偏压受压构件计算。

$$e=e_i+\frac{h}{2}-a_s=306+\frac{500}{2}-40=516\text{mm}$$

（5）求受拉钢筋截面面积

由 $N_ue=\alpha_1f_c\alpha_sbh_0^2+f'_yA'_s(h_0-a'_s)$ 得

$$\alpha_s=\frac{Ne-f'_yA'_s(h_0-a'_s)}{\alpha_1f_cbh_0^2}=\frac{420\times10^3\times516-360\times763\times(460-40)}{1\times19.1\times400\times460^2}=0.063$$

$\xi=1-\sqrt{1-2\alpha_s}=1-\sqrt{1-2\times0.063}=0.065<\xi_b=0.518$

$x=\xi h_0=0.065\times460=29.9\text{mm}<2a_s'=80\text{mm}$

说明发生破坏时 A_s' 不能达到屈服强度，近似取 $x=2a_s'$，采用 $A_s=\dfrac{Ne'}{f_y(h_0-a_s')}$ 计算 A_s，即

$$e'=e_i-\frac{h}{2}+a_s'=306-\frac{500}{2}+40=96\text{mm}$$

$$A_s=\frac{Ne'}{f_y(h_0-a_s')}=\frac{420\times10^3\times96}{360\times(460-40)}=266.67\text{mm}^2$$
$$<A_{s\min}=\rho_{\min}bh=0.002\times400\times500=400\text{mm}^2$$

查附表 2-1，选 3 Φ 16（$A_s=603\text{mm}^2$）。截面总配筋率 $\rho=\dfrac{A_s+A_s'}{bh}=\dfrac{603+763}{400\times500}=0.0068>0.0055$ 满足要求。

（6）验算垂直于弯矩作用平面的受压承载力

$\dfrac{l_0}{b}=\dfrac{4125}{400}=10.3$，查表得 $\varphi=0.9755$

$$N_u=0.9\varphi(f_cA+f_y'A_s')$$
$$=0.9\times0.9755\times[19.1\times400\times500+360\times(603+763)]\text{N}$$
$$=3785.5\text{kN}>420\text{kN}$$

满足要求。

【例 6-6】 某食堂钢筋混凝土偏心受压柱，截面尺寸 $b\times h=300\text{mm}\times400\text{mm}$，混凝土保护层厚度 $c=20\text{mm}$。柱承受轴向压力设计值 $N=500\text{kN}$，柱两端截面弯矩设计值 $M_1=250\text{kN}\cdot\text{m}$，$M_2=280\text{kN}\cdot\text{m}$。柱挠曲变形为单曲率。弯矩作用平面内柱上下两端的支撑长度为 3.5m；弯矩作用平面外柱的计算长度 $l_0=3.5\text{m}$。混凝土强度等级为 C35，纵筋采用 HRB500 级钢筋，截面受压区已配有 3 Φ 16（$A_s'=603\text{mm}^2$）的钢筋，截面采用非对称配筋，求受拉钢筋 A_s。

解 （1）确定基本参数

查附表 1-2 和附表 1-8 得：$f_y=435\text{N/mm}^2$，$f_y'=410\text{N/mm}^2$，$f_c=16.7\text{N/mm}^2$，保护层厚度 $c=20\text{mm}$，取 $a_s=a_s'=40\text{mm}$，$h_0=h-a_s=400-40=360\text{mm}$。

（2）判断是否考虑挠曲二阶效应

$\dfrac{M_1}{M_2}=\dfrac{250}{280}=0.893<0.9$，轴压比 $n=\dfrac{N}{f_cA}=\dfrac{500\times10^3}{16.7\times300\times400}=0.25<0.9$

$$i=\sqrt{\frac{I}{A}}=\sqrt{\frac{h^2}{12}}=\frac{400}{\sqrt{12}}\text{mm}=115.5\text{mm}，\frac{l_c}{i}=\frac{3500}{115.5}=30.3>34-12\left(\frac{M_1}{M_2}\right)$$
$$=34-12\times\frac{250}{280}=23.29$$

所以应考虑二阶效应的影响。

（3）计算弯矩增大系数

$$C_m=0.7+0.3\frac{M_1}{M_2}=0.7+0.3\times0.893=0.968$$

$\frac{h}{30}=\frac{400}{30}\text{mm}=13.33\text{mm}<20\text{mm}$，取 $e_a=20\text{mm}$

$\zeta_c=\frac{0.5f_cA}{N}=\frac{0.5\times16.7\times300\times400}{500\times10^3}=2.0>1$ 取 $\zeta_c=1$

$$\eta_{ns}=1+\frac{1}{\frac{1300\left(\frac{M_2}{N}+e_a\right)}{h_0}}\left(\frac{l_c}{h}\right)^2\xi_c$$

$$=1+\frac{1}{\frac{1300\left(\frac{280\times10^3}{500}+20\right)}{360}}\times\left(\frac{3500}{400}\right)^2\times1=1.037$$

$M=C_m\eta_{ns}M_2=0.979\times1.037\times280=284.26\text{kN}\cdot\text{m}$

（4）判别大、小偏心受压破坏类型

$e_i=e_0+e_a=\frac{M}{N}+e_a=\frac{280\times10^6}{500\times10^3}+20=580\text{mm}$

$\frac{e_i}{h_0}=\frac{580}{360}=1.61>0.3$

故按大偏心构件计算。

$e=e_i+\frac{h}{2}-e_s=580+\frac{400}{2}-40=740\text{mm}$

$$\alpha_s=\frac{Ne-f'_yA'_s(h_0-a'_s)}{\alpha_1f_cbh_0^2}=\frac{500\times10^3\times740-410\times603\times(360-40)}{1\times16.7\times300\times360^2}=0.448$$

$\xi=1-\sqrt{1-2\alpha_s}=1-\sqrt{1-2\times0.448}=0.677>\xi_b=0.482$

说明 A'_s 数量不足，取 $\xi=\xi_b=0.482$，重新计算 A'_s 和 A_s。

（5）求受拉钢筋截面面积

$\alpha_{sb}=\xi_b(1-0.5\xi_b)=0.482\times(1-0.5\times0.482)=0.366$

$$A'_s=\frac{Ne-\alpha_1f_c\alpha_{sb}bh_0^2}{f'_y(h_0-a'_s)}=\frac{500\times10^3\times742-16.7\times0.366\times300\times360^2}{410\times(360-40)}$$

$$=1016\text{mm}^2>\rho'_{min}bh=240\text{mm}^2$$

$$A_s=\frac{\alpha_1f_cbh_0\xi_b+f'_yA'_s-N}{f_y}=\frac{16.7\times300\times360\times0.482+410\times1016-500\times10^3}{435}$$

$$=1807\text{mm}^2>\rho'_{min}bh=240\text{mm}^2$$

查附表 2-1，受压钢筋选 3⌀22（$A'_s=1140\text{mm}^2$），受拉钢筋选 6⌀20（$A_s=1884\text{mm}^2$）。

（6）验算垂直于弯矩作用平面的受压承载力

$\frac{l_0}{b}=\frac{3500}{300}=11.7$，查表可得 $\varphi=0.955$。

$$N_u=0.9\varphi(f_cA+f'_yA)$$

$$=0.9\times0.955\times[16.7\times300\times400+410\times(1884+1140)]\text{N}$$

$$=2788.1\text{kN}>N=500\text{kN}$$

满足要求。

【例 6-7】 某高校教学楼大厅柱的轴向力设计值 $N=4600\text{kN}$，杆端弯矩设计值 $M_1=0.51M_2$，$M_2=130\text{kN}\cdot\text{m}$，截面尺寸 $b\times h=400\text{mm}\times600\text{mm}$，$a_s=a'_s=45\text{mm}$；混凝土强度等级 C35，$f_c=16.7\text{N/mm}^2$，钢筋采用 HRB400 级；$l_c=l_0=3\text{m}$。截面采用非对称配筋，求钢筋截面面积 A_s 及 A'_s。

解 （1）确定基本参数

查附表 1-2 和附表 1-8 得：$f_c=16.7\text{N/mm}^2$，$f_y=f'_y=360\text{N/mm}^2$，$h_0=h-a_s=600-45=555\text{mm}$

（2）判断是否考虑挠曲二阶效应

因 $M_1/M_2=0.51<0.9$

$\dfrac{N}{f_cA}=\dfrac{4600\times10^3}{16.7\times400\times600}=1.15>0.9$，故需考虑 P-δ 效应。

（3）计算弯矩增大系数

$$C_m=0.7+0.3\frac{M_1}{M_2}=0.7+0.3\times\frac{0.51M_2}{M_2}=0.85$$

$$\xi_c=\frac{0.5f_cA}{N}=\frac{0.50\times16.7\times400\times600}{4600\times10^3}=0.44$$

$$e_a=\max\left(20,\ \frac{1}{30}\times h\right)=\max\left(20,\ \frac{1}{30}\times600\right)=20\text{mm}$$

$$\eta_{ns}=1+\frac{1}{1300\left(\dfrac{M_2}{N}+e_a\right)/h_0}\left(\frac{l_c}{h}\right)^2\xi_c=1+\frac{1}{1300\left(\dfrac{130\times10^6}{4600\times10^3}+20\right)/555}\times\left(\frac{3.0}{0.6}\right)^2\times0.44$$

$$=1.097$$

$C_m\eta_{ns}=0.85\times1.097=0.932<1$，取 $C_m\eta_{ns}=1$

$M=C_m\eta_{ns}M_2=M_2=130\text{kN}\cdot\text{m}$

（4）初步判断大、小偏压

$$e_i=\frac{M}{N}+e_a=\frac{130\times10^6}{4600\times10^3}+20=48.26\text{mm}<0.3h_0=0.3\times555=166.5\text{mm}$$

故初步判断为小偏心受压。

（5）确定 A_s

$N=4600\text{kN}>f_cbh=16.7\times400\times600\times10^{-3}=4008\text{kN}$，故按反向破坏计算，求解 A_s。

$$e'=\frac{h}{2}-a'_s-(e_0-e_a)=\frac{600}{2}-45-(28.16-20)=246.84\text{mm}$$

$$A_s=\frac{Ne'-\alpha_1f_cbh\left(h'_0-\dfrac{h}{2}\right)}{f_y(h'_0-a_s)}=\frac{4600\times10^3\times246.84-16.7\times400\times600\times(555-300)}{360\times(555-45)}$$

$$=617.78\text{mm}^2>0.002bh=0.002\times400\times600=480\text{mm}^2$$

因此取 $A_s=618\text{mm}^2$ 作为补充条件。

查附表 2-1，选用钢筋为 3⌀20（$A_s=942\text{mm}^2$）。

（6）求出 ξ 值，再按三种情况求出 A'_s

$$\xi=A+\sqrt{A^2+B}$$

$$A=\frac{a_s'}{h_0}+\frac{f_yA_s}{(\xi_b-\beta_1)\alpha_1 f_c bh_0}\left(1-\frac{a_s'}{h_0}\right)$$

$$=\frac{45}{555}+\frac{360\times615}{(0.518-0.8)\times1\times16.7\times400\times555}\left(1-\frac{45}{555}\right)$$

$$=-0.1136$$

$$B=\frac{2Ne'}{\alpha_1 f_c bh_0^2}-\frac{2\beta_1 f_yA_s}{(\xi_b-\beta_1)\alpha_1 f_c bh_0}\left(1-\frac{a_s'}{h_0}\right)$$

$$=\frac{2\times4600\times10^3\times246.84}{1\times16.7\times400\times555^2}-\frac{2\times0.8\times360\times618}{(0.518-0.8)\times1\times16.7\times400\times555^2}\times\left(1-\frac{45}{555}\right)$$

$$=1.104+0.0006=1.1046$$

$\xi=-0.1136+\sqrt{(-0.1136)^2+1.1046}=0.9431>\xi_b=0.518$，故确定为小偏心受压构件。

(7) 计算 A_s'

$\xi_{cy}=2\beta_1-\xi_b=2\times0.8-0.518=1.082>\xi=0.9431$，故属于小偏心受压的第一种情况。

$$A_s'=\frac{N-\alpha_1 f_c bh_0\xi+\dfrac{\xi-\beta_1}{\xi_b-\beta_1}f_yA_s}{f_y'}$$

$$=\frac{4600\times10^3-1\times16.7\times400\times555\times0.9431+\dfrac{0.9431-0.8}{0.518-0.8}\times360\times942}{360}$$

$$=2587.4\text{mm}^2$$

查附表 2-1，选用钢筋为 8Φ22($A_s'=3041\text{mm}^2$)。

(8) 验算垂直于弯矩作用方向轴心受压承载力

由于 $\dfrac{l_0}{b}=\dfrac{3000}{400}=7.5$，得 $\varphi=1.0$，则

$$N_u=0.9\varphi[f_cA+f_y'(A_s+A_s')]=0.9\times[16.7\times400\times600+360\times(942+2281)]\text{N}$$

$$=897.7\text{kN}>4600\text{kN}$$

满足要求。

6.5.3 截面承载力复核

在实际工程中，对已制作或已设计的偏心受压构件，有时需要进行截面承载力复核，求构件能承受的荷载作用。此时，截面尺寸 $b\times h$ 构件的计算长度 l_c、截面配筋 A_s 和 A_s'、混凝土强度等级和钢筋种类均为已知，截面上作用的轴向压力设计值 N 和弯矩设计值 M（或者偏心距 e_0）也可能已知，要求复核截面是否能够满足承载力要求，或确定截面能够承受的轴向压力设计值 N_u。截面承载力复核方法如下。

(1) 弯矩作用平面的承载力复核

① 已知轴向力设计值 N，求弯矩设计值 M。先将已知配筋和 ξ_b 代入 $N_u=\alpha_1 f_c bx+f_y'A_s'-f_yA_s$ 计算界限情况下的受压承载力设计值 N_{ub}。

a. 如果 $N\leqslant N_{ub}$，则为大偏心受压构件，按上式计算出 x，再将 x 代入 $N_ue=\alpha_1 f_c bx\left(h_0-\dfrac{x}{2}\right)+f_y'A_s'(h_0-a_s')$ 求 e，则得弯矩设计值 $M=Ne_0$。

b. 如 $N>N_{ub}$，则为小偏心受压，可先假定属于第一种小偏心受压情况，按式 $N_u=\alpha_1 f_c bx+f'_y A'_s-\sigma_s A_s$ 和 $\sigma_s=\dfrac{\xi-\beta_1}{\xi_b-\beta_1}f_y$ 求 x，当 $x<\xi_{cy}h_0$ 时，说明假定正确，再将 x 代入式 $N_u e=\alpha_1 f_c bx\left(h_0-\dfrac{x}{2}\right)+f'_y A'_s(h_0-a'_s)$ 求 e，再由 $e_i=e_0+e_a$，$e_0=\dfrac{M}{N}$求得 e_0，及 $M=Ne_0$。如果 $x\geqslant\xi_{cy}h_0$，则应按照 $\xi=\dfrac{a'_s}{h_0}+\sqrt{\left(\dfrac{a'_s}{h_0}\right)^2+2\left[\dfrac{Ne'}{\alpha_1 f_c bh_0^2}-\dfrac{A_s}{bh_0}\dfrac{f'_y}{\alpha_1 f_c}\left(1-\dfrac{a'_s}{h_0}\right)\right]}$ 重求 x；当 $x\geqslant h$ 时，就取 $x=h$。

c. 另一种情况是，先假定 $\xi\leqslant\xi_b$，由式 $N_u=\alpha_1 f_c bx+f'_y A'_s-f_y A_s$ 求出 x，如果 $\xi=\dfrac{x}{h_0}\leqslant\xi_b$，说明假定是正确的，再由 $N_u e=\alpha_1 f_c bx\left(h_0-\dfrac{x}{2}\right)+f'_y A'_s(h_0-a'_s)$ 求 e_0；如果 $\xi=\dfrac{x}{h_0}>\xi_b$，说明假定不正确，则应按照上述小偏心受压情况求出 x，再由 $N_u e=\alpha_1 f_c bx\left(h_0-\dfrac{x}{2}\right)+f'_y A'_s(h_0-a'_s)$ 求出 e_0。

② 已知偏心距求轴向力设计值。因截面配筋已知，故可以对轴向力作用点取矩求 x。当出现 $x\leqslant x_b$ 时，为大偏压，将 x 及已知的数据代入 $N_u=\alpha_1 f_c bx+f'_y A'_s-f_y A_s$ 可求解出轴向力设计值。当出现 $x>x_b$ 的情况时，为小偏心受压，将已知条件代入 $N_u=\alpha_1 f_c bx+f'_y A'_s-\sigma_s A_s$，$N_u e=\alpha_1 f_c bx\left(h_0-\dfrac{x}{2}\right)+f'_y A'_s(h_0-a'_s)$，$\sigma_s=\dfrac{\xi-\beta_1}{\xi_b-\beta_1}f_y$ 联立求解轴向力设计值 N。

由上可知，在进行弯矩作用平面的承载力复核时，与受弯构件正截面承载力复核一样，总是要求出 x 才能使问题得到解决。

(2) 垂直于弯矩作用平面的承载力复核

无论是设计题还是截面复核题，是大偏心受压还是小偏心受压，除了在弯矩作用平面内依照偏心受压进行计算外，都要验算垂直于弯矩作用平面的轴心受压承载力。

【例 6-8】 已知某钢筋混凝土偏心受压构件承受的轴向力设计值 $N=1200\text{kN}$，截面尺寸为 $b\times h=400\text{mm}\times600\text{mm}$，$a_s=a'_s=45\text{mm}$，混凝土强度等级为 C40，采用 HRB400 级钢筋，$A_s=1256\text{mm}^2$（4⌀20），$A'_s=1520\text{mm}^2$（4⌀22），柱的计算长度 $l_0=4.0\text{m}$。求截面在 h 方向上可承受的柱端弯矩设计值 M_2（按两端弯矩相等考虑）。

解 (1) 确定基本参数

查附表 1-2 和附表 1-8 得：$f_c=19.1\text{N/mm}^2$，$f_y=f'_y=360\text{N/mm}^2$，$h_0=h-a_s=600-45=555\text{mm}$

(2) 判别大、小偏心受压破坏类型

$$x=\frac{N-f'_y A'_s+f_y A_s}{\alpha_1 f_c b}=\frac{1200\times10^3-360\times1520+360\times1256}{1\times19.1\times400}$$
$$=145\text{mm}<\xi_b h_0=0.518\times555=287\text{mm}$$

故属于大偏心受压破坏情况。

(3) 求控制截面的弯矩设计值 M

由于 $x=145\text{mm}>2a'_s=2\times45=90\text{mm}$，则由公式得：

$$e=\frac{\alpha_1 f_c bx\left(h_0-\frac{x}{2}\right)+f'_y A'_s(h_0-a'_s)}{N}$$

$$=\frac{1\times19.1\times400\times145\times(555-145/2)+360\times1520\times(555-45)}{1200\times10^3}=678\text{mm}$$

$$e_i=e-\frac{h}{2}+a_s=678-\frac{600}{2}+45=423\text{mm}$$

$$e_a=\max\left(\frac{h}{30},20\right)=\max\left(\frac{600}{30},20\right)=20\text{mm}$$

$$e_0=e_i-e_a=423-20=403\text{mm}$$

$$M=Ne_0=1200\times0.403=483.6\text{kN}\cdot\text{m}$$

(4) 判断是否考虑挠曲二阶效应

$$\frac{M_1}{M_2}=1.0>0.9,\ \frac{N}{f_c A}=\frac{1200\times10^3}{19.1\times240000}=0.262<0.9$$

$$i=\frac{h}{\sqrt{12}}=\frac{600}{\sqrt{12}}=173.2\text{mm}$$

由于 $\frac{l_0}{i}=\frac{4200}{173.2}=24.2>34-12\frac{M_1}{M_2}=22$

故应考虑挠曲二阶效应的影响。

$$\xi_c=\frac{0.5f_c A}{N}=\frac{0.5\times19.1\times240000}{1200\times10^3}=19.1>1\text{，取 }\xi_c=1.0$$

$$C_m=0.7+0.3\frac{M_1}{M_2}=1$$

(5) 计算柱端承受的弯矩值

$$M=C_m\eta_{ns}M_2=1\times\left[1+\frac{1}{\frac{1300\left(\frac{M_2}{N}+e_a\right)}{h_0}}\left(\frac{l_0}{h}\right)^2\xi_c\right]M_2$$

$$\frac{M}{M_2}=\eta_{ns}=1+\frac{1}{\frac{1300\left(\frac{M_2}{N}+e_a\right)}{h_0}}\left(\frac{l_0}{h}\right)^2\xi_c$$

将有关数据代入上式，得关于 M_2 的二次方程：

$$\frac{483.6\times10^6}{M_2}=1+\frac{6.7^2\times1}{\frac{1300\times\left(\frac{M_2}{1200\times10^3}+20\right)}{555}}$$

代入数值得：$M_2=461.93\text{kN}\cdot\text{m}$

(6) 验算纵筋配筋率

全部纵向配筋率为：$\rho=\frac{A_s+A'_s}{bh}=\frac{1256+1520}{400\times600}=1.2\%>\rho_{min}=0.55\%$

满足条件。

【例 6-9】 已知某工厂食堂柱为钢筋混凝土偏心受压构件，其截面尺寸 $b\times h=500\text{mm}\times$

700mm，$a_s = a'_s = 45$mm，混凝土强度等级为 C35，采用 HRB400 级钢筋，$A_s = 2945\text{mm}^2$（6 Φ25），$A'_s = 1964\text{mm}^2$（4 Φ25），柱的计算长度 $l_0 = 12.55$mm。控制截面的轴向力偏心距 $e_0 = 460$mm（已经考虑二阶弯矩的影响），求该柱能承受的轴向力设计值 N。

解 （1）确定基本参数，查附表 1-2 和附表 1-8 得：$f_c = 19.1\text{N/mm}^2$，$f_y = f'_y = 360\text{N/mm}^2$，$h_0 = h - a_s = 700 - 45 = 655$mm

（2）初步判断大、小偏压破坏类型

$e_0 = 460$mm

$$e_a = \max\left(\frac{h}{30}, 20\right) = \max\left(\frac{700}{30}, 20\right) = 23\text{mm}$$

$e_i = e_0 + e_a = 460 + 23 = 483\text{mm} > 0.3h_0 = 196.5$mm

故先按照大偏心受压破坏计算。

（3）求受压区高度 x

对轴向力 N 取矩，得：

$$a_1 f_c bx\left(e_i - \frac{h}{2} + \frac{x}{2}\right) = f_y A_s e - f'_y A'_s e'$$

$$e = e_i + \frac{h}{2} - a_s = 483 + \frac{700}{2} - 45 = 788\text{mm}$$

$$e' = e_i - \frac{h}{2} + a'_s = 483 - \frac{700}{2} + 45 = 178\text{mm}$$

代入数值，得：

$$1 \times 16.7 \times 500x\left(483 - 350 + \frac{x}{2}\right) = 360 \times 2945 \times 788 - 360 \times 1964 \times 178$$

求得 $x = 300\text{mm} < \xi_b h_0 = 0.518 \times 655 = 339$mm，且 $x > 2a'_s = 2 \times 45 = 90$mm，属于大偏心受压破坏。

（4）求轴向力设计值 N

由公式可知，$N_u = \alpha_1 f_c bx + f'_y A'_s - f_y A_s = 1 \times 16.7 \times 500 \times 300 + 360 \times 1964 - 360 \times 2945 = 2151.8$kN

全部纵向配筋率为：$\rho = \dfrac{A_s + A'_s}{bh} = \dfrac{2945 + 1964}{500 \times 700} \times 100\% = 1.4\% > \rho_{\min} = 0.55\%$，满足要求。

由于 $l_0/b = 12550/500 = 25.1$，得稳定系数 $\varphi = 0.625$，又 $\rho < 0.03$，得：

$$N = 0.9\varphi[f_c A + f'_y(A_s + A'_s)] = 0.9 \times 0.625 \times [16.7 \times 500 \times 700 + 360 \times (2945 + 1964)]$$
$$= 4281.9\text{kN} > 2151.8\text{kN}$$

故该截面能承受的轴向力设计值 $N = 2151.8$kN。

【例 6-10】 某柱截面尺寸为 $b \times h = 400\text{mm} \times 500\text{mm}$，$a_s = a'_s = 40$mm，混凝土为 C30，钢筋为 HRB400 级，截面配筋 A_s 选用 3 Φ20，A'_s 选用 4 Φ20，轴向力设计值 N 在柱两端长边方向的偏心距 $e_1 = e_2 = 100$mm，构件两个方向的计算长度均为 $l_c = 5$m。试计算截面所能承受的轴向力设计值 N。

解 （1）确定基本参数，查附表 1-2 和附表 1-8 得：$f_c = 14.3\text{N/mm}^2$，$a_1 = 1.0$，$f_y = f'_y = 360\text{N/mm}^2$，$\xi_b = 0.518$

$h_0 = h - 40 = 500 - 40 = 460$mm

（2）判断是否考虑附加弯矩

$\frac{M_1}{M_2}=1>0.9$

故需考虑附加弯矩。

（3）计算弯矩增大系数 η_{ns}

因 $e_1=e_2=100\text{mm}$，则 $M_1=M_2$，$C_m=0.7+0.3\frac{M_1}{M_2}=1$

$\frac{h}{30}=\frac{500}{30}=16.7\text{mm}<20\text{mm}$，取 $e_a=20\text{mm}$

现暂取 $\xi_c=1.0$

$$\eta_{ns}=1+\frac{1}{\frac{1300\left(\frac{M_2}{N}+e_a\right)}{h_0}}\left(\frac{l_c}{h}\right)^2\xi_c=1+\frac{1}{1300\times(100+20)/460}\times\left(\frac{3000}{500}\right)^2\times1.0=1.11$$

$$M=C_m\eta_{ns}M_2,e_0=\frac{M}{N}=\frac{C_m\eta_{ns}M_2}{N}=C_m\eta_{ns}e_2=111\text{mm}$$

（4）计算界限偏心距 e_{ob}，判别偏心类型。

$$e_{ob}=\frac{\alpha_1f_cbh_0^2\xi_b(1-0.5\xi_b)+(f'_yA'_s+f_yA_s)(h_0-a'_s)}{2(\alpha_1f_cbh_0\xi_b+f'_yA'_s+f_yA_s)}$$

$$=\frac{1.0\times14.3\times400\times460^2\times0.518\times(1-0.5\times0.518)+360\times(1256+942)\times(460-40)}{2(14.3\times400\times460\times0.518+360\times1256-360\times942)}$$

$$=269.96\text{mm}>e_i=e_0+e_a=111+20=131\text{mm}$$

所以构件为小偏心受压。

（5）求轴向力设计值 N

$$e=e_i+\frac{h}{2}-a_s=131+250-40=341\text{mm}$$

$$N=\alpha_1f_cbh_0\xi+f'_yA'_s-\frac{\xi-\beta_1}{\xi_b-\beta_1}f_yA_s$$

$$Ne=\alpha_1f_cbh_0^2\xi\ (1-0.5\xi)\ +f'_yA'_s(h_0-a'_s)$$

得 $N=14.3\times400\times460\xi+360\times1256-\frac{\xi-0.8}{0.518-0.8}\times360\times942$

$$N\times341=14.3\times400\times460^2\xi(1-0.5\xi)+360\times1256\times(460-40)$$

求得 $\xi=0.69$，$N=2135\text{kN}$。

6.6 矩形截面对称配筋的正截面承载力计算

在实际工程中，偏心受压构件在不同内力组合下，可能承受相反方向的弯矩，如果其数值相差不大或虽相差较大，但按对称配筋设计求得的纵向钢筋的总量比按不对称配筋设计所得纵向钢筋的总量增加不多时，均宜采用对称配筋。装配式柱为了保证吊装不会出错，一般采用对称配筋。所谓对称配筋，就是指截面两侧的配筋数量和种类相同，即 $A_s=A'_s$，$f_y=f'_y$。

6.6.1 截面设计

6.6.1.1 大偏心受压构件的计算

由已知公式得
$$x=\frac{N}{\alpha_1 f_c b} \tag{6-58}$$

将上式代入承载力计算公式可以求得

$$A_s=A'_s=\frac{Ne-\alpha_1 f_c bx\left(h_0-\dfrac{x}{2}\right)}{f'_y(h_0-a'_s)} \tag{6-59}$$

当 $x<2a'_s$ 时，可按不对称配筋计算方法处理。

当 $x>x_b$ 时，(也即 $\xi>\xi_b$)，则认为受拉筋 A_s 未达到受拉屈服强度，而属于“受压破坏”情况，此时要用小偏心受压公式进行计算。

6.6.1.2 小偏心受压构件的计算

由于是对称配筋，即 $A_s=A'_s$，$f_y=f'_y$，代入式(6-32)，并取 $x=\dfrac{\xi}{h_0}$，$N=N_u$，得 $N=\alpha_1 f_c bh_0\xi+(f'_y-\sigma_s)A'_s$，也即 $f'_sA'_s=\dfrac{N-\alpha_1 f_c bh_0\xi}{\dfrac{\xi_b-\xi}{\xi_b-\beta_1}}$

从而得
$$Ne\left(\frac{\xi_b-\xi}{\xi_b-\beta_1}\right)=\alpha_1 f_c bh_0^2\xi(1-0.5\xi)\left(\frac{\xi_b-\xi}{\xi_b-\beta_1}\right)+(N-\alpha_1 f_c bh_0\xi)(h_0-a'_s) \tag{6-60}$$

由上式可知，求 x ($x=\xi h_0$) 需要求解三次方程，手算十分不便，可采用下述简便方法。

令 $\bar{y}=\xi$ $(1-0.5\xi)$ $\dfrac{\xi-\xi_b}{\beta_1-\xi_b}$代入式(6-60) 可得

$$\frac{Ne}{\alpha_1 f_c bh_0^2}\left(\frac{\xi_b-\xi}{\xi_b-\beta_1}\right)-\left(\frac{N}{\alpha_1 f_c bh_0^2}-\frac{\xi}{h_0}\right)(h_0-a'_s)=\bar{y} \tag{6-61}$$

对于给定的钢筋级别和混凝土强度等级，ξ_b、β_1 为已知，则由公式可画出 $\bar{y}$ 与 ξ 的关系曲线，见图 6-26。

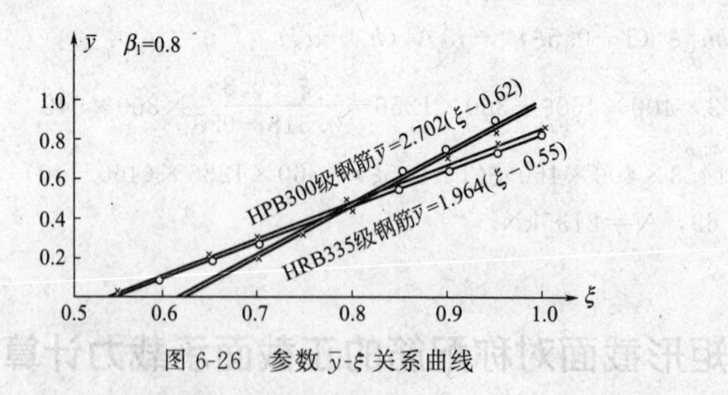

图 6-26 参数 $\bar{y}$-ξ 关系曲线

通过图 6-26 可知，$\bar{y}$ 与 ξ 的线性方程可近似取

$$\bar{y}=0.43\frac{\xi-\xi_b}{\beta_1-\xi_b} \tag{6-62}$$

将上面的式子整理可得到《混凝土结构设计规范》给出的 ξ 的近似公式

$$\xi=\frac{N-\xi_b\alpha_1 f_c bh_0}{\dfrac{Ne-0.43\alpha_1 f_c bh_0^2}{(\beta_1-\xi_b)(h_0-a_s')}+\alpha_1 f_c bh_0}+\xi_b \tag{6-63}$$

代入公式即可得钢筋面积

$$A_s=A_s'=\frac{Ne-\alpha_1 f_c bh_0^2\xi(1-0.5\xi)}{f_y'(h_0-a_s')} \tag{6-64}$$

【例 6-11】 某建筑矩形偏心受压柱截面尺寸 $b\times h=300\text{mm}\times 400\text{mm}$，$a_s=a_s'=40\text{mm}$，轴向力设计值 $N=400\text{kN}$，弯矩设计值 $M_1=M_2=175\text{kN}\cdot\text{m}$，柱的计算长度 $l_0=2.8\text{m}$。混凝土强度等级为 C30，采用 HRB400 级钢筋，截面采用对称配筋。求钢筋截面面积。

解 （1）确定基本参数

查附表 1-2 和附表 1-8 得：$f_c=14.3\text{N/mm}^2$，$f_y=f_y'=360\text{N/mm}^2$

$h_0=h-a_s=400-40=360\text{mm}$

（2）计算初始偏心距 e_i

$$e_0=\frac{M}{N}=\frac{175\times 10^6}{300\times 10^3}=583.3\text{mm}$$

$$e_a=\max\left(\frac{h}{30},\ 20\right)=\max\left(\frac{400}{30},\ 20\right)=20\text{mm}$$

$$e_i=e_0+e_a=583.3+20=603.3\text{mm}$$

（3）判断大、小偏心受压破坏类型

$$\xi=\frac{N}{\alpha_1 f_c bh_0}=\frac{300\times 10^3}{1\times 14.3\times 300\times 360}=0.194<\xi_b=0.518$$

故为大偏心受压破坏。

（4）确定 A_s、A_s'

由于$\dfrac{2a_s'}{h_0}=\dfrac{2\times 40}{360}=0.22>\xi=0.194$，故应取 $x=2a_s'$。

$$e'=e_i-\frac{h}{2}+a_s'=603.3-\frac{400}{2}+40=443.3\text{mm}$$

$$A_s=A_s'=\frac{Ne'}{f_y(h_0-a_s')}=\frac{300\times 10^3\times 443.3}{360\times(360-40)}=1154.4\text{mm}^2$$

查附表 2-1，选配 4Φ20，实配钢筋截面面积为 $A_s=A_s'=1256\text{mm}^2$

（5）确定配筋率

全部纵向配筋率为：$\rho=\dfrac{A_s+A_s'}{bh}=\dfrac{1256+1256}{300\times 400}\times 100\%=2.9\%>\rho_{\min}=0.55\%$

满足要求。

（6）验算垂直于弯矩作用方向轴心受压承载力

由于$\dfrac{l_0}{b}=\dfrac{2800}{300}=9.3$，得 $\varphi=0.987$，则

$$\begin{aligned}N_u&=0.9\varphi[f_cA+f_y'(A_s+A_s')]=0.9\times 0.987\times(14.3\times 400\times 300+360\times 1256\times 2)\text{N}\\&=2328\text{kN}>400\text{kN}\end{aligned}$$

满足要求。

【例 6-12】 已知某高校教学楼钢筋混凝土柱承受的轴向力设计值 $N=4000\text{kN}$，杆端弯

矩设计值 $M_1=0.88M_2$，$M_2=350\text{kN}\cdot\text{m}$；截面尺寸 $b=450\text{mm}$，$h=700\text{mm}$，$a_s=a'_s=45\text{mm}$；混凝土强度等级为C40，钢筋采用HRB400，$l_c=l_0=3.3\text{m}$。求钢筋截面积 A_s 及 A'_s。

解 （1）确定基本参数

查附表1-2和附表1-8得：$f_c=19.1\text{N/mm}^2$，$f_y=f'_y=360\text{N/mm}^2$，$h_0=h-a_s=700-45=655\text{mm}$

（2）判断是否考虑挠曲二阶效应

因 $M_1/M_2=0.88<0.9$，$\dfrac{N}{f_cA}=\dfrac{4000\times10^3}{19.1\times450\times700}=0.665<0.9$

$$\frac{l_c}{i}=\frac{3300}{0.289\times700}=16.3<34-12\times\frac{M_1}{M_2}=34-12\times0.88=23.4$$

故不考虑 P-δ 效应。

（3）初步判断大、小偏压

$M=M_2=350\text{kN}\cdot\text{m}$

$e_a=\dfrac{700}{30}=23\text{mm}>20\text{mm}$，取 $e_a=23\text{mm}$。

$$e_0=\frac{M}{N}=\frac{350\times10^6}{4000\times10^3}=87.5\text{mm}$$

$$e_i=e_0+e_a=87.5+23=110.5\text{mm}$$

$$e=e_i+\frac{h}{2}-a_s=110.5+\frac{700}{2}-45=415.5\text{mm}$$

由公式得 $x=\dfrac{N}{\alpha_1f_cb}=\dfrac{4000\times10^3}{1.0\times19.1\times450}=465.39>0.518\times655=339.29$，属于小偏心受压构件。

（4）求出 ξ、A'_s和 A_s 的值

$$由\ \xi=\frac{N-\alpha_1\xi_bf_cbh_0}{\dfrac{Ne-0.43\alpha_1f_cbh_0^2}{(\beta_1-\xi_b)(h_0-a'_s)}+\alpha_1f_cbh_0}+\xi_b$$

$$=\frac{4000\times10^3-1.0\times0.518\times19.1\times450\times655}{\dfrac{4000\times10^3\times415.5-0.43\times1.0\times19.1\times450\times655^2}{(0.8-0.518)(655-45)}+1.0\times19.1\times450\times655}+0.518$$

$$=0.6964$$

$$代入可得\quad A'_s=A_s=\frac{Ne-\alpha_1f_cbh_0^2\xi(1-0.5\xi)}{f'_y(h_0-a'_s)}$$

$$=\frac{4000\times10^3\times415.5-1.0\times19.1\times450\times655^2\times0.6964\times(1-0.5\times0.6964)}{360\times(655-45)}$$

$$=-53.7\text{mm}^2<\rho'_{\min}bh=0.2\%\times450\times700=630\text{mm}$$

取 $A'_s=A_s=560\text{mm}^2$ 配筋。同时满足整体配筋率不小于0.55%的要求，查附表2-1，每边选用2⌀16+2⌀18（$A_s=A'_s=911\text{mm}^2$）。

（5）验算垂直于弯矩作用方向轴心受压承载力

由 $\dfrac{l_c}{b}=\dfrac{3300}{400}=8.25$ 得 $\varphi=0.998$。

$N_u=0.9\varphi[f_cA+f_y(A_s+A'_s)]=0.9\times0.998\times[19.1\times450\times700+360\times(911+911)]$
$=5993\text{kN}>N=4000\text{kN}$

故结构验算安全。

6.6.2 截面复核

(1) 相对偏心距的界限值 e_{0s}

同截面设计相同，在进行截面复核时，需要进行大小偏心受压的判别。取 $x=\xi_bh_0$ 代入大偏心受压的计算公式，且取 $a_s=a'_s$ 可以进一步得出 N_b 和弯矩 M_b

$$N_b=\alpha_1f_cbh_0\xi_b+A'_sf'_y-A_sf_y \tag{6-65}$$

$$M_b=0.5\alpha_1f_cbh_0\xi_b(1-0.5\xi_b)+0.5(A'_sf'_y+A_sf_y)(h_0-A'_s) \tag{6-66}$$

$$e_{0s}=\frac{M_b}{N_b} \tag{6-67}$$

对于确定的截面尺寸、材料强度和界面配筋，偏心距的界限值为定值，①当 $N\leqslant N_b$ 或偏心距 $e_i>e_{0s}$ 时，为大偏心受压；②当 $N>N_b$ 或者偏心距 $e_i<e_{0s}$ 时，为小偏心情况。

(2) 截面承载力复核

偏心受压构件的受力状态较为复杂，即使在构件的截面尺寸、配筋情况、计算长度等因素确定的情况下界面承载力也可以有很多种 N、M 组合。只有在某些特定的情况下可以求解偏心受压构件正截面承载力设计值 N_u（或者已知轴力设计值 N，复核偏心受压构件正截面承载力是否满足要求）由于截面配筋已知，先假设构件为大偏心受压，下式可以求出 x

$$\alpha_1f_cbx\left(e_i-\frac{h}{2}+\frac{x}{2}\right)=f_yA_s\left(e_i+\frac{h}{2}-a_s\right)-A'_sf'_y\left(e_i-\frac{h}{2}+a_s\right) \tag{6-68}$$

① 当 $x>x_b$ 时，如果与计算相符，为大偏心受压构件，将 x 代入 $N_ue=\alpha_1f_cbx\left(h_0-\frac{x}{2}\right)+A'_sf'_y(h_0-a'_s)$ 可以求得轴向设计值 N_u。

② 当 $x>x_b$ 时，假如计算结果不符，为小偏心受压构件，将数据代入 $N_u=\alpha_1f_cbx+A'_sf'_y-\sigma_sA_s$、$N_ue=\alpha_1f_cbx\left(h_0-\frac{x}{2}\right)+A'_sf'_y(h_0-a'_s)$ 和 $\delta_s=\frac{\xi-\beta_1}{\xi_b-\beta_1}f_y$，要求满足 $-f'_y\leqslant\sigma_s\leqslant f_y$，若 $\xi>2\beta_1-\xi_b$ 时，$\sigma_s=-f_y$。式中，β_1 为系数，当混凝土强度等级不超过 C50 时，$\beta_1=0.8$；当混凝土强度等级为 C80 时，$\beta_1=0.74$；其中间值按线性内插法选用。

【例 6-13】 某框架柱的轴向力设计值 $N=2400\text{kN}$，弯矩 $M=240\text{kN}\cdot\text{m}$，截面尺寸 $b\times h=400\text{mm}\times700\text{mm}$，$a_s=a'_s=40\text{mm}$；混凝土强度等级为 C25，用 HRB335 级钢筋；构件计算长度 $l_0=2.5\text{m}$。求：对称配筋时 $A_s=A'_s$ 的数值。

解 (1) 确定基本参数

查附表 1-2 和附表 1-8 得：$f_c=11.9\text{N/mm}^2$，$f_y=f'_y=300\text{N/mm}^2$，$h_0=h-a_s=700-40=660\text{mm}$

$$\frac{l_0}{h}=\frac{2500}{700}=3.57$$

(2) 初步判断大小偏压

$e_0=\frac{M}{N}=\frac{240}{2400}=0.1\text{m}=100\text{mm}$，$e_a=700/30=23\text{mm}>20\text{mm}$，取 $e_a=23\text{mm}$，$e_i=e_0+e_a=100+23=123\text{mm}$

有 $\eta e_i=123\text{m}<0.3h_0=0.3\times660=198\text{mm}$

$e=\eta e_i+h/2-a'_s=123+700/2-40=433\text{mm}$

$x=\dfrac{N}{\alpha_1 f_c b}=\dfrac{2400\times10^3}{1.0\times11.9\times400}=504\text{mm}>x_b=0.55\times660=363\text{mm}$，属于小偏心受压，可按简化计算法计算。

(3) 求出 ξ 值，再按对称配筋计算 A_s、A'_s

$$\xi=\frac{N-\xi_b\alpha_1 f_c bh_0}{\dfrac{Ne-0.43\alpha_1 f_c bh_0^2}{(\beta_1-\xi_b)(h_0-a'_s)}+\alpha_1 f_c bh_0}+\xi_b$$

$$=\frac{2400\times10^3-0.55\times1.0\times11.9\times400\times660}{\dfrac{2400\times10^3\times433-0.43\times1.0\times11.9\times400\times660^2}{(0.8-0.55)\times(660-40)}+1.0\times11.9\times400\times660}+0.55$$

$=0.714$

$x=\xi h_0=0.714\times660=471\text{mm}$。

(4) 计算受力钢筋截面面积 $A_s=A'_s$

$$A_s=A'_s=\frac{Ne-\alpha_1 f_c bx\left(h_0-\dfrac{x}{2}\right)}{f'_y(h_0-a'_s)}=\frac{2400\times10^3\times433-1.0\times11.9\times400\times471\times\left(660-\dfrac{471}{2}\right)}{300\times(660-40)}$$

$=470\text{mm}^2<\rho'_{\min}bh_0=528\text{mm}^2$

取 $A_s=A'_s=528\text{mm}^2$。查附表 2-1，每边选用 3⌀16（$A'_s=A_s=603\text{mm}^2$）。

(5) 按轴心受压验算垂直于弯矩作用方向的承载力

由 $\dfrac{l_0}{b}=\dfrac{2500}{400}=6.25$，又有 $\varphi=1.0$

按公式得 $N=0.9\varphi[f_c bh+f'_y(A_s+A'_s)]$

$=0.9\times1.0\times[11.9\times400\times700+300\times(603+603)]$

$=3324.42\text{kN}>2400\text{kN}$

验算结果安全。

6.7 I字形截面偏压构件的正截面承载力计算

较大尺寸的装配式构件往往采用 I 形截面，这样可以节省混凝土和减轻构件的自重。I 形截面柱正截面的受力性能、破坏形态与矩形截面柱相同，故其计算原理亦与矩形截面柱相同，但由于截面受压区形状不同，其计算公式略有差异。

6.7.1 基本公式及其适用条件

6.7.1.1 大偏心受压

(1) 计算公式

当 $x\leqslant h'_f$ 时，则按宽度 b'_f 的矩形截面计算，如图 6-27(b) 所示。根据力的平衡条件及力矩平衡条件可得

$$N_u=\alpha_1 f_c b'_f x \qquad (6\text{-}69)$$

$$N_{u}e=\alpha_{1}f_{c}b_{f}'x\left(h_{0}-\frac{x}{2}\right)+f_{y}'A_{s}'(h_{0}-a_{s}') \tag{6-70}$$

式中 b_{f}'——I形截面受压翼缘宽度；

h_{f}'——I形截面受压翼缘高度。

当 $x>h_{f}'$时，受压区为T形截面，应力计算图6-27(a)所示，则

$$N_{u}=\alpha_{1}f_{c}[bx+(b_{f}'-b)h_{f}'] \tag{6-71}$$

$$N_{u}e=\alpha_{1}f_{c}\left[bx\left(h_{0}-\frac{x}{2}\right)+(b_{f}'-b)h_{f}'\left(h_{0}-\frac{h_{f}'}{2}\right)\right]+f_{y}'A_{s}'(h_{0}-a_{s}') \tag{6-72}$$

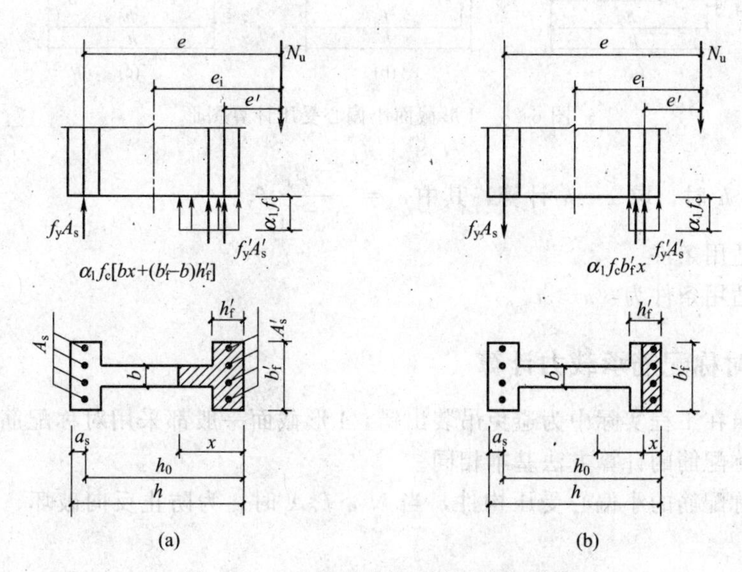

图6-27 I形截面大偏心受压计算图形

(2) 公式适用条件

为了保证受拉钢筋及受压钢筋能达到屈服强度，要满足下列条件 $x\leqslant x_{b}$ 及 $x\geqslant 2a_{s}'$。

6.7.1.2 小偏心受压

(1) 计算公式

小偏心受压I形截面一般不会发生 $x<h_{f}'$的情况，因此本章只考虑 $x>h_{f}'$时的计算公式。应力计算图形如图6-28所示。

当中和轴在腹板内时，如图6-28(a) 所示，根据力平衡条件及力矩平衡条件可得

$$N_{u}=\alpha_{1}f_{c}[bx+(b_{f}'-b)h_{f}']+f_{f}'A_{s}'-\sigma_{s}A_{s} \tag{6-73}$$

$$N_{u}=\alpha_{1}f_{c}\left[bx\left(h_{0}-\frac{x}{2}\right)+(b_{f}'-b)h_{f}'\left(h_{0}-\frac{h_{f}'}{2}\right)\right]+f_{y}'A_{s}'(h_{0}-a_{s}') \tag{6-74}$$

当中和轴在离压力较远侧翼缘内时，如图6-28(c) 所示，根据力平衡条件和力矩平衡条件可得

$$N_{u}=\alpha_{1}f_{c}[bx+(b_{f}'-b)h_{f}'+(b_{f}-b)(h_{f}+x-h)]+f_{y}'A_{s}'-\sigma_{s}A_{s}$$

$$N_{u}e=\alpha_{1}f_{c}\left[bx\left(h_{0}-\frac{x}{2}\right)+(b_{f}'-b)h_{f}'\left(h_{0}-\frac{h_{f}'}{2}\right)+(b_{f}-b)(h_{f}+x-h)\left(h_{f}-\frac{h_{f}+x-h}{2}-a_{s}\right)\right]$$
$$+f_{y}'A_{s}'(h_{0}-a_{s}')$$

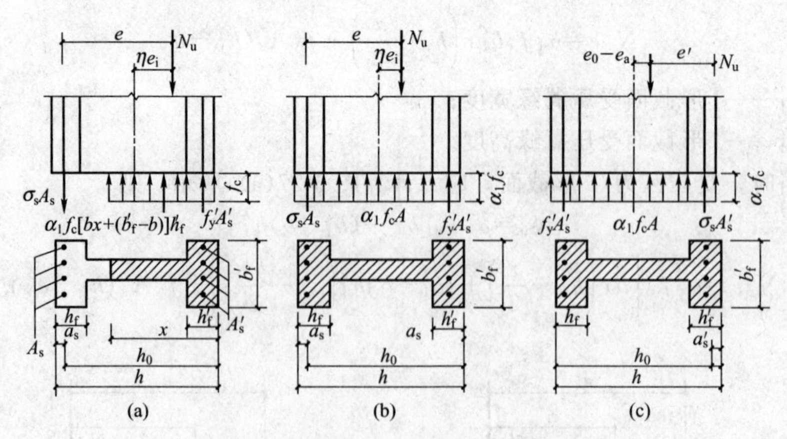

图 6-28　I形截面小偏心受压计算图形

式中当 $x>h$ 时，取 $x=h$ 计算，其中 $\sigma_s=\dfrac{\xi-\beta_1}{\xi_b-\beta_1}f_y$。

（2）公式适用条件

上述公式适用条件为：$x>x_b$。

6.7.2　对称配筋承载力计算

装配式建筑在工程实际中为避免吊装出错，I形截面一般都采用对称配筋。其计算方法与矩形截面对称配筋的计算方法基本相同。

对于不对称配筋的小偏心受压构件，当 $N>f_cA$ 时，为防止反向破坏，应按下列公式进行验算

$$Ne'\leqslant\alpha_1 f_c\left[bh\left(h'_0-\frac{h}{2}\right)+(b_f-b)h_f\left(h'_0-\frac{h_f}{2}\right)+(b'_f-b)h'_f\left(\frac{h'_f}{2}-a'_s\right)\right]-f'_yA_s(h'_0-a_s)$$

$$e'=y'-a'_s-(e_0-e_a)$$

上式中 $h'_0=h-a'_s$；y' 为截面重心至轴向压力 N 较近一侧受压边的距离，当截面对称时，取 $y'=h/2$；对称配筋时，$A_s=A'_s$，$f_y=f'_y$，按下列情况进行配筋计算：

① $N\leqslant N_b=\alpha_1 f_c(b'_f-b)h'_f+\alpha_1 f_c bh_0\xi_b$时，构件为大偏心受压；

② $N>N_b=\alpha_1 f_c(b'_f-b)h'_f+\alpha_1 f_c bh_0\xi_b$时，构件为小偏心受压。

6.7.2.1　大偏心受压

大偏心I形截面对称配筋计算可假想宽度为b'_f的矩形截面。此时 $A_s=A'_s$，$f_y=f'_y$，由公式得

$$x=\frac{N_u}{\alpha_1 f_c b'_f}\tag{6-75}$$

按求得的 x 值不同，分为以下三种情况。

① 当 $x>h'_f$时，将 x 代入式 $N_u=\alpha_1 f_c[bx+(b'_f-b)h'_f]+f'_yA'_s-f_yA_s$

及式　$N_ue=\alpha_1 f_c\left[bx\left(h_0-\dfrac{x}{2}\right)+(b'_f-b)h'_f\left(h_0-\dfrac{h'_f}{2}\right)\right]+f'_yA'_s(h_0-a'_s)$

可求得钢筋截面面积。

② 当 $2a'_s\leqslant x\leqslant h'_f$时，按式 $Ne=\alpha_1 f_c b'_f x\left(h_0-\dfrac{x}{2}\right)+f'_yA'_s(h_0-a'_s)$，可求得钢筋截面

面积。

③ 当 $x<2a'_s$时，取 $x=2a'_s$，可求得钢筋截面面积：$A'_s=A_s=\dfrac{N\left(e_i-\dfrac{h}{2}+a'_s\right)}{f_y\ (h_0-a'_s)}$

【例 6-14】 已知：I形截面边柱轴向力设计值 $N=853.5\text{kN}$，杆端弯矩设计值 $M_1=M_2=352.5\text{kN}\cdot\text{m}$，截面尺寸为 $b=80\text{mm}$，$h=700\text{mm}$，$b_f=b'_f=350\text{mm}$，$h_f=h'_f=112\text{mm}$，$a_s=a'_s=50\text{mm}$；混凝土强度等级 C35，钢筋采用 HRB400 级；$l_c=l_0=6.7\text{m}$，对称配筋。求钢筋截面 $A_s=A'_s$。

解 (1) 确定基本参数

查附表 1-2 和附表 1-8 得：$f_c=16.7\text{N/mm}^2$，$f_y=f'_y=360\text{N/mm}^2$，$h_0=h-a_s=700-50=650\text{mm}$

(2) 判断是否考虑挠曲二阶效应

因$\dfrac{l_c}{h}=\dfrac{6700}{700}=9.57>6$，故需考虑二阶效应。

(3) 计算弯矩增大系数

$C_m=0.7+0.3\dfrac{M_1}{M_2}=0.1$，$h_0=700-50=650\text{mm}$

$e_a=\dfrac{700}{30}=23\text{mm}>20\text{mm}$，取 $e_a=23\text{mm}$。

$$\xi_c=\frac{0.5f_cA}{N}=\frac{0.5\times16.7\times[80\times(700-112\times2)+350\times112\times2]}{853.5\times10^3}=1.14>1\text{，取 }\xi_c=1\text{。}$$

$$\eta_{ns}=1+\frac{1}{\dfrac{1300\left(\dfrac{M_2}{N}+e_a\right)}{h_0}}\left(\frac{l_c}{h}\right)^2\xi_c$$

$$=1+\frac{1}{\dfrac{1300\times\left(\dfrac{352.5\times10^6}{853.5\times10^3}+23\right)}{650}}\times\left(\frac{6700}{700}\right)^2\times1.0=1.105$$

(4) 初步判断大小偏压

$$e_i=\frac{M}{N}+e_a=\frac{C_m\eta_{ns}M_2}{N}+e_a=\frac{1\times1.05\times352.5\times10^6}{853.5\times10^3}+23=479.4\text{mm}$$

先按大偏心受压计算。

(5) 计算受力钢筋截面面积

$$x=\frac{N}{\alpha_1f_cb'_f}=\frac{853.5\times10^3}{1\times16.7\times350}=146\text{mm}>h'_f=112\text{mm}$$

此时中和轴在腹板内，由公式得：

$$x=\frac{N-\alpha_1f_ch'_f(b'_f-b)}{\alpha_1f_cb}=\frac{853.5\times10^3-1.0\times16.7\times112\times(350-80)}{1.0\times19.1\times80}$$

$=228\text{mm}<x_b$

$=0.518\times650=336.7\text{mm}$

确定可以采用大偏心受压公式计算钢筋，

$$A_s=A'_s=\frac{N_u e-\alpha_1 f_c[bx(h_0-x/2)+(b'_f-b)h'_f(h_0-h'_f/2)]}{f'_y(h_0-a'_s)}$$

$$=\frac{853.5\times10^3\times779.4-1\times19.1\times80\times228\times\left(650-\frac{228}{2}\right)}{360\times(650-50)}$$

$$-\frac{1\times19.1\times(350-80)\times112\times\left(650-\frac{112}{2}\right)}{360\times(650-50)}$$

$$=626.8\text{mm}^2>\rho'_{\min}bh=0.002\times80\times700=112\text{mm}^2$$

查附表 2-1，故所配钢筋可为 3⌀20（$A_s=A'_s=942\text{mm}^2$）。

（6）验算垂直于弯矩作用方向轴心受压承载力

$$I_x=\frac{1}{12}(h-2h_f)b^3+2\times\frac{1}{12}h_f b_f^3$$

$$=\frac{1}{12}\times(700-2\times112)\times80^3+2\times\frac{1}{12}\times112\times350^3=820642667\text{mm}^4$$

$$i_x=\sqrt{\frac{I_x}{A}}=\sqrt{\frac{820642667}{116480}}=83.9\text{mm}^2$$

$\frac{l_0}{i_x}=\frac{6700}{83.9}=79.8$，得 $\varphi=0.67$

$$N_u=0.9\varphi[f_cA+f'_y(A_s+A'_s)]=0.9\times0.67\times[16.7\times116480+360\times942\times2]\text{N}$$
$$=1582\text{kN}>853.5\text{kN}$$

满足要求。

6.7.2.2 小偏心受压

I形截面对称配筋的计算与矩形截面的计算类似，只需注意翼缘的作用。对于小偏心受压构件，一般采用迭代法和近似公式计算法。其中

$$\xi=\frac{N-\alpha_1 f_c(b'_f-b)h'_f-\xi_b\alpha_1 f_c bh_0}{\frac{Ne-\alpha_1 f_c(b'_f-b)h'_f\left(h_0-\frac{h'_f}{2}\right)-0.43\alpha_1 f_c bh_0^2}{(\beta_1-\xi_b)(h_0-a'_s)}+\alpha_1 f_c bh_0}+\xi_b \tag{6-76}$$

$$A_s=A'_s=\frac{Ne-\alpha_1 f_c(b'_f-b)h'_f\left(h_0-\frac{h'_f}{2}\right)-\alpha_1 f_c bh_0^2\xi(1-0.5\xi)}{f'_y(h_0-a'_s)} \tag{6-77}$$

【例 6-15】 钢筋混凝土 I 形截面边柱轴向力设计值 $N=1510\text{kN}$，杆端弯矩设计值 $M_1=M_2=248\text{kN}\cdot\text{m}$，截面尺寸 $b\times h=80\text{mm}\times700\text{mm}$，$b_f=b'_f=350\text{mm}$，$h_f=h'_f=112\text{mm}$，$a_s=a'_s=50\text{mm}$；混凝土强度等级为 C40，钢筋采用 HRB400 级；$l_c=l_0=6.7\text{m}$，对称配筋。求所需钢筋截面面积。

解 （1）确定基本参数

查附表 1-2 和附表 1-8 得：$f_c=19.1\text{N/mm}^2$，$f_y=f'_y=360\text{N/mm}^2$，$h_0=h-a_s=700-50=650\text{mm}$

（2）判断是否考虑挠曲二阶效应

因 $\frac{l_c}{h}=\frac{6700}{700}=9.57>6$，$\frac{M_1}{M_2}=1.0>0.9$

故需要考虑二阶效应。

(3) 计算弯矩增大系数

$C_m=0.7+0.3\dfrac{M_1}{M_2}=1.0$，$h_0=700-50=650\text{mm}$

$e_a=\dfrac{700}{30}=23\text{mm}>20\text{mm}$，取 $e_a=23\text{mm}$。

$$\xi_c=\frac{0.5f_cA}{N}=\frac{0.5\times19.1\times[80\times(700-112\times2)+350\times112\times2]}{1510\times10^3}=0.737$$

$$\eta_{ns}=1+\frac{1}{1300\left(\dfrac{M_2}{N}+e_a\right)/h_0}\left(\frac{l_c}{h}\right)^2\xi_c$$

$$=1+\frac{1}{1300\times\left(\dfrac{248\times10^6}{1510\times10^3}+23\right)/650}\times\left(\frac{6700}{700}\right)^2\times0.737=1.180$$

(4) 初步判断大小偏压

先按大偏心受压计算，由公式得

$$x=\frac{N}{\alpha_1f_cb'_f}=\frac{1510\times10^3}{1.0\times19.1\times350}=226\text{mm}>h'_f=112\text{mm}$$

此时中和轴在腹板内，由公式得

$$x=\frac{N-\alpha_1f_ch'_f(b'_f-b)}{\alpha_1f_cb}=\frac{1510\times10^3-1.0\times19.1\times112\times(350-80)}{1.0\times19.1\times80}$$

$$=610\text{mm}>x_b=0.518\times650=336.7\text{mm}$$

确定应采用小偏心受压公式计算钢筋

$$e_i=\frac{M}{N}+e_a=\frac{C_m\eta_{ns}M_2}{N}+e_a=\frac{1\times1.18\times248\times10^6}{1510\times10^3}+23=216.8\text{mm}$$

$$e=e_i+\frac{h}{2}-a=216.8+\frac{700}{2}-50=516.8\text{mm}$$

I形截面小偏心受压，与矩形截面小偏心受压相似，采用近似公式法。

(5) 计算 ξ 值

$$\xi=\frac{N-\alpha_1f_c(b'_f-b)h'_f-\xi_b\alpha_1f_cbh_0}{\dfrac{Ne-\alpha_1f_c(b'_f-b)h'_f\left(h_0-\dfrac{h'_f}{2}\right)-0.43\alpha_1f_cbh_0^2}{(\beta_1-\xi_b)(h_0-a'_s)}+\alpha_1f_cbh_0}+\xi_b$$

$$=\frac{1510\times10^3-1.0\times19.1\times(350-80)\times112-0.518\times1.0\times19.1\times80\times650}{\dfrac{1510\times10^3\times516.8-1.0\times19.1\times(350-80)\times112\times\left(650-\dfrac{112}{2}\right)-0.43\times1.0\times19.1\times80\times650^2}{(0.8-0.518)\times(650-50)}+1.0\times19.1\times80\times650}+0.518$$

$=0.734$

(6) 计算受力钢筋的截面面积

$x=\xi h_0=0.734\times650=477.1\text{mm}$

代入公式，解得 $A_s'=A_s=637\text{mm}^2$，同时满足整体配筋率不小于0.55%的要求。查附表2-1，实际配筋为每边选用4Φ16（$A_s'=A_s=804\text{mm}^2$）。

（7）验算垂直于弯矩作用方向轴心受压承载力

$$I_x=\frac{1}{12}(h-2h_f)b^3+2\times\frac{1}{12}h_f b_f^3$$

$$=\frac{1}{12}\times(700-2\times112)\times80^3+2\times\frac{1}{12}\times112\times350^3=820642667\text{mm}^4$$

$$i_x=\sqrt{\frac{I_x}{A}}=\sqrt{\frac{820642667}{116480}}=83.9\text{mm}^2$$

$\frac{l_0}{i_x}=\frac{6700}{83.9}=79.8$，得 $\varphi=0.67$

$$N_u=0.9\varphi[f_cA+f_y'(A_s+A_s')]=0.9\times0.67\times[16.7\times116480+360\times804\times2]$$
$$=1522.0\text{kN}>1510\text{kN}$$

满足要求。

6.8 受压构件的斜截面受剪承载力计算

6.8.1 轴向压力对构件斜截面受剪承载力的影响

在实际工程中偏心受力构件、受弯构件往往同时还伴有剪力的作用，因此这些构件不仅会在构件的正截面发生破坏，而且在剪力较大的区段也会形成弯矩和剪力或者弯矩、剪力、轴力共同作用的受力情况。在剪力区段会出现剪切斜裂缝，甚至导致构件沿斜截面发生破坏，破坏发生时无明显的征兆，因此对梁、柱、剪力墙等构件必须保证斜截面受剪承载力。同时由于偏心受压构件，剪力值相对较小，所以一般不进行斜截面受剪承载力的计算；但对于受到水平力较大的框架柱，或者在横向力作用下的桁架上弦压杆，此时剪力影响相对较大，计算时必须考虑。钢筋混凝土结构中箍筋及混凝土能够为构件提供一定的斜截面受剪承载力，但如果剪力较大，则需要配置更多的箍筋或者通过纵筋弯起或者另加斜向钢筋（即弯起钢筋）等方法来抵抗剪力。

根据已有试验可知，轴压力不仅可以延缓垂直裂缝的出现，而且可以减小裂缝宽度；水平投影长度基本不变，斜裂缝倾角变小，纵筋拉力降低的现象，使得构件斜截面受剪承载力能够提高一些。但上述方法有一定限度，当轴压比 $N/f_cbh_0=0.3\sim0.5$ 时，再增加轴向压力将转变为带有斜裂缝的小偏心受压的破坏情况，斜截面受剪承载力达到最大值，如图6-29所示。

试验还表明，当 $N<0.3f_cbh$ 时，不同剪跨比构件的轴压力影响相差不多，见图6-30。

6.8.2 偏心受压构件斜截面受剪承载力的计算公式

在偏心力作用下构件截面上会受到弯矩 M 及轴力 N 的作用，同时还受到剪力 V 作用。所以偏心构件不仅要计算正截面受剪承载力，还要进行斜截面受剪承载力计算。

近年一些学者关于偏心受压构件的抗剪实验研究发现，为了能够准确模拟出实际结构构件的

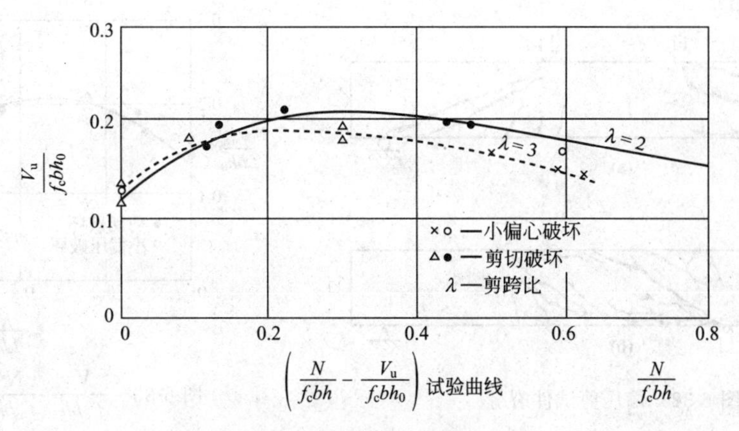

图 6-29 相对轴压力和剪力关系

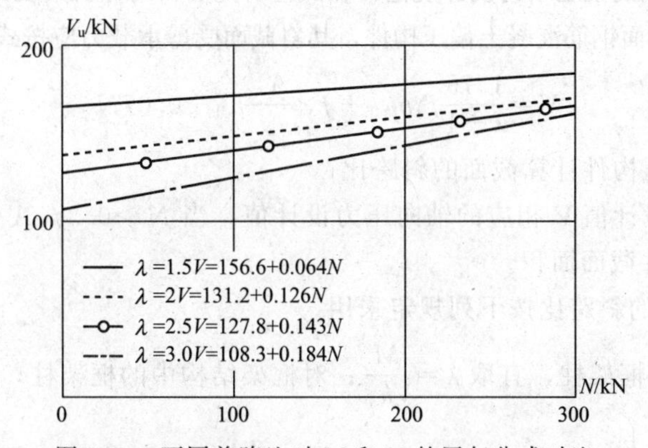

图 6-30 不同剪跨比时 M 和 N 的回归公式对比

受力情况，一般既做简支偏压构件的抗剪试验，也做约束偏压构件的抗剪试验，如图 6-31 所示。

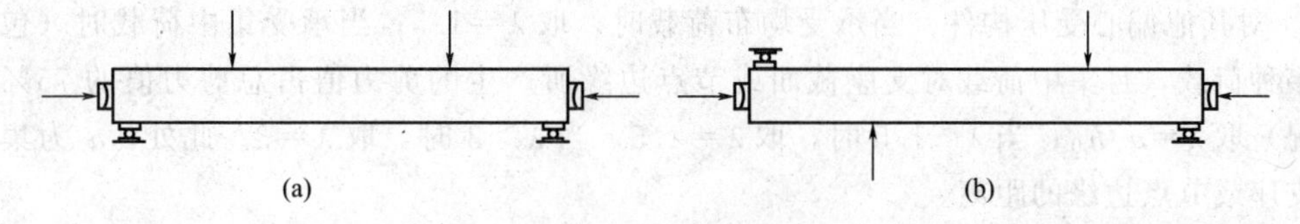

图 6-31 偏压构件抗剪试验

一般当轴向压力很小时，此时轴向压力对构件受剪承载力起有利作用。造成这种现象的主要原因是：轴向压力在一定程度上可以约束斜裂缝的出现和开展，同时也增加了轴压区的高度，从而使受剪承载力得到提高。简支偏压剪试件和约束偏压剪试件破坏阶段的典型裂缝如图 6-32 所示。

但是轴向压力对构件受剪承载力的有利作用是有限的，当$\frac{N}{f_c b h_0}$较小时，构件的抗剪能力随着轴压比的增加而提高，当轴压比$\frac{N}{f_c b h_0}=0.3\sim0.5$时，抗剪能力达到最大值；如果轴向压力继续增大，则抗剪能力降低，并将发展为带有裂缝的小偏心受压正截面破坏。所以应限制轴向压力受剪承载力提高的范围，如图 6-33 所示。所以在计算时轴向压力规定了一个上限值，取 $N=0.3f_cA$。

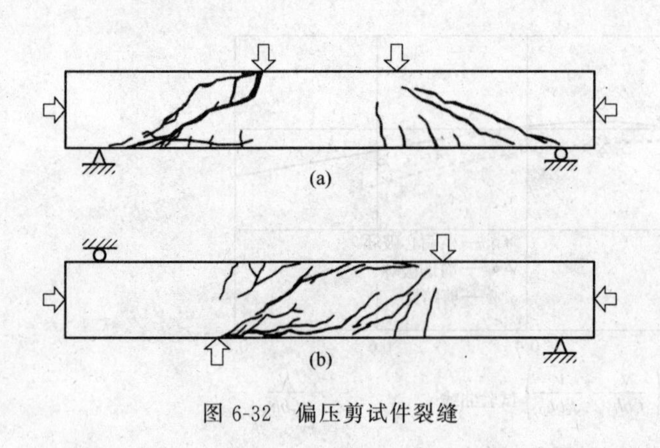

图 6-32 偏压剪试件裂缝

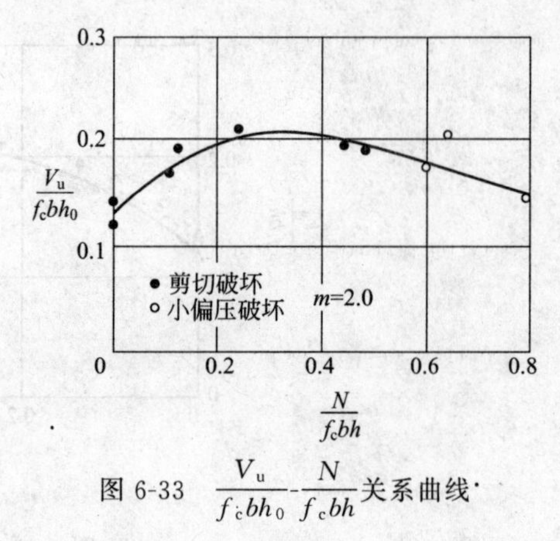

图 6-33 $\frac{V_u}{f_c b h_0}$-$\frac{N}{f_c b h}$关系曲线

综上考虑，根据《混凝土结构设计规范》和试验研究资料的分析其设计值取 $V_n=0.07N$。这样矩形、T形和I形截面钢筋混凝土偏压构件，其斜截面受剪承载力应按式(6-78) 计算

$$V=\frac{1.75}{\lambda+1}f_t b h_0+f_{yv}\frac{A_{sv}}{s}h_0+0.07N \tag{6-78}$$

式中 λ——偏心受压构件计算截面的斜跨比；

N——与剪力设计值 V 相应的轴向压力设计值，当 $N>0.3f_cA$ 时，取 $N=0.3f_cA$，A 为构件截面面积。

上式中计算截面的斜跨比按下列规定采用。

① 对各类结构的框架柱，宜取 $\lambda=\frac{M}{Vh_0}$；对框架结构中的框架柱，当其反弯点在层高范围内时，可取 $\lambda=\frac{H_n}{2h_0}$；当 $\lambda<1$ 时，取 $\lambda=1$；当 $\lambda>3$ 时，取 $\lambda=3$。此处 M 为计算截面上与剪力设计值 V 相应的弯矩设计值，H_n 为柱净高。

② 对其他偏心受压构件，当承受均布荷载时，取 $\lambda=1.5$；当承受集中荷载时（包括作用有多种荷载，且集中荷载对支座截面或节点边缘所产生的剪力值占总剪力值的 75%以上的情况）取 $\lambda=a/h_0$；当 $\lambda<1.5$ 时，取 $\lambda=1.5$，当 $\lambda>3$ 时，取 $\lambda=3$。此处，a 为集中荷载至支座或节点边缘的距离。

矩形、T形和I形截面的钢筋混凝土偏心受压构件，当符合式(6-79) 的要求时，可不进行斜截面受剪承载力计算，即

$$V\leqslant\frac{1.75}{\lambda+1.0}f_t b h_0+0.07N \tag{6-79}$$

【例 6-16】 有一钢筋混凝土矩形截面偏心受压柱，截面尺寸 $b\times h=400\text{mm}\times600\text{mm}$，$a_s=a_s'=40\text{mm}$，$H_n=3.5\text{m}$。混凝土 C40 级，纵筋 HRB400 级，箍筋 HPB300 级；柱端作用轴向压力设计值 $N=1500\text{kN}$，剪力设计值 $V=350\text{kN}$，试计算所需箍筋数量。

解 (1) 确定基本参数

查附表 1-2 和附表 1-8 得：$f_c=19.1\text{N/mm}^2$，$f_t=1.71\text{N/mm}^2$，$f_{yv}=270\text{N/mm}^2$。

(2) 验算截面限制条件

$h_0=h-a_s=600-40=560\text{mm}$

$0.25\beta_c f_c b h_0=0.25\times1.0\times19.1\times400\times560=1069.6\text{kN}>V=350\text{kN}$

截面尺寸满足要求。

(3) 验算是否按计算配置箍筋

$\lambda=\dfrac{H_n}{2h_0}=\dfrac{3500}{2\times460}=3.804>3$，取 $\lambda=3$。$\dfrac{N}{f_cA}=\dfrac{1500\times10^3}{19.1\times400\times600}=0.33>0.3$

取 $N=0.3f_cA=0.3\times19.1\times400\times600=1375.2\text{kN}$

$\dfrac{1.75}{\lambda+1.0}f_tbh_0+0.07N=\dfrac{1.75}{3+1}\times1.71\times400\times560+0.07\times1375.2\times10^3=263.844\text{kN}<V=350\text{kN}$ 故需按计算配置箍筋。

(4) 计算箍筋用量

$$\frac{nA_{sv1}}{s}\geqslant\frac{V-\left(\dfrac{1.75}{\lambda+1}f_tbh_0+0.07N\right)}{f_{yv}h_0}=\frac{350\times10^3-263.844\times10^3}{270\times560}=0.57\text{mm}$$

选用双肢箍筋Φ10@250，$A_{sv1}=78.5\text{mm}^2$，$\dfrac{nA_{sv}}{s}=\dfrac{2\times78.5}{250}=0.628>0.57$，满足要求。

6.9 受压构件的构造要求

6.9.1 材料强度

受压构件不仅要满足承载力的要求，还要满足构造的要求，如图 6-34。材料强度对承载力有较大影响。例如混凝土强度对钢筋混凝土受压构件的承载力影响十分明显，所以我国结构中柱子一般采用的混凝土强度等级为 C30～C40，在高层建筑一般采用等级更高的混凝土。纵向钢筋常采用 HRB400、HRBF400、HRB500、HRBF500 级钢筋，不采用高强度钢筋，其目的是为了能够充分发挥混凝土的强度，箍筋一般采用 HPB300、HRB400、HRBF400 级钢筋。

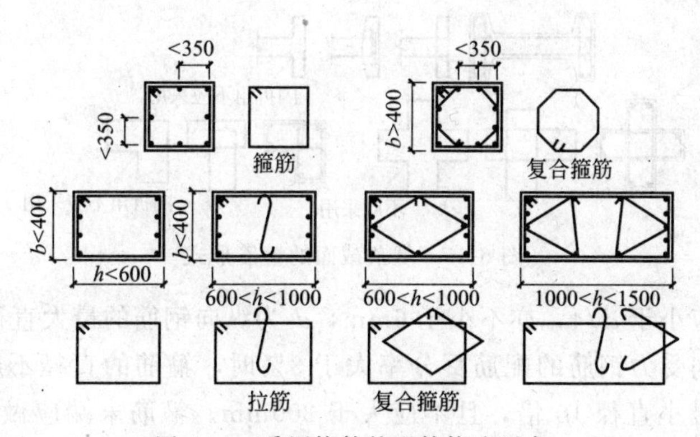

图 6-34　受压构件的配筋构造要求

6.9.2 截面形状和尺寸

为了使模板制作更加方便，受压构件截面的形状多数采用方形或矩形截面，根据特殊的情况有时也采用圆形或多边形。例如单层工业厂房的预制柱常采用 I 形截面。同时为了避免长细比过大而降低构件的承载力，选取柱子的截面尺寸时一般不宜太小。一般控制在 $l_0/b\leqslant$

30 或 $l_0/d \leqslant 25$（b 为矩形截面短边，d 为圆形截面直径）。截面边长在 800mm 以内时，以 50mm 为模数；当 800mm 以上时，以 100mm 为模数，一般不宜小于 250mm×250mm。

6.9.3 纵向钢筋

柱纵向钢筋直径不宜小于 12mm，一般取 12～32mm，柱中纵向钢筋间的净间距不应小于 50mm，且不宜大于 300mm。水平浇筑的柱，其最小净距与梁相同。在偏心受压柱中，当柱的截面高度不小于 600mm 时，在柱的侧面上需设置直径不小于 10mm 的纵向构造钢筋，同时应相应设置复合箍筋或拉筋，以防止温度作用和混凝土收缩产生的裂缝，对构件产生影响。偏心受压柱中在垂直于弯矩作用平面配置的纵向受力钢筋和轴心受压柱中各边的纵向受力钢筋，其间距不宜大于 300mm。

当构件是轴心受压时，纵筋沿构件截面周边均匀布置，但当构件是偏心受压时，构件中的纵筋应布置在偏心方向的两侧。矩形截面受压构件中，纵向受力钢筋根数不得少于 4 根，以便与箍筋形成钢筋骨架。一般圆柱中纵向钢筋沿周边均匀布置。纵筋根数不宜少于 8 根，且不应少于 6 根，如图 6-34。

当纵筋配筋率过小时对柱的承载能力提高作用不大，则纵筋对混凝土受压脆性破坏的缓冲作用就不是很明显。在《混凝土结构设计规范》中规定了轴心受压构件、偏心受压构件全部纵向钢筋的最小配筋百分率及同一侧钢筋的最小配筋百分率。同时，为了防止配筋率过高而影响混凝土浇筑的质量，《混凝土结构设计规范》规定柱的全部纵向受压钢筋配筋百分率不宜大于 5.0%，常用范围为 0.5%～2.0%。

6.9.4 箍筋

在轴心受压构件中，箍筋的作用是为了防止纵筋受压时被压屈，同时也能够准确确定纵筋的位置。在偏心受压构件中，箍筋不仅满足以上功能，而且还承担剪力。在受压构件截面周边箍筋应做成封闭式。当柱的截面比较复杂时，不可采用含有内折角的箍筋，如图 6-35。

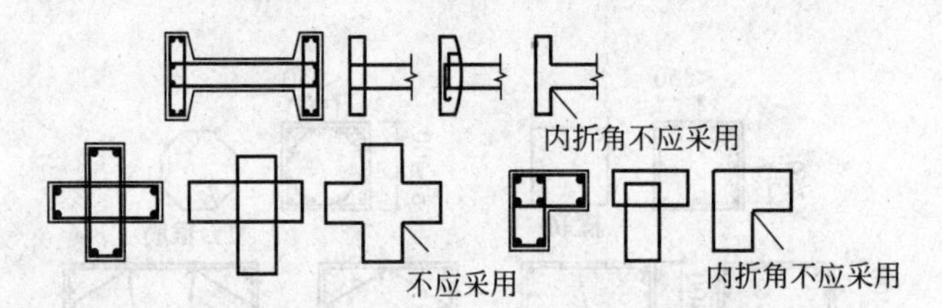

图 6-35 复杂截面的箍筋形式

箍筋的直径不应小于 $d/4$，亦不小于 6mm，d 为纵向钢筋的最大直径。

当柱中全部纵向受力钢筋的配筋百分率大于 3%时，箍筋的直径不应小于 8mm，不应大于纵向受力钢筋最小直径 10 倍，且不应大于 200mm。箍筋末端应做成不小于 135°的弯钩，弯钩末端平直段长度不应小于箍筋直径的 10 倍。

受力钢筋搭接长度范围内的箍筋，直径不应小于搭接钢筋较大直径的 0.25 倍。当钢筋受拉时，箍筋间距不应大于搭接钢筋较小直径的 5 倍，且不应大于 100mm；同时纵向钢筋至少每隔一根放置于箍筋转弯处。当柱子截面短边大于 400mm，且各边纵向钢筋多于 3 根时，或当柱子截面短边不大于 400mm，但各边纵向钢筋多于 4 根时，应设置复合箍筋。

在配有螺旋式（或焊接环式）间接钢筋的柱中，如计算中考虑间接钢筋的作用，则间接钢筋的间距不应大于 80mm 及 $d_{cor}/5$（d_{cor}为按间接钢筋内表面确定的核心截面直径），且不小于 40mm；间接钢筋的直径与普通箍筋的直径相同。

思考题与习题

思考题

1. 矩形截面大偏心受压构件正截面受压承载力如何计算？
2. 矩形截面小偏心受压构件正截面受压承载力如何计算？
3. 怎样进行不对称配筋矩形截面偏心受压构件正截面受压承载力的设计与计算？
4. 对称配筋矩形截面偏心受压构件大、小偏心受压破坏的界限如何区分？
5. 怎样进行对称配筋矩形截面偏心受压构件正截面承载力的设计与计算？
6. 怎样计算偏心受压构件的斜截面受剪承载力？

习题

1. 某多层框架结构的第三层内柱，轴心压力设计值大小为 $N=1100\text{kN}$，楼层高度为 $H=6.2\text{m}$，混凝土强度等级为 C40，采用 HRB335 级钢筋，柱的截面尺寸为 400mm×400mm。求所需纵筋的面积。

2. 某学校餐厅内现浇钢筋混凝土柱，一类环境，承受轴心压力设计值 $N=6000\text{kN}$，从基础顶面到二层楼面高度 $H=5.0\text{m}$，混凝土强度等级为 C40，根据设计规范的要求，柱子的截面形式选为圆形，直径 $d=450\text{mm}$。按构造需要，柱中纵筋用 HRB400 级钢筋，箍筋用 HRB300 级钢筋。试对该柱进行配筋。

3. 已知荷载作用下偏心受压构件的轴向力设计值 $N=3150\text{kN}$，杆端弯矩设计值 $M_1=M_2=82\text{kN}\cdot\text{m}$；截面尺寸 $b\times h=450\text{mm}\times500\text{mm}$，$a_s=a'_s=45\text{mm}$；混凝土强度等级 C35，采用 HRB400 级钢筋；计算长度 $l_c=l_0=2.6\text{m}$。求钢筋的截面面积 A_s、A'_s。

4. 某办公楼现浇柱的轴向力设计值 $N=567\text{kN}$，杆端弯矩设计值 $M_1=0.92M_2$，$M_2=236\text{kN}\cdot\text{m}$，截面为矩形截面，尺寸为 $b\times h=300\text{mm}\times450\text{mm}$，$a_s=a'_s=40\text{mm}$；混凝土强度等级为 C40，钢筋采用 HRB335 级；$l_c/h=6$。求钢筋截面积 $A_s=A'_s$。

5. 某框架柱的轴向力设计值 $N=500\text{kN}$，杆端弯矩设计值 $M_1=0.88M_2$，其中 $M_2=360\text{kN}\cdot\text{m}$，截面采用矩形截面，尺寸为 $b\times h=500\text{mm}\times600\text{mm}$。$a_s=a'_s=35\text{mm}$；混凝土强度等级为 C40，采用 HRB400 级热轧带肋钢筋；$l_c=l_0=4.2\text{m}$。求钢筋截面积 $A_s=A'_s$。

6. 某商场的框架柱采用圆形截面，截面尺寸为 $d=450\text{mm}$，$a_s=a'_s=40\text{mm}$；构件计算长度 $l_c=l_0=13.5\text{m}$。混凝土强度等级为 C30，钢筋采用 HRB400 级，钢筋截面面积 $A_s=A'_s=2156\text{mm}^2$，轴向力的偏心距 $e_0=560\text{mm}$，求截面能承受的轴向力设计值 N_u。

7. 某框架柱的轴向力设计值 $N=410\text{kN}$，杆端弯矩设计值 $M_1=0.92M_2$，$M_2=225\text{kN}\cdot\text{m}$，截面尺寸为 $b\times h=300\text{mm}\times450\text{mm}$，$a_s=a'_s=40\text{mm}$；混凝土强度等级为 C35，钢筋采用 HRB400 级；$\dfrac{l_c}{b}=8$。求所配置钢筋截面积 A_s 和 A'_s。

8. 已知条件同本章习题 7，并已知 $A'_s=876\text{mm}^2$，求受拉钢筋截面积 A_s。

9. 某柱承受轴向力设计值 $N=3000\text{kN}$，杆端弯矩设计值 $M_1=0.9M_2$，$M_2=84\text{kN}\cdot$

m；截面尺寸 $b \times h = 450\text{mm} \times 600\text{mm}$，$a_s = a'_s = 40\text{mm}$；混凝土强度等级为 C35，采用 HRB335 级钢筋，配有 $A'_s = 1964\text{mm}^2$，$A_s = 603\text{mm}^2$，计算长度为 $l_c = l_0 = 5.6\text{m}$。试复核截面是否安全。

10. 某单层工业厂房 I 形截面边柱，轴向力设计值 $N = 936.5\text{kN}$，杆端弯矩设计值 $M_1 = M_2 = 412.2\text{kN} \cdot \text{m}$，截面尺寸：$b = 80\text{mm}$，$h = 800\text{mm}$，$b_f = b'_f = 350\text{mm}$，$h_f = h'_f = 112\text{mm}$，$a_s = a'_s = 50\text{mm}$；混凝土强度等级为 C40，采用 HRB400 级带肋钢筋，$l_c = l_0 = 7.6\text{m}$，钢筋配置方式采用对称配筋，求钢筋截面积 $A_s = A'_s$。

11. 现有以钢筋混凝土矩形截面的偏心受压柱，截面尺寸为 $b \times h = 500\text{mm} \times 600\text{mm}$，$H = 3.6\text{m}$，$a_s = a'_s = 45\text{mm}$，混凝土等级为 C35，纵筋为 HRB400 级，柱端作用轴向压力设计值 $N = 1600\text{kN}$，剪力设计值为 $V = 360\text{kN}$，试计算所需箍筋数量。

第7章 受拉构件的承载力计算

学习目标

1. 了解受拉构件的受力过程；
2. 掌握大偏心受拉构件和小偏心受拉构件的划分条件；
3. 熟练掌握轴心受拉构件和偏心受拉构件的正截面承载力及斜截面承载力计算；
4. 熟悉受拉构件的构造要求。

7.1 轴心受拉构件正截面承载力计算

在钢筋混凝土结构中轴心受拉构件几乎不存在。在实际工程中，一般可按轴心受拉构件计算的，例如圆形水管，在内水压力作用下，忽略自重时的管壁，拱和桁架中的拉杆和圆形水池的环形池壁等。

对于轴心受拉构件，在裂缝出现前钢筋和混凝土共同承受拉力，裂缝出现后，裂缝截面处的混凝土完全退出工作，拉力完全由钢筋承担，随着荷载的进一步增大，钢筋达到屈服极限，构件破坏，所以轴心受拉构件的承载能力可按式(7-1) 计算

$$N \leqslant N_u = A_s f_y \tag{7-1}$$

式中 N——轴心拉力设计值；

N_u——轴心受拉构件正截面承载力设计值；

A_s——截面上全部纵向受拉钢筋截面面积；

f_y——受拉钢筋抗拉强度设计值。

【例 7-1】 已知某钢筋混凝土屋架下弦，截面尺寸 $b \times h = 200\text{mm} \times 200\text{mm}$，其所受的轴向拉力设计值是 350kN，采用 C30 混凝土，HRB500 级钢筋，求钢筋截面面积。

解 由附表 1-8 查 HRB500 钢筋得 $f_y = 435\text{N/mm}^2$，由式(7-1) 得：

$A_s = N/f_y = 350 \times 10^3 / 435 = 804.6\text{mm}^2$

选用 4 Φ 16，$A_s = 804\text{mm}^2$。

7.2 偏心受拉构件正截面承载力计算及构造措施

7.2.1 大、小偏心受拉构件的界限

当纵向拉力不作用在构件截面形心上时称为偏心受拉构件，简称偏拉构件。偏拉构件按作用力位置的不同分为小偏心受拉构件和大偏心受拉构件。设有一矩形截面 ($b \times h$)，作用

有纵向拉力 N，N 的作用点距截面形心为 e_0，截面在偏心力的一侧配有钢筋 A_s，另一侧配有钢筋 A'_s，当纵向拉力 N 作用在 A_s 的外侧［图 7-1(a)］，即 $e_0>\left(\dfrac{h}{2}-a_s\right)$时，截面虽然开裂，但存在受压区。既然有受压区，截面就不会裂通，受力情况类似于大偏心受压构件。这类情况称为大偏心受拉，对应的构件为大偏心受拉构件。当纵向拉力 N 作用在 A_s 和 A'_s之间［图 7-1(b)］，即 $e_0\leqslant\left(\dfrac{h}{2}-a_s\right)$时，全截面受拉，破坏时混凝土全部裂通，仅由钢筋 A_s 和 A'_s承受纵向拉力 N，这类情况称为小偏心受拉，对应的构件为小偏心受拉构件。根据以上分析，可将纵向拉力 N 的作用点在纵向钢筋之间或纵向钢筋之外，作为判断大、小偏拉的界限依据。

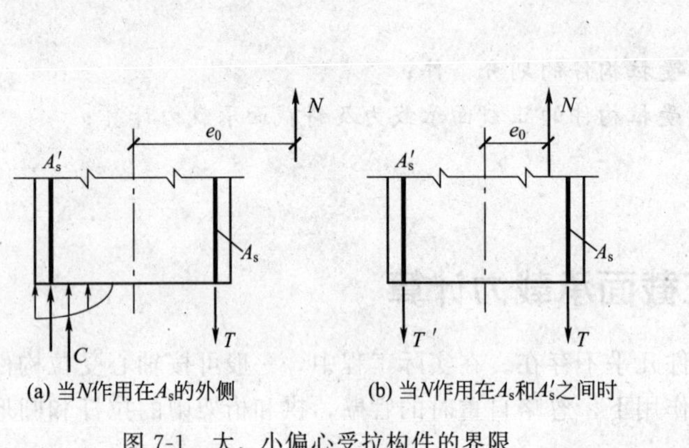

图 7-1 大、小偏心受拉构件的界限

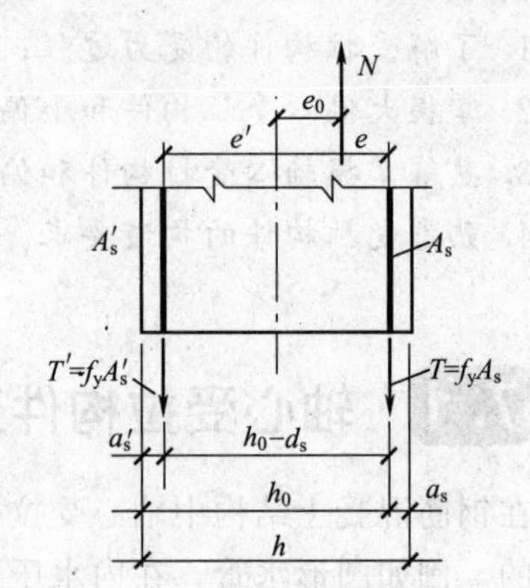

图 7-2 小偏心受拉构件正截面承载力计算简图

7.2.2 矩形截面小偏心受拉构件正截面承载力计算

矩形截面小偏心受拉构件正截面承载力计算简图如图 7-2 所示。根据两个力矩平衡方程可以分别确定 A_s 和 A'_s。

$$Ne\leqslant N_u e=A'_s f_y(h_0-a'_s) \tag{7-2}$$

$$Ne'\leqslant N_u e'=A_s f_y(h_0-a'_s) \tag{7-3}$$

式中 e——纵向拉力 N 到 A_s 的距离，$e=\dfrac{h}{2}-e_0-a_s$；

e'——纵向拉力 N 到 A'_s的距离，$e'=\dfrac{h}{2}+e_0-a'_s$。

设计时，取 $Ne\leqslant N_u e$ 或 $Ne'\leqslant N_u e'$，则由式(7-2) 和式(7-3) 可得

$$A'_s\geqslant\frac{Ne}{f_y(h_0-a'_s)} \tag{7-4}$$

$$A_s\geqslant\frac{Ne'}{f_y(h_0-a'_s)} \tag{7-5}$$

【例 7-2】 某偏心受拉构件处于一类环境，截面尺寸 $b\times h=300\text{mm}\times500\text{mm}$，采用 C30 混凝土和 HRB400 级钢筋；承受轴心拉力设计值 $N=400\text{kN}$，弯矩设计值 $M=60\text{kN}\cdot\text{m}$。试对构件进行配筋。

解 本例题属于截面设计问题。

（1）设计参数

查附表1-2、附表1-8，C30混凝土 $f_t=1.43\text{N/mm}^2$，HRB400级钢筋 $f_y=360\text{kN/mm}^2$，由附表3-4查得，一类环境，$c=20\text{mm}$，假定箍筋选用Φ8，纵筋直径是20mm，则 $a_s=a_s'=c+d_{sv}+d/2=20+8+20/2=38\text{mm}$

$\rho_{min}=45\dfrac{f_t}{f_y}\times100\%=45\times\dfrac{1.43}{360}\times100\%=0.179\%<0.2\%$，故取 $\rho_{min}=0.2\%$。

（2）判断构件类型

$e_0=\dfrac{M}{N}=\dfrac{60\times10^6}{400\times10^3}=150\text{mm}<\dfrac{h}{2}-a_s=\dfrac{500}{2}-38=212\text{mm}$，故为小偏心受拉构件。

（3）计算几何尺寸

$$e=\frac{h}{2}-e_0-a_s=\frac{500}{2}-150-38=62\text{mm}$$

$$e'=\frac{h}{2}+e_0-a_s'=\frac{500}{2}+150-38=362\text{mm}$$

（4）计算 A_s' 和 A_s

$$A_s'=\frac{Ne}{f_y(h_0-a_s')}=\frac{400000\times62}{360\times(462-38)}=162.47\text{mm}^2$$

$$<\rho_{min}bh=0.2\%\times bh=0.2\%\times300\times500=300\text{mm}^2$$

故取 $A_s'=300\text{mm}^2$

$$A_s=\frac{Ne'}{f_y(h_0-a_s')}=\frac{400000\times362}{360\times(462-38)}=948.64\text{mm}^2\geqslant\rho_{min}bh=0.2\%\times300\times500=300\text{mm}^2$$

（5）选用钢筋

A_s 选用3Φ20（$A_s=942\text{mm}^2$），选钢筋的面积比计算面积小但不超过5%，满足要求。A_s' 选用3Φ12（$A_s'=339\text{mm}^2$）。

【例7-3】 某偏心受拉构件，截面尺寸 $b\times h=200\text{mm}\times350\text{mm}$，采用C25混凝土和HRB335级钢筋，$A_s=628\text{mm}^2$（2Φ16），$A_s'=226\text{mm}^2$（2Φ12）。求此构件在 $e_0=55\text{mm}$ 时所能承受的拉力。

解 本题属于截面复核问题。

（1）基本设计参数

查附表1-2、附表1-8得C25混凝土 $f_t=1.27\text{N/mm}^2$，HRB335级钢筋 $f_y=300\text{N/mm}^2$，取 $a_s=a_s'=40\text{mm}$，$h_0=h-a_s=350-40=310\text{mm}$。

（2）判断构件类型

$e_0=55\text{mm}<\dfrac{h}{2}-a_s=\dfrac{350}{2}-40=135\text{mm}$，故为小偏心受拉构件。

（3）计算几何尺寸

$$e'=\frac{h}{2}+e_0-a_s'=\frac{350}{2}+55-40=190\text{mm}$$

$$e=\frac{h}{2}-e_0-a_s=\frac{350}{2}-55-40=80\text{mm}$$

（4）求 N_u

$$N_u=\frac{f_yA_s(h_0-a_s')}{e'}=\frac{300\times628\times(310-40)}{190}\times10^{-3}=267.73\text{kN}$$

$$N_{\mathrm{u}} \leqslant \frac{f_{\mathrm{y}} A_{\mathrm{s}}(h_0 - a'_{\mathrm{s}})}{e} = \frac{300 \times 226 \times (310 - 40)}{80} \times 10^{-3} = 228.83\mathrm{kN}$$

故此构件在 $e_0 = 55\mathrm{mm}$ 时所能承受的拉力为 228.83kN。

7.2.3 矩形截面大偏心受拉构件正截面承载力计算

7.2.3.1 基本公式

当纵向拉力作用在 A_{s} 和 A'_{s} 之间时，截面虽然开裂，但还有受压区，矩形截面大偏心受拉构件正截面承载力计算简图如图 7-3 所示。构件破坏时，钢筋 A_{s} 和 A'_{s} 的应力都达到屈服强度，受压区混凝土应力达到 $\alpha_1 f_{\mathrm{c}}$，由计算简图可以建立基本方程如下

$$N \leqslant N_{\mathrm{u}} = A_{\mathrm{s}} f_{\mathrm{y}} - A'_{\mathrm{s}} f'_{\mathrm{y}} - \alpha_1 f_{\mathrm{c}} bx \tag{7-6}$$

$$Ne \leqslant N_{\mathrm{u}} e = \alpha_1 f_{\mathrm{c}} bx \left(h_0 - \frac{x}{2}\right) + A'_{\mathrm{s}} f'_{\mathrm{y}} (h_0 - a'_{\mathrm{s}}) \tag{7-7}$$

$$e = e_0 - \frac{h}{2} + a_{\mathrm{s}} \tag{7-8}$$

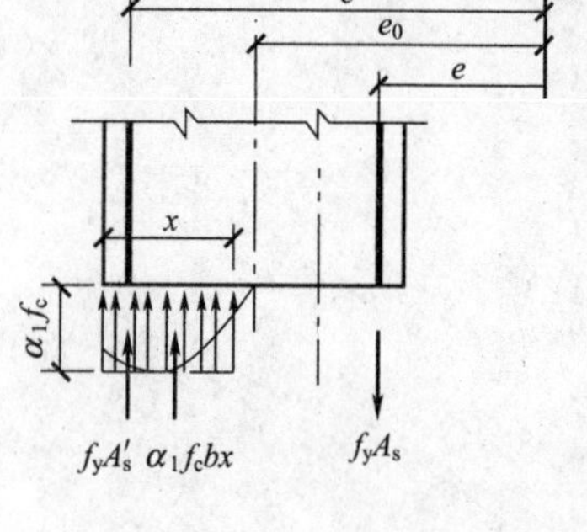
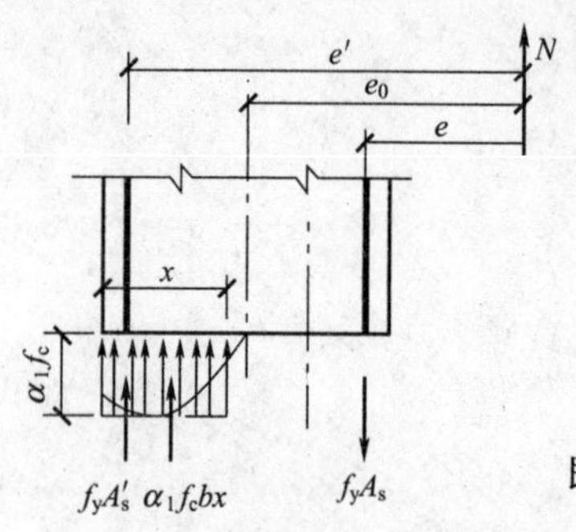

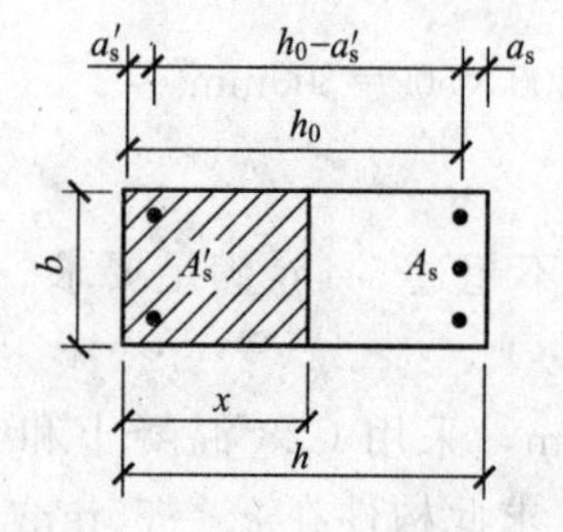

图 7-3 大偏心受拉构件正截面承载力计算简图

7.2.3.2 适用条件

(1) 构件破坏时首先保证受拉钢筋 A_{s} 先达到屈服极限，即 $\sigma_{\mathrm{s}} = f_{\mathrm{y}}$，则必须满足 $x \leqslant \xi_{\mathrm{b}} h_0$ 或 $\xi \leqslant \xi_{\mathrm{b}}$。

(2) 保证构件破坏时，受压钢筋 A'_{s} 也达到屈服极限，即 $\sigma'_{\mathrm{s}} = f'_{\mathrm{y}}$，则必须满足 $x \geqslant 2a'_{\mathrm{s}}$。

7.2.3.3 截面设计

(1) A_{s} 和 A'_{s} 均未知时，两个基本方程，三个未知数 A_{s}、A'_{s} 和 x，无唯一解，与双筋矩形截面梁和大偏心受压构件类似，为使总配筋面积（$A_{\mathrm{s}} + A'_{\mathrm{s}}$）最小，可假定 $x = \xi_{\mathrm{b}} h_0$，代入式(7-7) 和式(7-6) 得

$$A'_{\mathrm{s}} = \frac{Ne - \alpha_1 f_{\mathrm{c}} \xi_{\mathrm{b}} (1 - 0.5\xi_{\mathrm{b}}) bh_0^2}{f'_{\mathrm{y}} (h_0 - a'_{\mathrm{s}})} = \frac{Ne - \alpha_1 f_{\mathrm{c}} \alpha_{\mathrm{sb}} bh_0^2}{f'_{\mathrm{y}} (h_0 - a'_{\mathrm{s}})} \geqslant \rho'_{\min} bh \tag{7-9}$$

$$A_{\mathrm{s}} = \frac{\alpha_1 f_{\mathrm{c}} \xi_{\mathrm{b}} bh_0 + f'_{\mathrm{y}} A'_{\mathrm{s}} + N}{f_{\mathrm{y}}} \geqslant \rho_{\min} bh \tag{7-10}$$

(2) 已知 A'_{s} 时，两个基本方程有两个未知数 A_{s} 和 x，有唯一解。

首先由式(7-7) 计算 x

$$x = h_0 - \sqrt{h_0^2 - \frac{2[Ne - A'_{\mathrm{s}} f'_{\mathrm{y}} (h_0 - a'_{\mathrm{s}})]}{\alpha_1 f_{\mathrm{c}} b}} \tag{7-11}$$

或先计算 α_{s}、ξ 再计算 x

$$\alpha_{\mathrm{s}} = \frac{Ne - A'_{\mathrm{s}} f'_{\mathrm{y}} (h_0 - a'_{\mathrm{s}})}{\alpha_1 f_{\mathrm{c}} bh_0^2} \tag{7-12}$$

$$\xi = 1 - \sqrt{1 - 2\alpha_{\mathrm{s}}} \tag{7-13}$$

$$x = \xi h_0 \tag{7-14}$$

然后根据 x 大小决定计算 A_{s} 的公式

当 $2a'_s \leqslant x \leqslant \xi_b h_0$ 时，由式(7-6) 得

$$A_s = \frac{\alpha_1 f_c \xi_b b h_0 + f'_y A'_s + N}{f_y} \geqslant \rho_{min} bh$$

当 $x > \xi_b h_0$ 时，说明受压区承载力不足，按第一种情况重新设计。

当 $x < 2a'_s$时说明受压钢筋未达到屈服强度，前面建立的公式已不适用，需要另建立公式，如图 7-4 所示，取 $x = 2a'_s$，对 A'_s中心取矩。

$$Ne' \leqslant N_u e = f_y A_s (h_0 - a'_s) \tag{7-15}$$

$$A_s = \frac{Ne'}{f_y (h_0 - a'_s)} \tag{7-16}$$

式中，$e' = e_0 + \frac{h}{2} - a'_s$。

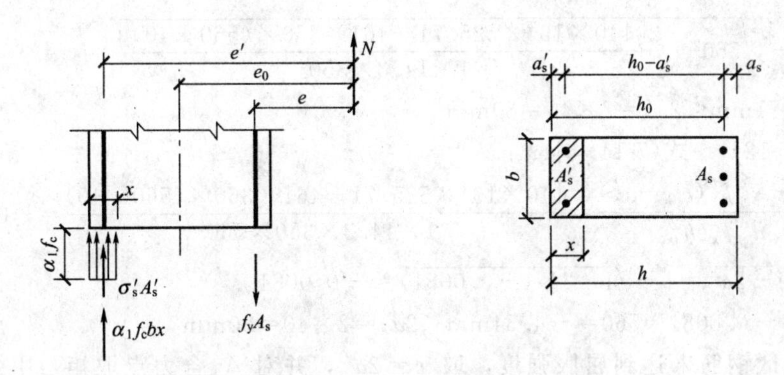

图 7-4　大偏心受拉构件 $x < 2a'_s$的计算简图

对称配筋时，由于 $A_s = A'_s$和 $f_y = f'_y$，将其代入式(7-6) 后，必然会求得 $x < 0$，即属于 $x < 2a'_s$的情况，此时需按式(7-16) 计算 A_s 值。A_s 和 A'_s均需满足最小配筋率要求。

【例 7-4】 某偏心受拉构件，处于一类环境，截面尺寸 $b \times h = 350\text{mm} \times 600\text{mm}$，采用 C30 混凝土和 HRB400 级钢筋；承受轴心拉力设计值 $N = 140\text{kN}$，弯矩设计值 $M = 110\text{kN} \cdot \text{m}$。试对构件进行配筋。

解　本题目属于截面设计问题。

(1) 设计参数

$f_y = f'_y = 360\text{N/mm}^2$，$f_c = 14.3\text{N/mm}^2$，$f_t = 1.43\text{N/mm}^2$，取 $a_s = a'_s = 40\text{mm}$，

$h_0 = h - a_s = 600 - 40 = 560\text{mm}$，$\rho_{min} = 45\frac{f_t}{f_y} \times 100\% = 45 \times \frac{1.43}{360} \times 100\% = 0.18\% < 0.2\%$，取 $\rho_{min} = 0.2\%$

(2) 判断构件类型

因为 $e_0 = \frac{M}{N} = \frac{110 \times 1000}{140} = 785.71\text{mm} > \frac{h}{2} - a_s = \frac{600}{2} - 40 = 260\text{mm}$

所以属于大偏心受拉构件。

(3) 配筋计算

$e = e_0 - \frac{h}{2} + a_s = 785.71 - \frac{600}{2} + 40 = 525.71\text{mm}$

先假定 $x = \xi_b h_0 = 0.518 \times 560 = 290.08\text{mm}$ 来计算 A'_s值，因为这样能使（$A'_s + A_s$）最少。

$$A'_s=\frac{Ne-\alpha_1 f_c bx\left(h_0-\frac{x}{2}\right)}{f'_y(h_0-a'_s)}=\frac{140\times10^3\times525.71-1\times14.3\times290.08\times\left(560-\frac{290.08}{2}\right)}{360(560-40)}$$

$<383.96\text{mm}^2$

因为 $A'_s<\rho'_{\min}bh=0.002\times350\times600=420\text{mm}^2$，所以取 $A'_s=420\text{mm}^2$ 选用 3⏀14（$A'_s=461\text{mm}^2$）。

该题由 A'_s和 A_s 均未知的情况转化为 A'_s已知，求 A_s 的问题。因此，不能再假定 x，要根据 A'_s求 x，由式(7-11）或式(7-12）～式(7-14）求 x。

由式(7-11）求 x：

$$x=h_0-\sqrt{h_0^2-\frac{2[Ne-A'_s f_y(h_0-a'_s)]}{\alpha_1 f_c b}}$$

$$=560-\sqrt{560^2-\frac{2[140\times10^3\times525.71-461\times360\times(560-40)]}{1\times14.3\times350}}$$

$$=-4.51\text{mm}<2a'_s=2\times40=80\text{mm}$$

或由式(7-12）～式(7-14）求 x：

$$\alpha_s=\frac{Ne-A'_s f'_y(h_0-a'_s)}{\alpha_1 f_c bh_0^2}=\frac{140\times10^3\times525.71-461\times360\times(560-40)}{1\times14.3\times350\times560^2}=-0.0081$$

$$\xi=1-\sqrt{1-2\alpha_s}=1-\sqrt{1-2\times(-0.0081)}=-0.0081$$

$$x=\xi h_0=-0.0081\times560=-4.54\text{mm}<2a'_s=2\times40=80\text{mm}$$

说明受压区钢筋未达到屈服强度，取 $x=2a'_s$，并对 A'_s合力点取矩，用式(7-16）计算 A_s：

$$e'=e_0+\frac{h}{2}-a'_s=785.71+\frac{600}{2}-40=1045.71\text{mm}$$

$$A_s=\frac{Ne'}{f_y(h_0-a'_s)}=\frac{140\times10^3\times1045.71}{360\times(560-40)}=782.05\text{mm}^2$$

则 A_s 选用钢筋为 4⏀16（$A_s=804\text{mm}^2$）。

【例 7-5】 某偏心受拉构件，处于一类环境，截面尺寸 $b\times h=300\text{mm}\times450\text{mm}$，采用 C25 混凝土和 HRB335 级钢筋，$A_s=1964\text{mm}^2$（4⏀25），$A'_s=226\text{mm}^2$（2⏀12）。求此构件在 $e_0=195\text{mm}$ 时所能承受的拉力。

解 本题属于截面复核问题。

（1）基本参数

查附表 1-2 得，C25 混凝土 $f_t=1.27\text{N/mm}^2$，$f_c=11.9\text{N/mm}^2$，查附表 1-8 得，HRB335 级钢筋 $f_y=300\text{kN/mm}^2$，取 $a_s=a'_s=35\text{mm}$。

（2）判断构件类型

$e_0=195\text{mm}>\frac{h}{2}-a_s=\frac{450}{2}-35=190\text{mm}$，故为大偏心受拉构件。

（3）计算几何尺寸

$$e=e_0-\frac{h}{2}+a_s=195-\frac{450}{2}+35=5\text{mm}$$

$$e'=e_0+\frac{h}{2}-a'_s=195+\frac{450}{2}-35=385\text{mm}$$

(4) 求 N

$$\xi=\left(1+\frac{e}{h_0}\right)-\sqrt{\left(1+\frac{e}{h_0}\right)^2-\frac{2(f_yA_se-f'_yA'_se')}{\alpha_1 f_c bh_0^2}}$$

$$=\left(1+\frac{5}{415}\right)-\sqrt{\left(1+\frac{5}{415}\right)^2-\frac{2\times(300\times1964\times5-300\times226\times385)}{1\times11.9\times300\times415^2}}$$

$$=-0.037<\frac{2a'_s}{h_0}=\frac{2\times35}{415}=0.169$$

$x<2a'_s$，故构件所能承受的拉力应按式(7-15) 计算

$$N\leqslant\frac{f_yA_s(h_0-a'_s)}{e'}=\frac{300\times1964\times(415-35)}{385}=581548\text{N}=581.6\text{kN}$$

7.2.4 受拉构件斜截面承载力计算

受拉构件在承受拉力和弯矩作用的同时，也存在剪力，当剪力较大时，不能忽视斜截面承载力的计算。

试验表明，拉力的存在有时会使斜裂缝贯穿全截面，使斜截面末端没有剪压区，构件的斜截面承载力比无轴向拉力时要降低一些，降低的程度与轴向拉力的大小有关。

通过对试验资料的分析，现行《混凝土结构设计规范》给出受拉构件斜截面承载力计算公式

$$V\leqslant V_u=\frac{1.75}{\lambda+1}f_tbh_0+f_{yv}\frac{A_{sv}}{s}h_0-0.2N \tag{7-17}$$

式中 λ——计算截面剪跨比，$\lambda=\frac{a}{h_0}$（或 $\lambda=\frac{M}{Vh_0}$），a 是剪跨，h_0 是截面有效高度；

N——与剪力设计值 V 对应的轴向拉力设计值；

M——验算截面弯矩；

V——验算截面剪力。

式(7-17) 右侧的计算值小于 $f_{yv}\frac{A_{sv}}{s}h_0$ 时，应取等于 $f_{yv}\frac{A_{sv}}{s}h_0$，且满足 $f_{yv}\frac{A_{sv}}{s}h_0\geqslant 0.36f_tbh_0$。

与受压构件相同，受剪截面尺寸尚应符合《混凝土结构设计规范》的有关要求。

【例 7-6】 某偏心受拉构件，处于一类环境，截面尺寸 $b\times h=300\text{mm}\times400\text{mm}$，采用 C30 混凝土，箍筋采用 HRB335 级钢筋，构件作用轴向拉力设计值 $N=240\text{kN}$，剪力设计值 $V=190\text{kN}$（均布荷载），试求该构件的箍筋。

解 本题属于截面设计问题。

(1) 基本参数

由附表 1-2 和附表 1-8 查得，C30 混凝土 $f_t=1.43\text{kN/mm}^2$，$f_c=14.3\text{kN/mm}^2$，HRB335 级钢筋 $f_{yv}=300\text{N/mm}^2$，取 $a_s=a'_s=40\text{mm}$。

(2) 求 A_{sv}

$h_0=h-a_s=400-40=360\text{mm}$，剪跨比 $\lambda=1.5$。

由 $V\leqslant V_u=\frac{1.75}{\lambda+1}f_tbh_0+f_{yv}\frac{A_{sv}}{s}h_0-0.2N$ 得

$$f_{yv}\frac{A_{sv}}{s}h_0 \geqslant V+0.2N-\frac{1.75}{\lambda+1}f_t bh_0,$$

$$\frac{A_{sv}}{s}\geqslant\frac{V+0.2N-\frac{1.75}{\lambda+1}f_t bh_0}{f_{yv}h_0}=\frac{190\times10^3+0.2\times240\times10^3-\frac{1.75}{1.5+1}\times1.43\times300\times360}{300\times360}$$

$$=1.20$$

选用双肢箍Φ 10，即 $A_{sv}=157\text{mm}^2$，$s\leqslant157/1.20=130.83\text{mm}$，取 $s=130\text{mm}<s_{max}=200\text{mm}$，$\rho_{sv}=\frac{A_{sv}}{bs}=\frac{157}{300\times130}=0.40\%>0.36\frac{f_t}{f_{yv}}=0.36\times\frac{1.43}{300}=0.17\%$

$0.25\beta_c f_c bh_0=0.25\times1.0\times14.3\times300\times360=386.1\text{kN}>V=240\text{kN}$，受剪截面符合要求。

故该构件的箍筋配置为 2Φ10@130 时，满足斜截面承载力要求。

思考题与习题

思考题

1. 轴心受拉构件的受拉钢筋用量是按什么条件确定的？

2. 大小偏心受拉构件的界限是什么？这两种受拉构件的受力特点和破坏形态有何不同？

3. 小偏心受拉构件的截面用钢量随偏心距如何变化？

4. 截面尺寸、材料强度均相同的大偏心受拉构件与受弯构件，如承受的弯矩一样，它们的受拉钢筋用量是否一样？为什么？

习题

1. 某钢筋混凝土拉杆，处于一类环境，截面尺寸 $b\times h=250\text{mm}\times250\text{mm}$，采用 C25 混凝土，其内配置 4Φ18（HRB335 级）钢筋；构件上作用轴心拉力设计值 $N=300\text{kN}$。试校核此拉杆是否安全。

2. 某偏心受拉构件，处于二 a 类环境，截面尺寸 $b\times h=300\text{mm}\times500\text{mm}$，采用 C30 混凝土和 HRB400 级钢筋；承受轴心拉力设计值 $N=360\text{kN}$，弯矩设计值 $M=36\text{kN}\cdot\text{m}$。试对构件进行配筋。

3. 某偏心受拉构件，处于一类环境，截面尺寸 $b\times h=400\text{mm}\times500\text{mm}$，采用 C30 混凝土和 HRB400 级钢筋；承受轴心拉力设计值 $N=160\text{kN}$，弯矩设计值 $M=130\text{kN}\cdot\text{m}$。试对构件进行配筋。

第 8 章 受扭构件的承载力计算

学习目标

1. 了解钢筋混凝土纯扭构件的裂缝开展过程和破坏机理；

2. 理解纯扭构件的破坏形态；

3. 掌握纯扭构件开裂扭矩的计算方法以及钢筋混凝土受扭构件在纯扭、弯扭、剪扭作用下试验破坏特征及矩形截面的承载力计算方法和限制条件；

4. 熟悉带翼缘截面、箱形截面受扭构件承载力计算方法和限制条件的设计流程和构造措施。

8.1 钢筋混凝土受扭构件的应用

钢筋混凝土结构中，构件受扭是一种基本的受力形式，且受扭构件往往同时还处于压、弯、剪中的一种或几种内力状态，我国对普通钢筋混凝土复合受扭构件的性能已进行了较为全面的研究。

通常情况下，构件受到的扭矩作用可分为两类：一类是由荷载作用直接引起，并且由结构的平衡条件所确定的扭矩，它是维持结构平衡不可缺少的主要内力之一，通常称这类扭矩为“平衡扭矩”。常见的这一类扭矩作用的结构和构件有：雨篷梁、折线梁、吊车梁等，如图 8-1(a)、(b)、(c) 所示。第二类扭矩是由于相邻构件的弯曲转动受到支撑梁的约束，在支撑梁内引起的扭转，其扭矩由于梁的开裂会产生内力重分布而减小。例如钢筋混凝土框架中与次梁一起整浇的边框架主梁，当次梁在荷载作用下弯曲时，主梁由于具有一定的抗扭刚度而对次梁梁端的转动产生约束作用。主梁的抗扭刚度越大，对次梁梁端转动的约束作用越大，主梁自身受到的扭矩作用也越大。这类扭矩一般称为“变形协调扭矩”。如图 8-1(d) 所示。

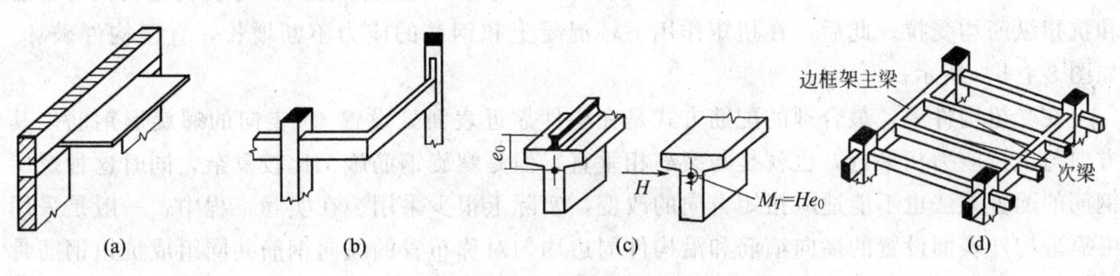

图 8-1 受扭构件示例

8.2 混凝土受扭构件裂缝产生与发展

对于素混凝土受扭构件，当主拉应力达到混凝土的抗拉强度时，构件将开裂。试验结果表明，在扭矩作用下，矩形截面素混凝土构件先在构件的一个长边中点附近沿着45°方向被拉裂，并迅速延伸至该长边的上下边缘，然后在两个短边，裂缝又大致沿45°方向延伸，当斜裂缝延伸到另一长边边缘时，在该长边形成受压破损线，使构件断裂成两半，形成三面开裂、一面受压的空间扭曲破坏面，如图8-2所示。这种破坏现象称为扭曲截面破坏。

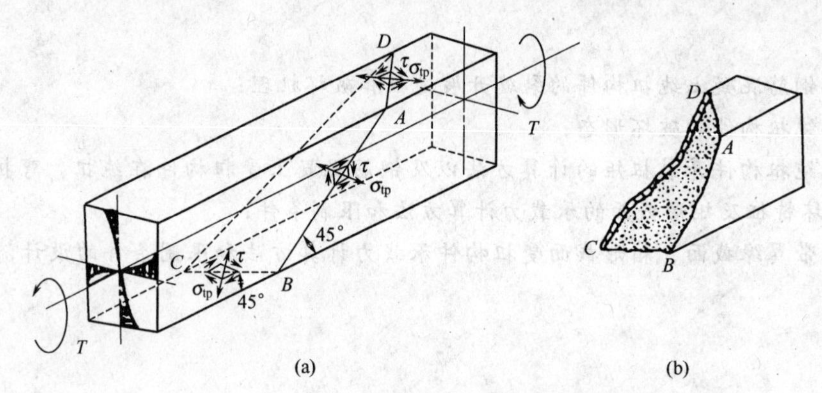

图8-2 素混凝土纯扭构件的受力情况及破坏面

8.2.1 裂缝出现前的性能

配有纵筋和箍筋的钢筋混凝土构件受扭矩作用时，在斜裂缝出现前，纵筋和箍筋的应力都很小。随着扭矩的增大，构件的扭转角变形呈线性增加，受力性能与素混凝土构件几乎没有什么差别，大体上符合圣维南弹性扭转理论，扭转刚度与按弹性理论的计算值十分接近。当扭矩增至接近开裂扭矩T_{cr}时，扭矩-扭转角曲线偏离了原直线，如图8-3所示。

8.2.2 裂缝出现后的性能

裂缝出现时，由于部分混凝土退出工作，钢筋应力明显增大，特别是扭转角开始显著增大。此时，裂缝出现前构件截面受力的平衡状态被打破，带有裂缝的混凝土和钢筋共同组成一个新的受力体系以抵抗扭矩，并达到新的平衡。裂缝出现后，由于钢筋的存在，这时构件并不立即破坏，而是随着外扭矩的增加，构件表面逐渐形成大致连续、近于45°方向呈螺旋式向前发展的斜裂缝，如图8-4(a)所示，而且裂缝之间的距离从总体来看是比较均匀的。此时，带有裂缝的混凝土和钢筋共同组成新的受力体系，混凝土受压，与斜裂缝相交的箍筋和抗扭纵筋均受拉。此后，在扭矩作用下，混凝土和钢筋的应力不断增长，直至构件破坏，如图8-4(b)所示。

在受扭构件中，最合理的配筋方式是在构件靠近表面处设置45°走向的螺旋形钢筋，其方向与主拉应力相平行，也就是与裂缝相垂直，但是螺旋钢筋施工比较复杂，同时这种螺旋钢筋的配置方法也不能适应扭矩方向的改变，实际上很少采用。在实际工程中，一般是采用由靠近构件表面设置的横向箍筋和沿构件周边均匀对称布置的纵向钢筋共同组成抗扭钢筋骨架。它恰好与构件中抗弯钢筋和抗剪钢筋的配置方式相协调。

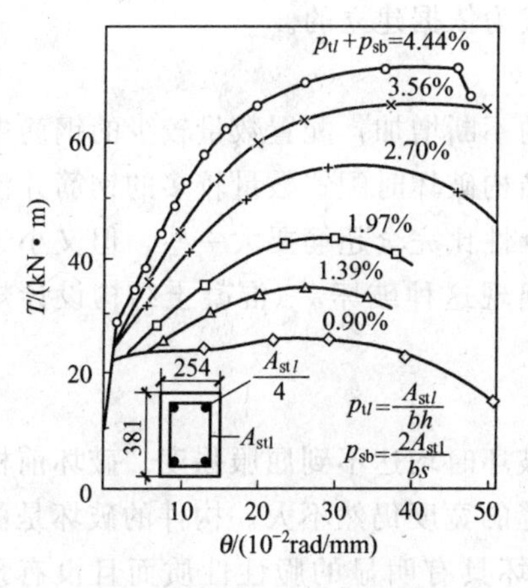

图 8-3　扭矩-扭转角曲线

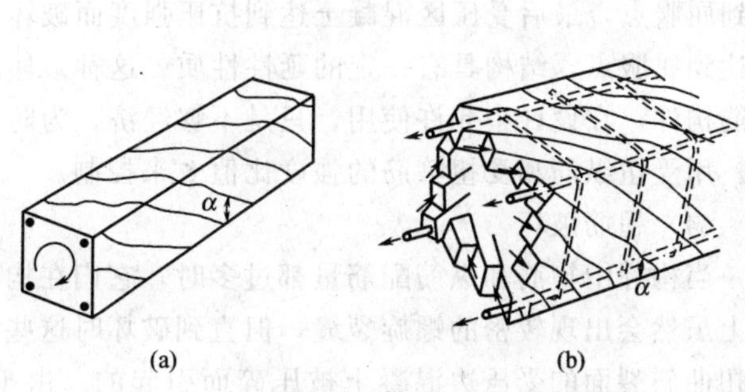

图 8-4　钢筋混凝土纯扭构件的适筋破坏

8.3 受扭构件的破坏形式

由于素混凝土构件的抗扭承载力较小，所以一般通过配置钢筋来提高构件的抗扭承载力，混凝土受扭开裂后由钢筋承受拉应力。根据受扭构件斜裂缝的方向，理论上最合理的配筋形式应该是与主拉应力方向一致的螺旋钢筋。但这种配筋形式不仅不便于施工，而且只能适应一个方向的扭矩，而实际工程中构件可能承受两个方向的扭矩，若配置方向相反，互相垂直的两道螺旋钢筋，会使构造复杂并导致施工困难。因此，在受扭构件中一般都采用沿长度方向分布的横向受扭箍筋和沿构件截面周边均匀对称布置的受扭纵向钢筋组成的空间钢筋骨架来承受扭矩，这样也使受扭配筋形式与受弯和受剪的配筋形式相协调。

钢筋混凝土受扭构件在扭矩作用下，混凝土开裂以前钢筋应力是很小的，当裂缝出现后开裂混凝土退出工作，斜截面上拉应力主要由钢筋承受，斜裂缝的倾角是变化的。受扭构件的破坏形态与受扭纵筋和受扭箍筋配筋率的大小有关，可分为少筋破坏、适筋破坏、部分超筋破坏和超筋破坏四类。

(1) 少筋破坏

当构件中箍筋和纵筋或其中之一配筋量过少时，结构在扭矩作用下，混凝土开裂并退出工作，混凝土承担的拉应力转移给钢筋，由于结构配置纵筋及箍筋数量很少，钢筋应力立即达到或超过屈服点，结构立即破坏。破坏过程急速而突然，破坏扭矩基本上等于抗裂扭矩T_{cr}。破坏类似于受弯构件的少筋梁破坏，为了避免脆性破坏的发生，《混凝土结构设计规范》对受扭构件提出了抗扭箍筋及抗扭纵筋的下限（最小箍筋率）及箍筋最大间距等严格规定。

(2) 适筋破坏

当构件中箍筋和纵筋配筋量适当时，在扭矩作用初期，由于钢筋应力很小，所以受力性能与素混凝土构件相似。当构件出现第一条裂缝后，并不立即破坏，随着扭矩的增加，陆续出现多条大体平行的45°螺旋裂缝。与其中一条主裂缝相交的受扭箍筋和受扭纵筋首先达到屈服强度，然后主裂缝迅速开展，形成空间扭曲斜裂面，最后受压边混凝土被压碎，构件破坏。这种破坏具有一定的延性，工程中的受扭构件应尽可能设计成具有延性破坏特征的构件。受扭构件的抗扭承载力计算公式正是以这种破坏形式为依据建立的。

(3) 部分超筋破坏

当构件中箍筋或纵筋配筋量较多时，随着扭矩荷载的不断增加，配置数量较少的钢筋先达到屈服点，最后受压区混凝土达到抗压强度而破坏。结构破坏时配置数量较多的钢筋并没有达到屈服点，结构具有一定的延性性质。这种破坏的延性比完全超筋要大一些，但又小于适筋构件，在设计中允许使用，只是不够经济，为防止出现这种破坏，《混凝土结构设计规范》用受扭纵筋和受扭箍筋的强度比值ζ来控制。

(4) 超筋破坏

当构件中箍筋和纵筋配筋量都过多时，它们在构件破坏时均达不到屈服强度。破坏前构件上虽然会出现较密的螺旋裂缝，但直到破坏时这些裂缝的宽度仍然不大。构件的破坏是由于扭曲斜裂面的受压边混凝土被压碎而引起的。由于破坏具有明显的脆性性质而且没有预兆，因此，应避免设计成这种“完全超筋”构件，具体做法可通过对构件最小截面尺寸的限制要求，间接地规定截面的抗扭承载力上限和受扭钢筋的最大用量。

综上所述，钢筋混凝土受扭构件的受力性能与破坏形式，不仅与受扭箍筋和受扭纵筋的绝对数量有关，而且还与二者的配筋强度比有关。为了使受扭箍筋和受扭纵筋能够匹配，使二者强度都得到充分发挥，规范中采用受扭纵筋与受扭箍筋的配筋强度比值ζ这一系数来进行控制。

8.4 纯扭构件的开裂扭矩

8.4.1 矩形截面纯扭构件

钢筋混凝土纯扭构件在即将出现裂缝时，其极限拉应变很小，抗扭钢筋的应力很小，所以抗扭钢筋对开裂扭矩的影响很小，在确定开裂扭矩时，可以不考虑抗扭钢筋的存在。

纯扭构件截面计算包括两个方面：结构受扭的开裂扭矩计算和结构受扭的承载力计算，开裂扭矩计算按弹性理论，假设混凝土材料为均质弹性材料，则纯扭构件截面上的剪应力流分布如图 8-5(a) 所示。最大剪应力τ_{max}发生在截面长边的中点，与该点剪应力作用相对应的主拉应力σ_{tp}和主压应力σ_{cp}分别与构件轴线成 45°方向，其大小均为τ_{max}。

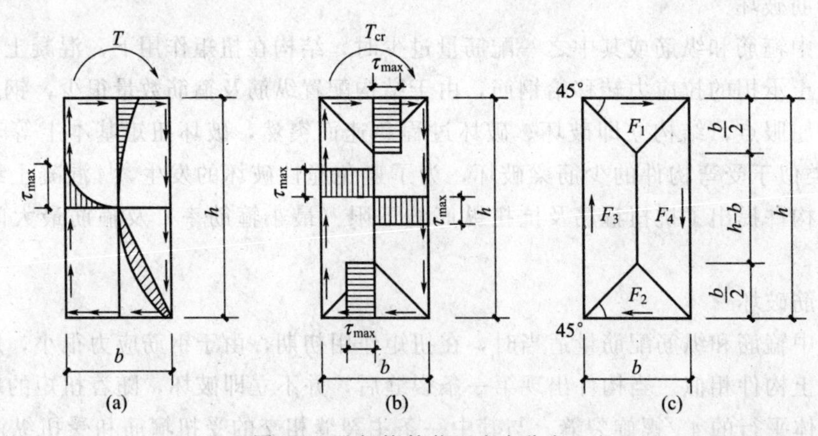

图 8-5 纯扭构件截面应力分布

当主拉应力$\sigma_{tp}=\tau_{max}=f_t$时，构件即将开裂，最大剪应力与开裂扭矩分别为

$$\tau_{max}=\frac{T}{W_t}=f_t \tag{8-1}$$

$$T_{cr,e}=f_tW_t=\beta b^2hf_t \tag{8-2}$$

式中 b，h——矩形截面的宽度和高度；

β——与截面长边和短边的比值 h/b 相关的系数，当 $h/b=1\sim10$ 时，$\beta=0.208\sim0.313$；

W_t——截面抗扭塑性抵抗矩，对矩形截面为$\frac{1}{6}b^2(3h-b)$。

试验表明，如按弹性应力分布估算素混凝土构件的受扭承载能力，则会低估其开裂扭矩。因此，通常按理想塑性材料估算素混凝土构件的开裂扭矩。

按塑性理论，对理想弹塑性材料，截面上某一点达到强度时并不立即破坏，而是保持极限应力继续变形，扭矩仍可继续增加，直到截面上各点应力均达到极限强度，才达到极限承载力，此时截面上的剪应力分布如图 8-5(b) 所示。根据塑性力学理论，可将截面上剪应力分布划分为四个部分［图 8-5(c)］，分别计算各部分剪应力合力及其对截面形心的力矩之和，可求得塑性总极限扭矩为

$$T_{cr,p}=f_t\frac{b^2}{6}(3h-b)=f_tW_t \tag{8-3}$$

混凝土材料既非完全弹性，也不是理想弹塑性，而是介于两者之间的弹塑性材料，达到开裂极限状态时截面的应力分布介于弹性和理想弹塑性之间，因此开裂扭矩也是介于 $T_{cr,e}$ 和 $T_{cr,p}$之间。

为简便实用，可按塑性应力分布计算，并引入修正降低系数以考虑应力非完全塑性分布的影响。

根据实验结果，对素混凝土纯扭构件，修正系数在 0.87～0.97 之间变化；对于钢筋混凝土纯扭构件，则在 0.86～1.06 之间变化；高强混凝土的塑性比普通混凝土要差，相应的系数要小些。《混凝土结构设计规范》偏于安全地取修正系数为 0.7，于是，开裂扭矩的计算公式为：

$$T_{cr}=0.7f_tW_t \tag{8-4}$$

$$W_t=\frac{b^2}{6}(3h-b) \tag{8-5}$$

8.4.2 T形和 I 形截面纯扭构件

对于 T 形和 I 形截面纯扭构件，在扭矩作用下其截面的剪应力流示意图如图 8-6(a) 所示。与矩形截面纯扭构件类似，当达到理想塑性状态时，可采用图 8-6(b) 所示简图［与图 8-5(c) 相似］计算其开裂扭矩 T_{cr}，计算公式与式（8-4）相同，但式中的截面受扭塑性抵抗矩 W_t应采用相应截面（T 形或 I 形）的 W_{te}，如对 T 形截面可采用图 8-6(b) 计算 W_{te}。

为了简化计算，可将 T 形或 I 形截面分成若干矩形截面，对于每个矩形截面可利用式 (8-5) 计算相应的 W_{te}，并近似认为整个截面的受扭塑性抵抗矩等于各分块矩形截面受扭塑性抵抗矩之和。截面分块的原则是应首先满足较宽矩形部分的完整性。

显然，把一个组合截面分解为若干个矩形截面的方法是不唯一的。在各种可能的分解方法中，能使组合截面抗扭承载力取最大值的方法就是最优的方法。常见的最优分解方法如图

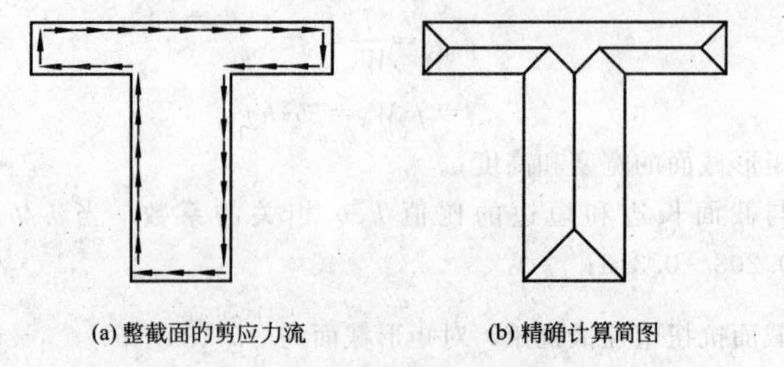

(a) 整截面的剪应力流　(b) 精确计算简图

图 8-6　T 形截面开裂扭矩计算简图

8-7 所示。

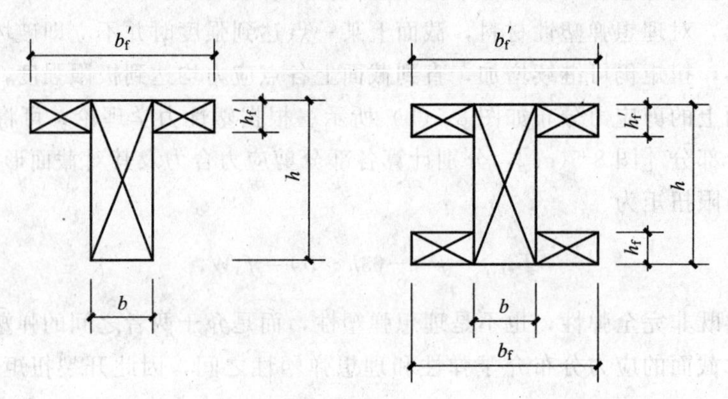

图 8-7　常见 T 形和 I 形截面抗扭计算的最优分解方法

此时，整个 T 形或 I 形截面受扭塑性抵抗矩 W_t 应按下式计算

$$W_t = W_{tw} + W'_{tf} + W_{tf} \tag{8-6}$$

$$W_{tw} = \frac{b^2}{6}(3h - b) \tag{8-7}$$

$$W'_{tf} = \frac{h_f'^2}{2}(b_f' - b) \tag{8-8}$$

$$W_{tf} = \frac{h_f^{\ 2}}{2}(b_f - b) \tag{8-9}$$

式中　W_{tw}，W'_{tf}，W_{tf}——腹板、受压翼缘和受拉翼缘的受扭塑性抵抗矩；

b，h——腹板宽度和全截面高度；

b_f'，b_f——截面受压区、受拉区的翼缘宽度；

h_f'，h_f——截面受压区、受拉区的翼缘高度。

当翼缘宽度较大时，计算时取用的翼缘宽度尚应符合 $b_f' \leqslant b + 6h_f'$ 及 $b_f \leqslant b + 6h_f$ 的规定。

综上所述，对 T 形或 I 形截面纯扭构件，其开裂扭矩 T_{cr} 可按式 (8-4) 计算，式中 W_t 可按式(8-6) 确定。

8.4.3　箱形截面纯扭构件

对于箱形截面构件，在扭矩作用下，截面上的剪应力流向一致［图 8-8(a)］，可将截面划分为 4 个矩形块［图 8-8(b)］，相当于把剪应力流限制在各矩形面积范围内，沿内壁的剪应力方向与实际整体截面的相反，故按分块法计算的截面受扭塑性抵抗矩小于其精确值。

对于箱形截面纯扭构件，其开裂扭矩仍可按式(8-4) 计算，但其截面受扭塑性抵抗矩 W_t应按整体截面计算，即

$$W_t=\frac{b_h^2}{6}(3h_h-b_h)-\frac{(b_h-2t_w)^2}{6}[3h_w-(b_h-2t_w)] \tag{8-10}$$

式中　b_h，h_h——箱形截面的宽度和高度；

h_w——箱形截面的腹板净高；

t_w——箱形截面壁厚。

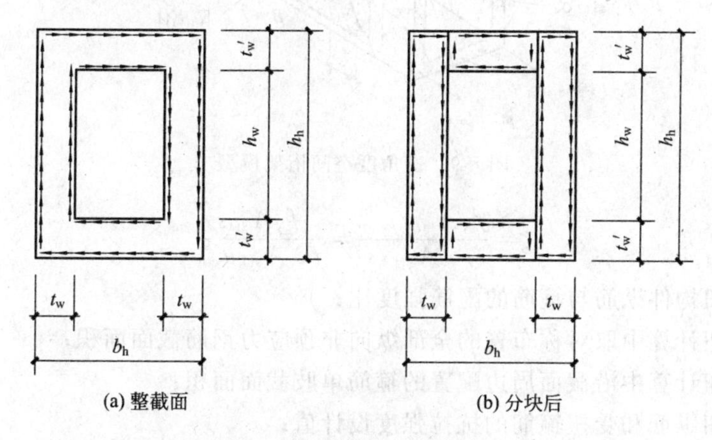

图 8-8　箱形截面的剪应力流

8.5 纯扭构件的受扭承载力

8.5.1 纯扭构件的力学模型

极限扭矩的计算，有基于空间桁架模型的方法和基于极限平衡的斜弯理论两大类。早期提出的空间桁架模型是 E. Raüsch 在 1929 年提出的定角（45°）空间桁架模型，1968 年 P. Lampert 和 B. Thürlimann 对其进行了改进，提出了变角度空间桁架模型。对于钢筋混凝土受扭构件扭曲截面受扭承载力的计算，我国《混凝土结构设计规范》采用的是变角度空间桁架模型。

变角度空间桁架模型的基本思路是，在裂缝充分发展且钢筋应力接近屈服强度时，截面核心混凝土退出工作，从而实心截面的钢筋混凝土受扭构件可以用一个空心的箱形截面构件来代替，它由螺旋形裂缝的混凝土外壳、纵筋和箍筋三者共同组成变角度空间桁架以抵抗扭矩。如图 8-9 所示。

变角度空间桁架模型采用如下基本假定：

① 混凝土只承受压力，箱形截面的混凝土被螺旋形裂缝分成一系列倾角为 α 的斜压杆，与纵筋和箍筋共同组成空间桁架；

② 纵筋和箍筋只承受拉力，分别为桁架的弦杆和腹杆；

③ 忽略核心混凝土的受扭作用及钢筋的销栓作用。

按此模型，由平衡条件可得构件受扭承载力 T_u为

$$T_u=2\sqrt{\zeta}\frac{f_{yv}A_{st1}}{s}A_{cor} \tag{8-11}$$

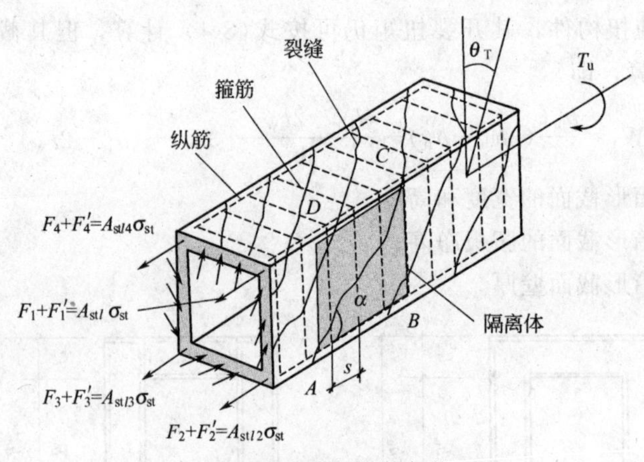

图 8-9 变角度空间桁架模型

$$\zeta=\frac{f_y A_{stl}/u_{cor}}{f_{yv}A_{stl}/s}=\frac{f_y A_{stl}s}{f_{yv}A_{st1}u_{cor}} \tag{8-12}$$

式中 ζ——受扭构件纵筋与箍筋的配筋强度比；

A_{stl}——受扭计算中取对称布置的全部纵向非预应力钢筋截面面积；

A_{st1}——受扭计算中沿截面周边配置的箍筋单肢截面面积；

f_y，f_{yv}——受扭纵筋和受扭箍筋的抗拉强度设计值；

s——受扭箍筋的间距；

A_{cor}——截面核心部分的面积，$A_{cor}=b_{cor}h_{cor}$；

b_{cor}——箍筋内表面范围内截面核心部分的短边，$b_{cor}=b-2(c+d_{sv})$；

h_{cor}——箍筋内表面范围内截面核心部分的长边，$h_{cor}=h-2(c+d_{sv})$；

u_{cor}——截面核心部分的周长，$u_{cor}=2(b_{cor}+h_{cor})$。

计算 u_{cor} 和 A_{cor} 时所取用的 b_{cor} 与 h_{cor}，如图 8-10 所示。

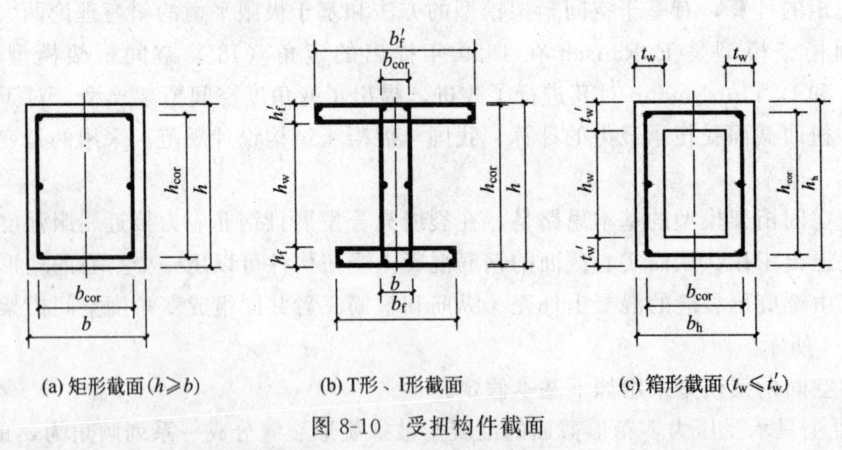

图 8-10 受扭构件截面

由式(8-12) 可知，ζ 为沿截面核心周长单位长度内的抗扭纵筋强度与沿构件长度方向单位长度内的单侧抗扭箍筋强度的比值。

8.5.2 矩形截面纯扭构件

按式(8-11) 计算的受扭承载力受控于抗扭钢筋的数量和强度而与混凝土强度无关，即它没有反映构件受扭承载力随混凝土强度提高而增大的规律，且大大低估了受扭承载力。因为空间桁架模型是对构件性能的一种简化，有助于对构件受扭机理的理解，而且也为建立受扭承载力计算公式提供了理论依据。《混凝土结构设计规范》采用的方法是先确定有关的基本变量，然后根据大量的实测数据进行回归分析，从而得到受扭承载力计算的经验公式，现说明如下。

钢筋混凝土纯扭构件的受扭承载力 T_u 由混凝土的抗扭作用 T_c 和箍筋与纵筋的抗扭作用 T_s 组成，即

$$T_u = T_c + T_s \tag{8-13}$$

由试验实测与理论分析结果可知，混凝土的强度等级越高，构件的抗扭能力越大；截面的抗扭塑性抵抗矩越大，核心部分混凝土的抗扭能力越显著，对构件抗扭的贡献也就越大。因此，混凝土承受的扭矩主要与混凝土的强度等级和截面的抗扭塑性抵抗矩有关，参考式(8-4)写成

$$T_c = \alpha_1 f_t W_t \tag{8-14}$$

钢筋承受的扭矩 T_s 采用由变角度空间桁架模型导出的式(8-11)中的参数为基本参数，将式(8-11)中的系数2改为由试验确定的经验系数 α_2，即得

$$T_s = \alpha_2 \sqrt{\zeta} \frac{f_{yv} A_{st1}}{s} A_{cor} \tag{8-15}$$

于是得

$$T_u = \alpha_1 f_t W_t + \alpha_2 \sqrt{\zeta} \frac{f_{yv} A_{st1}}{s} A_{cor} \tag{8-16}$$

可将上式改为如下形式

$$\frac{T_u}{f_t W_t} = \alpha_1 + \alpha_2 \sqrt{\zeta} \frac{f_{yv} A_{st1}}{f_t W_t s} A_{cor} \tag{8-17}$$

图8-11为配有不同数量抗扭钢筋的钢筋混凝土纯扭构件受扭承载力试验结果（图中的黑点），纵坐标为 $\frac{T_u}{f_t W_t}$，横坐标为 $\sqrt{\zeta}\frac{f_{yv} A_{st1} A_{cor}}{f_t W_t s}$。根据对试验结果的统计回归，得混凝土项的系数 $\alpha_1 = 0.35$，钢筋项的系数 $\alpha_2 = 1.2$。因此，钢筋混凝土矩形截面纯扭构件受扭承载力的设计表达式为

$$T \leqslant T_u = 0.35 f_t W_t + 1.2 \sqrt{\zeta} \frac{f_{yv} A_{st1}}{s} A_{cor} \tag{8-18}$$

式中 T——扭矩设计值。

式(8-17)中的系数 $\alpha_1 = 0.35$ 和 $\alpha_2 = 1.2$，是根据普通强度混凝土受扭构件的试验结果（图8-11）确定的，通过对19个高强度混凝土受扭构件试验数据的统计分析，$\alpha_1 = 0.442$，$\alpha_2 = 1.166$，由此计算的受扭承载力比按式(8-18)计算的受扭承载力略高。考虑到高强度混凝土受扭构件的试验数据较少，且偏于安全考虑，对普通和高强度混凝土受扭构件，均可按式(8-18)计算受扭承载力。

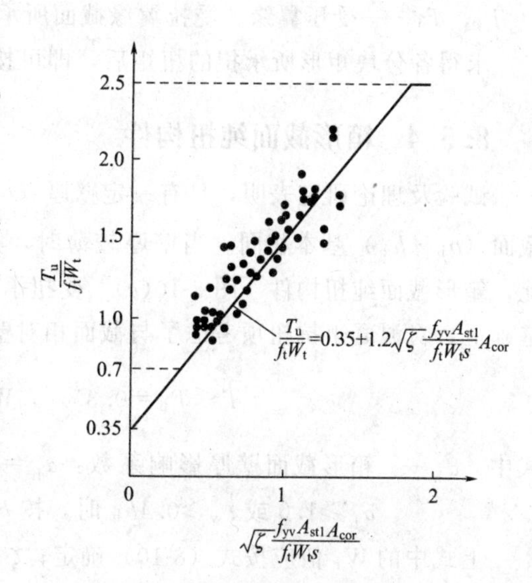

图8-11 计算公式和实测值的比较

对式(8-18)中系数的取值还可作如下解释。钢筋项的系数按变角度空间桁架模型应为

2，规范中却取此系数为1.2。这是因为：①式(8-18) 中已有第一项考虑了混凝土的抵抗扭矩；②规范公式中的A_{cor}是按箍筋内表面计算的，而变角度空间桁架模型中的A_{cor}则是按截面四角纵筋中心的连线来计算的；③建立规范公式时，还考虑了少量的部分超筋配筋构件的试验结果。

公式(8-18) 中的配筋强度比ζ，考虑了纵筋与箍筋之间不同配筋比对受扭承载力的影响。试验表明，当$0.5\leqslant\zeta\leqslant2.0$时，纵筋与箍筋的应力基本上都能达到屈服强度。《混凝土结构设计规范》则偏于安全地规定ζ的取值范围为$0.6\leqslant\zeta\leqslant1.7$。在截面受扭承载力复核时，如果实际的$\zeta>1.7$，按$\zeta=1.7$计算。试验也表明，为使抗扭纵筋与抗扭箍筋配合最佳，设计时取$\zeta=1.0\sim1.2$较为合理。

8.5.3 T形和 I 形截面纯扭构件

对于T形或I形截面钢筋混凝土纯扭构件，应先按图8-7所示原则将截面划分为若干单块矩形，然后将总扭矩按照各单位矩形的截面受扭塑性抵抗矩的比例分配给各矩形块。腹板、受压翼缘和受拉翼缘所承担的扭矩值分别为：

(1) 腹板

$$T_w=\frac{W_{tw}}{W_t}T \tag{8-19}$$

(2) 受压翼缘

$$T'_f=\frac{W'_{tf}}{W_t}T \tag{8-20}$$

(3) 受拉翼缘

$$T_f=\frac{W_{tf}}{W_t}T \tag{8-21}$$

式中 T——构件整个截面所承受的扭矩设计值；

T_w——腹板截面所承受的扭矩设计值；

T_f'，T_f——受压翼缘、受拉翼缘截面所承受的扭矩设计值。

求得各分块矩形所承担的扭矩后，即可按式(8-18) 进行各矩形截面的受扭承载力计算。

8.5.4 箱形截面纯扭构件

试验及理论研究表明，具有一定壁厚（$t_w\geqslant0.4b_h$）的箱形截面，其受扭承载力与实心截面（$b_h\times h_h$）基本相同。当壁厚较薄时，其受扭承载力小于实心截面的受扭承载力。因此，箱形截面纯扭构件［图8-10(c)］受扭承载力的计算公式在矩形截面受扭承载力公式的基础上，对混凝土抗扭项考虑了与截面相对壁厚有关的折减系数，即

$$T\leqslant T_u=0.35\alpha_h f_t W_t+1.2\sqrt{\zeta}\frac{f_{yv}A_{st1}}{s}A_{cor} \tag{8-22}$$

式中 α_h——箱形截面壁厚影响系数：$\alpha_h=2.5t_w/b_h$，当$\alpha_h>1.0$时，取$\alpha_h=1.0$，即当$\alpha_h\geqslant1.0$或$t_w\geqslant0.4b_h$时，按$b_h\times h_h$的实心矩形截面计算。

上式中的W_t值应按式（8-10）确定；ζ值应按式(8-12) 计算，且应符合$0.6\leqslant\zeta\leqslant1.7$的要求，当$\zeta>1.7$时，取$\zeta=1.7$。

8.6 弯剪扭构件的试验研究结果

处于弯矩、剪力和扭矩共同作用下的钢筋混凝土构件，其受力状态是十分复杂的，构件的破坏形态及其承载力，与荷载效应及构件的内在因素有关。对于荷载效应，通常以扭弯比 $\psi=\dfrac{T}{M}$ 和扭剪比 $\chi=\dfrac{T}{Vb}$ 表示。构件的内在因素是指构件的截面尺寸、配筋及材料强度。试验表明，弯剪扭构件有弯型破坏、扭型破坏和剪扭型破坏三种破坏形态。

（1）弯型破坏

试验表明，在配筋适当的条件下，若弯矩作用显著，即扭弯比 ψ 较小时，裂缝首先在弯曲受拉底面出现，然后发展到两侧面。三个面上的螺旋形裂缝形成一个扭曲破坏面，而第四面即弯曲受压顶面无裂缝。构件破坏时与螺旋形裂缝相交的纵筋及箍筋均受拉并达到屈服强度，构件顶部受压，形成如图 8-12(a) 所示的弯型破坏。

（2）扭型破坏

若扭矩作用显著，即扭弯比 ψ 和扭剪比 χ 均较大、而构件顶部纵筋少于底部纵筋时，可能形成如图 8-12(b) 所示的受压区在构件底部的扭型破坏。这种现象出现的原因是，虽然由于弯矩作用使顶部纵筋受压，但由于弯矩较小，从而其压应力亦较小。又由于顶部纵筋少于底部纵筋，故扭矩产生的拉应力就有可能抵消弯矩产生的压应力并使顶部纵筋先期到达屈服强度，最后促使构件底部受压而破坏。

（3）剪扭型破坏

若剪力和扭矩起控制作用，则裂缝首先在侧面出现（在这个侧面上，剪力和扭矩产生的主应力方向是相同的），然后向顶面和底面扩展，这三个面上的螺旋形裂缝构成扭曲破坏面，破坏时与螺旋形裂缝相交的纵筋和箍筋受拉并达到屈服强度，而受压区则靠近另一侧面（在这个侧面上，剪力和扭矩产生的主应力方向是相反的），形成如图 8-12(c) 所示的剪扭型破坏。

除上述三种破坏形态外，当剪力很大且扭矩较小时，则会发生剪切型破坏形态，与剪压破坏相近。

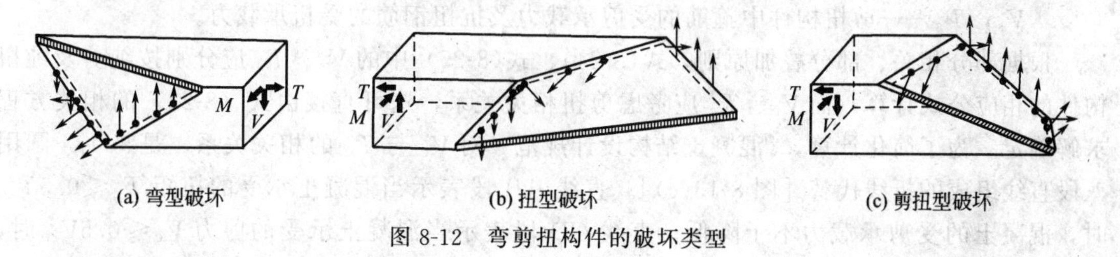

图 8-12 弯剪扭构件的破坏类型

8.7 弯剪扭构件截面的承载力

8.7.1 剪扭构件承载力计算

8.7.1.1 剪扭相关性

对于同时受到剪力和扭矩作用的构件，其承载力总是低于剪力或扭矩单独作用时的承载力，即存在着剪扭相关性。这是因为由剪力和扭矩产生的剪应力在构件的一个侧面上总是叠加的原因。试验结果表明，当剪力与扭矩共同作用时，由于剪力的存在将使混凝土的受扭承载力降低，而扭矩的存在也将使混凝土的受剪承载力降低，无腹筋构件和有腹筋构件的剪扭相关曲线均服从 1/4 圆的规律［图 8-13(a)、(b)］，其表达式为

$$\left(\frac{V_c}{V_{co}}\right)^2+\left(\frac{T_c}{T_{co}}\right)^2=1 \tag{8-23}$$

式中 V_c，T_c——剪扭共同作用下混凝土的受剪及受扭承载力；

V_{co}——纯剪构件混凝土的受剪承载力，即 $V_{co}=0.7f_tbh_0$；

T_{co}——纯扭构件混凝土的受扭承载力，即 $T_{co}=0.35f_tW_t$。

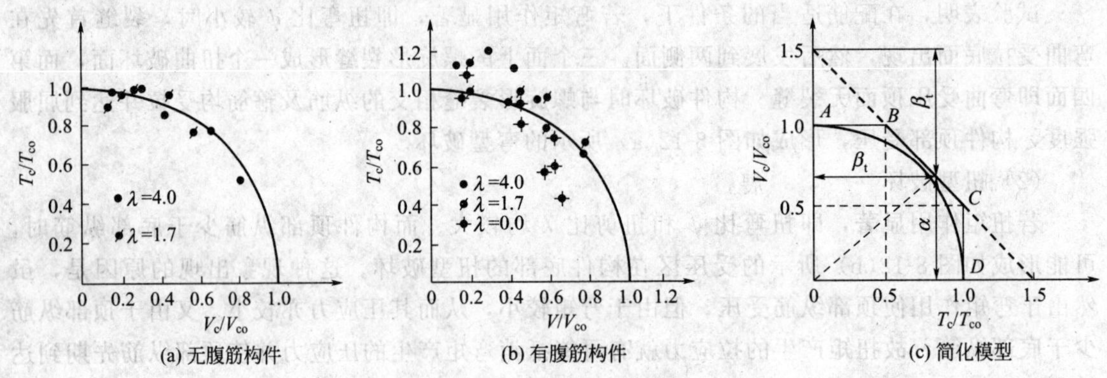

图 8-13 混凝土承载力的剪扭相关曲线

8.7.1.2 矩形截面剪扭构件承载力计算

矩形截面剪扭构件的受剪及受扭承载力分别由相应的混凝土抗力和钢筋抗力组成，即

$$V_u=V_c+V_s \tag{8-24}$$

$$T_u=T_c+T_s \tag{8-25}$$

式中 V_u，T_u——剪扭构件的受剪及受扭承载力；

V_c，T_c——剪扭构件中混凝土的受剪及受扭承载力；

V_s，T_s——剪扭构件中箍筋的受剪承载力及抗扭钢筋的受扭承载力。

根据部分相关、部分叠加原则，式(8-24)、式(8-25) 中的 V_s、T_s 应分别按纯剪及纯扭构件的相应公式计算；而 V_c、T_c 应考虑剪扭相关关系，这可直接由式 (8-23) 的相关方程求解确定。为了简化计算，《混凝土结构设计规范》对 V_c 与 T_c 的相关关系，是将 1/4 圆用三段直线组成的折线代替［图 8-13(c)］。直线 AB 段表示当混凝土承受的扭矩 $T_c\leqslant0.5T_{co}$ 时，混凝土的受剪承载力不予降低；直线 CD 段表示当混凝土承受的剪力 $V_c\leqslant0.5V_{co}$ 时，混凝土的受扭承载力不予降低；斜线 BC 段表示混凝土的受剪及受扭承载力均予以降低。

如设

$$\alpha=V_c/V_{co},\ \beta_t=T_c/T_{co} \tag{8-26}$$

则斜线 BC 上任一点均满足条件

$$\alpha+\beta_t=1.5 \tag{8-27}$$

又 α 与 β_t 的比例关系为

$$\frac{\alpha}{\beta_t}=\frac{V_c/V_{co}}{T_c/T_{co}}=\frac{V_c}{T_c}\times\frac{0.35f_tW_t}{0.7f_tbh_0}=0.5\frac{V_c}{T_c}\times\frac{W_t}{bh_0} \tag{8-28}$$

近似地取 $V_c/T_c=V/T$，则

$$\frac{\alpha}{\beta_t}=0.5\frac{V}{T}\times\frac{W_t}{bh_0} \tag{8-29}$$

联立求解方程式(8-27) 和式(8-29)，则得

$$\beta_t=\frac{1.5}{1+0.5\dfrac{V}{T}\times\dfrac{W_t}{bh_0}} \tag{8-30}$$

式中 β_t——剪扭构件混凝土受扭承载力降低系数；

α——混凝土受剪承载力降低系数，由式（8-27）得：

$$\alpha=1.5-\beta_t \tag{8-31}$$

将式（8-26）及有关公式分别代入式（8-24）和式（8-25），可得矩形截面一般剪扭构件受剪及受扭承载力的设计表达式如下

$$V\leqslant V_u=0.7(1.5-\beta_t)f_t bh_0+f_{yv}\frac{A_{sv}}{s}h_0 \tag{8-32}$$

$$T\leqslant T_u=0.35\beta_t f_t W_t+1.2\sqrt{\zeta}\frac{f_{yv}A_{st1}}{s}A_{cor} \tag{8-33}$$

矩形截面独立构件受集中荷载作用时（包括作用有多种荷载，且其中集中荷载对支座截面或节点边缘所产生的剪力值占总剪力值75%以上的情况），其受扭承载力仍按式（8-33）计算，但受剪承载力应按下式计算

$$V\leqslant V_u=(1.5-\beta_t)\frac{1.75}{\lambda+1}f_t bh_0+f_{yv}\frac{A_{sv}}{s}h_0 \tag{8-34}$$

并且式（8-33）和式（8-34）中的 β_t 应按下式计算

$$\beta_t=\frac{1.5}{1+0.2(\lambda+1)\dfrac{V}{T}\times\dfrac{W_t}{bh_0}} \tag{8-35}$$

式中 λ——计算截面的剪跨比，取值方法同式（5-2）中的 λ 取值规定相同。

在式（8-28）和式（8-29）中，取 $V_{co}=\dfrac{1.75}{\lambda+1}f_t bh_0$，即得式（8-35）中的 $0.2(\lambda+1)$。

由图 8-13(c) 可见，对斜线 BC 而言，$0.5\leqslant\beta_t\leqslant1.0$。因此，当按式（8-30）或式（8-35）求得 $\beta_t<0.5$，取 $\beta_t=0.5$；当 $\beta_t>1$ 时，取 $\beta_t=1$。

8.7.1.3 T形和I形截面剪扭构件承载力计算

计算T形和I形截面构件的受剪承载力时，按截面宽度等于腹板宽度、高度等于截面总高度的矩形截面计算，即不考虑翼缘板的受剪作用。因此，对于T形和I形截面剪扭构件，腹板部分要承受全部剪力和分配给腹板的扭矩，翼缘板仅承受所分配的扭矩，但翼缘板中配置的箍筋应贯穿整个翼缘。计算方法如下。

(1) T形和I形截面一般剪扭构件的受剪承载力，按式（8-30）与式（8-32）进行计算，集中荷载作用下的T形和I形截面独立剪扭构件的受剪承载力，按式（8-34）与式（8-35）进行计算，计算时各式中的 b 应以T形和I形截面的腹板宽度代替，式（8-30）和式（8-35）中的 T 及 W_t 应分别以 T_w 和 W_{tw} 代替，T_w 和 W_{tw} 分别按式（8-19）和式（8-7）确定。

(2) T形和I形截面剪扭构件的受扭承载力，根据本书第8.5.3小节所述方法将整个截

面划分为几个矩形截面（图 8-7）分别进行计算。矩形截面腹板：对于一般剪扭构件，按式（8-33）与式（8-30）计算；对集中荷载作用下的独立剪扭构件，按式（8-33）与式（8-35）计算，但计算时应将 T 及 W_t 分别以 T_w 和 W_{tw} 代替。对受压翼缘及受拉翼缘，按纯扭用式（8-18）进行计算，但计算时应将 T 及 W_t 分别以 T'_f 及 W'_{tf} 或 T_f 及 W_{tf} 代替，T'_f、T_f 及 W'_{tf}，W_{tf} 分别按式（8-20）、式（8-21）和式（8-8）、式（8-9）确定。

8.7.1.4 箱形截面剪扭构件承载力计算

箱形截面剪扭构件的受扭性能与矩形截面剪扭构件的相似，但应考虑相对壁厚的影响；其受剪性能与I形截面的相似，计算受剪承载力时只考虑侧壁的作用。

对于箱形截面一般剪扭构件，其受剪承载力按式（8-32）计算；其受扭承载力是在纯扭构件受扭承载力公式（8-22）的混凝土项中考虑剪扭相关性，即按式（8-36）计算受扭承载力

$$T \leqslant T_u = 0.35\alpha_h \beta_t f_t W_t + 1.2\sqrt{\zeta}\frac{f_{yv}A_{st1}}{s}A_{cor} \tag{8-36}$$

式（8-32）和式（8-36）中的 β_t 值应按式（8-30）计算，但式中的 W_t 应以 $\alpha_h W_t$ 代替；α_h 按式（8-22）中的规定取值；ζ 按式（8-12）计算。式（8-30）和式（8-32）中的 b 取箱形截面的两个侧壁总厚度。

对集中荷载作用下的箱形截面独立剪扭构件，其受剪承载力按式（8-34）计算，受扭承载力按式（8-36）计算，两式中的 β_t 应按式（8-35）确定，但式中的 W_t 应以 $\alpha_h W_t$ 代替。同样，各式中的 b 取箱形截面的两个侧壁的总厚度。

8.7.2 弯扭构件承载力计算

与剪扭构件相似，弯矩构件的弯扭承载也存在相关关系，且比较复杂。当纵筋的屈服发生在弯曲受拉边时，相关曲线为

$$\left(\frac{T_u}{T_{u0}}\right)^2 = r\left(1 - \frac{M_u}{M_{u0}}\right) \tag{8-37}$$

当纵筋的屈服发生在弯曲受压边时，相关曲线为

$$\left(\frac{T_u}{T_{u0}}\right)^2 = 1 + r\frac{M_u}{M_{u0}} \tag{8-38}$$

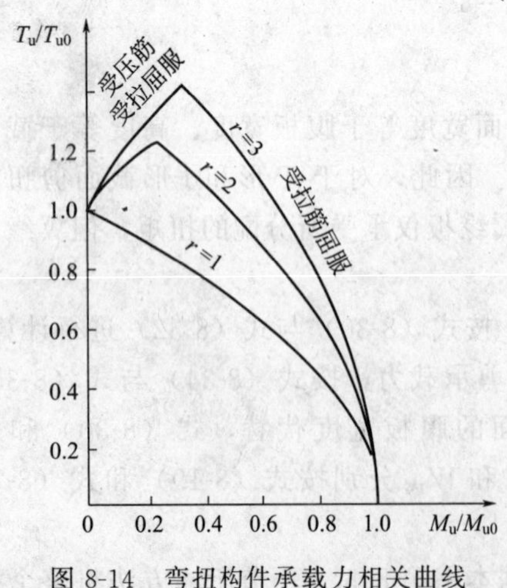

图 8-14 弯扭构件承载力相关曲线

式中 T_u，M_u——极限扭矩和极限弯矩；

T_{u0}，M_{u0}——纯扭时的极限扭矩和纯弯时的极限弯矩；

r——受拉筋屈服力与受压筋屈服力之比；按式（8-39）计算。

$$r = \frac{A_s f_y}{A'_s f'_y} \tag{8-39}$$

弯扭构件承载力相关曲线如图 8-14 所示。在受压钢筋受拉屈服的区段，弯矩的增加能减小受压钢筋所受的拉力，从而能延缓受压钢筋的受拉屈服，使受扭承载力得到提高。在受拉钢筋屈服的区段，弯矩的增加只会加速受拉筋的屈服，从而减小受扭

承载力。显然，这些关系都是在破坏始于钢筋屈服的条件下导出的。因此，构件的截面不能太小或者配筋不能太多，以保证钢筋屈服前混凝土不至于压坏。

用相应的公式进行承载力验算是可行的，但进行设计将非常复杂，为了简化设计，《混凝土结构设计规范》对弯扭构件的承载力计算采用简单的叠加法：首先拟定截面尺寸，然后按纯扭构件承载力公式计算所需要的抗扭纵筋和箍筋，按受扭要求配置；再按受弯承载力公式计算所需要的抗弯纵筋，按受弯要求配置；对截面同一位置处的抗弯纵筋和抗扭纵筋，可将二者面积叠加后确定纵筋的直径和根数。

8.7.3　弯剪扭构件承载力计算

弯、剪、扭复合受力构件的相对关系比较复杂，目前研究的还不够深入。根据前述剪扭构件和弯扭构件承载力计算的方法，矩形、T形、I形和箱形截面钢筋混凝土弯剪扭构件配筋计算的一般原则是：纵向钢筋应分别按受弯构件的正截面受弯承载力和剪扭构件的受扭承载力计算，所得的钢筋截面面积在构件截面上的相应位置叠加配置；箍筋应分别按剪扭构件的受剪和受扭承载力计算，所得的箍筋截面面积叠加配置。

在弯矩、剪力和扭矩共同作用下但剪力或扭矩较小的矩形、T形、I形和箱形截面钢筋混凝土弯剪扭构件，当符合下列条件时，可按下列规定进行承载力计算：

（1）当$V \leqslant 0.35 f_t b h_0$或$V \leqslant 0.875 f_t b h_0/(\lambda+1)$时，为简化计算，可不进行受剪承载力计算，仅按纯扭构件的受扭承载力计算受扭纵筋、箍筋数量，并按受弯构件的正截面受弯承载力计算受弯纵向钢筋截面面积，叠加后配置。

（2）当$T \leqslant 0.175 f_t W_t$或$T \leqslant 0.175 \alpha_h f_t W_t$时，为简化计算，可不进行受扭承载力计算，仅按受弯构件的正截面受弯承载力计算纵筋截面面积，按受弯构件斜面受剪承载力计算箍筋数量。

8.8　有轴向力作用时构件扭曲截面的承载力计算

8.8.1　轴向压力、弯矩、剪力和扭矩共同作用下矩形截面构件受剪扭承载力

和受剪构件类似，轴向压力在一定程度上可抑制斜裂缝的发生与发展，但压力过大又会使构件的破坏形态发生变化。试验研究表明，轴向压力对纵筋的应变影响显著；轴向压力能使混凝土较好地参加工作，同时又能改善裂缝处混凝土的咬合作用和纵向钢筋的销栓作用。因此，在一定程度上，轴向力能提高构件的抗剪承载力。《混凝土结构设计规范》考虑了这一有利因素，提出了如下的有轴向压力N_c作用时复合受力状态下矩形截面构件受剪扭承载力的计算公式

$$V \leqslant V_u = (1.5-\beta_t)\left(\frac{1.75}{\lambda+1} f_t b h_0 + 0.07 N_c\right) + f_{yv}\frac{A_{sv}}{s} h_0 \tag{8-40}$$

$$T \leqslant T_u = \beta_t\left(0.35 f_t + 0.07\frac{N_c}{A}\right) W_t + 1.2\sqrt{\zeta} f_{yv}\frac{A_{st1}}{s} A_{cor} \tag{8-41}$$

式中　λ——计算截面的剪跨比，取值方法同式（5-2）中的λ取值规定相同；

β_t——按式（8-35）计算，不考虑轴向力的影响；

N_c——构件所受的轴向压力，若$N_c > 0.3 f_c A$时，取$N_c = 0.3 f_c A$。

在轴向压力、弯矩、剪力和扭矩共同作用下的钢筋混凝土矩形截面框架柱，当 $T \leqslant (0.175f_t + 0.035N_c/A)W_t$ 时，为简化计算，可忽略扭矩的作用，仅按偏心受压构件的正截面受压承载力和框架柱斜截面受剪承载力分别进行计算。

在轴向压力、弯矩、剪力和扭矩共同作用下的钢筋混凝土矩形截面框架柱，其纵向钢筋截面面积应分别按偏心受压构件的正截面受压承载力和剪扭构件的受扭承载力计算确定，所配钢筋应布置在相应的位置；箍筋截面面积应分别按剪扭构件的受剪承载力和受扭承载力计算确定，并应配置在相应的位置。

8.8.2 轴向拉力、弯矩、剪力和扭矩共同作用下矩形截面构件受剪扭承载力

与轴向压力的影响效果相反，轴向拉力会削弱构件的受剪承载力。考虑到轴向拉力的不利影响，《混凝土结构设计规范》提出了如下的有轴向拉力 N_t 作用时复合受力状态下矩形截面构件受剪扭承载力的计算公式

$$V \leqslant V_u = (1.5-\beta_t)\left(\frac{1.75}{\lambda+1}f_t bh_0 - 0.2N_t\right) + f_{yv}\frac{A_{sv}}{s}h_0 \tag{8-42}$$

$$T \leqslant T_u = \beta_t\left(0.35f_t - 0.2\frac{N_t}{A}\right)W_t + 1.2\sqrt{\zeta}f_{yv}\frac{A_{st1}}{s}A_{cor} \tag{8-43}$$

计算 β_t 时不考虑轴向拉力的影响。当式（8-42）右边的计算值小于 $f_{yv}\frac{A_{sv}}{s}h_0$ 时，取 $f_{yv}\frac{A_{sv}}{s}h_0$；当式（8-43）右边的计算值小于 $1.2\sqrt{\zeta}f_{yv}\frac{A_{st1}A_{cor}}{s}$ 时，取 $1.2\sqrt{\zeta}f_{yv}\frac{A_{stl}A_{cor}}{s}$。

在轴向拉力、弯矩、剪力和扭矩共同作用下的钢筋混凝土矩形截面框架柱，当 $T \leqslant (0.175f_t - 0.1N_t/A)W_t$ 时，可仅验算偏心受拉构件的正截面承载力和斜截面受剪承载力。

在轴向拉力、弯矩、剪力和扭矩共同作用下的钢筋混凝土矩形截面框架柱，其纵向钢筋截面面积应分别按偏心受拉构件的正截面承载力和剪扭构件的受扭承载力计算确定，并应布置在相应的位置；箍筋截面面积应分别按剪扭构件的受剪承载力和受扭承载力计算确定，并应配置在相应的位置。

8.9 受扭构件的构造要求

8.9.1 截面尺寸限制条件

在弯矩、剪力和扭矩共同作用下或各自作用下，为了避免出现由于配筋过多（完全超筋）而造成构件腹部混凝土局部斜向压坏，对 $h_w/b \leqslant 6$ 的矩形、T 形、I 形和 $h_w/t_w \leqslant 6$ 的箱形截面构件（图 8-10），其截面尺寸应符合下列条件。

当 h_w/b（或 h_w/t_w）$\leqslant 4$ 时

$$\frac{V}{bh_0} + \frac{T}{0.8W_t} \leqslant 0.25\beta_c f_c \tag{8-44}$$

当 h_w/b（或 h_w/t_w）$= 6$ 时

$$\frac{V}{bh_0} + \frac{T}{0.8W_t} \leqslant 0.2\beta_c f_c \tag{8-45}$$

当 $4 < h_w/b$（或 h_w/t_w）< 6 时，按线性内插法确定。

式中 V，T——剪力设计值、扭矩设计值。

b——矩形截面的宽度，T 形或 I 形截面取腹板宽度，箱形截面取两侧壁总厚度 $2t_w$。

h_0——截面有效高度。

h_w——截面的腹板高度，对矩形截面，取有效高度 h_0；对 T 形截面，取有效高度减去翼缘高度；对 I 形和箱形截面，取腹板净高。

t_w——箱形截面壁厚，其值不应小于 $b_h/7$，此处，b_h 为箱形截面的宽度。

当 $V=0$ 时，以上两式即为纯扭构件的截面尺寸限制条件；当 $T=0$ 时，则为纯剪构件的截面限制条件。计算时如不满足上述条件，一般应加大构件截面尺寸，也可以提高混凝土强度等级。

8.9.2 构造配筋要求

在弯矩、剪力和扭矩共同作用下，当矩形、T 形、I 形和箱形截面（图 8-10）构件的截面尺寸符合下列要求时

$$\frac{V}{bh_0}+\frac{T}{W_t}\leqslant 0.7f_t \tag{8-46}$$

或

$$\frac{V}{bh_0}+\frac{T}{W_t}\leqslant 0.7f_t+0.07\frac{N_c}{bh_0} \tag{8-47}$$

则可不进行构件截面受剪扭承载力计算，但为了防止构件开裂后产生突然的脆性破坏，必须按构造要求配置钢筋。

式（8-47）中的 N_c，为与剪力、扭矩设计值 V、T 相应的轴向压力设计值，当 $N_c>0.3f_cA$ 时，取 $N_c=0.3f_cA$，A 为构件的截面面积。

在弯剪扭构件中，箍筋的配筋率 ρ_{sv} 应满足下列要求

$$\rho_{sv}=\frac{A_{sv}}{bs}\geqslant\rho_{sv,min}=0.28\frac{f_t}{f_{yv}} \tag{8-48}$$

对于箱形截面构件，式中的 b 应以 b_h 代替。

箍筋的间距应符合表 5-1 的规定，箍筋应做成封闭式，且应沿截面周边布置；当采用复合箍筋时，位于截面内部的箍筋不应计入受扭所需的箍筋面积；受扭所需箍筋的末端应做成 135°弯钩，弯钩端头平直，且长度不应小于 $10d$（d 为箍筋直径）。

弯剪扭构件受扭纵向钢筋的配筋率 ρ_{tl} 应满足下列要求

$$\rho_{tl}=\frac{A_{stl}}{bh}\geqslant\rho_{tl,min}=0.6\sqrt{\frac{T}{Vb}}\times\frac{f_t}{f_y} \tag{8-49}$$

当 $\frac{T}{Vb}>2.0$ 时，取 $\frac{T}{Vb}=2.0$；对箱形截面构件，式中的 b 应以 b_h 代替。式中，$\rho_{tl,min}$ 表示受扭纵向钢筋的最小配筋率。

沿截面周边布置的受扭纵向钢筋的间距不应大于 200mm 和梁截面短边长度；除应在梁截面四角设置受扭纵向钢筋外，其余受扭纵向钢筋宜沿截面周边均匀对称布置。受扭纵向钢筋应按受拉钢筋的锚固要求，锚固在支座内。

在弯剪扭构件中，配置在截面弯曲受拉边的纵向受力钢筋，其截面面积不应小于按受弯构件受拉钢筋最小配筋率计算的钢筋截面面积与按受扭纵向钢筋最小配筋率计算并分配到弯

曲受拉边的钢筋截面面积之和。

【例 8-1】 已知矩形截面构件，$b \times h = 250\text{mm} \times 600\text{mm}$，选用 C20 混凝土，箍筋采用 HPB300 级钢筋，纵向钢筋采用 HRB335 级钢筋。环境类别为二 a 类。承受如下内力：

(1) 扭矩设计值为 $T = 12\text{kN}\cdot\text{m}$；

(2) 扭矩设计值为 $T = 12\text{kN}\cdot\text{m}$，剪力设计值为 $V = 95\text{kN}$。

(3) 扭矩设计值为 $T = 12\text{kN}\cdot\text{m}$，弯矩设计值为 $M = 140\text{kN}\cdot\text{m}$；

(4) 扭矩设计值为 $T = 12\text{kN}\cdot\text{m}$，弯矩设计值为 $M = 140\text{kN}\cdot\text{m}$，剪力设计值为 $V = 95\text{kN}$。

试计算各组内力作用下该截面的配筋并绘制截面配筋图。

解 基本设计参数

查附表 1-2 和附表 1-8 可知，C20 混凝土 $f_c = 9.6\text{N/mm}^2$，$f_t = 1.10\text{N/mm}^2$，$\beta_c = 1.0$；HPB300 级钢筋 $f_{yv} = 270\text{N/mm}^2$，HRB335 级钢筋 $f_y = 300\text{N/mm}^2$

查附表 3-4，二 a 类环境，$c = 25\text{mm}$，

$b_{cor} = b - 2(c + d_{sv}) = 250 - 2\times(25+8) = 184\text{mm}$

$h_{cor} = h - 2(c + d_{sv}) = 600 - 2\times(25+8) = 534\text{mm}$

$u_{cor} = 2(b_{cor} + h_{cor}) = 2\times(184+534) = 1436\text{mm}$

$A_{cor} = b_{cor}\times h_{cor} = 184\times 534 = 98256\text{mm}^2$

$$W_t = \frac{b^2}{6}(3h-b) = \frac{250^2}{6}\times(3\times600-250) = 1.61\times10^7\text{mm}^3$$

设 $a_s = 25+8+10/2 = 38\text{mm}$，取整 $a_s = 40\text{mm}$，则：$h_0 = h - a_s = 600 - 40 = 560\text{mm}$。

(1) 扭矩设计值为 $T = 12\text{kN}\cdot\text{m}$

① 验算截面尺寸。

$$\frac{T}{W_t} = \frac{12\times10^6}{1.61\times10^7} = 0.745\text{N/mm}^2 < 0.2\beta_c f_c = 0.2\times1.0\times9.6 = 1.92\text{N/mm}^2$$

又 $\dfrac{T}{W_t} = 0.745\text{N/mm}^2 < 0.7f_t = 0.7\times1.10 = 0.77\text{N/mm}^2$

截面尺寸可用。当 $T < 0.7f_tW_t$ 时，截面处于抗裂状态，因此可以不进行抗扭承载力计算，按配筋率的下限及构造配筋。

抗扭箍筋的配箍率应满足 $\rho_{sv} = \dfrac{nA_{stl}}{bs} \geqslant \rho_{sv,\min} = 0.28\dfrac{f_t}{f_{yv}} = 0.28\times\dfrac{1.10}{270} = 0.00114$

抗扭纵筋的最小配筋率应满足 $\rho_{tl} = \dfrac{A_{stl}}{bh} \geqslant \rho_{tl,\min} = 0.85\dfrac{f_t}{f_y} = 0.85\times\dfrac{1.10}{300} = 0.00312$

② 截面配筋。箍筋按照构造要求选取Φ8，$n = 2$，$A_{stl} = 50.3\text{mm}^2$，$s = 200\text{mm}$

$$\rho_{sv} = \frac{2\times50.3}{250\times200} = 0.00201 > \rho_{sv,\min} = 0.28\frac{f_t}{f_{yv}} = 0.00114$$

抗扭纵筋的面积

$A_{stl} > \rho_{tl,\min}bh = 0.00312\times250\times600 = 468\text{mm}^2$

选取抗扭纵筋为 8Φ10，$A_{stl} = 628\text{mm}^2$，

截面配筋如图 8-15 所示。

(2) 扭矩设计值为 $T = 12\text{kN}\cdot\text{m}$，剪力设计值为 $V = 95\text{kN}$

① 验算截面尺寸。

$$\frac{h_w}{b}=\frac{h_0}{b}=\frac{560}{250}=2.24<4$$

$$\frac{V}{bh_0}+\frac{T}{0.8W_t}=\frac{95\times10^3}{250\times560}+\frac{12\times10^6}{0.8\times1.61\times10^7}$$
$$=1.61\text{N/mm}^2<0.25\beta_c f_c=0.25\times1.0\times9.6$$
$$=2.4\text{N/mm}^2$$

截面满足要求。

$$\frac{V}{bh_0}+\frac{T}{W_t}=\frac{95\times10^3}{250\times560}+\frac{12\times10^6}{1.61\times10^7}=1.42\text{N/mm}^2>0.7f_t$$
$$=0.77\text{N/mm}^2$$

需要按计算配筋。

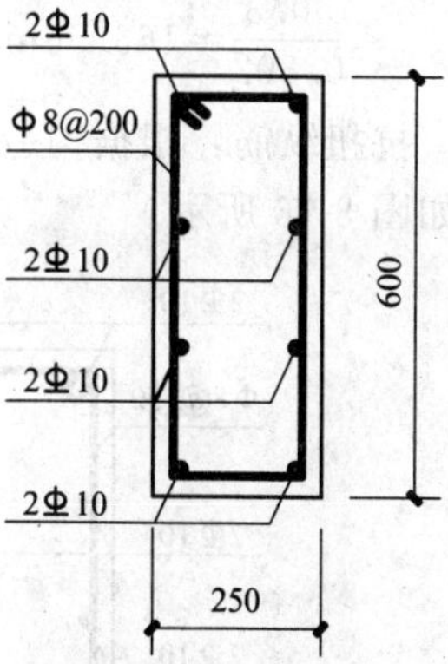

2⌀10
⌀8@200
2⌀10
2⌀10
2⌀10
600
250

图 8-15　例 8-1 图一

② 计算剪扭构件混凝土强度折减系数。

$$\beta_t=\frac{1.5}{1+0.5\dfrac{VW_t}{Tbh_0}}=\frac{1.5}{1+0.5\times\dfrac{95\times10^3\times1.61\times10^7}{12\times10^6\times250\times560}}=1.03>1.0 \text{ 取 } \beta_t=1.0$$

③ 计算抗剪箍筋。

由式（8-32）得

$$\frac{nA_{svl}}{s}\geqslant\frac{V-0.7(1.5-\beta_t)f_tbh_0}{f_{yv}h_0}=\frac{95\times10^3-0.7\times(1.5-1.0)\times1.10\times250\times560}{270\times560}$$
$$=0.272\text{mm}^2/\text{mm}$$

采用双肢箍，$n=2$，则$\dfrac{A_{sv1}}{s}\geqslant0.136\text{mm}^2/\text{mm}$

④ 计算抗扭箍筋和纵筋。

取配筋强度比 $\zeta=1.2$，由式（8-33）得：

$$\frac{A_{stl}}{s}=\frac{T-0.35\beta_tf_tW_t}{1.2\sqrt{\zeta}f_{yv}A_{cor}}=\frac{12\times10^6-0.35\times1.0\times1.10\times1.61\times10^7}{1.2\times\sqrt{1.2}\times270\times98256}=0.166\text{mm}^2/\text{mm}$$

所需抗扭纵筋的面积，由式（8-12）得：

$$A_{stl}=\zeta\frac{A_{stl}}{s}\times\frac{u_{cor}f_{yv}}{f_y}=1.2\times0.166\times\frac{1436\times270}{300}=257.45\text{mm}^2$$

$$\frac{T}{Vb}=\frac{12\times10^6}{95\times10^3\times250}=0.505<2\text{，则}$$

$$\rho_{tl,\min}=0.6\sqrt{\frac{T}{Vb}}\times\frac{f_t}{f_y}=0.6\times\sqrt{0.505}\times\frac{1.10}{300}=0.00156=0.156\%$$

$$A_{stl}>\rho_{tl,\min}bh=0.00156\times250\times600=234\text{mm}^2$$

⑤ 选配钢筋。

抗剪扭箍筋：

$$\frac{A_{svl}}{s}+\frac{A_{stl}}{s}=0.136+0.166=0.302\text{mm}^2/\text{mm}$$
$$>\rho_{sv,\min}\frac{b}{n}=0.28\frac{f_t}{f_{yv}}\frac{b}{2}=0.00114\times\frac{250}{2}=0.143\text{mm}^2/\text{mm}$$

选⌀8 单肢箍面积为 50.3mm²，则

$s \leqslant \frac{50.3}{0.302}=166.56\text{mm}$，取 $s=150\text{mm}$。

抗扭纵筋：根据构造要求，抗扭纵筋不少于 8 根，所以选用 8Φ10(628mm²)，截面配筋如图 8-16 所示。

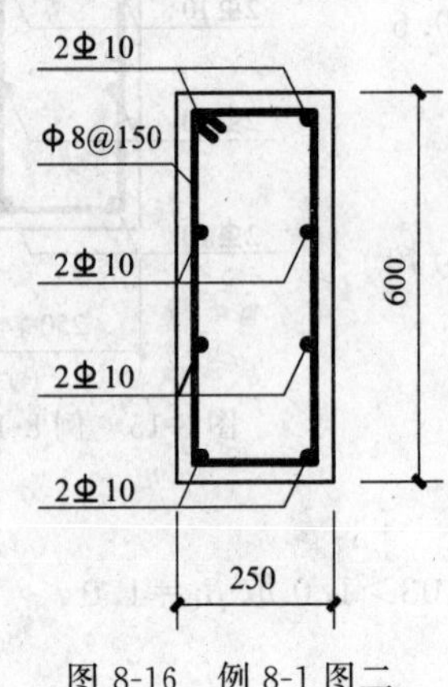

图 8-16　例 8-1 图二

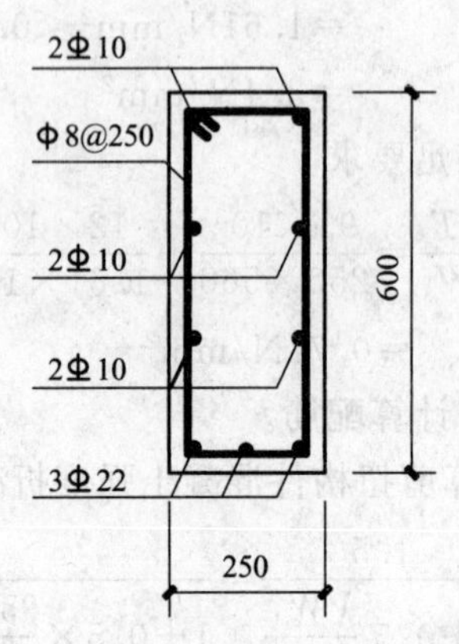

图 8-17　例 8-1 图三

(3) 扭矩设计值为 $T=12\text{kN}\cdot\text{m}$，弯矩设计值为 $M=140\text{kN}\cdot\text{m}$

① 验算截面尺寸。

$$\frac{T}{W_t}=\frac{12\times10^6}{1.61\times10^7}=0.745\text{N/mm}^2<0.25\beta_c f_c=2.4\text{N/mm}^2$$

截面满足要求。

$$\frac{T}{W_t}=\frac{12\times10^6}{1.61\times10^7}=0.745\text{N/mm}^2<0.7f_t=0.77\text{N/mm}^2$$

按照构造配抗扭箍筋和纵筋。

② 抗扭钢筋。

根据构造要求箍筋选用 2Φ8@250，$n=2$，$A_{st1}=50.3\text{mm}^2$

纵筋满足 $A_{stl}\geqslant\rho_{tl,\min}bh=0.85\frac{f_t}{f_y}bh=0.85\times\frac{1.10}{300}\times250\times600=468\text{mm}^2$

③ 计算抗弯所需纵向钢筋。

$$\alpha_s=\frac{M}{\alpha_1 f_c bh_0^2}=\frac{140\times10^6}{1.0\times9.6\times250\times560^2}=0.186$$

$$\xi=1-\sqrt{1-2\alpha_s}=1-\sqrt{1-2\times0.186}=0.208<\xi_b=0.550$$

$$A_s=\frac{\alpha_1 f_c b\xi h_0}{f_y}=\frac{1.0\times9.6\times250\times0.208\times560}{300}=931.84\text{mm}^2$$

$$\rho_{\min}=0.45\times\frac{f_t}{f_y}=0.45\times\frac{1.10}{300}=0.00165<0.002$$

取 $\rho_{\min}=0.002$

$$A_s>\rho_{\min}bh=0.002\times250\times600=300\text{mm}^2$$

④ 选配钢筋。

抗扭箍筋：选Φ8 双肢箍，$A_{st1}=50.3\text{mm}^2$，$s=250\text{mm}$。

纵筋：抗扭纵筋 $A_{stl}=468\text{mm}^2$，分为上、中、下四排布置，每排面积 $A_{stl}/4=117\text{mm}^2$。上、中部可以选用 2Φ10（157mm²），下部所需钢筋面积为 $A_s+A_{stl}/4=1048.84\text{mm}^2$。可以选用 3Φ22（1140mm²）。截面配筋如图 8-17 所示。

(4) 扭矩设计值为 $T=12\text{kN}\cdot\text{m}$，弯矩设计值为 $M=140\text{kN}\cdot\text{m}$，剪力设计值为$V=95\text{kN}$

由题 (2)、(3) 计算可知抗剪扭箍筋

$$\frac{A_{sv1}}{s}+\frac{A_{st1}}{s}=0.136+0.166=0.302\text{mm}^2/\text{mm}$$

$$>\rho_{sv,\min}\frac{b}{n}=0.28\times\frac{f_t}{f_{yv}}\times\frac{b}{2}=0.00114\times\frac{250}{2}=0.143\text{mm}^2/\text{mm}$$

选Φ8 单肢箍面积为 50.3mm^2，则 $s\leqslant\frac{50.3}{0.302}=166.56\text{mm}$，取 $s=150\text{mm}$

抗扭纵筋 $A_{stl}=468\text{mm}^2$，抗弯纵筋 $A_s=931.84\text{mm}^2$，分为上、中、下四排布置，每排面积 $A_{stl}/4=117\text{mm}^2$，则上、中部可以选用 2Φ10 (157mm^2)，下部所需钢筋面积为 $A_s+A_{stl}/4=1048.84\text{mm}^2$。可以选用 3Φ22 ($1140\text{mm}^2$)。截面配筋如图 8-18 所示。

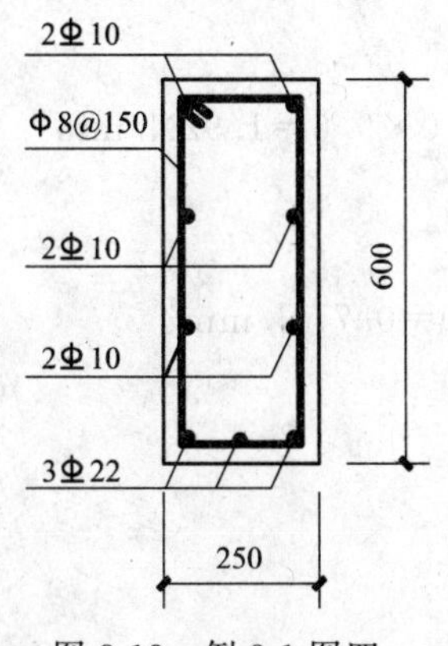

图 8-18 例 8-1 图四

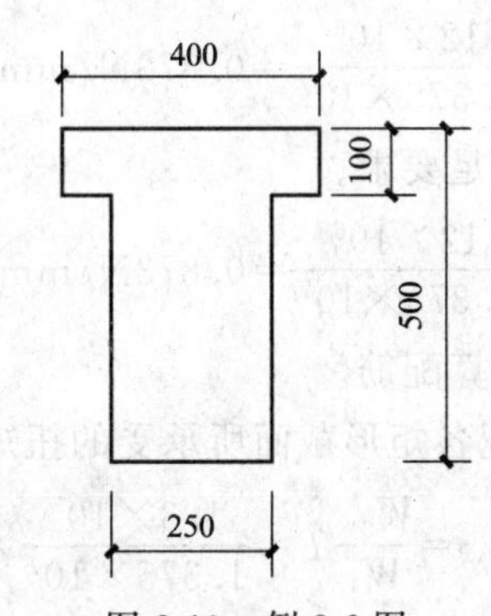

图 8-19 例 8-2 图一

【例 8-2】 某 T 形截面构件，截面尺寸如图 8-19 所示。选用 C20 混凝土，箍筋采用 HPB300 级钢筋，纵向钢筋采用 HRB335 级钢筋。环境类别为二 a 类。

(1) 扭矩设计值为 $T=12\text{kN}\cdot\text{m}$；

(2) 扭矩设计值为 $T=12\text{kN}\cdot\text{m}$，剪力设计值为 $V=80\text{kN}$；

(3) 扭矩设计值为 $T=12\text{kN}\cdot\text{m}$，弯矩设计值为 $M=72\text{kN}\cdot\text{m}$；

(4) 扭矩设计值为 $T=12\text{kN}\cdot\text{m}$，弯矩设计值为 $M=72\text{kN}\cdot\text{m}$，剪力设计值为 $V=80\text{kN}$。

试计算各组内力作用下该截面的配筋并绘出截面配筋图。

解 基本设计参数

查附表 1-2 和附表 1-8 可知，C20 混凝土 $f_c=9.6\text{N/mm}^2$，$f_t=1.10\text{N/mm}^2$，$\beta_c=1.0$；HPB300 级钢筋 $f_{yv}=270\text{N/mm}^2$，HRB335 级钢筋 $f_y=300\text{N/mm}^2$；$c=25\text{mm}$

$$b_{cor}=b-2(c+d_{sv})=250-2\times(25+8)=184\text{mm}$$

$$h_{cor}=h-2(c+d_{sv})=500-2\times(25+8)=434\text{mm}$$

$$b'_{f,cor}=150-2(c+d'_{sv})=150-2\times(25+8)=84\text{mm}$$

$$h'_{f,cor}=100-2(c+d'_{sv})=100-2\times(25+8)=34\text{mm}$$

$$u_{cor}=2(b_{cor}+h_{cor})=2\times(184+434)=1236\text{mm}$$

$$A_{cor}=b_{cor}\times h_{cor}=184\times434=79856\text{mm}^2$$

$u'_{f,cor}=2(b'_{f,cor}+h'_{f,cor})=2\times(84+34)=236\text{mm}$

$A'_{f,cor}=b'_{f,cor}h'_{f,cor}=84\times34=2856\text{mm}^2$

设 $a_s=25+8+10/2=38\text{mm}$，取整 $a_s=40\text{mm}$，则：$h_0=h-a_s=500-40=460\text{mm}$。

将截面分为腹板 $b\times h=250\text{mm}\times500\text{mm}$，受压翼缘 $h'_f(b'_f-b)=100\times(400-250)$ 的两块矩形截面。

计算截面的抗扭塑性抵抗矩

$$W_{tw}=\frac{b^2}{6}(3h-b)=\frac{250^2}{6}\times(3\times500-250)=1.3\times10^7\text{mm}^3$$

$$W'_{tf}=\frac{h'^2_f}{2}(b'_f-b)=\frac{100^2}{2}\times(400-250)=7.5\times10^5\text{mm}^3$$

$$W_t=W_{tw}+W'_{tf}=1.375\times10^7\text{mm}^3$$

(1) 扭矩设计值为 $T=12\text{kN}\cdot\text{m}$

① 验算截面尺寸。

$$\frac{T}{W_t}=\frac{12\times10^6}{1.375\times10^7}=0.873\text{N/mm}^2<0.2\beta_c f_c=0.2\times1.0\times9.6=1.92\text{N/mm}^2$$

截面满足要求。

$$\frac{T}{W_t}=\frac{12\times10^6}{1.375\times10^7}=0.873\text{N/mm}^2>0.7f_t=0.7\times1.10=0.77\text{N/mm}^2$$

需按计算配筋。

② 分配各矩形截面所承受的扭矩。

$$\text{腹板}\ T_w=\frac{W_{tw}}{W_t}T=\frac{1.3\times10^7}{1.375\times10^7}\times12=11.35\text{kN}\cdot\text{m}$$

$$\text{翼缘}\ T'_f=\frac{W'_{tf}}{W_t}T=\frac{7.5\times10^5}{1.375\times10^7}\times12=0.65\text{kN}\cdot\text{m}$$

③ 腹板的配筋计算。

取 $\zeta=1.2$，代入式 (8-18) 求 A_{stl}/s

$$\frac{A_{stl}}{s}=\frac{T_w-0.35f_tW_{tw}}{1.2\sqrt{\zeta}f_{yv}A_{cor}}=\frac{11.35\times10^6-0.35\times1.10\times1.3\times10^7}{1.2\times\sqrt{1.2}\times270\times79856}=0.224$$

选用Φ8 箍筋 $A_{stl}=50.3\text{mm}^2$，$s=\dfrac{50.3}{0.224}=224.55\text{mm}$，取 $s=200\text{mm}$。

验算配箍率

$$\rho_{sv}=\frac{nA_{st1}}{bs}=\frac{2\times50.3}{250\times200}=0.00201\geqslant\rho_{sv,\min}=0.28\frac{f_t}{f_{yv}}=0.28\times\frac{1.10}{270}=0.00114$$

计算纵筋，按式 (8-12)

$$A_{stl}=\zeta\frac{A_{st1}}{s}\times\frac{u_{cor}f_{yv}}{f_y}=1.2\times0.224\times\frac{1236\times270}{300}=299.01\text{mm}^2$$

选用 6Φ10，$A_{stl}=471\text{mm}^2$，验算抗扭纵筋的最小配筋率 $\rho_{tl,\min}$

$$\rho_{tl}=\frac{A_{stl}}{bh}=\frac{471}{250\times500}=0.00368\geqslant\rho_{tl,\min}=0.85\frac{f_t}{f_y}=0.85\times\frac{1.10}{300}=0.00312$$

④ 受压翼缘配筋计算。

取 $\zeta=1.2$，$A'_{f,cor}=2856\text{mm}^2$

$$\frac{A_{stl}}{s}=\frac{T'_f-0.35f_tW'_{tf}}{1.2\sqrt{\zeta}f_{yv}A'_{f,cor}}=\frac{0.65\times10^6-0.35\times1.10\times7.5\times10^5}{1.2\times\sqrt{1.2}\times270\times2856}=0.356$$

选用Φ 8，箍筋 $A_{stl}=50.3\text{mm}^2$，$s=\frac{50.3}{0.356}=141.29\text{mm}$，取 $s=140\text{mm}$，验算配箍率。

$$\rho_{sv}=\frac{nA_{st1}}{bs}=\frac{2\times50.3}{250\times140}=0.00287\geqslant\rho_{sv,min}=0.28\frac{f_t}{f_{yv}}=0.28\times\frac{1.10}{270}=0.00114$$

可以计算纵筋

$$A_{stl}=\zeta\frac{A_{st1}}{s}\times\frac{u'_{f,cor}f_{yv}}{f_y}=1.2\times0.356\times\frac{236\times270}{300}$$

$$=90.74\text{mm}^2$$

选用 4 Φ 10，$A_{stl}=314\text{mm}^2$，

$$A_{stl}=314\text{mm}^2>\rho_{tl,min}b'_{f,cor}h'_{f,cor}=0.85\frac{f_t}{f_y}b'_{f,cor}h'_{f,cor}$$

$$=0.85\times\frac{1.10}{300}\times84\times34=8.90\text{mm}^2$$

截面配筋如图 8-20 所示。

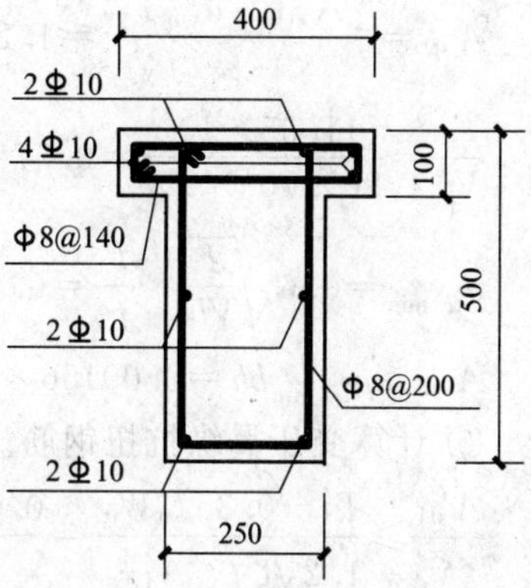

图 8-20 例 8-2 图二

（2）扭矩设计值为 $T=12\text{kN}\cdot\text{m}$，剪力设计值为 $V=80\text{kN}$

① 验算截面尺寸。

$$\frac{h_w}{b}=\frac{h_0-h'_f}{b}=\frac{460-100}{250}=1.44<4$$

$$\frac{V}{bh_0}+\frac{T}{0.8W_t}=\frac{80\times10^3}{250\times460}+\frac{12\times10^6}{0.8\times1.375\times10^7}$$

$$=1.79\text{N/mm}^2<0.25\beta_cf_c=0.25\times1.0\times9.6=2.4\text{N/mm}^2$$

截面满足要求。

$$\frac{V}{bh_0}+\frac{T}{W_t}=\frac{80\times10^3}{250\times460}+\frac{12\times10^6}{1.375\times10^7}=1.57\text{N/mm}^2>0.7f_t=0.77\text{N/mm}^2$$

需要按计算配筋。

② 扭矩分配。

腹板 $T_w=\frac{W_{tw}}{W_t}T=\frac{1.3\times10^7}{1.375\times10^7}\times12=11.35\text{kN}\cdot\text{m}$

翼缘 $T'_f=\frac{W'_{tf}}{W_t}T=\frac{7.5\times10^5}{1.375\times10^7}\times12=0.65\text{kN}\cdot\text{m}$

③ 计算剪扭构件混凝土强度折减系数。

$$\beta_t=\frac{1.5}{1+0.5\frac{VW_{tw}}{T_wbh_0}}=\frac{1.5}{1+0.5\times\frac{80\times10^3\times1.3\times10^7}{11.35\times10^6\times250\times460}}=1.073>1.0\text{，取 }\beta_t=1.0\text{。}$$

④ 计算腹板剪扭钢筋。

a. 计算抗剪钢筋，由式（8-32）得

$$\frac{nA_{sv1}}{s}\geqslant\frac{V-0.7(1.5-\beta_t)f_tbh_0}{f_{yv}h_0}=\frac{80\times10^3-0.7\times(1.5-1.0)\times1.10\times250\times460}{270\times460}$$

$$=0.288\text{mm}^2/\text{mm}$$

采用双肢箍，$n=2$，则$\frac{A_{sv1}}{s}\geqslant 0.144\text{mm}^2/\text{mm}$

b. 计算腹板抗扭钢筋，取配筋强度比$\zeta=1.2$，由式（8-33）得

$$\frac{A_{st1}}{s}=\frac{T_w-0.35\beta_t f_t W_{tw}}{1.2\sqrt{\zeta}f_{yv}A_{cor}}=\frac{11.35\times10^6-0.35\times1.0\times1.10\times1.3\times10^7}{1.2\times\sqrt{1.2}\times270\times79856}$$
$$=0.224\text{mm}^2/\text{mm}$$

所需抗扭纵筋的面积为

$$A_{stl}=\zeta\frac{A_{st1}}{s}\times\frac{u_{cor}f_{yv}}{f_y}=1.2\times0.224\times\frac{1236\times270}{300}=299.01\text{mm}^2$$

$$\frac{T_w}{Vb}=\frac{11.35\times10^6}{80\times10^3\times250}=0.57<2$$

$$\rho_{tl,\min}=0.6\sqrt{\frac{T}{Vb}}\times\frac{f_t}{f_y}=0.6\times\sqrt{0.57}\times\frac{1.10}{300}=0.00166$$

$$A_{stl}>\rho_{tl,\min}bh=0.00166\times250\times500=207.5\text{mm}^2$$

⑤ 计算受压翼缘抗扭钢筋。按纯扭构件计算。仍取配筋强度比$\zeta=1.2$，则：

$$\frac{A'_{st1}}{s}\geqslant\frac{T'_f-0.35f_t W'_{tf}}{1.2\sqrt{\zeta}f_{yv}A'_{f,cor}}=\frac{0.65\times10^6-0.35\times1.10\times7.5\times10^5}{1.2\times\sqrt{1.2}\times270\times2856}=0.356\text{mm}^2/\text{mm}$$

$$A'_{stl}=\zeta\frac{A'_{st1}}{s}\times\frac{u'_{f,cor}f_{yv}}{f_y}=1.2\times0.356\times\frac{236\times270}{300}=90.74\text{mm}^2$$

⑥ 选配钢筋。

a. 腹板

抗剪扭箍筋

$$\frac{A_{sv1}}{s}+\frac{A_{st1}}{s}=0.144+0.224=0.368\text{mm}^2/\text{mm}$$

$$>\rho_{sv,\min}\frac{b}{n}=0.28\times\frac{f_t}{f_{yv}}\times\frac{b}{2}=0.00114\times\frac{250}{2}=0.143\text{mm}^2/\text{mm}$$

选Φ8 单肢箍面积为 50.3mm²，则

$$s\leqslant\frac{50.3}{0.368}=136.68\text{mm}，取 s=130\text{mm}$$

抗扭纵筋：根据构造要求，抗扭纵筋不能少于 6 根，所以选 6Φ10（471mm²）。

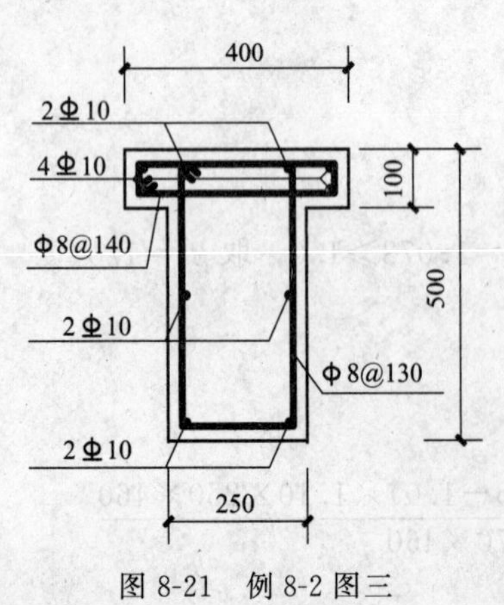

图 8-21 例 8-2 图三

b. 受压翼缘

箍筋选Φ8，单肢面积为 50.3mm²，则 $s\leqslant\frac{50.3}{0.356}=141.29\text{mm}$，取 $s=140\text{mm}$。

抗扭纵筋选用 4Φ10（314mm²），截面配筋如图 8-21 所示。

（3）扭矩设计值为 $T=12\text{kN}\cdot\text{m}$，弯矩设计值为 $M=72\text{kN}\cdot\text{m}$

① 验算截面尺寸。

$$\frac{T}{W_t}=\frac{12\times10^6}{1.375\times10^7}=0.873\text{N/mm}^2<0.25\beta_c f_c=$$

2.4N/mm²，截面满足要求。

$$\frac{T}{W_t}=\frac{12\times10^6}{1.375\times10^7}=0.873\text{N/mm}^2>0.7f_t=0.77\text{N/mm}^2$$，需要计算配钢筋。

② 扭矩分配。

腹板　$T_w=\frac{W_{tw}}{W_t}T=\frac{1.3\times10^7}{1.375\times10^7}\times12=11.35\text{kN}\cdot\text{m}$

翼缘　$T'_f=\frac{W'_{tf}}{W_t}T=\frac{7.5\times10^5}{1.375\times10^7}\times12=0.65\text{kN}\cdot\text{m}$

③ 计算抗弯所需纵向钢筋。

$$\alpha_1 f_c b'_f h'_f\left(h_0-\frac{h'_f}{2}\right)=1.0\times9.6\times400\times100\times\left(460-\frac{100}{2}\right)=157.44\text{kN}\cdot\text{m}>72\text{kN}\cdot\text{m}$$

为第一类T型截面，按宽度为 $b'_f\times h$ 的矩形截面计算。

$$\alpha_s=\frac{M}{\alpha_1 f_c b'_f h_0^2}=\frac{72\times10^6}{1.0\times9.6\times400\times460^2}=0.089$$

$$\xi=1-\sqrt{1-2\alpha_s}=1-\sqrt{1-2\times0.089}=0.093<\xi_b=0.550$$

$$A_s=\frac{\alpha_1 f_c b'_f\xi h_0}{f_y}=\frac{1.0\times9.6\times400\times0.093\times460}{300}=547.58\text{mm}^2$$

因 $\rho_{min}=0.45\frac{f_t}{f_y}=0.45\times\frac{1.10}{300}=0.00165<0.002$，取 $\rho_{min}=0.002$

$$A_s>\rho_{min}bh=0.002\times250\times500=250\text{mm}^2$$

④ 腹板抗扭计算。取配筋强度比 $\zeta=1.2$，由式（8-33）得

$$\frac{A_{st1}}{s}=\frac{T_w-0.35\beta_t f_t W_{tw}}{1.2\sqrt{\zeta}f_{yv}A_{cor}}=\frac{11.35\times10^6-0.35\times1.0\times1.10\times1.3\times10^7}{1.2\times\sqrt{1.2}\times270\times79856}$$

$$=0.224\text{mm}^2/\text{mm}$$

$$A_{stl}=\zeta\frac{A_{stl}}{s}\times\frac{u_{cor}f_{yv}}{f_y}=1.2\times0.224\times\frac{1236\times270}{300}=299.01\text{mm}^2$$

$$\rho_{tl,min}=0.85\frac{f_t}{f_y}=0.85\times\frac{1.10}{300}=0.00312$$

$A_{stl}<\rho_{tl,min}bh=0.00312\times250\times500=390\text{mm}^2$，则取：$A_{stl}=390\text{mm}^2$

⑤ 计算受压翼缘抗扭钢筋。

按纯扭构件计算。仍取配筋强度比 $\zeta=1.2$，则

$$\frac{A'_{st1}}{s}\geqslant\frac{T'_f-0.35f_tW'_{tf}}{1.2\sqrt{\zeta}f_{yv}A'_{f,cor}}=\frac{0.65\times10^6-0.35\times1.10\times7.5\times10^5}{1.2\times\sqrt{1.2}\times270\times2856}=0.356\text{mm}^2/\text{mm}$$

$$A'_{stl}=\zeta\frac{A'_{st1}}{s}\times\frac{u'_{f,cor}f_{yv}}{f_y}=1.2\times0.356\times\frac{236\times270}{300}=90.74\text{mm}^2$$

⑥ 选配钢筋。

a. 受压翼缘

箍筋选Φ8，单肢面积为50.3mm²，则 $s\leqslant\frac{50.3}{0.356}=141.29\text{mm}$，取 $s=140\text{mm}$。

抗扭纵筋选用4Φ10（$A'_{stl}=314\text{mm}^2$）。

b. 腹板

选用Φ8 箍筋 $A_{stl}=50.3\text{mm}^2$，$s=\dfrac{50.3}{0.224}=224.55\text{mm}$，取 $s=200\text{mm}$。

抗扭纵筋 $A_{stl}=390\text{mm}^2$，分为上、中、下三排布置，每排面积为 $\dfrac{A_{stl}}{3}=130\text{mm}^2$，则上、中部可以选用 2Φ10(157mm²)，下部所需钢筋面积为 $A_s+\dfrac{A_{stl}}{3}=547.58+130=677.58\text{mm}^2$，可以选用 3Φ18(763mm²)。截面配筋如图 8-22 所示。

(4) 扭矩设计值 $T=12\text{kN}\cdot\text{m}$；弯矩设计值为 $M=72\text{kN}\cdot\text{m}$；剪力设计值为 $V=80\text{kN}$。

由 (2)、(3) 可知：

① 受压翼缘。箍筋选Φ8，单肢面积为 50.3mm^2，则 $s\leqslant\dfrac{50.3}{0.356}=141.29\text{mm}$，取 $s=140\text{mm}$。

抗扭纵筋选用 4Φ10 (314mm²)。

② 腹板。

抗剪扭箍筋

$$\frac{A_{sv1}}{s}+\frac{A_{st1}}{s}=0.144+0.224=0.368\text{mm}^2/\text{mm}$$

$$>\rho_{sv,\min}\frac{b}{n}=0.28\times\frac{f_t}{f_{yv}}\times\frac{b}{2}=0.00114\times\frac{250}{2}=0.143\text{mm}^2/\text{mm}$$

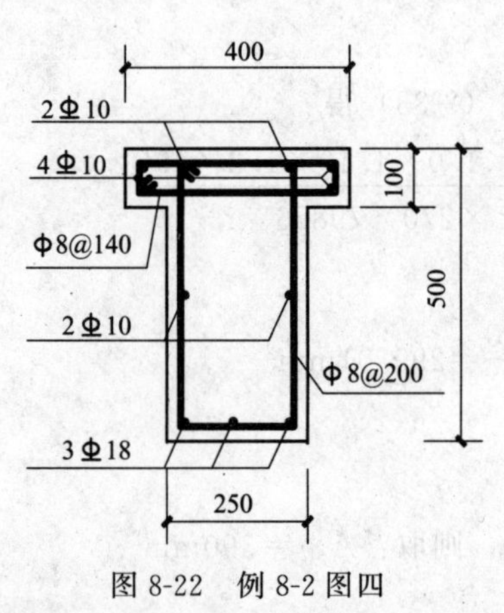

图 8-22 例 8-2 图四

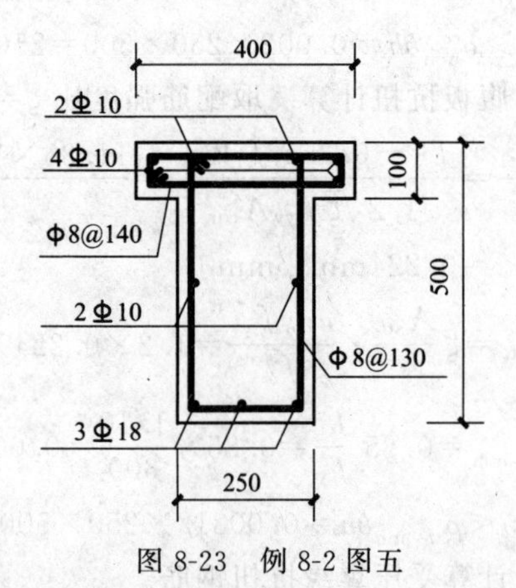

图 8-23 例 8-2 图五

选Φ8 单肢箍面积为 50.3mm^2，则：$s\leqslant\dfrac{50.3}{0.368}=136.68\text{mm}$，取 $s=130\text{mm}$，抗扭纵筋 $A_{stl}=390\text{mm}^2$，抗弯纵筋 $A_s=547.58\text{mm}^2$。将抗扭纵筋分上、中、下三排布置，每排面积为 $\dfrac{A_{stl}}{3}=130\text{mm}^2$，则上、中部可以选用 2Φ10 (157mm²)。下部所需钢筋面积为 $A_s+\dfrac{A_{stl}}{3}=547.58+130=677.58\text{mm}^2$，可以选用 3Φ18 (763mm²)。截面配筋如图 8-23 所示。

习题

1. 已知剪扭构件截面尺寸 $b\times h=300\text{mm}\times500\text{mm}$，混凝土采用 C25 级，纵筋采用

HRB335级筋，箍筋采用HPB300级钢筋，扭矩设计值$T=20\text{kN}\cdot\text{m}$。求所需配置的箍筋和纵筋。

2. 已知框架梁如图8-24所示，截面尺寸$b\times h=400\text{mm}\times500\text{mm}$，净跨6m，跨中有一短挑梁，挑梁上作用有距梁轴线500mm的集中荷载设计值$P=200\text{kN}$，梁上均布荷载（包括自重）设计值$q=10\text{kN/m}$。采用C30级混凝土，纵筋采用HRB400级，箍筋采用HRB335级。试计算梁的配筋。

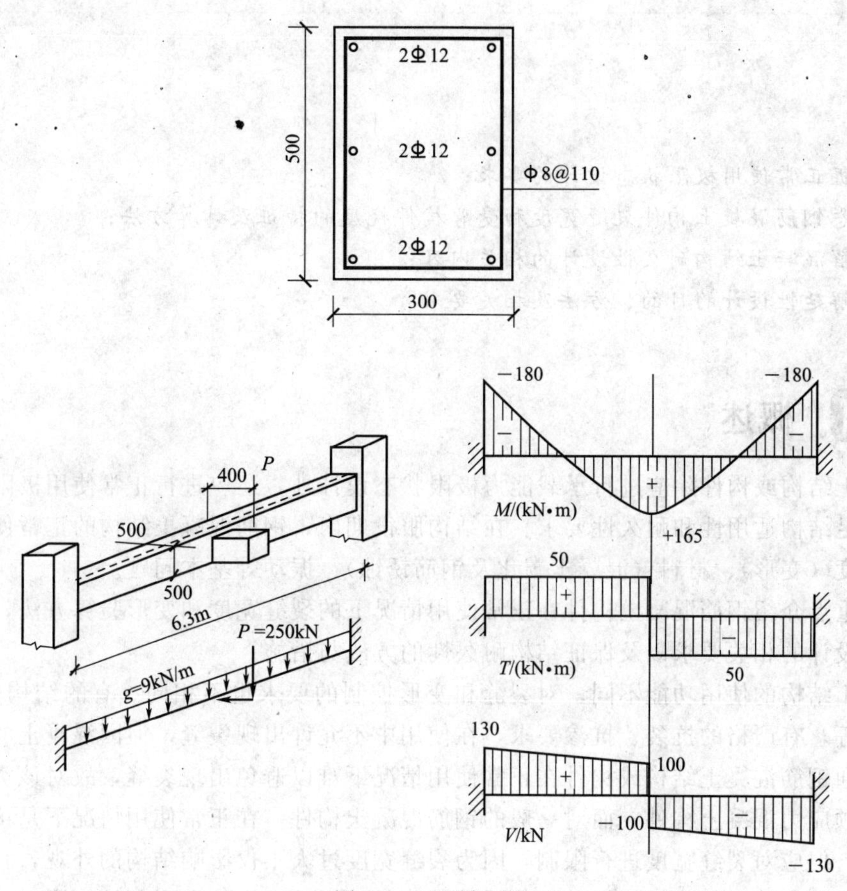

图8-24　习题2图

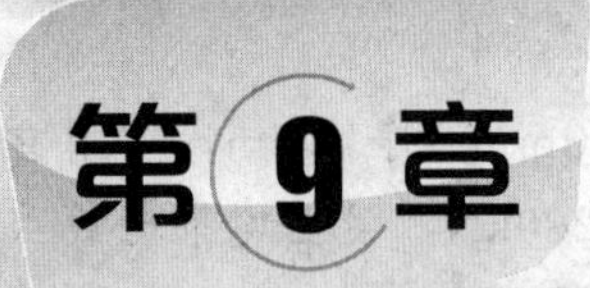

第 9 章 正常使用极限状态验算

学习目标

1. 掌握正常使用极限状态设计的要求；
2. 熟悉钢筋混凝土构件裂缝宽度和受弯构件挠度的特征及计算方法；
3. 理解混凝土结构耐久性设计的相关内容；
4. 理解延性设计的目的、方法及相关要求。

9.1 概述

混凝土结构或构件除应进行承载能力极限状态设计外，还应进行正常使用极限状态的验算，以满足结构适用性和耐久性要求。在结构服役期内，钢筋混凝土结构的正常使用涉及了裂缝、刚度（变形）、材料（混凝土碳化及钢筋锈蚀）、振动等基本问题。

本章重点介绍钢筋混凝土构件在正常使用情况下的裂缝宽度和变形验算方法，混凝土结构耐久性设计的相关要求以及保证结构耐久性的方法与措施。

混凝土结构的使用功能不同，对裂缝和变形控制的要求也不相同。有的结构如储液池、核反应堆等，有严格的抗裂、抗渗要求，在使用中不允许出现裂缝，但因混凝土的抗拉强度很低，普通钢筋混凝土结构或构件在正常使用情况下难以避免出现裂缝，故对该类结构，宜优先选用预应力混凝土构件。而对一般的钢筋混凝土构件，在正常使用情况下是可以带着裂缝工作的，但应对裂缝宽度进行限制，因为裂缝宽度过大不仅影响结构的外观，且使人在心理上产生不安全感，还有可能导致钢筋锈蚀，降低结构的安全性和耐久性。同时，还应控制混凝土结构或构件在正常使用状态下的变形，因变形过大会造成房屋内粉刷层剥落、填充墙开裂及屋面积水而影响结构使用；若在放置精密仪器的车间，过大的楼面变形还可能影响仪器的使用。因此，《混凝土结构设计规范》对混凝土结构正常使用的各种极限状态给出了明确的标志和限值。也就是说，**正常使用极限状态是结构或结构构件达到正常使用的某项规定限值或耐久性能的某种规定状态，也可理解为结构或结构构件达到使用功能要求时允许的某一限值的状态。**

当结构或结构构件出现下列状态之一时，可以认为超过了正常使用极限状态：

① 影响正常使用或外观产生变形；

② 影响正常使用或耐久性能的局部损坏（包括裂缝）；

③ 影响正常使用的振动；

④ 影响正常使用的其他特定状态。

然而，混凝土是由多种材料组成的人工复合材料，混凝土结构在使用过程中，会与周围环境中的水、空气或其他侵蚀介质发生化学反应，随着结构服役期的延长，混凝土将出现裂缝、破碎、酥裂、磨损、溶蚀等现象，钢筋会出现锈蚀、脆化、疲劳、应力腐蚀，钢筋与混凝土之间会出现黏结锚固作用逐渐减弱等现象，使混凝土结构工程达不到设计规定的使用年限，甚至影响结构的安全，而不得不提前进行大修或加固。因此，混凝土结构还应具有足够的耐久性，使建筑物在规定的设计使用年限内不需进行大修或加固就能够安全、正常使用。为保证混凝土结构的耐久性，应对混凝土结构的使用环境进行分类，根据环境类别提出材料的耐久性质量要求，确定构件中钢筋的混凝土保护层厚度，并采取相应的技术措施和防护措施。

与承载能力极限状态不同，结构或构件超过正常使用极限状态时，对生命财产的危害程度相对要低一些，其相应的可靠指标取值可略有降低。因此，进行正常使用极限状态验算时，荷载效应可采用标准组合或准永久组合，材料强度可取标准值，并应考虑荷载长期作用的影响。具体如下：

① 对需要控制变形的构件，应进行变形验算；

② 对不允许出现裂缝的构件，应进行混凝土拉应力验算；

③ 对允许出现裂缝的构件，应进行受力裂缝宽度验算；

④ 对舒适度有要求的楼盖结构，应进行竖向自振频率验算。

钢筋混凝土构件、预应力混凝土构件应分别按荷载的准永久组合或标准值组合并考虑长期作用的影响，采用下列极限状态设计表达式进行正常使用极限状态验算

$$S_d \leqslant C \tag{9-1}$$

式中　S_d——正常使用极限状态的荷载效应组合值，可采用标准组合、频遇组合及准永久组合；

C——结构构件达到正常使用要求所规定的应力、裂缝宽度、变形和舒适度等的限值。

荷载效应的标准组合、频遇组合及准永久组合可按下式确定

标准组合
$$S_d = \sum_{j=1}^{m} S_{G_j k} + S_{Q_1 k} + \sum_{i=2}^{n} \psi_{c_i} S_{ik} \tag{9-2}$$

频遇组合
$$S_d = \sum_{j=1}^{m} S_{G_j k} + \psi_{f1} S_{Q_1 k} + \sum_{i=2}^{n} \psi_{q_i} S_{Q_i k} \tag{9-3}$$

准永久组合
$$S_d = \sum_{j=1}^{m} S_{G_j k} + \sum_{i=1}^{n} \psi_{q_i} S_{Q_i k} \tag{9-4}$$

式中　ψ_{c_i}——可变荷载 Q_i 的标准组合值系数；

ψ_{f1}——可变荷载 Q_1 的频遇值系数；

ψ_{q_i}——可变荷载 Q_i 的准永久组合系数。

正常使用极限状态又可分为可逆正常使用极限状态和不可逆正常使用极限状态两种情况。可逆正常使用极限状态是指当产生超越正常使用极限状态的作用卸除后，该作用产生的超越状态可以恢复的正常使用极限状态；不可逆正常使用极限状态是指当产生超越正常使用极限状态的作用卸除后，该作用产生的超越状态不可恢复的正常使用极限状态。比如，当楼面梁在短暂的较大荷载作用下产生了超过限值的裂缝宽度或变形，但短暂的较大荷载卸除后裂缝能够闭合或变形能够恢复，则属于可逆正常使用极限状态；如短暂的较大荷载卸除后裂缝不能闭合或变形不能恢复，则属于不可逆正常使用极限状态。作用在结构上的荷载往往有

多种，例如作用在楼面梁上的荷载有结构自重（永久荷载）和楼面活荷载。由于活荷载中也会有一部分荷载值是随时间变化不大的，这部分荷载称为准永久荷载，例如住宅中的家具等，又如书库等建筑物的楼面活荷载中，准永久荷载值占的比例将达到80%。由永久荷载产生的弯矩与由活荷载中的准永久荷载产生的弯矩组合起来，就称为弯矩的准永久组合。显然，对于可逆正常使用极限状态，验算时的荷载效应取值可以低一些，通常采用准永久组合；对于不可逆正常使用极限状态，验算时的荷载效应取值应高一些，通常采用标准组合。在结构设计使用期间，荷载的值不随时间而变化，或其变化与平均值相比可以忽略不计的，称为永久荷载或恒荷载，例如结构的自身重力等。在结构设计使用期间，荷载的值随时间而变化，或其变化与平均值相比不可忽略的荷载，称为可变荷载或活荷载，例如楼面活荷载等。

9.2 裂缝宽度验算

钢筋混凝土结构中由于混凝土材料抗拉强度很低，故结构构件通常均是带裂缝工作的。若裂缝宽度在规定的限值以内，则不会影响正常使用和耐久性；若裂缝宽度过大超过了规定的限值，则不仅影响结构构件的外观，而且更重要的是会影响结构构件的耐久性。所以，对于钢筋混凝土构件，需要进行裂缝宽度验算，使其裂缝宽度在规定的限值以内，从而满足耐久性和适用性的要求。

当外部作用使混凝土内的拉应力超过混凝土的抗拉强度时，就会引起混凝土开裂，使构件出现裂缝。由荷载的直接作用引起的裂缝称为受力裂缝，如受弯构件在弯矩或剪力作用下的垂直裂缝或斜裂缝。结构的外加变形或约束变形也会引起裂缝，如地基不均匀沉降、构件的收缩或温度变形受到约束时导致构件的开裂。此外，还有因钢筋锈蚀、体积膨胀而形成的沿钢筋长度方向的纵向裂缝等。

本节主要介绍钢筋混凝土构件因轴力或弯矩等荷载效应而引起的垂直裂缝的验算。其他原因造成的影响适用性和耐久性的裂缝，应从构造、施工、材料等方面采取措施加以控制。

尽管国内外学者对荷载效应引起裂缝的计算进行了大量的试验和研究，但至今对影响裂缝的主要因素以及裂缝宽度的计算理论尚未建立统一的理论。计算模式主要有三类：黏结滑移理论、无滑移理论、基于试验的统计公式。我国混凝土结构设计规范对裂缝宽度的计算公式，是综合了黏结滑移理论和无滑移理论的模式，并通过试验确定有关系数得到的。下面主要介绍黏结滑移理论。

9.2.1 第一批裂缝的产生及开展

本节分别以轴心受拉构件和受弯构件为例说明构件裂缝的出现和开展过程。

图9-1为一轴心受拉构件，在混凝土未开裂前，钢筋和混凝土变形相同，其应力沿构件轴线方向是均匀分布的。当轴心拉力增加到开裂轴力时，混凝土应力达到其抗拉强度，由于混凝土材料的非均匀性，在抗拉能力最薄弱的截面处首先出现第一条裂缝（也可能是多条，称为第一批裂缝），如图9-1中的A截面所示，此时出现裂缝的截面混凝土退出工作，原来由混凝土承担的拉力转由钢筋承担，因此裂缝截面处钢筋的应变和应力突然增大，裂缝处的混凝土将向裂缝两边回缩，混凝土和钢筋之间产生相对滑移和黏结应力，使裂缝一出现即有一

定的宽度。通过黏结应力的作用，钢筋的应力将部分地传给混凝土，从而使钢筋的应力随着离裂缝截面距离的增大而减小，而混凝土的应力在裂缝处为零，随着离裂缝截面距离的增大而增大，当达到距裂缝截面 A 距离为 l_{cr} 处的截面 B 时，混凝土的应力又达到其抗拉强度 σ_t。当荷载稍有增加，在截面 B 处将出现新的裂缝，在新的裂缝处，混凝土又退出工作向两边回缩，钢筋应力也突然增大，混凝土和钢筋之间又产生相对滑移和黏结应力。此后在两个裂缝截面 A、B 之间，混凝土应力不会再达到其抗拉强度，因而一般也不会出现新的裂缝。

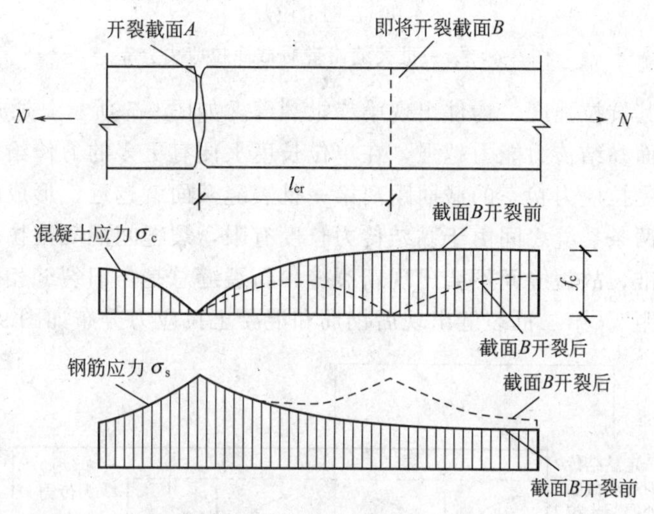

图 9-1　轴心受拉构件裂缝的产生和开展

图 9-2 为一受弯构件，在中部弯矩最大的纯弯区段中，当荷载使该区段中最薄弱截面受拉边缘的混凝土拉应力达到并超过混凝土的抗拉强度时，该截面处首先开裂，出现第一批裂缝 ab。该截面一旦开裂，混凝土即退出工作并向裂缝两边回缩，拉应力全部由裂缝截面处钢筋承担，故裂缝处钢筋应力有突变，混凝土应力为零。

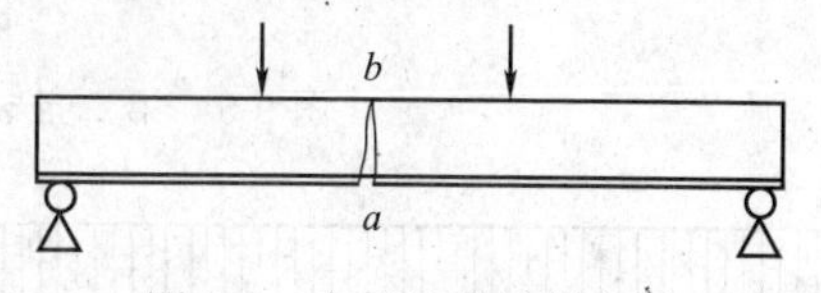

图 9-2　中部纯弯的简支梁

由于钢筋和混凝土之间存在黏结，如图 9-3、图 9-4所示裂缝处混凝土回缩将受阻，黏结应力保证了钢筋和混凝土之间的传力，从而使得裂缝处钢筋较大的应力向裂缝两边混凝土中传递，裂缝两侧受拉区混凝土的拉应力随着与开裂截面距离的增大而逐步加大，钢筋拉应力随着与开裂截面距离的增大而减小。

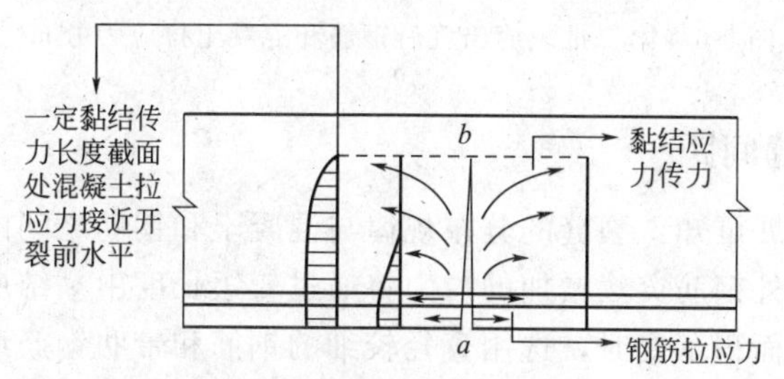

图 9-3　第一批裂缝出现后钢筋与混凝土间的传力

9.2.2　第二批裂缝出现

随着荷载的增大，在距离第一批裂缝一定黏结传力长度处，由于黏结传力，混凝土的拉

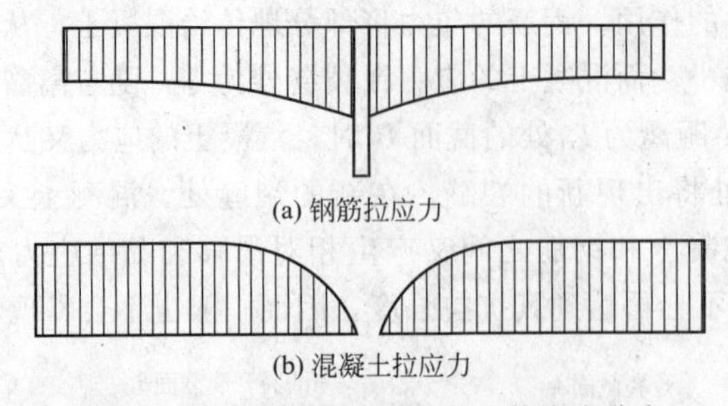

图 9-4　第一批裂缝出现后截面拉应力分布

应力将达到并超过其抗拉强度，构件出现第二批裂缝，如图 9-5 所示。通过分析可知在两批裂缝之间的钢筋表面黏结传力能力越强，在单位长度上便有更多的力传给混凝土，因此受拉区重新达到开裂前受拉应力状态的截面距离第一批裂缝截面就越近，形成的两批裂缝间的距离就越短。而且在两条裂缝之间由于黏结传力长度有限，裂缝间混凝土拉应力达不到接近混凝土抗拉强度的水准，故裂缝间不会出现新裂缝，新裂缝总是与旧裂缝相距一定距离，这个距离称为“裂缝间距”。第二批裂缝出现后钢筋和混凝土拉应力分布如图 9-6 所示。

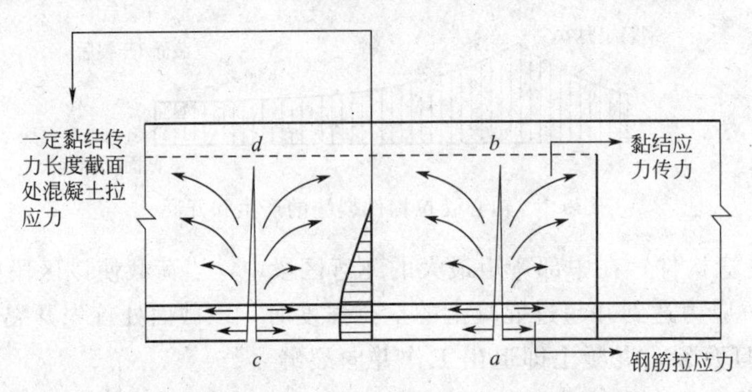

图 9-5　第二批裂缝出现后钢筋与混凝土间的黏结传力

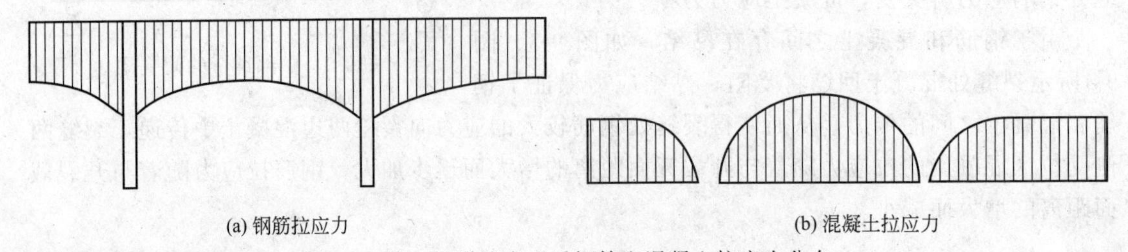

图 9-6　第二批裂缝出现后钢筋和混凝土拉应力分布

9.2.3　平均裂缝间距

从裂缝的产生和开展可知：裂缝的分布规律与混凝土和钢筋之间的黏结力密切相关。黏结力越高，则裂缝截面处钢筋突然增加的拉力将通过较短长度由黏结应力传递给混凝土，裂缝间距较小。故在钢筋面积不变时，选用直径较细的钢筋和带肋钢筋可以减少裂缝间距。同时，裂缝间距也与混凝土受拉面积的大小有关：混凝土受拉面积大，未开裂前混凝土承受的拉力大；一旦开裂，裂缝截面处钢筋突然增加的拉力也大，就需要较长的距离才能将此拉力传递给混凝土，使裂缝间距变大；反之，混凝土受拉面积小则使裂缝间距变小。

同时，裂缝间距与混凝土的保护层厚度有关。随着保护层厚度的增大，由于应变梯度的影响，外部混凝土比靠近钢筋的内部混凝土所受的约束要小，裂缝宽度较大。

根据试验结果分析，平均裂缝间距 l_{cr} 可按下列半理论半经验公式计算

$$l_{cr}=\beta\left(1.9c_s+0.08\frac{d_{eq}}{\rho_{te}}\right) \tag{9-5}$$

式中 β——与构件有关的系数，对轴心受拉构件取1.1，对偏心受拉构件取1.05，对受弯构件及偏心受压构件取1.0；

c_s——最外层纵向受拉钢筋的保护层厚度，mm，当 $c_s<20$mm 时取 $c_s=20$mm，当 $c_s>65$mm，取 $c_s=65$mm；

d_{eq}——受拉区纵向受拉钢筋的等效直径，mm，

$$d_{eq}=\frac{\sum n_i d_i^2}{\sum n_i \nu_i d_i} \tag{9-6}$$

d_i——受拉区第 i 种纵向钢筋的公称直径，mm；

n_i——受拉区第 i 种纵向钢筋的根数；

ν_i——受拉区第 i 种纵向钢筋的相对黏结特性系数，光圆钢筋取0.7，带肋钢筋取1.0；

ρ_{te}——按有效受拉混凝土截面面积 A_{te} 计算的受拉钢筋的有效配筋率，$\rho_{te}=A_s/A_{te}$，在最大裂缝宽度计算中，$\rho_{te}<0.01$ 时，取 $\rho_{te}=0.01$。

其中，A_{te} 按下列规定取用：对轴心受拉构件，A_{te} 取构件截面面积；对受弯、偏心受压受拉构件取为

$$A_{te}=0.5bh+(b_f-b)h_f \tag{9-7}$$

式中 b——矩形截面宽度，T形和I字形截面腹板厚度；

h——截面高度；

b_f——受拉翼缘宽度；

h_f——受拉翼缘高度。

9.2.4 平均裂缝宽度

平均裂缝宽度 w_m 等于 l_{cr} 区段内钢筋的平均伸长与相应水平处构件侧表面混凝土平均伸长的差值，即

$$w_m=\varepsilon_{sm}l_{cr}-\varepsilon_{cm}l_{cr} \tag{9-8}$$

$$\varepsilon_{sm}=\psi\varepsilon_{sq}=\psi\sigma_{sq}/E_s$$

式中 ε_{sm}——纵向受拉钢筋的平均拉应变；

ε_{cm}——与纵向受拉钢筋相同水平处侧表面混凝土的平均拉应变；

ψ——裂缝间纵向受拉钢筋应变不均匀系数。

将式（9-8）进行简化，于是有

$$w_m=(\varepsilon_{sm}-\varepsilon_{cm})l_{cr}=\left(1-\frac{\varepsilon_{sm}}{\varepsilon_{cm}}\right)\varepsilon_{sm}l_{cr} \tag{9-9}$$

令 $\alpha_c=1-\frac{\varepsilon_{cm}}{\varepsilon_{sm}}$，$\alpha_c$ 为裂缝间混凝土伸长对裂缝宽度的影响系数，将 α_c 及 ε_{sm} 代入式（9-9）得

$$w_m=\alpha_c\psi\frac{\sigma_{sq}}{E_s}l_{cr} \tag{9-10}$$

式中 α_c——对受弯和偏心受压构件可取0.77，对受拉构件可取0.85；

σ_{sq}——按荷载效应准永久组合计算的裂缝截面处纵向受拉钢筋应力；

E_s——钢筋的弹性模量；

l_{cr}——平均裂缝间距；

ψ——裂缝间纵向受拉钢筋应变不均匀系数，按下列经验公式计算

$$\psi=1.1-\frac{0.65f_{tk}}{\rho_{te}\sigma_{sq}} \tag{9-11}$$

式中 f_{tk}——混凝土抗拉强度标准值。

若计算所得 $\psi<0.2$ 时，取 $\psi=0.2$；当 $\psi>1$ 时，取 $\psi=1$；对直接承受重复荷载的构件，取 $\psi=1$。由于混凝土的非匀质性，裂缝宽度具有很大的离散性，验算裂缝宽度应以最大裂缝宽度为准。

9.2.5 最大裂缝宽度

荷载短期效应组合下的最大裂缝宽度 w_{max} 可在考虑可靠度条件下用平均裂缝宽度乘以短期裂缝宽度扩大系数求得。当再考虑荷载长期作用效应影响时，最大裂缝宽度可在前述基础上再乘以考虑荷载长期作用影响的扩大系数。

短期裂缝宽度扩大系数可根据试验资料统计分析，对受弯和偏心受压构件可取1.66，对受拉构件可取1.9。考虑荷载长期作用效应影响的扩大系数，根据试验结果，对各类构件均可取1.5。将最大裂缝宽度计算公式进行整理得

$$w_{max}=\alpha_{cr}\psi\frac{\sigma_{sq}}{E_s}\left(1.9c_s+0.08\frac{d_{eq}}{\rho_{te}}\right) \tag{9-12}$$

式中 α_{cr}——构件受力特征系数，受弯和偏心受压构件，取 $\alpha_{cr}=1.9$；对轴心受拉构件，取 $\alpha_{cr}=2.7$；对偏心受拉构件，取 $\alpha_{cr}=2.4$。

9.2.6 裂缝截面处钢筋等效应力

在荷载效应的准永久组合作用下，构件裂缝截面处的纵向钢筋拉应力 σ_{sq} 可按受力形态采用下列公式计算，各类构件使用阶段裂缝处应力图详见图9-7。

(1) 轴心受拉构件

$$\sigma_{sq}=\frac{N_q}{A_s} \tag{9-13}$$

式中 N_q——按荷载准永久组合计算的轴向拉力值；

A_s——纵向受力钢筋截面面积，对轴心受拉构件，取全部纵向钢筋截面面积。

(2) 偏心受拉构件

大、小偏心受拉构件裂缝截面应力如图9-7(a)、(b) 所示。当截面有受压区存在时，假定受压区合力点位于受压钢筋合力点处，则近似取大偏心受拉构件截面内力臂长 $\eta h_0=h_0-a_s'$，将大小偏心受拉构件的 σ_{sq} 统一写成

$$\sigma_{sq}=\frac{N_q e'}{A_s(h_0-a_s')} \tag{9-14}$$

$$e'=e_0+y_c-a_s'$$

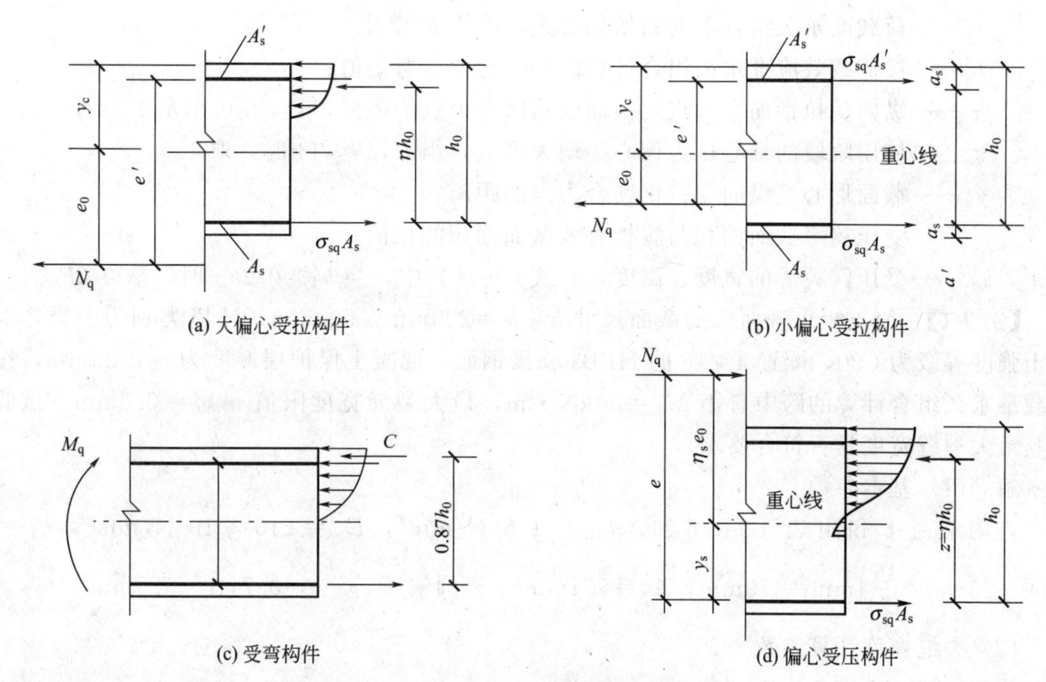

图 9-7 构件使用阶段的裂缝处应力状态

(3) 受弯构件

受弯构件在正常使用荷载作用下，裂缝截面处的应力图如图 9-7(c) 所示，受拉区混凝土的抗拉作用忽略不计，对受压区合力作用点取矩，得

$$\sigma_{sq}=\frac{M_q}{0.87h_0A_s} \tag{9-15}$$

式中 M_q——按荷载准永久组合计算的弯矩值；

A_s——纵向受力钢筋截面面积；

h_0——截面有效高度。

(4) 偏心受压构件

偏心受压构件的裂缝截面应力图见图 9-7(d)，对受压区合力点取矩，得

$$\sigma_{sq}=\frac{N_q(e-z)}{A_sz} \tag{9-16}$$

$$z=\left[0.87-0.12(1-\gamma_f')\left(\frac{h_0}{e}\right)^2\right]h_0 \tag{9-17}$$

$$e=\eta_se_0+y_s \tag{9-18}$$

$$\gamma_f'=\frac{(b_f'-b)h_f'}{bh_0} \tag{9-19}$$

$$\eta_s=1+\frac{1}{4000\dfrac{e_0}{h_0}}\left(\frac{L_0}{h}\right)^2 \tag{9-20}$$

式中 A_s——裂缝截面处纵向钢筋截面面积，偏心受压构件，取受拉区纵向钢筋截面面积；

e'——轴向拉力作用点至纵向受拉钢筋合力点的距离；

e——轴向压力作用点至纵向受拉钢筋合力点的距离；

e_0——荷载准永久组合下的初始偏心距，取为 M_q/N_q；

N_q，M_q——按荷载效应准永久组合计算的轴向力值、弯矩值；

z——纵向受拉钢筋合力点至截面受压区合力点的距离，且 $z \leqslant 0.87h_0$；

η_s——使用阶段的轴心压力偏心距增大系数，当 $L_0/h \leqslant 14$ 时，取 1.0；

y_s——截面形心至纵向受拉钢筋合力点的距离；

γ'_f——受压翼缘截面面积与腹板有效截面面积的比值；

b'_f，h'_f——受压区翼缘的宽度、高度，在式（9-19）中，当 $h'_f > 0.2h_0$ 时，取 $0.2h_0$。

【例 9-1】 简支矩形截面梁的截面尺寸 $b \times h = 200\text{mm} \times 500\text{mm}$，环境类别为一类，混凝土强度等级为 C20，配置 4Φ16 的 HPB300 级钢筋，混凝土保护层厚度为 $c_s = 25\text{mm}$，按荷载准永久组合计算的跨中弯矩 $M_q = 80\text{kN} \cdot \text{m}$，最大裂缝宽度限值 $w_{min} = 0.3\text{mm}$，试验算其最大裂缝宽度是否符合要求。

解 （1）基本参数

查附表 1-1 和附表 1-11 可知，$f_{tk} = 1.54\text{N/mm}^2$，$E_s = 210 \times 10^3\text{N/mm}^2$，$h_0 = \left(500 - 25 - 8 - \frac{16}{2}\right)\text{mm} = 459\text{mm}$，$A_s = 804\text{mm}^2$，光圆钢筋 $\nu_i = \nu = 0.7$，$c_s = 25\text{mm}$。

（2）裂缝宽度计算参数

$$d_{eq} = \frac{d}{\nu} = \frac{16}{0.7}\text{mm} = 22.86\text{mm}$$

$$\rho_{te} = \frac{A_s}{0.5bh} = \frac{804}{0.5 \times 200 \times 500} = 0.0161$$

$$\sigma_{sk} = \frac{M_k}{0.87h_0A_s} = \frac{80 \times 10^6}{0.87 \times 459 \times 804} = 249\text{N/mm}^2$$

$$\psi = 1.1 - \frac{0.65f_{tk}}{\rho_{te}\sigma_{sk}} = 1.1 - \frac{0.65 \times 1.54}{0.016 \times 249} = 0.849$$

（3）裂缝宽度验算

$$\begin{aligned} w_{max} &= 1.9\psi\frac{\sigma_{sk}}{E_s}\left(1.9c_s + 0.08\frac{d_{eq}}{\rho_{te}}\right) \\ &= 1.9 \times 0.849 \times \frac{249}{210000} \times \left(1.9 \times 25 + 0.08 \times \frac{22.86}{0.0161}\right) \\ &= 0.308\text{mm} > 0.3\text{mm}（不满足要求） \end{aligned}$$

若改用 4Φ16 的 HRB 335 级钢筋，$d_{eq} = d = 16\text{mm}$，$w_{max} = 0.243\text{mm} < 0.3\text{mm}$。可见，在相同的配筋面积下，采用带肋钢筋能有效地减小裂缝宽度。

【例 9-2】 有一矩形截面的对称配筋偏心受压柱，截面尺寸 $b \times h = 350\text{mm} \times 600\text{mm}$。计算长度 $l_0 = 5\text{m}$，受拉和受压钢筋均为 HRB 335 级 4Φ20（$A_s = A'_s = 1256\text{mm}^2$），环境类别为二类，采用混凝土等级 C30，混凝土保护层厚度 $c = 30\text{mm}$，按荷载得准永久组合计算的 $N_q = 380\text{kN}$，$M_q = 160\text{kN} \cdot \text{m}$，最大裂缝宽度限值 $w_{min} = 0.2\text{mm}$，试验算最大裂缝宽度是否符合要求。

解 （1）基本参数

查附表 1-1 和附表 1-11 可知，$f_{tk} = 2.01\text{N/mm}^2$，$E_s = 200 \times 10^3\text{N/mm}^2$，$a_s = c + d_{sv} + \frac{d}{2} = 30 + 8 + 10 = 48\text{mm}$，$h_0 = h - a_s = 600 - 48 = 552\text{mm}$，$\frac{l_0}{h} = \frac{5000}{600} = 8.33 < 14$，$\eta_s = 1.0$

（2）裂缝宽度计算参数

$$e_0=\frac{M_k}{N_k}=\frac{160\times10^3}{380}=421\text{mm}>0.55h_0=303.6\text{mm}$$

$$e=e_0+\frac{h}{2}-a_s=421+300-48=673\text{mm}$$

因截面为矩形，受压翼缘面积为 0，$\gamma'_f=0$；$z=\left[0.87-0.12(1-\gamma'_f)\left(\frac{h_0}{e}\right)^2\right]h_0=\left[0.87-0.12\times\left(\frac{552}{673}\right)^2\right]\times552=436\text{mm}$

$$\sigma_{sk}=\frac{N_k(e-z)}{A_s z}=\frac{380\times10^3\times(673-436)}{1256\times436}=164\text{N/mm}^2$$

$$\rho_{te}=\frac{A_s}{0.5bh}=\frac{1256}{0.5\times350\times600}=0.012$$

$$\psi=1.1-0.65\frac{f_{tk}}{\rho_{te}\sigma_{sk}}=1.1-\frac{0.65\times2.01}{0.012\times164}=0.44$$

$$d_{eq}=\frac{d}{\nu}=\frac{20}{1.0}\text{mm}=20\text{mm}$$

（3）裂缝宽度验算

$$\begin{aligned}w_{max}&=1.9\Psi\frac{\sigma_{sk}}{E_s}\left(1.9c_s+0.08\frac{d_{eq}}{\rho_{te}}\right)\\&=1.9\times0.44\times\frac{164}{2\times10^5}\times\left(1.9\times30+0.08\times\frac{20}{0.012}\right)\\&=0.130\text{mm}<w_{min}=0.2\text{mm}\ \text{（满足要求）}\end{aligned}$$

9.3 受弯构件挠度验算

控制受弯构件挠度是保证构件良好的工作性能和耐久性的必要措施，故在正常使用极限状态下对构件进行挠度验算，使得构件挠度在相关规范规定的限值范围内，为满足相关变形的要求，应保证以下四方面的具体要求：

① 保证建筑的使用功能要求；

② 防止对结构构件产生不良影响；

③ 防止对非结构构件产生不良影响；

④ 保证人们的感官在可接受程度之内。

钢筋混凝土受弯构件的最大挠度应按荷载的准永久组合，并考虑荷载长期作用的影响进行计算，其计算值不应超过表 9-1 规定的挠度限值。

9.3.1 受弯构件截面抗弯刚度

对于匀质弹性材料的受弯构件，由材料力学基本理论可知，对于跨度为 l 的简支梁跨中挠度，有以下几种情况。

在均布荷载 q 作用下：$f=\frac{5ql^4}{384EI}$

表 9-1　各类构件的挠度限值

构件类型		挠度限值
吊车梁	手动吊车	$l_0/500$
	电动吊车	$l_0/600$
屋盖、楼盖及楼梯构件	当 $l_0<7\text{m}$ 时	$l_0/200(l_0/250)$
	当 $7\text{m}\leqslant l_0\leqslant 9\text{m}$ 时	$l_0/250(l_0/300)$
	当 $l_0>9\text{m}$ 时	$l_0/300(l_0/400)$

在跨中一集中荷载 P 作用下：$f=\dfrac{Pl^3}{48EI}=\dfrac{Ml^2}{12EI}$

在任意荷载作用下

$$f=\frac{\alpha Ml^2}{EI} \tag{9-21}$$

式中　α——与荷载作用形式及支承条件有关的参数；

E——弹性模量；

I——截面惯性矩。

当构件的截面尺寸和材料一定时，显然其抗弯刚度 EI 为定值。从式（9-21）可见，挠度 f 与荷载 M 成正比关系。但由于混凝土属非匀质、非弹性材料，所以计算挠度时采用的截面抗弯刚度不能直接应用弹性材料的力学计算公式，而应考虑混凝土材料的非均质性以及构件开裂后刚度退化的影响。研究表明，钢筋混凝土受弯构件的挠度与弯矩 M 呈非线性关系，如图 9-8 所示，具有以下特点：①随荷载的增加而减小；②随荷载作用时间的增加而减小；③随配筋率的增加而增加；④沿构件跨度是变化的。对于钢筋混凝土受弯构件，由于构件是带裂缝工作的，裂缝处的截面惯性矩 I 已显著下降，且因混凝土产生的塑性变形降低了弹性模量 E，从而使得抗弯刚度 EI 显著降低。

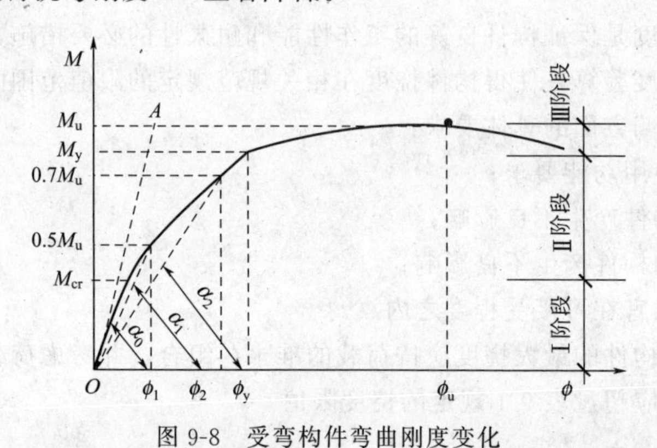

图 9-8　受弯构件弯曲刚度变化

因此，为了区别于弹性构件，在荷载准永久组合作用下，钢筋混凝土受弯构件的截面抗弯刚度称为短期刚度，用 B_s 表示。在荷载准永久组合作用下并考虑荷载长期作用影响的截面抗弯刚度称为长期刚度或刚度，用 B 表示。

可见，钢筋混凝土受弯构件截面抗弯刚度是随截面位置及荷载作用时间而变化的。在正常使用极限状态下进行挠度验算确定刚度时应考虑以下因素的影响。

① 抗弯刚度随弯矩的增加而减小。钢筋混凝土构件的刚度取决于截面混凝土和截面配筋，裂缝的出现导致混凝土退出工作，造成截面刚度退化。而裂缝的发展与弯矩有关，故弯矩越大刚度越小。

② 抗弯刚度随配筋率 ρ 的降低而减小。试验表明，截面尺寸和材料都相同的适筋梁，配筋率 ρ 大的截面抗弯刚度大，配筋率小的截面抗弯刚度小。

③ 沿构件跨度，截面抗弯刚度是变化的。截面不同，抗弯刚度不同，弯矩可能不同；即使为纯弯区段，由于裂缝的存在也会造成裂缝截面与裂缝间截面刚度不同。

④ 抗弯刚度随加载时间的增长而减小。由于混凝土的徐变，钢筋混凝土构件在荷载保持不变时，其挠度会随时间而增长，构件刚度相应减小。故在挠度验算时，除了要考虑荷载的短期效应组合外，还应考虑荷载长期效应组合的影响。

综合以上因素，在钢筋混凝土受弯构件变形验算中，先得到在荷载效应准永久组合下的刚度（即短期刚度 B_s），再同时考虑荷载长期组合影响对刚度的修正得到长期刚度 B。

9.3.2　受弯构件短期刚度

截面弯曲刚度不仅随弯矩（或荷载）的增大而减小，而且还将随荷载作时间增长而减小，不考虑时间因素的短期截面弯曲刚度记为 B_s。

9.3.2.1　B_s 的基本表达式

研究变形、裂缝的钢筋混凝土试验梁与受弯构件正截面承载力试验相同，图 9-9 为纯弯区段内，弯矩 $M_k=0.5M_u^0 \sim 0.7M_u^0$ 时，测得的钢筋和混凝土的应变情况：①沿梁长各正截面上受拉钢筋的拉应变和受压区边缘混凝土的压应变都是不均匀分布的，裂缝截面处最大，分别为 ε_{sk}、ε_{ck}，裂缝与裂缝之间应变为逐渐变小，呈曲线变化，ε_{sk}、ε_{ck} 中的第 2 个下标 k 表示它们是由弯矩的标准组合值 M_k 产生的；②沿梁长，截面受压区高度是变化的，裂缝截面处最小，因此沿梁长中和轴呈波浪形变化；③当量测范围比较长（≥750mm）时，各水平纤维的平均应变沿截面高度的变化符合平截面假定。

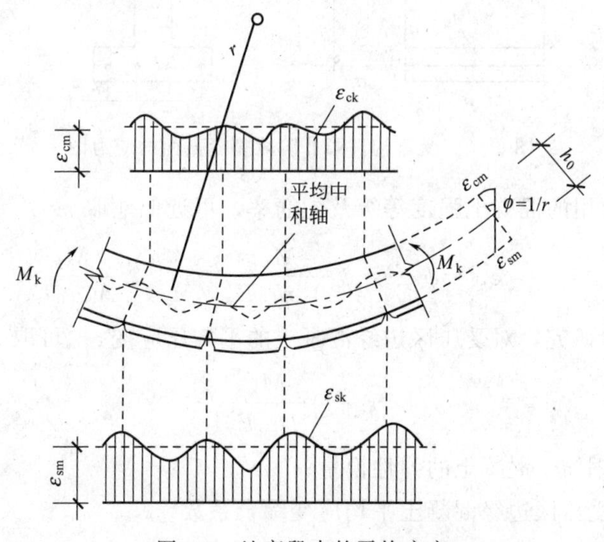

图 9-9　纯弯段内的平均应变

由平截面假定，可得纯弯区段的平均曲率

$$\phi=\frac{1}{r}=\frac{\varepsilon_{sm}+\varepsilon_{cm}}{h_0} \tag{9-22}$$

式中 r——与平均中和轴相对应的平均曲率半径；

ε_{sm}，ε_{cm}——纵向受拉钢筋重心处的平均拉应变和受压区边缘混凝土的平均压应变；

h_0——截面的有效高度。

由截面弯曲刚度的定义可知，截面弯曲刚度就是使截面产生单位曲率需要施加的弯矩值。因此，短期截面弯曲刚度

$$B_s=\frac{M_k}{\phi}=\frac{M_k h_0}{\varepsilon_{sm}+\varepsilon_{cm}} \tag{9-23}$$

式中 M_k——弯矩的标准组合值。

9.3.2.2 平均应变 ε_{sm} 和 ε_{cm}

纵向受拉钢筋的平均应变 ε_{sm} 可以由裂缝截面处纵向受拉钢筋的应变 ε_{sk} 来表达，即

$$\varepsilon_{sm}=\psi\varepsilon_{sk} \tag{9-24}$$

式中 ψ——裂缝间纵向受拉钢筋的应变不均匀系数。

图 9-10 为受弯构件第Ⅱ阶段裂缝截面的应力图。若对受压区合压力点取矩，可得裂缝截面处纵向受拉钢筋的应力

$$\sigma_{sk}=\frac{M_k}{A_s\eta h_0} \tag{9-25}$$

式中 η——正常使用阶段裂缝截面处的内力臂系数。

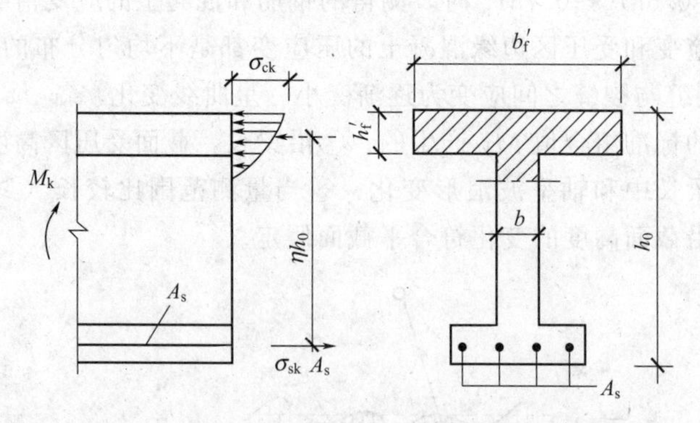

图 9-10 受弯构件第Ⅱ阶段裂缝截面的应力图

研究表明，对常用的混凝土强度等级及配筋率，可近似地取 $\eta=0.87$。因此，

$$\varepsilon_{sm}=\psi\varepsilon_{sk}=\psi\frac{\sigma_{sk}}{E_s}=\psi\frac{M_k}{A_s\eta h_0 E_s}=1.15\psi\frac{M_k}{A_s h_0 E_s} \tag{9-26}$$

另外，通过试验研究，对受压区边缘混凝土的平均压应变 ε_{cm} 可取为

$$\varepsilon_{cm}=\frac{M_k}{\zeta b h_0^2 E_c} \tag{9-27}$$

式中 E_s，E_c——钢筋、混凝土的弹性模量；

ζ——受压区边缘混凝土平均应变综合系数。

9.3.2.3 裂缝间纵向受拉钢筋应变不均匀系数 ψ

受弯构件裂缝间应变分布不均匀，图 9-11 为一根试验梁实测的纵向受拉钢筋的应变分

布图。由图可见，在纯弯区段 $A—A$ 内，钢筋应变不均匀，在裂缝截面所在位置最大，其应变为 ε_{sk}，离开裂缝截面就逐渐减小，这是由于裂缝间的受拉混凝土参加工作，承担部分拉力的缘故。图中的水平虚线表示平均应变 $\varepsilon_{sm}=\psi\varepsilon_{sk}$。

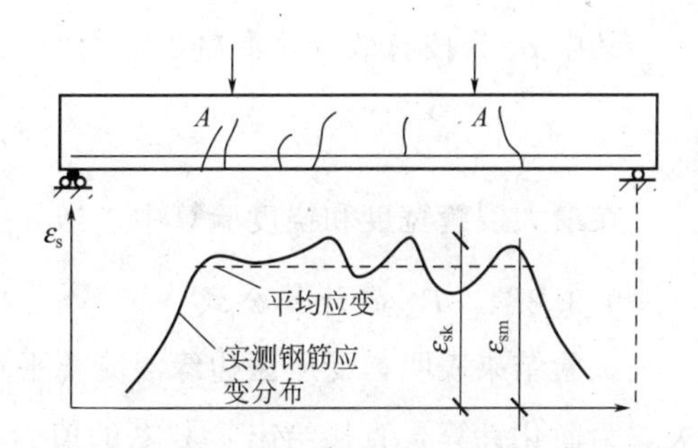

图 9-11 纯弯段内受拉钢筋的应变分布

因此，系数 ψ 反映了受拉钢筋应变的不均匀性，其物理意义就是表明了裂缝间受拉混凝土参加工作，对减小变形和裂缝宽度的贡献。ψ 愈小，说明裂缝间受拉混凝土帮助纵向受拉钢筋承担拉力的程度愈大，使 ε_{sm} 降低得愈多，对增大截面弯曲刚度、减小变形和裂缝宽度的贡献愈大。ψ 愈大，则效果相反。

试验表明，随着截面弯矩的增大，ε_{sm} 与 ε_{sk} 间的差距逐渐减小，在该过程中，裂缝间受拉混凝土是逐渐退出工作的，当 $\varepsilon_{sm}=\varepsilon_{sk}$ 时 $\psi=1$，表明此时裂缝间受拉混凝土全部退出工作，而后，ψ 值不能再增大。ψ 的大小还与以有效受拉混凝土截面面积计算且考虑钢筋黏结性能差异后的有效纵向受拉钢筋配筋率 ρ_{te} 有关。这是因为参加工作的受拉混凝土主要是指钢筋周围的那部分有效范围内的受拉混凝土面积。当 ρ_{te} 较小时，说明参加受拉的混凝土相对面积大些，对纵向受拉钢筋应变的影响程度也相应大些，因而 ψ 就小些。

对轴心受拉构件，有效受拉混凝土截面面积 A_{te} 即为构件的截面面积；对受弯（及偏心受压和偏心受拉）构件，按图 9-12 采取，并近似取

$$A_{te}=0.5bh+(b_f-b)h_f \tag{9-28}$$

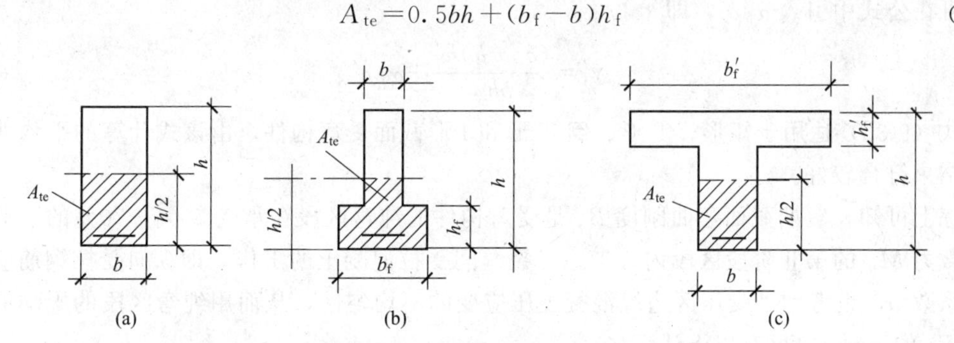

图 9-12 有效受拉混凝土面积

此外，ψ 值还受到截面尺寸的影响，即 ψ 随截面高度的增加而增大。试验研究表明，ψ 可近似表达为

$$\psi=1.1-\frac{0.65f_{tk}}{\rho_{te}\sigma_{sq}} \tag{9-29}$$

式中 σ_{sq}——按荷载准永久组合计算的钢筋混凝土构件纵向受拉普通钢筋应力。

对于受弯构件

$$\sigma_{sq}=\frac{M_q}{0.87h_0A_s} \tag{9-30}$$

式中 M_q——按荷载准永久组合计算的截面弯矩值。

当 $\psi<0.2$ 时，取 $\psi=0.2$；当 $\psi>1$ 时，取 $\psi=1$；对直接承受重复荷载的构件，取 $\psi=1$。

其中 ρ_{te} 为按有效受拉混凝土截面面积计算的纵向受拉钢筋配筋率

$$\rho_{te}=\frac{A_s}{A_{te}} \tag{9-31}$$

在最大裂缝宽度和挠度验算中，当 $\rho_{te}<0.01$ 时，取 $\rho_{te}=0.01$。

9.3.2.4 B_s 的计算公式

试验结果表明，受压区边缘混凝土平均应变综合系数 ζ 与 $\alpha_E\rho$ 及受压翼缘加强系数 γ'_f 有关，为简化计算，直接给出 $\alpha_E\rho/\zeta$ 的值为

$$\frac{\alpha_E\rho}{\zeta}=0.2+\frac{6\alpha_E\rho}{1+3.5\gamma'_f} \tag{9-32}$$

式中，$\alpha_E=E_s/E_c$，$\gamma'_f=(b'_f-b)h'_f/(bh_0)$，即 γ'_f 等于受压翼缘截面面积与腹板有效截面面积的比值。

将式（9-26）和式（9-27）、式（9-32）代入 B_s 的基本表达式（9-23）中，即得短期截面弯曲刚度 B_s 的计算公式为

$$B_s=\frac{E_sA_sh_0^2}{1.15\psi+0.2+\frac{6\alpha_E\rho}{1+3.5\gamma'_f}} \tag{9-33}$$

式中，当 $h'_f>0.2h_0$ 时，取 $h'_f=0.2h_0$ 计算 γ'_f。当翼缘较厚时，靠近中和轴的翼缘部分受力较小，若按全部 h'_f 计算 γ'_f，将使 B_s 的计算值偏高。

在荷载效应的标准组合作用下，受压钢筋对刚度的影响不大，计算时可不考虑，若需考虑，可在公式中引入 $\alpha_E\rho'$，即

$$\gamma'_f=\frac{(b'_f-b)h'_f}{bh_0}+\alpha_E\rho' \tag{9-34}$$

式（9-33）适用于矩形、T形、倒T形和I形截面受弯构件，由该式计算的平均曲率与试验结果符合较好。

综上可知，短期截面弯曲刚度 B_s 是受弯构件的纯弯区段在承受 50%～70% 的正截面受弯承载力 M_u 的第Ⅱ阶段区段内，考虑了裂缝间受拉混凝土的工作，即纵向受拉钢筋应变不均匀系数 ψ，也考虑了受压区边缘混凝土压应变的不均匀性，从而用纯弯区段的平均曲率来求得 B_s 的。对 B_s 可有以下认识。

① B_s 不是常数，是随弯矩而变的，弯矩 M_k 增大，B_s 减小；M_k 减小，B_s 增大。

② 当其他条件相同时，截面有效高度 h_0 对截面弯曲刚度的影响最显著。

③ 当截面有受拉翼缘或有受压翼缘时，都会使 B_s 有所增大。

④ 计算表明，纵向受拉钢筋配筋率 ρ 增大，B_s 也略有增大。

⑤ 在常用配筋率 $\rho=1\%\sim2\%$ 的情况下，提高混凝土强度等级对提高 B_s 的作用不大。

⑥ B_s 的单位与弹性材料的 EI 是一样的，都是"N·mm²"，因为弯矩的单位是"N·mm"，截面曲率的单位是"1/mm"。

9.3.3 受弯构件的截面弯曲刚度

在荷载长期作用下，构件截面弯曲刚度将会降低，致使构件的挠度增大。因实际工程中总有部分荷载长期作用在构件上，在长期荷载作用下，因混凝土徐变等影响，受弯构件的挠

度随时间的增长而增长，因此计算挠度时必须采用按荷载效应标准组合并考虑荷载效应长期作用影响的刚度 B。构件抗弯刚度随时间不断缓慢降低。显然，长期刚度小于短期刚度，长期刚度可在短期刚度基础上考虑荷载长期作用对挠度增大的影响系数 θ 而得到。

9.3.3.1　荷载长期作用下刚度降低的原因

在荷载长期作用下，受压混凝土将发生徐变，即荷载不增加而变形却随时间增长。在配筋率不高的梁中，由于裂缝间受拉混凝土的应力松弛以及混凝土和钢筋的徐变滑移，使受拉混凝土不断退出工作，因而受拉钢筋平均应变和平均应力亦将随时间而增大。同时，由于裂缝不断向上发展，使其上部原来受拉的混凝土脱离工作，同时由于受压混凝土的塑性发展，使内力臂减小，也将引起钢筋应变和应力的增大。以上这些情况都会导致曲率增大、刚度降低。此外，由于受拉区和受压区混凝土的收缩不一致，使梁发生翘曲，亦将导致曲率的增大和刚度的降低。总之，凡是影响混凝土徐变和收缩的因素都将导致刚度的降低，使构件挠度增大。

9.3.3.2　截面弯曲刚度

受弯构件挠度验算时采用的截面弯曲刚度 B 是在短期刚度 B_s 的基础上，用弯矩的准永久组合值 M_q 对挠度增大的影响系数 θ 来考虑荷载长期作用部分的影响。因此，仅需对在 M_q 作用下的那部分长期挠度乘以 θ，而在（M_k-M_q）作用下产生的短期挠度部分是不必增大的。参照式（9-21），则受弯构件的挠度

$$f=S\frac{(M_k-M_q)l_0^2}{B_s}+S\frac{M_q l_0^2}{B_s}\theta \tag{9-35}$$

式中　θ——考虑荷载长期作用对挠度增大的影响系数。

当式（9-35）仅用刚度 B 表达时，有

$$f=S\frac{M_k l_0^2}{B} \tag{9-36}$$

当荷载作用形式相同时，使式（9-35）等于式（9-36），即可得截面刚度 B 的计算公式

$$B=\frac{M_k}{M_q(\theta-1)+M_k}B_s \tag{9-37}$$

该式即为弯矩的标准组合并考虑荷载长期作用影响的刚度，实质上是考虑荷载长期作用部分使刚度降低的因素后，对短期刚度 B_s 进行修正。

关于 θ 的取值，根据相关试验研究结果，考虑了受压钢筋在荷载长期作用下对混凝土受压徐变及收缩所起的约束作用，从而减小了刚度的降低，现行《混凝土结构设计规范》建议对混凝土受弯构件，当 $\rho'=0$ 时，$\theta=2.0$；当 $\rho'=\rho$ 时，$\theta=1.6$；当 ρ'为中间数值时，θ 按直线内插，即

$$\theta=2.0-0.4\frac{\rho'}{\rho} \tag{9-38}$$

$$\rho'=\frac{A'_s}{bh_0}$$

$$\rho=\frac{A'_s}{bh_0}$$

式中　ρ，ρ'——受拉及受压钢筋的配筋率。

对翼缘位于受拉区的倒 T 形截面，θ 应增加 20%。

上述 θ 值适用于一般情况下的矩形、T 形和 I 形截面梁。由于 θ 值与温、湿度有关，对于干燥地区，收缩影响大，因此建议 θ 应酌情增加 15%～25%。对翼缘位于受拉区的倒 T 形梁，由于在荷载标准组合作用下受拉混凝土参加工作较多，而在荷载准永久组合作用下退出工作的影响较大，《混凝土结构设计规范》建议 θ 应增大 20%（但当按此求得的挠度大于按肋宽为矩形截面计算得的挠度时，应取后者）。此外，对于因水泥用量较多等导致混凝土的徐变和收缩较大的构件，亦应考虑使用经验，将 θ 酌情增大。

9.3.4 受弯构件挠度验算

由于钢筋混凝土受弯构件的抗弯刚度沿截面是变化的，当截面弯矩增大时，刚度则越小，故在计算挠度时采用**最小刚度原则**，即：在等截面构件中，可假定各同号弯矩区段内的刚度相等，并取用该区段内最大弯矩处的刚度，因该区段弯矩最大故刚度最小；当支座截面刚度不超过跨中截面刚度的 2 倍或不低于跨中截面刚度的 1/2 时，可按等刚度构件进行计算，取跨中最大弯矩截面的刚度作为构件刚度。

【例 9-3】 简支矩形截面梁的截面尺寸 $b\times h=250\text{mm}\times600\text{mm}$，混凝土强度等级为 C20，配置 HRB335 级钢筋 4⌽18，混凝土保护层厚度 $c=25\text{mm}$，承受均布荷载，按荷载的标准组合计算的跨中弯矩 $M_k=120\text{kN}\cdot\text{m}$，按荷载的准永久组合计算的跨中弯矩 $M_q=60\text{kN}\cdot\text{m}$，梁的计算跨度 $l_0=6.5\text{m}$，挠度允许值为 $\dfrac{l_0}{250}$。试验算挠度是否符合要求。

解 (1) 基本参数

查附表 1-1、附表 1-3 和附表 1-11 可知，$f_{tk}=1.5\text{N/mm}^2$，$E_s=200\times10^3\text{N/mm}^2$，

$E_c=25.5\times10^3\text{N/mm}^2$，$\alpha_E=\dfrac{E_s}{E_c}=7.84$

$h_0=600-\left(25+8+\dfrac{18}{2}\right)=558\text{mm}$，$A_s=1017\text{mm}^2$

(2) 刚度计算

$$\rho=\frac{A_s}{bh_0}=\frac{1017}{250\times558}=0.00729$$

$$\rho_{tc}=\frac{A_s}{0.5bh}=\frac{1017}{0.5\times250\times600}=0.0136$$

$$\sigma_{sk}=\frac{M_k}{0.87h_0A_s}=\frac{120\times10^6}{0.87\times558\times1017}=243\text{N/mm}^2$$

$$\psi=1.1-\frac{0.65f_{tk}}{\rho_{tc}\sigma_{sk}}=1.1-\frac{0.65\times1.5}{0.0136\times243}=0.805$$

$$B_s=\frac{E_sA_sh_0^2}{1.15\psi+0.2+6\alpha_E\rho}=\frac{200\times10^3\times1017\times558^2}{1.15\times0.805+0.2+6\times7.84\times0.00729}$$
$$=4.312\times10^{13}\text{N}\cdot\text{mm}^2$$

$$B=\frac{M_k}{(\theta-1)\ M_q+M_k}B_s=\frac{120}{(2-1)\ \times60+120}\times4.312\times10^{13}$$
$$=2.87\times10^{13}\text{N}\cdot\text{mm}^2$$

(3) 挠度验算

$$f=\frac{5}{48}\frac{M_{\mathrm{k}}l_0^2}{B}=\frac{5}{48}\times\frac{120\times10^6\times6500^2}{2.87\times10^{13}}\mathrm{mm}=18.4\mathrm{mm}<\frac{l_0}{250}=26\mathrm{mm}，符合要求。$$

9.4 钢筋混凝土构件的延性

9.4.1 延性概念

钢筋混凝土构件不仅应满足正常使用阶段的变形和裂缝要求，还应满足破坏阶段的变形能力要求，即延性要求。

为防止结构或构件突然发生脆性破坏，除要求构件有足够的承载能力外，还要求构件达到极限承载能力后仍有足够的变形能力。结构设计与计算分析时，用延性和耗能能力衡量结构构件的变形能力。在单调荷载作用下，一般用延性衡量；在反复荷载作用下，耗能能力也是重要的衡量指标。延性好的构件，其耗能能力也高。因此，认识和理解延性对研究分析结构构件的变形能力非常重要。

因此，对结构、构件或截面延性有要求的目的在于：

① 有利于吸收和耗散地震能量，满足抗震方面的要求；

② 防止发生像超筋梁那样的脆性破坏，以确保生命和财产的安全；

③ 在超静定结构中，能更好地适应地基不均匀沉降以及温度变化等情况；

④ 使超静定结构能够充分地进行内力重分布，并避免配筋疏密悬殊，便于施工，节约钢材。

延性通常是用延性系数来表达的，包括截面曲率延性系数、结构顶点水平位移延性系数等。

在工程设计中，承载力问题与延性问题同样重要。在同样承载力的情况下，延性大的结构在破坏前具有明显的预兆，可减少人员伤亡和财产损失。地震作用下结构的延性好，可使结构的刚度不断降低，大量吸收地震能量，减轻结构的地震破坏，防止倒塌。此外，延性可以使超静定结构的内力得以充分重分布。采用塑性内力重分布方法设计时，可以节约钢筋用量，取得较好的经济效果。

9.4.2 受弯构件的截面曲率延性系数

结构构件的延性是指结构构件达极限承载能力后，在承载能力无显著下降情况下的变形能力。对于钢筋混凝土构件，达到极限承载能力状态时，已经进入塑性变形阶段。因此，结构构件的延性主要是非弹性变形的能力。非弹性变形越大，延性越好。一般认为承载能力无显著降低是指构件的承载能力降低不超过15%（见图9-13）。

延性的大小一般用延性比表示，延性比的表达式为

$$u=\frac{\Delta u}{\Delta y} \tag{9-39a}$$

或

$$u=\frac{\Delta\phi_{\mathrm{u}}}{\Delta\phi_{\mathrm{y}}} \tag{9-39b}$$

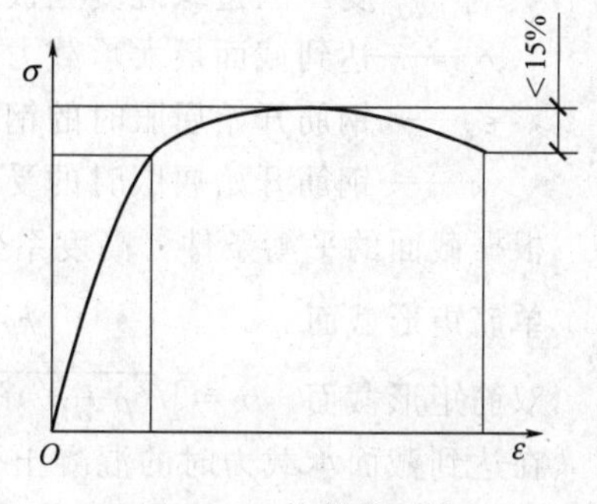

图9-13　构件的延性

式中　u——延性比；

Δu，$\Delta\phi_u$——极限位移值、极限转角值；

Δy，$\Delta\phi_y$——钢筋屈服时的位移值、钢筋屈服时的转角值。

式（9-39a）称为位移延性比，式（9-39b）称为曲率延性比。延性比越大，构件的变形能力越好。钢筋混凝土构件的延性比一般应大于3～5。

构件的延性比可通过试验测得的荷载-变形曲线求得，也可通过理论求解。由于达到承载能力极限状态后，承载能力下降处时的变形在理论上难以求解，只能通过试验确定。因而一般把混凝土达到极限应变时的变形作为极限变形，即把钢筋屈服到混凝土压碎这一阶段的变形作为变形能力。

9.4.3 受弯构件截面延性分析

对受弯构件而言，曲率延性比的分析计算相对简单。下面以适筋梁的曲率延性比为例，介绍延性比的分析计算。

图9-14表示适筋截面受拉钢筋开始屈服和达到截面最大承载力时的截面应变、应力图形，由截面应变图知

$$\phi_y=\frac{\varepsilon_y}{(1-k)h_0} \tag{9-40}$$

$$\phi_u=\frac{\varepsilon_{cu}}{x_c} \tag{9-41}$$

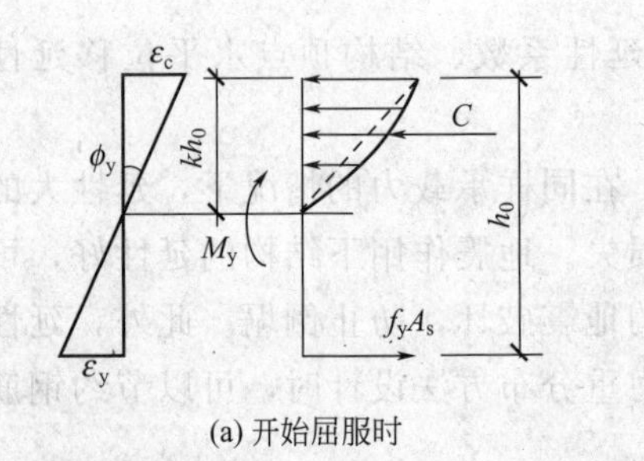

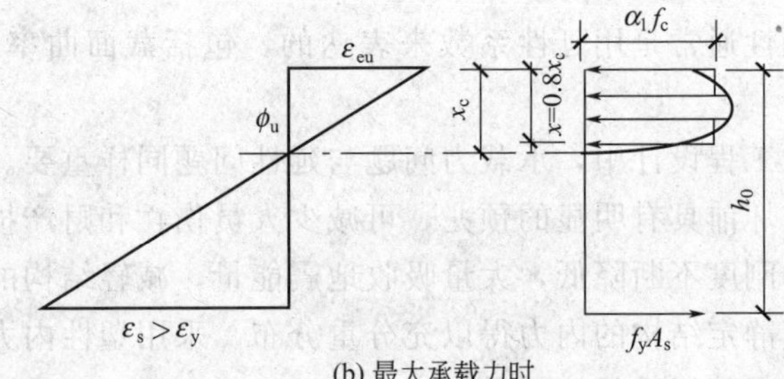

图9-14　适筋截面开始屈服及最大承载力时应变、应力图

则截面曲率延性比为

$$\mu_\phi=\frac{\varepsilon_{cu}}{\varepsilon_y}\frac{(1-k)h_0}{x_c} \tag{9-42}$$

式中　ε_{cu}——受压区边缘混凝土极限压应变；

x_c——达到截面最大承载力时混凝土受压区的压应变高度；

ε_y——钢筋开始屈服时的钢筋应变，$\varepsilon_y=f_y/E_s$；

k——钢筋开始屈服时的受压区高度系数。

根据截面的平衡条件，高度系数k按下式计算

单筋矩形截面　$$k=\sqrt{(\rho\alpha_E)^2+2\rho\alpha_E}-\rho\alpha_E \tag{9-43}$$

双筋矩形截面　$$k=\sqrt{(\rho+\rho')^2\alpha_E^2+2(\rho+\rho' a_s'/h_0)\alpha_E}-(\rho+\rho')\alpha_E \tag{9-44}$$

在达到截面承载力时的混凝土受压区应变高度x_c，可用承载力计算中采用的混凝土受压区高度x_c来表示，即

$$x_c=\frac{x}{\beta_1}=\frac{(\rho-\rho')f_y h_0}{\beta_1\alpha_1 f_c} \tag{9-45}$$

将式（9-45）代入式（9-35），得极限曲率

$$\phi_u=\frac{\beta_1\varepsilon_{cu}\alpha_1 f_c}{(\rho-\rho')f_y h_0} \tag{9-46}$$

因此，截面曲率延性系数

$$u_\phi=\frac{\beta_1\varepsilon_{cu}\alpha_1 f_c E_s(1-k)}{(\rho-\rho')f_y^2} \tag{9-47}$$

由式（9-47）可知，影响受弯构件截面延性的因素包括纵向钢筋配筋率、混凝土极限压应变、钢筋的屈服强度、混凝土强度等级等，其规律如下。

（1）如图 9-15 所示，当纵向受拉钢筋配筋率 ρ 增大时，k 和 x_c 均增大，导致 ϕ_y 增大而 ϕ_u 减小，延性系数减小。

（2）纵向受压钢筋配筋率 ρ' 增大，延性系数可增大。在这时 k 和 x_c 均减小，导致 ϕ_y 减小而 ϕ_u 增大。

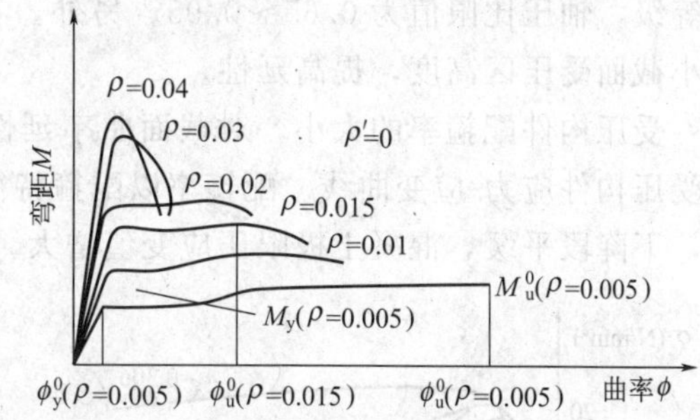

图 9-15　单筋矩形截面 M-ϕ 关系曲线

（3）试验结果表明，采用密置箍筋可以加强对受压混凝土的约束，使混凝土的极限压应变 ε_{cu} 增大，延性系数提高。

（4）混凝土强度等级提高时，k 和 x_c 均略有减小，使 f_c/f_y 比值增高，ϕ_u 增大。适当降低钢筋屈服强度，也可以提高延性系数。

9.4.4　构件延性设计的构造要求

在现行混凝土结构设计规范中，对钢筋混凝土梁，提高其延性的主要配筋构造如下。

（1）梁端计入受压钢筋的混凝土受压区高度和有效高度之比，一级不应大于 0.25，二、三级不应大于 0.35。

（2）梁端截面的底面和顶面纵向钢筋面积的比值，除按计算确定外，一级不应小于 0.5，二、三级不应小于 0.3。

（3）梁端箍筋加密区的长度、箍筋最大间距和最小直径应满足表 9-2 的规定，当梁端纵向受拉钢筋配筋率大于 2%时，表中箍筋直径数值应增大 2mm。

表 9-2　梁端箍筋加密区的长度、箍筋的最大间距和最小直径

抗震等级	加密区长度(采用较大者)/mm	箍筋最大间距(采用最小值)/mm	箍筋最小直径/mm
一	$2h_b$,500	$h_b/4$,$6d$,100	10
二	$1.5h_b$,500	$h_b/4$,$8d$,100	8
三	$1.5h_b$,500	$h_b/4$,$8d$,150	8
四	$1.5h_b$,500	$h_b/4$,$8d$,150	6

注：1. d 为纵向钢筋直径，h_b 为梁截面高度。

2. 箍筋直径大于 12mm、数量不小于 4 肢且肢距不大于 150mm 时，一、二级的最大间距应允许适当放宽，但不得大于 150mm。

影响受压构件截面曲率延性系数的综合因素与受弯构件相同，但受压构件存在轴向压力，会使截面受压区的高度增大，截面曲率延性系数降低很大。试验研究表明，轴压比 $n=N/f_cA$ 是影响偏心受压构件截面曲率延性系数的主要因素之一。在相同混凝土极限压应变值的情况下，轴压力较小时，为受拉破坏，破坏是由于受拉侧钢筋先达到屈服引起的，具有一定的延性；当压力逐渐增加，从受拉钢筋屈服到受压边缘混凝土压坏的过程缩短，延性逐渐降低；当轴压力超过界限轴力时，受拉侧钢筋达不到受拉屈服，延性将只取决于混凝土受压的变形能力，延性很小。即轴压比越大，截面受压区高度越大，截面曲率延性系数越小。因此为了防止出现小偏心受压破坏形态，保证偏心受压构件截面具有一定的延性，应限制轴压比，《混凝土结构设计规范》中规定，考虑地震作用组合的竖向受力构件，根据不同的抗震等级，轴压比限值为0.65～0.95。另外，在其他条件不变的情况下，增加受压钢筋，可减小截面受压区高度，提高延性。

受压构件配箍率的大小，对截面曲率延性系数的影响较大。图 9-16 为一组配箍率不同的受压构件应力-应变曲线。配箍率以配箍特征值 $\lambda_s=\rho_s f_y/f_c$ 表示，由图可见，当 λ_s 较高时，下降段平缓，混凝土极限压应变值增大，使截面曲率延性系数提高。

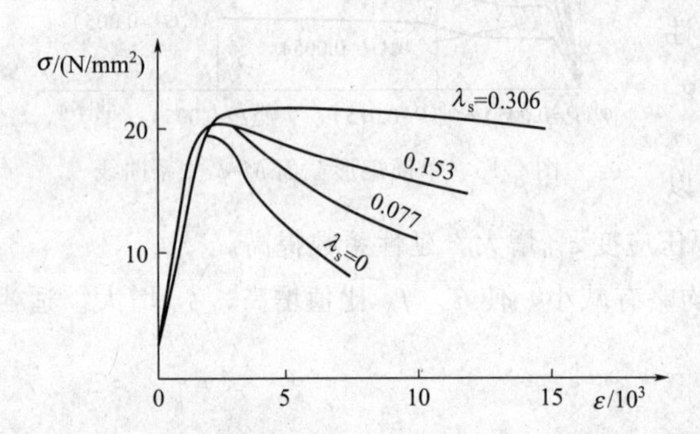

图 9-16 配箍率对受压构件 σ-ε 曲线的影响

通过配置一定数量的箍筋，既可以防止脆性的剪切破坏，还能约束核心混凝土，使受压区混凝土的极限压应变值有很大提高，提高截面曲率延性系数。试验表明，对延性来说，减小箍筋间距比增加箍筋截面积更有效。另外，不同箍筋形式的约束效果也不同，如采用间距较密的封闭箍筋或在矩形、方形箍内附加其他形式的箍筋（如螺旋形、井字形等构成复合箍筋），都能有效地提高受压区混凝土的极限压应变值，增大截面曲率延性系数。

在结构设计中，通常采用抗震构造措施以保证地震区的框架柱等竖向受力构件的延性要求，如综合考虑不同抗震等级对结构构件延性的要求，确定轴压比限值，规定加密箍筋的要求及区段等。

此外，钢筋混凝土结构抗震设计中，《混凝土结构设计规范》规定的构造措施比较多，应结合实际工程的设计和混凝土结构基本理论，认真学习和领会这些构造措施的意义及作用。

9.5 钢筋混凝土构件耐久性设计

混凝土结构的承载力计算与变形、裂缝宽度验算分别为了满足安全性与适用性要求。同时混凝土结构还应满足耐久性要求，耐久性是指结构或构件在设计使用年限内，在正常维护条件下，不需要进行大修就可满足正常使用和安全功能要求的能力。例如：一般建筑结构的设计使用年限为50年，纪念性建筑和特别重要的建筑结构为100年及以上。在混凝土结构耐久性的工程问题中，发达国家的经验教训值得借鉴，这些国家的工程建设经历了三个阶段：大规模建设阶段，新建与改建、维修并重阶段，既有建筑物和结构物的维修改造阶段。而我国的大规模建设开始于改革开放以后，因此必须重视混凝土结构的耐久性，避免重蹈发达国家的覆辙。

影响混凝土结构耐久性能的因素很多，主要有内部和外部两个方面。内部因素主要有混凝土的强度、密实性、水泥用量、水灰比、氯离子及碱含量、外加剂用量、保护层厚度等；外部因素主要是环境条件，包括温度、湿度、CO_2含量、侵蚀性介质等。出现耐久性能下降的问题，往往是内、外部因素综合作用的结果。此外，设计不合理、施工质量差或使用中维护不当等外部因素也会影响耐久性。

混凝土的碳化及钢筋锈蚀是影响混凝土结构耐久性最主要的综合因素。混凝土结构应根据设计使用年限和环境类别进行耐久性设计，以满足结构耐久性要求。

9.5.1 耐久性的概念

耐久性是结构设计中需要考虑的一个重要性能要求，其含义是结构在其设计使用年限内保持其承载能力及正常使用性能的能力。我国对混凝土结构的耐久性问题的研究开始于20世纪90年代，在此以前，我国大规模经济建设开始以来修建的建筑物的服役时间尚不长，混凝土结构耐久性问题尚未充分暴露，没有引起工程界的关注，同时因缺乏相关的经验积累，所以在相关设计规范中缺乏相应的要求。自20世纪90年代以后，工程中越来越多的耐久性问题随着房屋使用时间的延长而暴露出来，耐久性问题开始引起工程界的重视，在之后《混凝土结构设计规范》修订中列出并逐渐完善了耐久性的相关规定。

9.5.2 影响钢筋混凝土结构耐久性的因素

根据积累的耐久性的相关经验，影响钢筋混凝土结构耐久性的因素主要有：结构的设计使用年限、结构暴露的环境类别、结构耐久性中与混凝土有关的问题。

(1) 结构的设计使用年限

设计使用年限是设计规定的一个时期，在这一规定时期内，建筑结构只需进行正常的维护而不需要进行大修就能按预期目的使用，完成预定的功能（承载能力、抗变形能力、耐久性以及外观要求等），即建筑物在正常设计、正常施工、正常使用和维护下所应达到的使用年限。

在《工程结构可靠性设计统一标准》（GB 50153—2008）中关于结构设计使用年限的具体规定如下：大量普通房屋和构筑物的设计使用年限均按50年考虑，对于需要按100年考虑的，例如纪念性建筑和特别重要的建筑结构，立项时需要专门的核准手续。建筑结构的设计使用年限如表9-3所示。

表9-3　建筑结构设计使用年限

类别	设计使用年限/年	示例
1	5	临时性建筑结构
2	25	易于替换的结构构件
3	50	普通房屋和构筑物
4	100	标志性建筑和特别重要的建筑结构

（2）混凝土结构的环境类别

混凝土结构工程大多服役期较长，因而应保证混凝土在长期环境介质的作用下，能够保持其使用功能，故有必要研究混凝土的耐久性。随着我国国民经济的持续发展和科技水平的不断提高，处于恶劣环境条件下的大型或超大型结构物亦随之增多，该类结构投资巨大，施工难度也大，使用时一旦出现事故，后果将不堪设想。如各类海洋工程等，混凝土长期处在不同环境介质中，往往会造成不同程度的损害，甚至完全破坏。

因此，外部环境因素如温度、湿度、污染的气体、水和地下水、化学侵蚀、物理侵蚀、生物侵蚀等对混凝土耐久性的影响显著。当混凝土结构存在表面缺陷、混凝土内部裂缝、剥落，钢筋锈蚀时，混凝土的耐久性将受到影响。混凝土结构暴露的环境类别划分详见附表 3-1。

（3）结构耐久性中与混凝土有关的问题

从主体混凝土结构的角度看，保证耐久性在混凝土方面需要关注的主要有以下几方面：

① 防止结构构件表面的混凝土因侵蚀和冰融等而逐渐剥蚀；

② 推迟混凝土表层混凝土自外向内的碳化进程，或加厚混凝土保护层厚度，从而使碳化在结构设计使用年限内不能到达钢筋表面，以保证钢筋不致开始全面锈蚀；

③ 控制受力裂缝和其他非受力裂缝的宽度，以推迟或避免与这些裂缝相交的钢筋的锈蚀；

④ 控制混凝土的施工质量，防止诸如碱集料反应等“病害”引起混凝土体的内部开裂。

关注混凝土以上四个方面问题的最终目的是防止混凝土截面的减小或混凝土质量的退化和防止钢筋的锈蚀，从而防止结构构件的强度和刚度退化。

9.5.3 混凝土材料性能的劣化

钢筋混凝土结构在使用过程中，由于与外界环境接触，受到使用环境因素的影响，如大气和雨水的弱化学侵蚀作用、强化学腐蚀介质的腐蚀作用、冻融环境的作用、内外液压差的作用等，致使材料性能出现劣化现象，主要表现为混凝土及钢筋性能的劣化。

混凝土性能的劣化与混凝土材料自身的组成、细观结构以及混凝土所暴露的因素有关。因混凝呈碱性，并且内部存在的微小孔隙降低了其密实性，容易受到外界酸性介质的腐蚀，与空气中的二氧化碳接触后发生碳化，降低了混凝土的抗化学侵蚀能力、抗冻能力和抗渗能力。混凝土性能劣化主要体现在以下几个方面。

（1）化学侵蚀条件下的性能劣化

化学侵蚀可分为弱化学侵蚀和强化学腐蚀。前者主要指大气和雨水中的弱化学侵蚀和近海大气水分子中的氯离子侵蚀。一般情况下，质量正常的普通混凝土对这类轻度侵蚀有一定的抵抗能力，在正常设计寿命内混凝土表面都能保持稳定（没有粉末化趋势，也没有片状剥落趋势）。后者指强化学介质的腐蚀，混凝土对此类腐蚀无抗御能力，必须在与腐蚀性介质接触的表面做防腐蚀处理。

（2）冻融条件下的性能劣化

混凝土内部存在微小孔隙，在浸水饱和时，当气温降至零度以下，孔隙中的水结冰后因体积膨胀而形成膨胀力，多次冻融循环会使表层混凝土呈片状剥落。

（3）混凝土碳化导致性能劣化

水泥水化后生成物中的氢氧化钙结晶体呈碱性，当空气中的二氧化碳自混凝土表面经微孔隙向内侵入，其水溶液的碳酸根呈弱酸性，两者长时间接触将中和氢氧化钙，使混凝土从表层向内部逐渐失去碱性从而失去对钢筋的保护，这一现象称为混凝土的碳化。

(4) 碱集料反应引起的性能劣化

引起碱集料反应可能有多种原因，例如，当集料中含有活性 SiO_2 时，会与水泥水化后生成的碱性物质反应，其生成物在吸水后膨胀使混凝土从内部胀裂，导致混凝土性能劣化。混凝土的碳化主要是指大气中的 CO_2 与混凝土中的 $Ca(OH)_2$ 发生中和反应，使混凝土碱性下降的现象。所以，混凝土的碳化就是指混凝土的中性化。物质分酸性的、碱性的和中性的三种。在水溶液中氢离子的浓度指数 pH 值在 1～14 之间，pH 等于 7 时，溶液呈中性，大于 7 呈碱性，愈大则碱性愈强；pH 值小于 7 时呈酸性，愈小则酸性愈强。

在硅酸盐水泥混凝土中，初始碱度较高，pH 值达 12.5～13.5，在钢筋表面生成致密氧化膜，可保护钢筋不被腐蚀。当大气中的 CO_2 不断向混凝土内部扩散，并与其中的碱性水化物发生反应，同时其他物质如二氧化硫（SO_2）、硫化氢（H_2S）也能与混凝土中碱性物质发生类似反应，使 pH 值下降。在 pH 值大于 11.5 时，氧化膜是稳定的，而当碳化使混凝土的 pH 值降至 10 以下后，将会破坏氧化膜，虽然碳化对混凝土本身无害，但当碳化至钢筋表面时，使钢筋有锈蚀的危险，且会加剧混凝土的收缩，导致混凝土开裂，降低混凝土的耐久性。

可见，混凝土碳化对其耐久性影响较大。影响碳化的因素很多，可分为环境因素与材料因素两类。环境因素主要是空气中 CO_2 的浓度，通常室内的浓度较高。试验表明，混凝土周围相对湿度为 50%～70%时，碳化速度快些；温度交替变化有利于 CO_2 的扩散，可加速混凝土的碳化。

混凝土材料自身因素对耐久性的影响显著。混凝土胶结材料中所含的能与 CO_2 反应的 CaO 总量愈高，碳化速度愈慢；混凝土强度等级愈高，内部结构愈密实，孔隙率愈低，孔径也愈小，碳化速度愈慢。水灰比越大，混凝土内部的孔隙率也越大，密实性差，渗透性大，因而碳化速度快，水灰比大时混凝土孔隙中游离水增多，也会加速碳化反应；混凝土保护层厚度越大，碳化至钢筋表面的时间越长；混凝土表面设有覆盖层，可提高抗碳化的能力。

减小、延缓混凝土的碳化，可有效地提高混凝土结构的耐久性。针对影响混凝土碳化的因素，减小其碳化的措施有：

① 合理设计混凝土配合比，规定水泥用量的低限值和水灰比的高限值，合理采用掺合料；

② 提高混凝土的密实性、抗渗性；

③ 规定钢筋保护层的最小厚度；

④ 采用覆盖面层（水泥砂浆或涂料等）。

混凝土发生碳化后，其深度可采用碳酸试液测定，当凿开混凝土后滴上试液，碳化的保持原色，未碳化部分混凝土呈浅红色。我国《混凝土结构耐久性设计规范》（GB/T 50476—2008）中提出了碳化深度与时间相关的表达式，可预测碳化深度。

9.5.4 钢筋的锈蚀

钢筋性能劣化表现为钢筋的锈蚀。由于钢筋中化学成分的不均匀分布，混凝土碱度的差异以及裂缝处氧气的增浓等原因，使得钢筋表面各部位之间产生电位差，从而构成了许多具有阳极和阴极的微电池。钢筋表面的氧化膜被破坏后，钢材表面从空气中吸收溶有CO_2、O_2或SO_2的水分，在微电池中形成了电解质水膜，于是就在阴极与阳极间以电解方式产生电化学腐蚀反应。其结果是生成氢氧化亚铁$Fe(OH)_2$，它在空气中又进一步被氧化成氢氧化铁$Fe(OH)_3$，即铁锈。当包裹钢筋的混凝土保护层被碳化或其碱性被中和后，钢筋表面存在酸性溶液时开始发生电离，将发生钢筋的锈蚀。锈蚀将逐渐削弱钢筋截面，严重锈蚀时因铁锈的体积比铁本身大几倍，锈壳将导致表层混凝土沿钢筋开裂。钢筋锈蚀严重时，体积膨胀增加为原来的2～4倍，导致沿钢筋长度出现纵向裂缝，并使保护层剥落，从而使钢筋截面削弱，截面承载力降低，最终将使结构构件破坏或失效。

当然，钢筋锈蚀是一个相当长的过程，先是在裂缝较宽的个别点上"坑蚀"，继而逐渐形成"环蚀"，同时向两边扩展，形成锈蚀面，使钢筋截面削弱。锈蚀严重时，体积膨胀，导致沿钢筋长度的混凝土产生纵向裂缝，并使混凝土保护层剥落，俗称"暴筋"。通常可把大范围内出现沿钢筋的纵向裂缝作为判别混凝土结构构件寿命终结的标准。

防止钢筋锈蚀的主要措施有：

① 降低水灰比，增加水泥用量，提高混凝土的密实度；

② 要有足够的混凝土保护层厚度；

③ 严格控制氯离子的含量；

④ 采用覆盖层，防止CO_2、O_2、Cl^-的渗入。

9.5.5 耐久性设计原则

鉴于科学研究和工程实践经验的不足，现行《混凝土结构设计规范》规定的混凝土结构耐久性设计仍不能达到定量设计，而是以混凝土结构的环境类别和设计使用年限为依据进行的概念设计。它根据环境类别和设计使用年限提出了相应的限制和要求，以保证结构的耐久性。具体规定如下。

(1) 把混凝土结构的环境类别划分为五类，见附表3-1。其中，一类为室内正常环境，是最好的；五类是受人为或自然的化学侵蚀性物质影响的环境，是最差的。规范对一、二、三类分别给出了不同的裂缝控制等级和最大裂缝宽度限值，不同的混凝土保护层最小厚度，不同的对结构混凝土的基本要求，见附表3-2。

(2) 当处于一类、二类和三类环境中时，对设计使用年限为50年的结构混凝土应满足附表9-4的要求。

(3) 一类环境中，设计使用年限为100年的混凝土结构规定了进一步提高了五项具体要求，详见《混凝土结构设计规范》。

(4) 二类和三类环境中，设计使用年限为100年的混凝土结构，应采取专门有效措施。

(5) 处于严寒及寒冷地区环境中的有抗渗要求的混凝土结构，三类环境中的结构构件以及四类和五类环境中的混凝土结构应相应地符合各有关标准的要求。

对临时性混凝土结构，可不考虑混凝土的耐久性要求。

9.5.6 混凝土材料耐久性基本要求

混凝土结构的耐久性既与混凝土结构所处的环境有关，也与混凝土材料自身的特性（强度、密实性、水灰比、最大氯离子含量、最大碱含量等）有关，前者为外因，后者为内因。故为了保证混凝土结构的耐久性，相关规范根据不同设计使用年限的混凝土结构的环境类别，提出了对混凝土材料相应指标的要求，设计使用年限为50年的结构，其混凝土材料宜符合表9-4的规定。

表9-4 混凝土材料的耐久性基本要求

环境等级	最大水胶比	最低强度等级	最大氯离子含量/%	最大碱含量/(kg/m³)
一	0.60	C20	0.30	不限制
二a	0.55	C25	0.20	3.0
二b	0.50(0.55)	C30(C25)	0.15	
三a	0.45(0.50)	C35(C30)	0.15	
三b	0.40	C40	0.10	

注：1. 氯离子含量是指其占胶凝材料总量的百分比。

2. 预应力构件混凝土中的最大氯离子含量为0.06%；最低混凝土强度等级宜按表中的规定提高两个等级。

3. 素混凝土构件的水胶比及最低强度等级的要求可适当放松。

4. 有可靠工程经验时，二类环境中的最低混凝土强度等级可降低一个等级。

5. 处于严寒和寒冷地区二b、三a类环境中的混凝土应使用引气剂，并可采用括号中的有关参数。

6. 当使用非碱活性集料时，对混凝土中的碱含量可不作限制。

钢筋外表面混凝土保护层的碳化将使其失去对钢筋的保护能力，引起钢筋锈蚀，因而适当的混凝土保护层厚度可以避免碳化深度达到钢筋表面，缓解混凝土的碳化速度。《混凝土结构设计规范》中规定的各类构件的混凝土保护层厚度应按附表3-4取值，当采用有效的表面防护措施时，混凝土保护层厚度可适当减小。

思考题与习题

思考题

1. 结构正常使用极限状态有哪些？与承载能力极限状态计算相比，正常使用极限状态的可靠度怎样？写出结构正常使用极限状态的设计表达式。

2. 对结构构件进行设计时为何需对裂缝宽度进行控制？

3. 试说明建立受弯构件抗弯刚度计算公式的基本思路，与线弹性梁抗弯刚度的公式建立有何异同之处？

4. 什么是钢筋应变不均匀系数ψ，其物理意义是什么？在计算ψ时，为什么要用ρ_{te}，而不用ρ？

5. 什么是结构构件变形验算的“最小刚度原则”？

6. 影响受弯构件长期挠度变形的因素有哪些？如何计算长期挠度？

7. 除荷载外，还有哪些引起裂缝的原因？

8. 对混凝土结构为什么要考虑耐久性问题，其耐久性问题表现在哪些方面？

9. 影响混凝土结构耐久性的主要因素有哪些？可以采取哪些措施来保证结构的耐久性？

10. 什么是延性？提高构件的延性有何作用？

习题

1. 已知一矩形截面简支梁，处于室内正常环境，截面尺寸$b\times h=250\text{mm}\times 550\text{mm}$，梁的计算跨度$l_0=4.8\text{m}$，在梁下部受拉区配置3$\Phi$16的HRB335级受力钢筋，混凝土强度等级为 C20，保护层厚度 $c=35$mm。承受均布荷载，其中永久荷载（包括梁自重）标准值 $g_k=6$kN/m，可变荷载标准值 $q_k=10$kN/m，可变荷载的准永久值系数取 0.5，梁的允许挠度为 $l_0/250$。试验算该梁的挠度是否满足要求。

2. 已知某钢筋混凝土屋架下弦，$b\times h=200\text{mm}\times200\text{mm}$，配有 4Φ16 的 HRB335 级受拉钢筋，轴心拉力 $N_k=180$kN，混凝土强度等级为 C25，保护层厚度 $c=25$mm，若使用环境分别为室内正常环境和室内潮湿环境，试验算裂缝宽度是否满足。

第10章 预应力混凝土构件

学习目标

1. 熟悉预应力混凝土的基本概念；
2. 熟悉张拉控制应力和预应力损失及减小各种预应力损失的措施；
3. 掌握先张法、后张法基本原理；
4. 掌握预应力混凝土轴心受拉构件和受弯构件的应力分析和计算；
5. 熟悉预应力混凝土构件的主要构造要求。

10.1 预应力混凝土的基本概念

10.1.1 预应力混凝土的概念

(1) 普通混凝土的缺点

混凝土作为一种建筑材料，主要缺点之一就是抗拉能力很差。当混凝土用于存在受拉区的构件时，如受拉构件或受弯构件，受拉区的混凝土在很小的拉应力作用下就会开裂，造成构件裂缝宽度超出允许值或构件刚度达不到要求。在很多情况下，混凝土构件的截面尺寸是由对其抗裂要求、裂缝宽度要求或刚度的要求所决定的。

普通混凝土构件，在各种荷载作用下，一般都存在受拉区。而混凝土本身的抗拉强度很低（混凝土抗拉强度约为抗压强度 1/10）；混凝土的极限拉应变很小［抗拉极限应变约为极限压应变的 1/30～1/20，一般只有 $(1\sim1.5)\times10^{-4}$］，这导致了受拉区混凝土的过早开裂，此时受拉钢筋的应力仅为 20～30N/mm^2。使用荷载作用下 HRB335 级钢筋的应力可达 220～250N/mm^2，但此时裂缝宽度已达 0.2～0.3mm，虽然仍在裂缝限制范围以内，但构件的刚度显著降低，使混凝土构件不宜用在处于高湿度或侵蚀性环境中。当将钢筋混凝土受弯构件用于大跨结构或承受动力荷载的结构时，为了满足变形和裂缝控制的要求，需加大截面尺寸来增大构件的刚度，以致使构件的承载力中有较大的一部分要用于负担结构的自重，自重所占比例越大，将导致构件钢筋用量急剧增加。对变形和裂缝的控制实际上是限制了钢筋混凝土受弯构件的应用范围，使它用于大跨屋盖、重吨位吊车梁、铁路桥梁等是很不经济、甚至是不可能的。

使用高强度混凝土并不能解决这一问题。混凝土的强度提高后，极限拉应变没有大的变化，弹性模量的提高也很有限。在抗裂能力和弹性都没有根本提高的情况下，仍然只能靠加大截面尺寸的方法来保证构件的抗裂能力和刚度，既不能节省材料，反而由于采用高强度混凝土而提高了造价。

（2）预应力混凝土的基本概念

混凝土的抗压强度比抗拉强度高很多，但由于过早开裂，使处于受拉区的混凝土的抗压强度也得不到利用。因此，人们提出这样的设想，能否借助于混凝土的抗压强度来补偿其抗拉强度的不足，以推迟受拉区混凝土的开裂？即在构件受外荷载之前，使其预先存在一种压应力状态（预应力），用以减小或抵消外荷载作用时产生的拉应力。

为避免混凝土结构过早开裂，充分利用高强材料，预先对由外荷载引起的混凝土受拉区施加压力，通过产生的预压应力来减小或抵消外载所产生的混凝土拉应力，从而使构件混凝土拉应力不大，甚至处于受压状态。也就是说，可借助混凝土较高的抗压能力来弥补其抗拉能力的不足。这种在构件受荷之前预先对混凝土受拉区施加压应力的结构称为“预应力混凝土结构”。

现以预应力混凝土简支梁为例，说明预应力混凝土的基本原理。

如图 10-1 所示受均布荷载作用的混凝土梁，在受外荷载（除自重以外的永久荷载及可变荷载）作用以前，预先在梁的受拉区施加一对大小相等，方向相反的偏心预压力 N。在纵向压力 N 的作用下梁截面下边缘混凝土产生预压应力 σ，如图 10-1(a) 所示。当外荷载（或自重）q 单独作用时，截面下边缘产生拉应力 σ_t，如图 10-1(b) 所示。最后梁在预压力和外荷载的共同作用下截面的应力分布为上述两种情况下的应力叠加，如图 10-1(c) 所示。调整轴力 N 的大小及其作用位置（偏心距 e）可使梁在外荷载作用下的截面应力分布出现三种情况：①不出现拉应力 $\sigma \leqslant 0$；②出现不超过混凝土抗拉强度的拉应力 $\sigma \leqslant f_{tk}$；③允许开裂，即 $\sigma > f_{tk}$，但裂缝出现较晚，因为外荷载产生的拉应力中有一部分被预压应力所抵消。也就是说对拉区混凝土施加预压应力，可抵消或部分抵消外荷载 q（或自重）引起的拉应力，这是利用受拉区混凝土固有的抗压强度来解决钢筋混凝土构件过早开裂的问题，以提高构件的抗裂性和刚度，延缓了混凝土构件的开裂或不开裂。

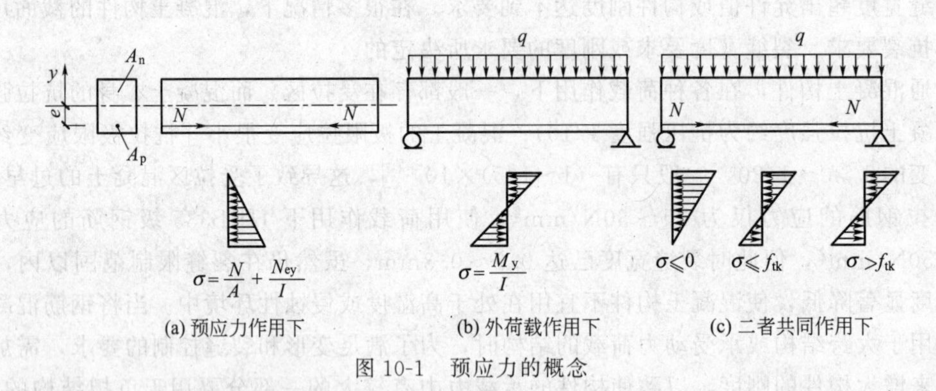

图 10-1　预应力的概念

实际上预加应力概念在日常生活中早已有所运用。如木桶盛水以后不漏，是由于制造木桶时用桶箍将木片挤紧，使桶壁中产生了环向预压应力。又如当从书架上把一排书一起拿下来，需先用两手把这排书挤紧（施加预压应力）才不会在搬动时发生散落。而预先拉紧自行车车轮的辐条以防止受荷后压屈，则是应用了预拉应力概念的例子。

随着混凝土强度等级的不断提高，高强钢筋的进一步使用，预应力混凝土目前已广泛应用于大跨度建筑、高层建筑、桥梁、铁路、海洋、水利、机场、核电站等工程中。

由于预应力减小了构件中混凝土承受的拉应力，预应力混凝土构件在使用阶段可以做到不开裂或开裂很小，构件的刚度提高，挠度大大减小，所以预应力这一手段大大地提高了构件的抗裂度，减小了构件的裂缝与变形。预应力提高了构件受荷以后混凝土拉应力允许提高的幅度，但同时也降低了构件受荷以后混凝土压应力和钢筋拉应力允许提高的幅度。因此，对于材料和尺寸相同的预应力构件和非预应力构件，两者的强度是差不多的；试验和理论分析也都证明了这一点。但是，预应力构件可以采用高强度的混凝土和高强度的钢筋，而材料的价格并不会随强度的提高而成比例的增加。这种方法对一些结构，尤其是大型结构有一定的经济意义。

预应力混凝土构件的基本特点如下：

① 对混凝土施加预应力可避免混凝土出现裂缝，混凝土梁可全截面参加工作，可提高构件的抗裂度；

② 施加的预应力可根据需要进行调整；

③ 预应力对构件正截面的承载力无明显影响；

④ 预应力可提高构件的刚度，减小变形。

施加了预应力的混凝土称为预应力混凝土，不施加预应力的混凝土称为普通钢筋混凝土，简称钢筋混凝土。本章的内容就是关于预应力混凝土的理论和设计方法，而以前章节的内容都是关于普通钢筋混凝土的内容。

10.1.2 预应力混凝土结构的优缺点及应用

预应力混凝土的优点是明显的。由于预应力提高了构件的抗裂能力和刚度，使构件在使用荷载作用下不出现裂缝或裂缝宽度大大减小，有效地改善了构件的使用性能，提高了构件的刚度，增加了结构的耐久性。预应力混凝土采用高强材料，因而可以减小构件截面尺寸，减少材料用量并降低结构的自重，与钢筋混凝土相比，可节约钢材30%～50%，减轻结构自重达30%左右，这一点对于大跨度结构和高层建筑结构尤其重要。预应力受弯构件在施加预应力的同时，可以使构件产生反拱，减小了构件工作时的挠度。预应力构件的抗疲劳性能较好，这是因为预应力使得钢筋在重复荷载下的应力变化幅度较小。此外，预应力还可以作为结构的一种拼装手段和加固措施。预应力应优先用于工作中存在受拉区的构件，如受弯、轴心受拉、偏心受拉及大偏心受压等构件。采用预应力时，通常只用于一个整体结构中的部分构件，结构中的其他构件仍采用普通钢筋混凝土。

预应力混凝土的设计和施工都比较复杂，对材料质量要求严格，施工中要使用专门的机具，并要求具有一定的施工经验，质量控制比较复杂，施工费用也较高。预应力混凝土的使用场合不合适，则会提高构件的综合造价，反而不如普通钢筋混凝土。因此，预应力混凝土常用于以下一些结构中。

① 大跨度结构。如大跨度桥梁、体育馆和车间以及机库等大跨度建筑的屋脊、高层建筑结构的转换层等。

② 对抗裂有特殊要求的结构。如压力容器、压力管道、水工或海洋建筑，还有冶金、化工厂的车间、构筑物等。

③ 某些高耸建筑结构。如水塔、烟筒、电视塔等。

④ 某些大量制造的预制构件。如常见的预应力空心楼板、预应力预制桩等。

在一些房屋结构中，如果建筑设计限定了层高、屋楼盖梁等的高度，或者限定了某些其他构件的尺寸，使得普通钢筋混凝土构件难以满足要求，也可以考虑使用预应力混凝土。

10.2 施加预加应力的方法及锚具

预应力混凝土按照施加预加应力的方法可分为先张法预应力混凝土和后张法预应力混凝土；按预加应力程度可分为全预应力混凝土和部分预应力混凝土；按预应力钢筋与混凝土的黏结状况可分为有黏结预应力混凝土和无黏结预应力混凝土。

10.2.1 先张法预应力混凝土和后张法预应力混凝土

使混凝土获得预压应力的方法有多种。目前一般是通过张拉钢筋，利用钢筋回弹力来压缩混凝土，在混凝土中建立预压应力。根据张拉钢筋与混凝土浇筑的先后顺序，可将施加预加应力的方法分为先张法和后张法两大类。

10.2.1.1 先张法预应力混凝土

先张法是指在混凝土浇筑之前张拉预应力钢筋的方法。其施工工序如下（如图 10-2）。

(1) 在台座（或钢模）上张拉钢筋，并将它用夹具临时固定在台座（或钢模）上［图 10-2(a)］。

(2) 支模，绑扎一般钢筋如非预应力筋，并浇筑混凝土［图 10-2(b)］。

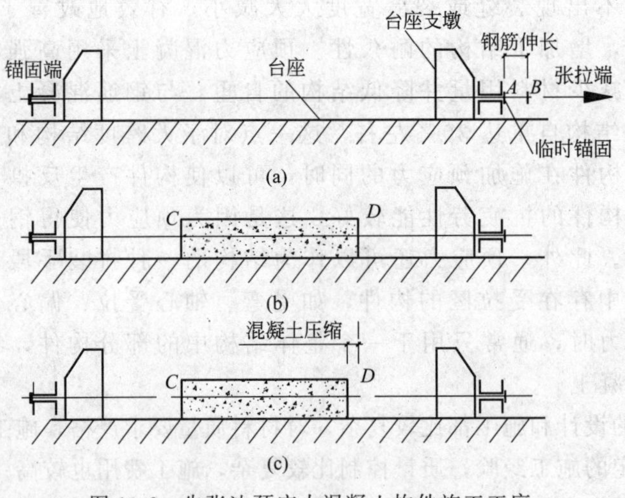

图 10-2 先张法预应力混凝土构件施工工序

(3) 待混凝土达到一定强度和龄期（不低于设计强度 75%，且混凝土龄期不小于 7d，以保证钢筋与混凝土之间具有足够的黏结力和避免混凝土徐变值过大，简称混凝土强度和龄期双控制）后，切断或放松预应力钢筋［图 10-2(c)］，预应力钢筋回缩时挤压混凝土，使混凝土获得预压应力。

先张法构件中，预应力的建立主要依靠钢筋与混凝土之间的黏结力。

先张法生产有台座法和钢模机组流水法。前者有直线和折线配筋两种形式。为了便于运输，先张法一般只用于中小型预应力混凝土构件的施工，如楼板、屋面板、檩条、芯棒及中小型吊车梁等，当采用工具式台座，先张法也可用于预应力混凝土拱板、桥面板等大型构件的现场施工。先张法工艺简单，质量易保证，成本低，且工具式锚具可重复使用，各类形式很多，所以先张法是目前我国生产预应力混凝土构件的主要方法之一。

10.2.1.2 *后张法预应力混凝土*

后张法是指在混凝土结硬后在构件上张拉钢筋的方法。其施工工序如图 10-3 所示。

(1) 先浇筑混凝土构件，并在设置预应力钢筋的部位预留孔道［图 10-3(a)］。

(2) 待混凝土达到设计规定的强度后(一般不低于混凝土设计规定强度的 75%)，将预应力钢筋穿入预留孔道，利用构件本身作为施加预应力的台座，用液压千斤顶张拉预应力钢筋，同时压缩混凝土［图 10-3(b)］。

(3) 当张拉预应力钢筋的应力达到设计规定值后，在张拉端用锚具夹住钢筋，使混凝土构件保持预压状态；然后往孔道内灌浆，使预应力钢筋与构件混凝土形成整体［图 10-3(c)］。

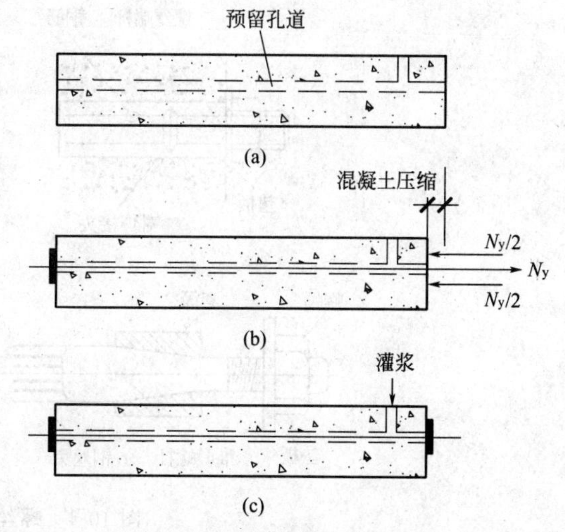

图 10-3 后张法预应力工艺流程

上述工序中也可以不灌浆，完全通过锚具施加预压力，形成无黏结的预应力结构。由此可见，后张法预应力的建立主要是依靠构件两端的锚固装置，锚具永远留在构件上，这种锚具称为工作锚具。

后张法不需要台座，张拉钢筋可用千斤顶，也可用电热法[1]，而且预应力钢筋可采用折线或曲线布置，因而可以更好地适应设计荷载的分布状况。后张法预应力混凝土适用于现场施工的大型构件和结构。后张法的主要缺点是预应力钢筋的锚固需要锚具，成本较高，工艺也较复杂。

10.2.2 预应力混凝土结构的锚具

锚具是锚固钢筋时所用的工具，是保证预应力混凝土结构安全可靠的关键部位之一。通常把在构件制作完毕后，能够取下重复使用的称为夹具；锚固在构件端部，与构件连成一体共同受力，不能取下重复使用的称为锚具。

锚具的制作和选用应满足下列要求。

① 锚具零部件选用的钢材性能要满足规定指标，加工精度高，受力安全可靠，预应力损失小。

② 构造简单，加工方便，节约钢材，成本低。

③ 施工简便，使用安全。

④ 锚具性能满足结构要求的静载和动载锚固性能。

锚具的种类很多，常用的锚具有支承式锚具、锥形锚具、夹片式锚具、固定端锚具

---

[1] 在钢筋两端接上电线，通过电流，由于钢筋电阻较大，使钢筋受热伸长，当伸长到预定长度时，将钢筋锚固在混凝土构件上，然后切断电源，利用钢筋冷缩建立预应力。

（略）等。

(1) 支承式锚具

① 螺丝端杆锚具。如图 10-4 所示，主要用于预应力钢筋张拉端。预应力钢筋与螺丝端杆直接对焊连接或通过套筒连接，螺丝端杆另一端与张拉千斤顶相连。张拉终止时，通过螺帽和垫板将预应力钢筋锚固在构件上。

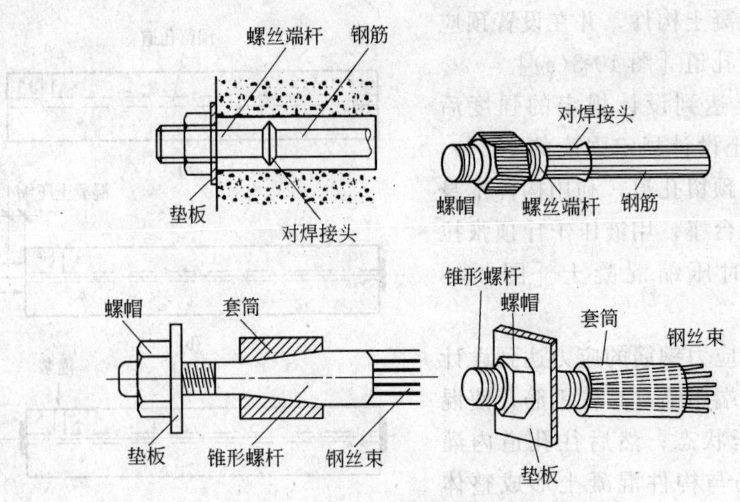

图 10-4　螺丝端杆锚具

这种锚具的优点是比较简单、滑移小、便于再次张拉；缺点是对预应力钢筋长度的精度要求高，不能太长或太短，否则螺纹长度不够用。需要特别注意焊接接头的质量，以防止发生脆断。

② 镦头锚具。如图 10-5 所示，这种锚具用于锚固钢筋束。张拉端采用锚杯，固定端采用锚板。先将钢丝端头镦粗成球形，穿入锚杯孔内，边张拉边拧紧锚杯的螺帽。每个锚具可同时锚固几根到一百多根 5～7mm 的高强钢丝，也可用于单根粗钢筋。这种锚具的锚固性能可靠，锚固力大，张拉操作方便，但要求钢筋（丝）的长度有较高的精确度，否则会造成钢筋（丝）受力不均。

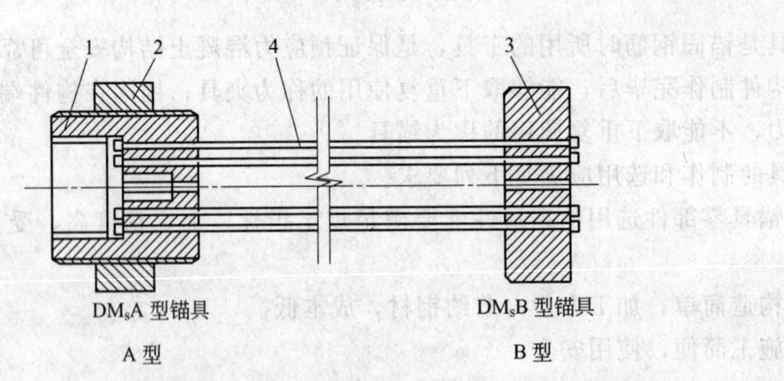

图 10-5　钢丝束镦头锚具

1—锚环；2—螺母；3—锚板；4—钢丝束

(2) 锥形锚具

如图 10-6 所示，这种锚具是用于锚固多根直径为 5mm、7mm、8mm、12mm 的平行钢丝束，或者锚固多根直径为12.7mm、15.2mm的平行钢铰线束。锚具由锚环和锚塞两部分组成，锚环在构件混凝土浇灌前埋置在构件端部，锚塞中间有小孔作锚固后灌浆用。由千斤顶张拉钢丝后又将锚塞顶压入锚圈内，利用钢丝在锚塞与锚圈之间的摩擦力锚固钢丝。

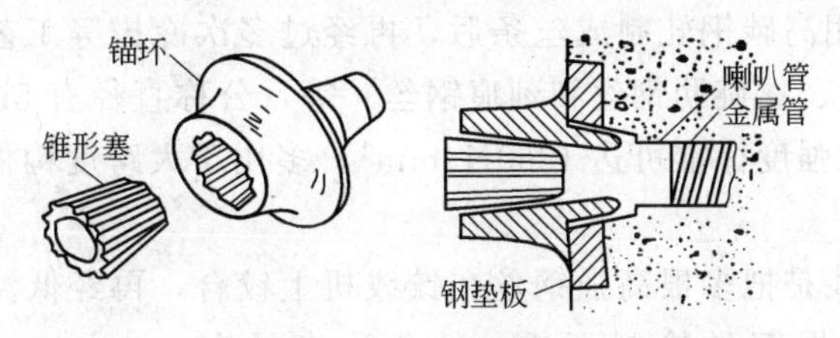

图 10-6 锥形锚具

(3) 夹片式锚具

如图10-7所示，每套锚具是由一个锚环和若干个夹片组成，钢铰线在每个孔道内通过有牙齿的钢夹片夹住。可以根据需要，每套锚具锚固数根直径为15.2mm或12.7mm的钢铰线。国内常见的热处理钢筋夹片式锚具有JM-12和JM-15等，预应力钢铰线夹片式锚具有OVM、QM、XM等。

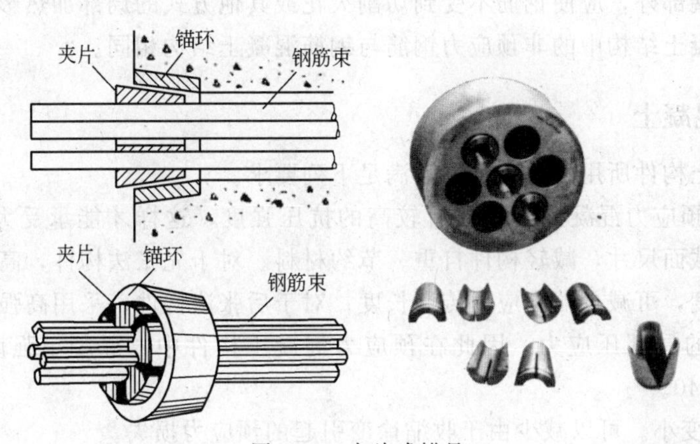

图 10-7 夹片式锚具

10.3 预应力混凝土材料

10.3.1 钢筋

预应力混凝土结构构件所用的钢筋（钢丝），需满足下列要求。

① 强度高。为了使混凝土构件在发生弹性回缩、收缩及徐变后，其内部仍能建立较高的预压应力，就需要采用较高的初始张拉应力，故要求预应力钢筋具有较高的抗拉强度。因此，必须使用高强度钢筋（或钢丝），才有可能建立较高的预应力值，以达到预期的效果。

② 与混凝土间有足够的黏结强度。由于在受力传递长度内钢筋与混凝土间的黏结力是先张法构件建立预应力的前提，因此必须有足够的黏结强度。

③ 良好的加工性能，即良好的可焊性。镦粗后原有的物理力学性能基本不受影响。

④ 具有一定的塑性。为了避免构件发生脆性破坏，要求预应力筋在拉断时具有一定的

延伸率，当构件处于低温环境和冲击荷载条件下，此点更为重要。

目前，在我国预应力混凝土结构中，常用的预应力钢筋有预应力螺纹钢筋、钢丝、钢铰线。

① 钢丝。钢丝是用高碳钢轧制成丝条后，再经过多次冷拔等工艺加工而成。主要有消除应力钢丝（光面钢丝、螺旋肋钢丝和刻痕钢丝）等，公称直径有 5mm、7mm、9mm。钢丝的强度很高，其抗拉强度标准可达 1860N/mm²，多用于大跨度构件，如桥梁上的预应力大梁等。

② 钢铰线。钢铰线是把多根高强钢丝在铰线机上铰合，再经低温回火制成。常用的钢铰线主要由 3 根和 7 根钢丝捻制而成。其公称直径有 8.6mm、10.8mm、12.9mm 和 9.5mm、12.7mm、15.2mm、17.8mm、21.6mm，由于钢铰线直径大，且比较柔软，施工方便，先张法和后张法均可使用，因此，它具有广阔的发展前景。目前，低松弛的、抗拉强度标准值可达 1960N/mm²，钢铰线在后张法中采用的较多。

③ 预应力螺纹钢筋。预应力螺纹钢筋按其螺纹外形可分为有纵肋和无纵肋两种。其公称直径有 18mm、25mm、32mm、40mm、50mm，极限抗拉强度标准值可达 1230N/mm²。制作过程中，除端部外，应使钢筋不受到切割火花或其他方式的局部加热影响。

在预应力混凝土结构中的非预应力钢筋与钢筋混凝土结构相同。

10.3.2 混凝土

预应力混凝土构件所用的混凝土，需满足下列要求。

① 强度高。预应力混凝土必须具有较高的抗压强度，这样才能承受大吨位的预应力，有效地减小构件截面尺寸，减轻构件自重、节约材料。对于先张法构件，高强度的混凝土具有较高的黏结强度，可减少端部应力传递长度；对于后张法构件，采用高强度混凝土，可承受构件端部很高的局部压应力。因此在预应力混凝土构件中，混凝土强度等级不应低于 C30，不宜低于 C40。

② 收缩、徐变小。可以减少由于收缩徐变引起的预应力损失。

③ 快硬、早强。可以尽早施加预应力，以提高台座、模具、夹具的周转率，加快施工进度，降低管理费用。

10.3.3 留孔及灌浆材料

（1）留孔

后张预应力混凝土构件在浇灌混凝土时需预留预应力钢筋的孔道。预留孔道可采用预埋金属波纹管、预埋钢管和抽芯成型等方法。目前，对于配有大吨位曲线预应力钢筋束、多跨连续曲线预应力钢筋束和空间曲线预应力钢筋束的后张法预应力混凝土结构构件，其留孔方法已较少采用过去的胶管抽芯和预埋钢管等方法，而普遍采用预埋金属波纹管的方法。金属波纹管是由薄钢带用卷管机压波后卷成，具有重量轻、刚度好、弯折和连接简便、与混凝土黏结性好等优点，是预留后张法预应力钢筋孔道的理想材料。波纹管一般为圆形，也有扁形(图 10-8)。

（2）灌浆材料

对于后张法预应力混凝土结构构件，在预应力钢筋张拉之后，孔道中应灌入水泥浆，灌浆有两个目的：一是用水泥浆保护预应力钢筋，避免预应力钢筋受腐蚀；二是使得预应力钢

金属波纹管

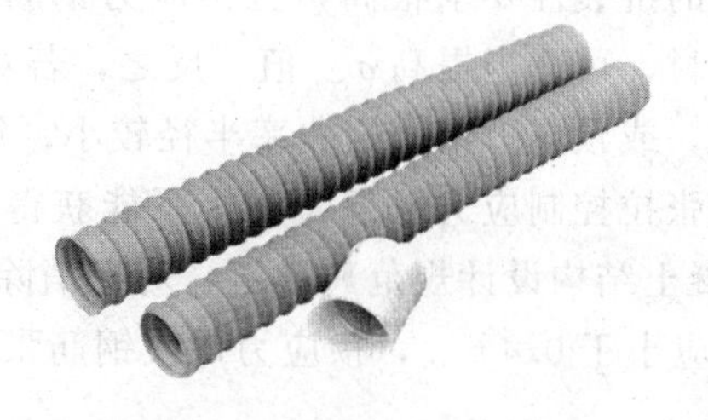
塑料波纹管及连接管

图 10-8　孔道成型材料

筋与它周围的混凝土共同工作，协调变形。因此，水泥浆应具有一定的黏结强度，且要求收缩徐变不能过大。

10.4　张拉控制应力及预应力损失

10.4.1　张拉控制应力

张拉控制应力 σ_{con} 是指张拉预应力钢筋时预应力钢筋必须达到的拉应力值，即张拉设备（如千斤顶油压表）所控制的总张拉力除以预应力钢筋的截面面积所得出的应力值。预应力钢筋张拉控制应力的大小直接影响预应力的效果。张拉控制应力越高，建立的预应力值越大，构件的抗裂性越好。但是抗裂度过高，则预应力钢筋在使用过程中经常处于过高的应力状态，构件出现裂缝的荷载与破坏荷载很接近，破坏前没有明显的预兆。同时，如果张拉控制应力过大，将造成构件反拱过大或预拉区（即在施加预应力时处于受拉状态的区段）出现裂缝，对后张法预应力混凝土构件还可能造成端头混凝土局部受压破坏。此外考虑到钢筋屈服强度的误差、张拉操作中的超张拉及组成预应力钢筋束的每根钢铰线或钢丝的应力不均匀等因素，如果张拉控制应力过高，张拉时可能使某些钢铰线或钢丝应力接近甚至进入屈服阶段，产生塑性变形而达不到预期的预应力效果。有时还可能由于张拉应力控制不准确，焊接质量不好等因素，使预应力钢筋被拉断。因此，预应力钢筋的张拉控制应力不应定得过高。《混凝土结构设计规范》规定，张拉控制应力 σ_{con} 不宜超过表 10-1 规定的张拉控制应力限值。

设计预应力构件时，表 10-1 所列数值可根据具体情况和施工经验作适当调整。当符合下列情况之一时，表 10-1 中的张拉控制应力允许值可提高 $0.05f_{ptk}$ 或 $0.05f_{pyk}$。

表 10-1　张拉控制应力值 σ_{con}

钢筋种类	应力限值
中强度预应力钢丝	$0.70f_{ptk}$
消除应力钢丝、钢铰线	$0.75f_{ptk}$
预应力螺纹钢筋	$0.85f_{pyk}$

注：表中 f_{pyk} 为预应力钢筋的屈服强度标准值，f_{ptk} 为预应力钢筋的极限强度标准值，见附表 1-9。

① 要求提高构件在施工阶段的抗裂性能而在使用阶段受压区内设置的预应力钢筋。

② 要求部分抵消由于应力松弛、摩擦、钢筋分批张拉以及预应力钢筋与张拉台座之间的温差等因素产生的预应力损失，对预应力钢筋进行超张拉。

当构件的抗裂性要求很高，且预应力钢筋为连续多跨布置时，为提高内跨的有效预应力，节省钢材，可适当提高σ_{con}值。反之，若对构件的抗裂要求较低，甚至在使用荷载下允许出现裂缝，或预应力钢筋的曲率半径较小，每根预应力钢筋的应力不均匀现象较严重，则可适当降低张拉控制应力。但是，为了能获得必要的预应力效果，σ_{con}的取值也不宜过低。所以，《混凝土结构设计规范》规定，对于消除应力钢丝、钢铰线、热处理钢筋的张拉控制应力σ_{con}不应小于$0.4f_{ptk}$，预应力螺纹钢筋张拉控制应力σ_{con}不应小于$0.5f_{pyk}$。

10.4.2 预应力损失

预应力钢筋张拉完毕或经历一段时间后，由于张拉工艺和材料本身的性能等因素，预应力钢筋中的拉应力值将逐渐降低，这种现象称为预应力损失。预应力损失会降低预应力的效果，降低构件的抗裂性和刚度，有时还可能影响构件的受弯承载力。如果预应力损失过大，会使构件过早地出现裂缝，使有黏结预应力混凝土构件的界限破坏受压区高度减小，使无黏结预应力混凝土结构的受弯承载力明显降低。因此，正确估算和尽可能减小预应力损失是设计预应力混凝土结构构件的重要问题。引起预应力损失的因素很多，下面我们将分项讨论各种预应力损失值的计算方法。

10.4.2.1 张拉端锚具变形引起的预应力损失σ_{l1}

(1) 直线预应力钢筋的预应力损失σ_{l1}

① 产生原因。直线预应力钢筋当张拉到σ_{con}后锚固在台座或构件上时，由于锚具、垫板与构件之间的缝隙被挤紧，或者由于钢筋和螺帽在锚具内的滑移，这些因素都会促使预应力钢筋回缩，使张拉程度降低，从而引起预应力损失。

对于直线预应力钢筋，σ_{l1}可按下列公式计算：

$$\sigma_{l1}=\frac{a}{l}E_s \tag{10-1}$$

式中 a——张拉端锚具变形和钢筋内缩值（以mm计），按表10-2采用；

l——预应力钢筋张拉端至锚固端的距离，两端张拉时l取为构件长度的一半。

表 10-2 锚具变形和钢筋内缩值 a 单位：mm

锚具类别		a
支承式锚具（钢丝束镦头锚具等）	螺帽缝隙	1
	每块后加垫板的缝隙	1
锥塞式锚具（钢丝束的钢质锥形锚具等）		5
夹片式锚具	有顶压时	5
	无顶压时	6～8

注：1. 表中的锚具变形和钢筋内缩值也可根据实测数据确定。

2. 其他类型的锚具变形和钢筋内缩值应根据实测数据确定。

锚具的损失只考虑张拉端，对于锚固端，由于锚具在张拉过程中已被挤紧，故不考虑其引起的预应力损失。

对块体拼成的结构，其预应力损失尚应计算块体间填缝的预压变形。当采用混凝土或砂浆作为填充材料时，每条填缝的预压变形值应取1mm。

式 (10-1) 没有考虑反向摩擦的作用，计算的预应力损失值沿预应力钢筋全长是相等的。

② 减小此项损失的措施。

a. 选择锚具变形小或使预应力回缩小的锚夹具，尽量少用垫板，每增加一垫板，a 值就增加 1mm；

b. 增加台座长度 l，对先张法，当 $l \geqslant 100$mm 时，σ_{l1} 可忽略不计。

(2) 后张法曲线预应力钢筋的预应力损失 σ_{l1}

① 计算方法。对于后张法曲线或折线预应力钢筋，由锚具变形和钢筋回缩引起的预应力损失值 σ_{l1}（以下简称锚固损失）应根据曲线或折线预应力钢筋与孔壁之间反向摩擦的影响长度 l_f 范围内的总变形值与锚具变形和预应力钢筋内缩值相等的条件确定。

当预应力钢筋为圆弧形曲线（抛物线可近似为圆弧形），且圆弧对应的圆心角 θ 不大于30°时，距构件端部 $x(x<l_f)$ 处的 σ_{l1} 可按下列近似公式计算（图 10-9）

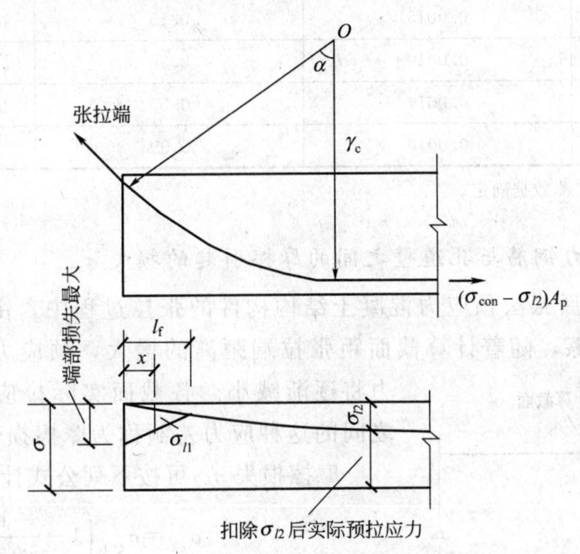

图 10-9 曲线预应力钢筋由于锚具变形而引起的预应力损失

$$\sigma_{l1}=2\sigma_{con}l_f\left(\frac{\mu}{r_c}+\kappa\right)\left(1-\frac{x}{l_f}\right) \tag{10-2}$$

式中 r_c——圆弧形曲线预应力钢筋的曲率半径（以 m 计）；

μ——预应力钢筋与孔道壁之间的摩擦系数，按表 10-3 取用；

κ——考虑孔道每米长度局部偏差的摩擦系数，按表 10-3 取用；

x——张拉端至计算截面的距离（以 m 计），可近似取该段孔道在纵轴上的投影长度，且不应大于 l_f；

l_f——反向摩擦的影响长度（以 m 计，自构件张拉端计算）。

l_f 可按下列公式计算

$$l_f=\sqrt{\frac{aE_s}{1000\sigma_{con}\left(\frac{\mu}{r_c+k}\right)}} \tag{10-3}$$

式中 a——锚具变形和钢筋回缩值（以 mm 计），按表 10-2 取用；

E_s——预应力钢筋弹性模量，N/mm^2。

② 减少此项损失的措施有如下几种。

a. 选择锚具变形小或使预应力钢筋内缩小的锚具、夹具、尽量少用垫板。

b. 增加台座长度，因为 σ_{l1} 值与台座长度 l 成反比。

c. 采用超张拉施工方法。

《混凝土结构设计规范》建议的 κ 和 μ 的取值列于表 10-3。由于影响因素较多，表 10-3 中的建议值只是一般的情况，对重要结构及连续结构，建议由实测确定。

表 10-3 摩擦系数

孔道成型方式	κ	μ	
		钢铰线、钢丝束	预应力螺纹钢
预埋金属波纹管	0.0015	0.25	0.50
预埋塑料波纹管	0.0015	0.15	—
预埋钢管	0.0010	0.30	—
抽芯成型	0.0014	0.55	0.60
无黏结预应力钢筋	0.0040	0.09	—

注：摩擦系数也可根据实测数据确定。

10.4.2.2 预应力钢筋与孔道壁之间的摩擦引起的损失 σ_{l2}

① 产生原因。在后张法预应力混凝土结构构件的张拉过程中，由于预应力钢筋与混凝土孔道壁之间的摩擦，随着计算截面距张拉端距离的增大，预应力钢筋的实际预拉应力将逐渐减小。各截面实际拉应力与张拉控制应力之间的这种应力差额称为摩擦损失 σ_{l2}（图 10-10）。

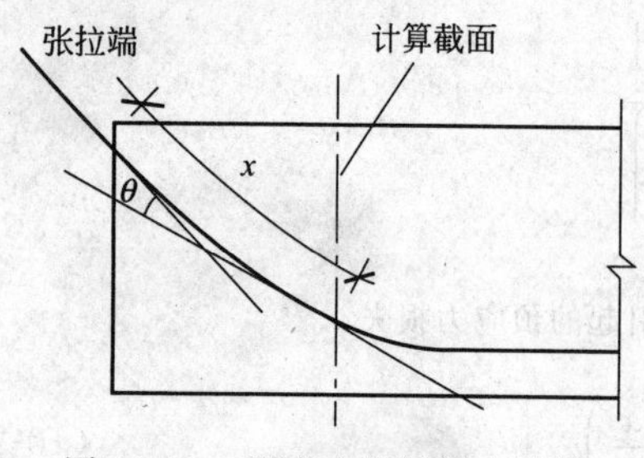

图 10-10 预应力摩擦损失计算

摩擦损失 σ_{l2} 可按下列公式计算

$$\sigma_{l2}=\sigma_{con}\left(1-\frac{1}{e^{\kappa x+\mu\theta}}\right) \tag{10-4}$$

式中 x——张拉端至计算截面的孔道长度（以 m 计），可近似取该段孔道在纵轴上的投影长度；

θ——张拉端至计算截面曲线孔道部分切线的夹角（以 rad 计）。

当 $\kappa x+\mu\theta\leqslant 0.3$ 时，近似取 $\frac{1}{e^{\kappa x+\mu\theta}}=1-\kappa x-\mu\theta$，则 σ_{l2} 可按下列公式计算

$$\sigma_{l2}=(\kappa x+\mu\theta)\sigma_{con} \tag{10-5}$$

影响 κ 和 μ 这两个参数取值的因素较多，主要有孔道的成型方法和质量、预应力钢材的种类（尤其是表面形状）、预应力钢筋与孔壁的接触程度（如孔道尺寸）、预应力钢筋束外径与孔道内径的差值和预应力钢筋在孔道中的偏心距、曲线预应力钢筋的曲率半径和张拉力等。

② 减少此项损失的措施（图 10-11）。

a. 对于较长的构件可采用两端张拉，则计算 σ_{l2} 的孔道长度时可取构件长度的一半进行计算，损失也可减少一半，但却能使 σ_{l1} 增加。

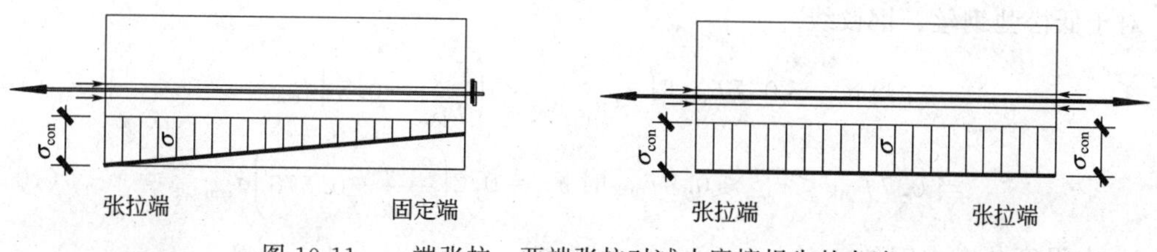

图 10-11　一端张拉、两端张拉对减小摩擦损失的办法

b. 采用超张拉工艺，施工程序为：$0 \rightarrow 1.1\sigma_{con}$（持荷 2min）$\rightarrow 0.85\sigma_{con}$（持荷 2min）$\rightarrow \sigma_{con}$ 它比一次张拉到 σ_{con} 的预应力更均匀。

对张拉端，$\sigma_{l2}=0$，离张拉端越远，σ_{l2} 越大，锚固端 σ_{l2} 最大，因此锚固端的有效预应力最小，其抗裂能力最低。

c. 当采用电热后张法时，可不考虑此项损失。

10.4.2.3　温度引起的预应力损失 σ_{l3}

① 产生原因。先张法预应力混凝土构件常采用蒸汽养护。当温度升高时，新浇混凝土尚未结硬，与钢筋未黏结成整体，这时，预应力钢筋因受热膨胀而产生的伸长较台座多，而钢筋又被拉紧并锚固在台座上，其总长度将保持与台座相同，从而造成钢筋放松，拉应力减小。降温时，因混凝土已结硬并与预应力钢筋黏结成整体，且钢材与混凝土的膨胀系数又相近，两者将一起回缩，所损失的钢筋应力已不能恢复。

当被张拉的钢筋蒸汽养护的温差为 Δt，钢材的线膨胀系数为 $\alpha_t=1\times10^{-5}/℃$，则 σ_{l3} 按下列公式计算

$$\sigma_{l3}=E_s\alpha_t\Delta t=2\times10^5\times1.0\times10^{-5}\Delta t=2\Delta t \tag{10-6}$$

即

$$\sigma_{l3}=2\Delta t \tag{10-7}$$

② 减少此项损失的措施。

a. 采用二次升温养护：先在常温养护至混凝土达到一定强度，再逐渐升温至规定的养护温度，可认为混凝土已结硬可与钢筋一起胀缩，而不引起应力损失。

b. 在钢模上张拉钢筋，升温时两者温度相同，可不考虑此项损失。（在钢模上生产预应力构件时，由于钢模和预应力钢筋同时被加热，无温差，则无此项损失）

10.4.2.4　钢筋应力松弛引起的预应力损失 σ_{l4}

① 产生原因。钢筋在高应力状态下，具有随时间增长而产生塑性变形的性能，在钢筋长度保持不变的条件下，钢筋应力会随时间的增长而降低，这种现象称为应力松弛，由此引起的钢筋应力的降低值称为应力松弛损失 σ_{l4}。

应力松弛值与初应力、极限强度及时间有关。张拉初始应力越大，则松弛值越大。在第 1min 内的松弛值大约为总松弛的 30%，60min 内为 50%，24h 内完成 80%～90%，以后逐渐收敛。预应力钢筋松弛量的大小与其材料品质有关系。一般热轧钢筋松弛较钢丝小，而钢铰线的松弛则比原单根钢丝大。

根据国内试验资料，由钢筋应力松弛引起的预应力损失可按下列公式计算。

a. 消除应力钢丝、钢铰线

对于普通松弛的钢丝、钢铰线

$$\sigma_{l4}=0.4\left(\frac{\sigma_{con}}{f_{ptk}}-0.5\right)\sigma_{con} \tag{10-8}$$

对于低松弛钢丝、钢铰线

$$当\ \sigma_{con}\leqslant 0.7f_{ptk}时\ \sigma_{l4}=0.125\left(\frac{\sigma_{con}}{f_{ptk}}-0.5\right)\sigma_{con} \tag{10-9}$$

$$当\ 0.7f_{ptk}<\sigma_{con}\leqslant 0.8f_{ptk}时\ \sigma_{l4}=0.2\left(\frac{\sigma_{con}}{f_{ptk}}-0.575\right)\sigma_{con} \tag{10-10}$$

b. 中强度预应力钢丝

$$\sigma_{l4}=0.08\sigma_{con} \tag{10-11}$$

c. 预应力螺纹钢筋

$$\sigma_{l4}=0.03\sigma_{con} \tag{10-12}$$

当 $\sigma_{con}/f_{ptk}\leqslant 0.5$ 时，

$$\sigma_{l4}=0 \tag{10-13}$$

预应力钢筋的松弛损失与张拉控制应力有关，当预应力钢筋的初始应力小于 $0.7f_{ptk}$ 时，松弛与初始应力呈线性关系，初始应力大于 $0.7f_{ptk}$ 时，松弛显著增大。

② 减少此项损失的措施。

a. 采用低松弛预应力钢筋。

b. 采用超张拉方法及增加持荷时间。因为在高应力时短时间所产生的松弛损失可达到在低应力下需较长时间才能完成的松弛值，持荷 2min，可使相当一部分松弛损失发生在钢筋锚固之前，故经超张拉部分松弛损失已完成。

10.4.2.5 混凝土收缩、徐变引起的预应力损失 σ_{l5}、σ'_{l5}

① 产生原因。在一般温度条件下，混凝土会发生体积收缩；在持续压应力作用下，混凝土会沿压力方向产生徐变。混凝土的收缩和徐变都会使构件缩短，从而使预应力钢筋产生预应力损失 σ_{l5}、σ'_{l5}。

混凝土收缩和徐变引起的预应力损失值往往同时发生且相互影响。为简化计算，在《混凝土结构设计规范》中，将它们合并考虑。此项损失很大，在曲线配筋的构件中，约占总损失的 30%；在直线配筋构件中，约占总损失的 60%。

混凝土收缩和徐变引起的受拉区和受压区预应力钢筋 A_p 和 A'_p 中的预应力损失 σ_{l5} 和 σ'_{l5} 可按下列方法确定。

a. 在一般情况下，对先张法、后张法构件的预应力损失 σ_{l5} 和 σ'_{l5} 可按下列公式计算

先张法构件

$$\sigma_{l5}=\frac{60+\dfrac{340\sigma_{pc}}{f'_{cu}}}{1+15\rho},\ \sigma'_{l5}=\frac{60+\dfrac{340\sigma'_{pc}}{f'_{cu}}}{1+15\rho'} \tag{10-14}$$

后张法构件

$$\sigma_{l5}=\frac{55+\dfrac{300\sigma_{pc}}{f'_{cu}}}{1+15\rho},\ \sigma'_{l5}=\frac{55+\dfrac{300\sigma'_{pc}}{f'_{cu}}}{1+15\rho'} \tag{10-15}$$

式中 σ_{pc}，σ'_{pc}——受拉区、受压区预应力钢筋合力点处的混凝土法向压应力（图 10-12)，此时，预应力损失值仅考虑混凝土预压前（第一批）的损失，非预应力钢筋中的应力 σ_{l5}、σ'_{l5} 应取为零，σ_{pc}、σ'_{pc} 值不应大于 $0.5f'_{cu}$，当 σ'_{pc} 为拉应力时，式 (10-14)、式 (10-15) 中的 σ'_{pc} 应取为 0 计算；

f'_{cu}——施加预应力时的混凝土立方体抗压强度；

ρ，ρ'——受拉区、受压区预应力钢筋和非预应力钢筋的配筋率。

对于先张法构件：

$$\rho=\frac{A_p+A_s}{A_0}, \rho'=\frac{A'_p+A'_s}{A_0} \tag{10-16}$$

对于后张法构件：

$$\rho=\frac{A_p+A_s}{A_n}, \rho'=\frac{A'_p+A'_s}{A_n} \tag{10-17}$$

$$A_0=A_c+\alpha_E A_s+\alpha_p A_p$$

$$A_n=A_c+\alpha_E A_s$$

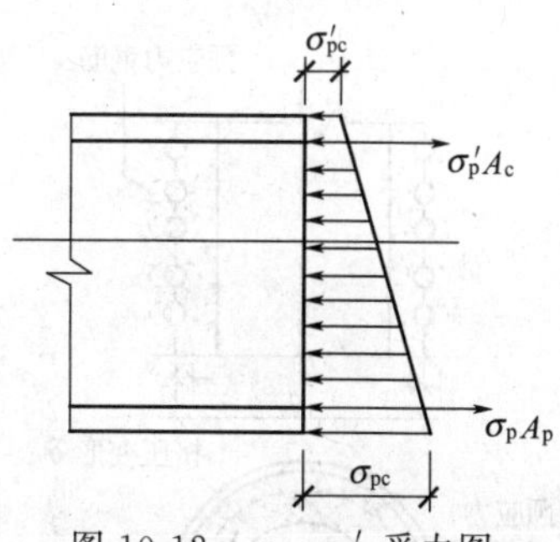

图 10-12 σ_{pc}、σ'_{pc}受力图

式中 A_p，A'_p——受拉区、受压区纵向预应力钢筋的截面面积；

A_s，A'_s——受拉区、受压区纵向非预应力钢筋的截面面积；

A_0——混凝土换算截面面积（包括扣除孔道，凹槽等削弱部分以外的混凝土全部截面面积以及全部纵向预应力钢筋和非预应力钢筋截面面积换算成混凝土的截面面积）；

A_n——混凝土净截面面积（换算截面面积减去全部纵向预应力钢筋截面面积换算成混凝土的截面面积）。

对于对称配置预应力钢筋和非预应力钢筋的构件，取 $\rho=\rho'$，此时配筋率应按其钢筋总截面面积一半计算。

对处于干燥环境（在年平均相对湿度低于 40%的条件下）的结构，σ_{l5} 及 σ'_{l5} 值应增加 30%。

b. 对重要结构构件，当需要考虑施加预应力时混凝土龄期、理论厚度的影响，以及需要考虑预应力钢筋松弛及混凝土收缩、徐变引起的应力损失随时间变化时，可按《混凝土结构设计规范》的有关规定计算。

注意：当采用泵送混凝土时，宜根据实际情况考虑混凝土收缩、徐变引起预应力损失值的增大。

由上述可见，在 σ_{pc}/σ'_{cu} 值相同的情况下，后张法的 σ_{l5} 及 σ'_{l5} 比先张法小，这是因为后张法构件在施加预应力时，混凝土已经完成了部分收缩，所以，收缩引起的预应力损失较小。

必须指出，混凝土收缩徐变损失 σ_{l5} 及 σ'_{l5}（其中徐变损失较收缩大）在总的预应力损失中所占比重较大。在曲线配筋构件中，一般占总预应力损失的 30%左右；在直线配筋构件中，一般可达 60%左右，因此，降低混凝土收缩和徐变损失是预应力混凝土结构设计和施工中应予着重考虑的问题。

② 减少此项损失的措施。

a. 采用一般普通硅酸盐水泥，控制每立方混凝土中的水泥用量，降低混凝土的水灰比，采用级配较好的集料，加强振捣，提高混凝土的密实性，可减小混凝土收缩和徐变。

b. 采用级配较好的集料，加强振捣，提高混凝土的密实性。

c. 加强混凝土的养护，减少混凝土的收缩。

10.4.2.6 螺旋式钢筋挤压混凝土所引起的预应力损失 σ_{l6}

产生原因：在采用螺旋式预应力钢筋的环形构件中，混凝土在预应力钢筋的挤压下，沿构件截面径向将产生局部挤压变形，使构件截面的直径减小，造成已张拉锚固的预应力钢筋的应力降低（图 10-13）。

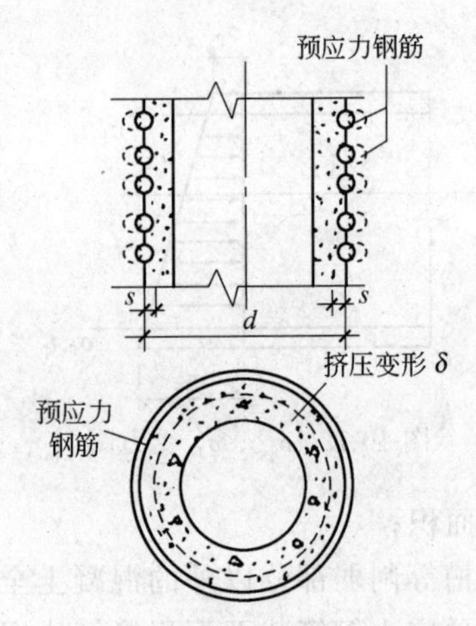

图 10-13　螺旋式预应力钢筋对环形构件的局部挤压变形

构件截面直径 d 越小，预应力损失越大。因此，预应力钢筋的长度缩短为 $\pi D-\pi d$，单位长度的变形为

$$\varepsilon_s=\frac{\pi D-\pi d}{\pi D}=\frac{D-d}{D} \tag{10-18}$$

则

$$\sigma_{l6}=\varepsilon_s E_s=\frac{D-d}{D}E_s \tag{10-19}$$

所以，《混凝土结构设计规范》规定：

当 $d\leqslant 3\text{m}$ 时 $\sigma_{l6}=30\text{N/mm}^2$

当 $d>3\text{m}$ 时 $\sigma_{l6}=0$

除了上述几种预应力损失外，在后张法预应力混凝土构件中，当预应力钢筋采用分批张拉时，由于受后一批张拉的预应力钢筋所产生的混凝土弹性压缩的影响，先一批张拉锚固的预应力钢筋将产生预应力损失，其值为 $\alpha_E\sigma_{\text{pci}}$，此处 $\alpha_E\sigma_{\text{pci}}$ 为后一批张拉的预应力钢筋在已张拉的钢筋截面重心处产生的混凝土法向应力。

10.4.3　预应力损失值的组合

上述各种因素引起的应力损失，是分批出现的，对预应力混凝土构件，除应根据使用条件进行承载力计算及变形、抗裂、裂缝宽和应力验算外，还需对构件在制作、运输、吊装等施工阶段进行应力验算。

不同的受力阶段应考虑相应的预应力损失的组合。因此，可将预应力损失分为第一批损失和第二批损失两种。

(1) 混凝土施工预压完成以前出现的损失，称第一批损失 $\sigma_{l\text{I}}$：

对先张法：为放张挤压混凝土之前发生的损失 $\sigma_{l\text{I}}=\sigma_{l1}+\sigma_{l3}+$部分或全部 σ_{l4}

对后张法：为张拉预应力钢筋工序终止前发生的损失 $\sigma_{l\text{I}}=\sigma_{l1}+\sigma_{l2}$

(2) 混凝土施加预压完成以后出现的损失，称第二批损失 $\sigma_{l\text{II}}$：

对先张法：为放张后发生的损失 $\sigma_{l\text{II}}=$部分 $\sigma_{l4}+\sigma_{l5}$

对后张法：为张拉预应力钢筋工序终止后发生的损失 $\sigma_{l\text{II}}=\sigma_{l4}+\sigma_{l5}+\sigma_{l6}$

注：对先张法，一般将 σ_{l4} 全部计入第一批损失中。

在进行施工阶段验算时，只考虑出现第一批损失 $\sigma_{l\text{I}}$；在进行使用阶段验算时，应考虑全部损失 $\sigma_l=\sigma_{l\text{I}}+\sigma_{l\text{II}}$。

预应力构件在各阶段的预应力损失值宜按表 10-4 的规定进行组合。

表 10-4　各阶段预应力损失值组合

项次	预应力损失值的组合	先张法构件	后张法构件
1	混凝土预压前的损失(第一批)	$\sigma_{l1}+\sigma_{l2}+\sigma_{l3}+\sigma_{l4}$	$\sigma_{l1}+\sigma_{l2}$
2	混凝土预压后的损失(第二批)	σ_{l5}	$\sigma_{l4}+\sigma_{l5}+\sigma_{l6}$

注：先张法构件由于钢筋应力松弛引起的损失值 σ_{l4} 在第一批和第二批损失中所占的比例，如需区分，可根据实际情况确定。

考虑到预应力损失的计算值与实际值可能有一定误差，而且有时误差较大。为了确保构件的抗裂性，参考过去的经验，《混凝土结构设计规范》规定了总预应力损失的最小值，当计算求得的预应力总损失值小于下列数值时，则按下列数值取用：

对先张法预应力混凝土构件　　100N/mm²；

对后张法预应力混凝土构件　　80N/mm²。

【例 10-1】 有一预应力轴心受拉构件，截面尺寸 $b\times h=240\text{mm}\times 260\text{mm}$，构件长24m，采用先张法，在50m台座上张拉，锚具变形和钢筋内缩值 $a=3\text{mm}$，混凝土为C40级，75%强度放张，蒸汽养护的构件与台座间温差 $\Delta t=20℃$。预应力钢筋采用15根直径9mm的螺旋肋钢丝（15 Φ^{H}9，$A_p=954\text{mm}^2$），$f_{ptk}=1570\text{N/mm}^2$，张拉控制应力 $\sigma_{con}=0.75f_{ptk}$，一次张拉。求各项预应力损失并进行组合。

解 （1）基本参数

查附表1-3和附表1-11得：$E_c=3.25\times10^4\text{N/mm}^2$　$E_s=2.05\times10^5\text{N/mm}^2$

则 $\alpha_E=\dfrac{E_s}{E_c}=\dfrac{2.05\times10^5}{3.25\times10^4}=6.31$。

（2）确定换算截面面积 A_0

A_0 为扣除孔道、凹槽等削弱部分以后的混凝土全部截面面积以及全部纵向预应力钢筋和非预应力钢筋截面面积换算成混凝土的截面面积，本题没有非预应力钢筋。

$$A_0=A_c+\alpha_E A_s+\alpha_p A_p=bh+(\alpha_E-1)A_p=240\times260+(6.31-1)\times954=67466\text{mm}^2$$

（3）张拉控制应力

由表10-1得：$\sigma_{con}=0.75f_{ptk}=0.75\times1570=1177.5\text{N/mm}^2$

（4）各项预应力损失的计算

① 锚具变形及钢筋内缩损失 σ_{l1}

$$\sigma_{l1}=\frac{a}{l}E_s=\frac{3}{50\times10^3}\times2.05\times10^5=12.3\text{N/mm}^2$$

② 构件与台座间温差损失 σ_{l3}

$$\sigma_{l3}=2\Delta t=2\times20=40\text{N/mm}^2$$

③ 预应力钢筋应力松弛损失 σ_{l4}

$$\sigma_{l4}=0.4\left(\frac{\sigma_{con}}{f_{ptk}}-0.5\right)\sigma_{con}=0.4\times1\times(0.75-0.5)\times1177.5=117.8\text{N/mm}^2$$

④ 第一批预应力损失 $\sigma_{l\,\mathrm{I}}$

$$\sigma_{l\,\mathrm{I}}=\sigma_{l1}+\sigma_{l3}+\sigma_{l4}=12.3+40+117.8=170.1\text{N/mm}^2$$

⑤ 混凝土收缩和徐变损失 σ_{l5}

预应力钢筋的合力

$$N_{p0}=(\sigma_{con}-\sigma_{l\,\mathrm{I}})A_p=(1177.5-170.1)\times954=961060\text{N/mm}^2$$

由预加压力产生的混凝土法向应力为

$$\sigma_{pc}=\frac{N_{p0}}{A_0}=\frac{961060}{67466}=14.25\text{N/mm}^2$$

$$f'_{cu}=0.75f_{cu}=0.75\times40=30\text{N/mm}^2$$

$\dfrac{\sigma_{pc}}{f'_{cu}}=\dfrac{14.25}{30}=0.475<0.5$，符合线性徐变条件。

$$\rho=\frac{A_s+A_p}{2A_0}=\frac{954}{2\times67466}=0.0071$$

$$则\ \sigma_{l5}=\frac{60+340\dfrac{\sigma_{pc}}{f'_{cu}}}{1+15\rho}=\frac{60+340\times0.475}{1+15\times0.0071}=200.2\text{N/mm}^2$$

⑥ 第二批预应力损失 $\sigma_{l\,\mathrm{II}}$

$\sigma_{l\,\mathrm{II}}=\sigma_{l5}=200.2\text{N/mm}^2$

(5) 总预应力损失值 σ_l

$\sigma_l=\sigma_{l\,\mathrm{I}}+\sigma_{l\,\mathrm{II}}=170.1+200.2=370.7\text{N/mm}^2$

对于先张法构件的预应力总损失值不得小于 100N/mm²，本题 $\sigma_L=370.7\text{N/mm}^2>100\text{N/mm}^2$，可以。

10.4.4 预应力钢筋的传递长度和锚固长度

在先张法预应力混凝土构件中，预应力钢筋端部的预应力是靠钢筋和混凝土间的黏结力逐步建立的。当放松预应力钢筋后，在构件端部，预应力钢筋的应力为零，由端部向中部逐渐增加至一定长度处才达到最大预应力值。预应力钢筋中的应力由零增大到最大值的这段长度称为预应力传递长度 l_{tr}。如图 10-14 所示，在传递长度范围内，应力差由预应力钢筋和混凝土的黏结力来平衡，预应力钢筋的应力和混凝土的应力按某种曲线规律变化（如图 10-14 中的实线所示）。为了简化计算，《混凝土结构设计规范》规定，可近似按线性变化考虑（如图 10-14 中的虚线所示）。

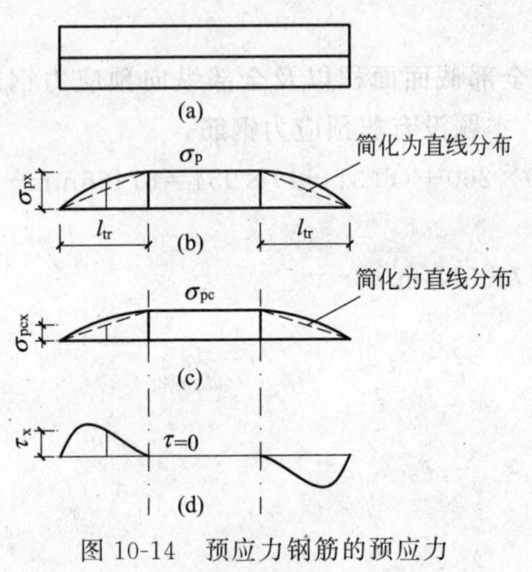

图 10-14 预应力钢筋的预应力传递长度

预应力钢筋的预应力传递长度 l_{tr} 按式 (10-20) 计算

$$l_{tr}=\alpha\frac{\sigma_{pe}}{f'_{tk}}d \tag{10-20}$$

式中 σ_{pe}——放张时预应力钢筋的有效预应力值；

α——预应力钢筋的外形系数，按表 2-1 取用；

d——预应力钢丝、钢铰线的公称直径，见附表 1-9；

f'_{tk}——与放张时混凝土立方体抗压强度 f'_{cu} 相应的轴心抗拉强度标准值，可按附表 1-1以线性内插法确定。

预应力钢筋的锚固长度应按式 (10-21) 计算

$$l_a=\alpha\frac{f_{py}}{f_t}d \tag{10-21}$$

式中 f_{py}——预应力钢筋抗拉强度设计值；

f_t——预应力区混凝土的抗拉强度设计值；

d——预应力钢筋的直径；

α——钢筋的外形系数，按表 2-1 取用。

当采用骤然放松预应力钢筋的施工工艺时，l_{tr} 的起点应从距构件末端 $0.25l_{tr}$ 处开始计算。

在验算先张法构件端部锚固区的正截面和斜截面受弯承载力和抗裂度时，应考虑预应力钢筋在其传递长度范围内的实际预应力值的变化，即在构件端部取为零，在其预应力传递长度的末端取有效预应力值 σ_{pe}。

类似地，在计算先张法预应力混凝土构件端部锚固区的正截面和斜截面受弯承载力时，预应力钢筋必须在经过足够的锚固长度后才可考虑其充分发挥作用（即其应力才可能达到预应力钢筋抗拉强度设计值 f_{py}）。因此，锚固区内的预应力钢筋抗拉强度设计值可按下列规定取用：在锚固起点处为零，在锚固终点处为 f_{py}，在两点之间按直线内插。

10.5 预应力混凝土轴心受拉构件的应力分析

对于预应力混凝土轴心受拉构件的设计计算，预应力轴心受拉构件从张拉钢筋开始直到构件破坏为止，可分为两阶段：施工阶段和使用阶段。每个阶段又包括若干个受力过程。

对于预应力混凝土轴心受拉构件的设计计算，主要包括有荷载作用下的正截面承载力计算、使用阶段的裂缝控制验算和施工阶段的局部承压验算等内容，其中使用阶段的裂缝控制验算包括有抗裂验算和裂缝宽度验算。

10.5.1 预应力构件张拉施工阶段应力分析

预应力混凝土轴心受拉构件在施工阶段的应力状况，包括有若干个具有代表性的受力过程，它们与施加预应力是采用先张法还是采用后张法有着密切的关系。

10.5.1.1 先张法

先张法预应力混凝土轴心受拉构件施工阶段的主要工序有张拉预应力钢筋、预应力钢筋锚固后浇筑和养护混凝土、放松预应力钢筋等。

(1) 张拉预应力钢筋阶段。在固定的台座上穿好预应力钢筋，其截面面积为 A_p，用张拉设备张拉预应力钢筋直至达到张拉控制应力 σ_{con}，预应力钢筋所受到的总拉力 $N_p=\sigma_{con}A_p$，此时该拉力由台座承担。

(2) 预应力钢筋锚固、混凝土浇筑完毕并进行养护阶段。由于锚具变形和预应力钢筋内缩、预应力钢筋的部分松弛和混凝土养护时引起的温差等原因，使得预应力钢筋产生了第一批预应力损失 $\sigma_{l\text{I}}$，此时预应力钢筋的有效拉应力为 $\sigma_{con}-\sigma_{l\text{I}}$，预应力钢筋的合力为

$$N_{p\text{I}}=(\sigma_{con}-\sigma_{l\text{I}})A_p \tag{10-22}$$

该拉力同样由台座来承担，而混凝土和非预应力钢筋 A_s 的应力均为零，如图 10-15(a) 所示。

(3) 放松预应力钢筋后，预应力钢筋发生弹性回缩而缩短，由于预应力钢筋与混凝土之间存在黏结力，所以预应力钢筋的回缩量与混凝土受预压的弹性压缩量相等，由变形协调条件可得，混凝土受到的预压应力为 $\sigma_{pc\text{I}}$，非预应力钢筋受到的预压应力为 $\alpha_{Es}\sigma_{pc\text{I}}$。预应力钢筋的应力减少了 $\alpha_{Ep}\sigma_{pc\text{I}}$。因此，放张后预应力钢筋的有效拉应力［如图 10-15(b)］$\sigma_{pe\text{I}}$ 为

$$\sigma_{pe\text{I}}=\sigma_{con}-\sigma_{l\text{I}}-\alpha_{Ep}\sigma_{pc\text{I}} \tag{10-23}$$

此时，预应力构件处于自平衡状态，由内力平衡条件可知，预应力钢筋所受的拉力等于

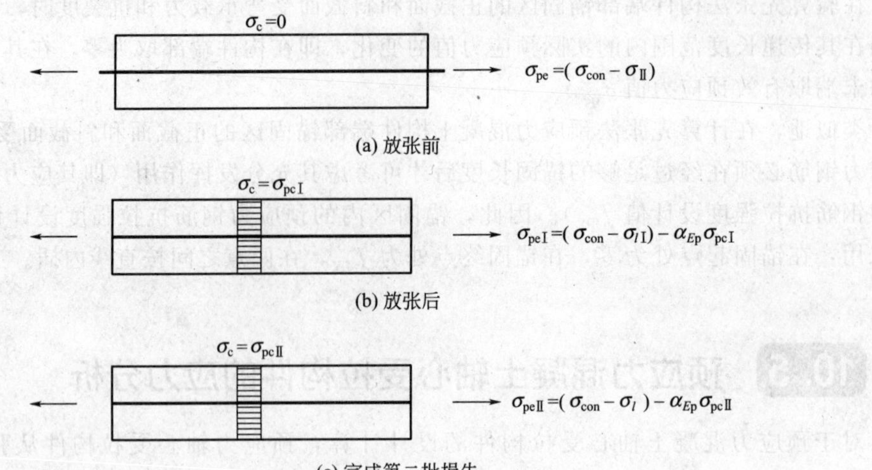

图 10-15 先张法施工阶段受力分析

混凝土和非预应力钢筋所受的压力，即有

$$\sigma_{peⅠ}A_p=\sigma_{pcⅠ}A_c+\alpha_{Es}\sigma_{pcⅠ}A_s \tag{10-24}$$

将式（10-23）代入式（10-24）并整理得

$$\sigma_{pcⅠ}=\frac{(\sigma_{con}-\sigma_{lⅠ})A_p}{A_c+\alpha_{Es}A_s+\alpha_{Ep}A_p}=\frac{N_{pⅠ}}{A_0} \tag{10-25}$$

$$N_{pⅠ}=(\sigma_{con}-\sigma_{lⅠ})A_p$$

$$A_0=A_c+\alpha_{Es}A_s+\alpha_{Ep}A_p$$

式中 $N_{pⅠ}$——预应力钢筋在完成第一批损失后的合力；

A_0——换算截面面积，为混凝土截面面积与非预应力钢筋和预应力钢筋换算成混凝土的截面面积之和；

α_{Es}，α_{Ep}——非预应力钢筋、预应力钢筋的弹性模量与混凝土弹性模量的比值。

（4）构件在预应力 $\sigma_{peⅠ}$ 的作用下，混凝土发生收缩和徐变，预应力钢筋继续松弛，构件进一步缩短，完成第二批应力损失 $\sigma_{lⅡ}$。此时混凝土的应力由 $\sigma_{pcⅠ}$ 减少为 $\sigma_{pcⅡ}$，非预应力钢筋的预压应力由 $\alpha_{Es}\sigma_{pcⅠ}$ 减少为 $\alpha_{Es}\sigma_{pcⅡ}+\sigma_{l5}$，预应力钢筋中的应力由 $\sigma_{peⅠ}$ 减少了 $(\alpha_{Ep}\sigma_{pcⅡ}-\alpha_{Ep}\sigma_{peⅠ})+\sigma_{lⅡ}$，因此，预应力钢筋的有效拉应力［如图 10-15（c）所示］，$\sigma_{peⅡ}$ 为

$$\begin{aligned}\sigma_{peⅡ}&=\sigma_{peⅠ}-(\alpha_{Ep}\sigma_{pcⅡ}-\alpha_{Ep}\sigma_{pcⅠ})-\sigma_{lⅡ}\\&=\sigma_{con}-\sigma_{lⅠ}-\sigma_{lⅡ}-\alpha_{Ep}\sigma_{pcⅡ}\\&=\sigma_{con}-\sigma_l-\alpha_{Ep}\sigma_{pcⅡ}\end{aligned} \tag{10-26}$$

式中，$\sigma_l=\sigma_{lⅠ}+\sigma_{lⅡ}$ 为全部预应力损失。

根据构件截面的内力平衡条件 $\sigma_{peⅡ}A_p=\sigma_{pcⅡ}A_c+(\alpha_{Es}\sigma_{pcⅡ}+\sigma_{l5})A_s$ (10-27)

可得
$$\sigma_{pcⅡ}=\frac{(\sigma_{con}-\sigma_l)A_p-\sigma_{l5}A_s}{A_c+\alpha_{Es}A_s+\alpha_{Ep}A_p}=\frac{N_{pⅡ}}{A_0} \tag{10-28}$$

式中，$N_{pⅡ}=(\sigma_{con}-\sigma_l)A_p-\sigma_{l5}A_s$，即为预应力钢筋完成全部预应力损失后预应力钢筋和非预应力钢筋的合力。

式（10-28）说明预应力钢筋按张拉控制应力 σ_{con} 进行张拉，在放张后完成全部预应力

损失 σ_l 时，先张法预应力混凝土轴心受拉构件在换算截面 A_0 上建立了预压应力 $\sigma_{pcⅡ}$。

10.5.1.2　后张法

后张法预应力混凝土轴心受拉构件施工阶段的主要工序有浇筑混凝土并预留孔道、穿设并张拉预应力钢筋、锚固预应力钢筋和孔道灌浆。从施工工艺来看，后张法与先张法的主要区别虽然仅在于张拉预应力钢筋与浇筑混凝土先后次序不同，但是其应力状况与先张法有本质的差别。

(1) 张拉预应力钢筋之前，即从浇筑混凝土开始至穿预应力钢筋后，构件不受任何外力作用，所以构件截面不存在任何应力，如图 10-16(a) 所示。

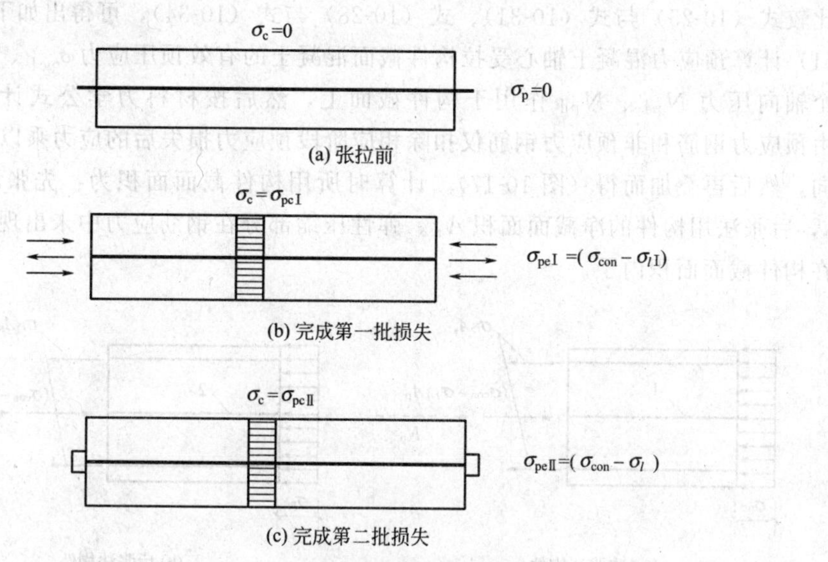

图 10-16　后张法施工阶段应力分析

(2) 张拉预应力钢筋，与此同时混凝土受到与张拉力反向的压力作用，并发生了弹性压缩变形，如图 10-16(b) 所示。同时，在张拉过程中预应力钢筋与孔壁之间的摩擦引起预应力损失 σ_{l2}，锚固预应力钢筋后，锚具的变形和预应力钢筋的回缩引起预应力损失 σ_{l1}，从而完成了第一批损失 $\sigma_{lⅠ}$。此时，混凝土受到的压应力为 $\sigma_{pcⅠ}$，非预应力钢筋所受到的压应力为 $\alpha_{Es}\sigma_{pcⅠ}$。预应力钢筋的有效拉应力 $\sigma_{peⅠ}$ 为

$$\sigma_{peⅠ}=\sigma_{con}-\sigma_{lⅠ} \tag{10-29}$$

由构件截面的内力平衡条件

$$\sigma_{peⅠ}A_p=\sigma_{pcⅠ}A_c+\alpha_{Es}\sigma_{pcⅠ}A_s \tag{10-30}$$

可得到

$$\sigma_{pcⅠ}=\frac{(\sigma_{con}-\sigma_{lⅠ})A_p}{A_c+\alpha_{Es}A_s}=\frac{N_{pⅠ}}{A_n} \tag{10-31}$$

式中　$N_{pⅠ}$——完成第一批预应力损失后，预应力钢筋的合力；

A_n——构件的净截面面积，即扣除孔道后混凝土的截面面积与非预应力钢筋换算成混凝土的截面面积之和，$A_0=A_c+\alpha_{Es}A_s$。

(3) 在预应力张拉全部完成之后，构件中混凝土受到预压应力的作用而发生了收缩和徐变、预应力钢筋松弛以及预应力钢筋对孔壁混凝土的挤压，从而完成了第二批预应力损失 $\sigma_{lⅡ}$，此时混凝土的应力由 $\sigma_{pcⅠ}$ 减少为 $\sigma_{pcⅡ}$，非预应力钢筋的预压应力由 $\alpha_{Es}\sigma_{pcⅠ}$ 减少为 $\alpha_{Es}\sigma_{pcⅡ}+\sigma_{l5}$，如图 10-16(c) 所示，预应力钢筋的有效应力 $\sigma_{peⅡ}$ 为

$$\sigma_{peⅡ}=\sigma_{peⅠ}-\sigma_{lⅡ}=\sigma_{con}-\sigma_{lⅠ}-\sigma_{lⅡ}=\sigma_{con}-\sigma_l \tag{10-32}$$

由力的平衡条件

$$\sigma_{pe\mathrm{II}} A_p = \sigma_{pc\mathrm{II}} A_c + (\alpha_{E_s} \sigma_{pc\mathrm{II}} + \sigma_{l5}) A_s \tag{10-33}$$

可得

$$\sigma_{pc\mathrm{II}} = \frac{(\sigma_{con} - \sigma_l) A_p - \sigma_{l5} A_s}{A_c + \alpha_{E_s} A_s} = \frac{N_{p\mathrm{II}}}{A_n} \tag{10-34}$$

$$N_{p\mathrm{II}} = (\sigma_{con} - \sigma_l) A_p - \sigma_{l5} A_s$$

式中 $N_{p\mathrm{II}}$——预应力钢筋完成全部预应力损失后预应力钢筋和非预应力钢筋的合力。

式（10-34）说明预应力钢筋按张拉控制应力 σ_{con} 进行张拉，在放张后完成全部预应力损失 σ_l 时，后张法预应力混凝土轴心受拉构件在构件净截面 A_n 上建立了预压应力 $\sigma_{pc\mathrm{II}}$。

10.5.1.3 先张法与后张法的比较

比较式（10-25）与式（10-31）、式（10-28）与式（10-34），可得出如下结论。

（1）计算预应力混凝土轴心受拉构件截面混凝土的有效预压应力 $\sigma_{pc\mathrm{I}}$、$\sigma_{pc\mathrm{II}}$ 时，可分别将一个轴向压力 $N_{p\mathrm{I}}$、$N_{p\mathrm{II}}$ 作用于构件截面上，然后按材料力学公式计算。压力 $N_{p\mathrm{I}}$、$N_{p\mathrm{II}}$ 由预应力钢筋和非预应力钢筋仅扣除相应阶段预应力损失后的应力乘以各自的截面面积并反向，然后再叠加而得（图 10-17）。计算时所用构件截面面积为：先张法用换算截面面积 A_0，后张法用构件的净截面面积 A_n。弹性压缩部分在钢筋应力中未出现，是由于其已经隐含在构件截面面积内了。

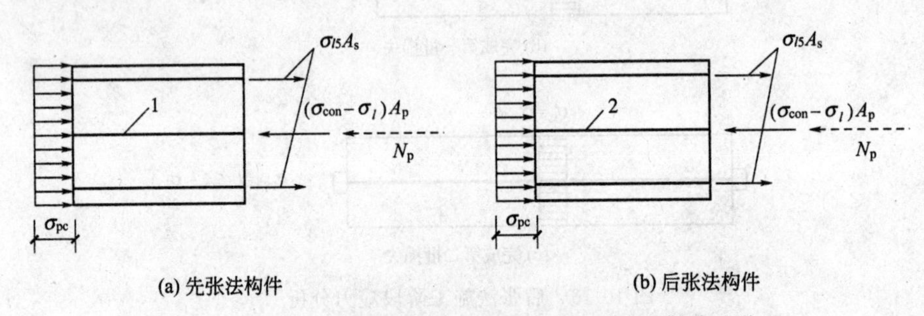

图 10-17 轴心受拉构件预应力钢筋及非预应力钢筋合力位置

1—换算截面重心轴；2—净截面重心轴

（2）在先张法预应力混凝土轴心受拉构件中，存在着放松预应力钢筋后由混凝土弹性压缩变形而引起的预应力损失；在后张法预应力混凝土轴心受拉构件中，混凝土的弹性压缩变形是在预应力钢筋张拉过程中发生的，因此没有相应的预应力损失。所以，相同条件的预应力混凝土轴心受拉构件，当预应力钢筋的张拉控制应力相等时，先张法预应力钢筋中的有效预应力比后张法的小，相应建立的混凝土预压应力也就比后张法的小，具体的数量差别取决于混凝土弹性压缩变形的大小。

（3）在施工阶段中，当考虑到所有的预应力损失后，计算混凝土的预压应力 $\sigma_{pc\mathrm{II}}$ 的式（10-28）（先张法）与式（10-34）（后张法），从形式上来讲大致相同，主要区别在于公式中的分母分别为 A_0 和 A_n 的不同。由于 $A_0 > A_n$，因此先张法预应力混凝土轴心受拉构件的混凝土预压应力小于后张法预应力混凝土轴心受拉构件。

以上结论可推广应用于计算预应力混凝土受弯构件的混凝土预应力，只需将 $N_{p\mathrm{I}}$、$N_{p\mathrm{II}}$ 改为偏心压力。

10.5.2 正常使用阶段应力分析

预应力混凝土轴心受拉构件在正常使用荷载作用下，其整个受力特征点可划分为消压极限状态、抗裂极限状态和带裂缝工作状态。

10.5.2.1　消压极限状态

对构件施加的轴心拉力 N_0 在该构件截面上产生的拉应力 $\sigma_{c0}=\dfrac{N_0}{A_0}$ 刚好与混凝土的预压应力 σ_{pcII} 相等，即 $|\sigma_{c0}|=|\sigma_{pcII}|$，称 N_0 为消压轴力。此时，非预应力钢筋的应力由原来的 $\alpha_{Es}\sigma_{pcII}+\sigma_{l5}$ 减小了 $\alpha_{Es}\sigma_{pcII}$，即非预应力钢筋的应力 $\sigma_{s0}=\sigma_{l5}$；预应力钢筋的应力则由原来的 σ_{peII} 增加了 $\alpha_{Ep}\sigma_{pcII}$。

对于先张法预应力混凝土轴心受拉构件，结合式（10-29），得到预应力钢筋的应力 σ_{p0} 为

$$\sigma_{p0}=\sigma_{con}-\sigma_l \tag{10-35a}$$

对于后张法预应力混凝土轴心受拉构件，结合式（10-34），得到预应力钢筋的应力 σ_{p0} 为

$$\sigma_{p0}=\sigma_{con}-\sigma_l+\alpha_{Ep}A_p \tag{10-35b}$$

预应力混凝土轴心受拉构件的消压状态，相当于普通混凝土轴心受拉构件承受荷载的初始状态，混凝土不参与受拉，轴心拉力 N_0 由预应力钢筋和非预应力钢筋承受，则

$$N_0=\sigma_{p0}A_p-\sigma_sA_s \tag{10-36}$$

将式（10-35a）代入式（10-36），结合式（10-29），得到先张法预应力混凝土轴心受拉构件的消压轴力 N_0 为

$$N_0=(\sigma_{con}-\sigma_l)A_p-\sigma_{l5}A_s=\sigma_{pcII}A_0 \tag{10-37a}$$

将式（10-35b）分别代入式（10-36），结合式（10-34），得到后张法预应力混凝土轴心受拉构件的消压轴力 N_0 为

$$N_0=(\sigma_{con}-\sigma_l+\alpha_{Ep}\sigma_{pcII})A_p-\sigma_{l5}A_s=\sigma_{pcII}(A_n+\alpha_{Ep}A_p)=\sigma_{pcII}A_0 \tag{10-37b}$$

10.5.2.2　开裂极限状态

在消压轴力 N_0 基础上，继续施加足够的轴心拉力使得构件中混凝土的拉应力达到其抗拉强度 f_{tk}，混凝土处于受拉即将开裂但尚未开裂的极限状态，称该轴心拉力为开裂轴力 N_{cr}。此时混凝土所受到的拉应力为 f_{tk}；非预应力钢筋由压应力 σ_{l5} 增加了拉应力 $\alpha_{Es}f_{tk}$，预应力钢筋的拉应力由 σ_{p0} 增加了 $\alpha_{Ep}f_{tk}$，即 $\sigma_{s,cr}=\alpha_{Es}f_{tk}-\sigma_{l5}$，$\sigma_{p,cr}=\sigma_{p0}+\alpha_{Ep}f_{tk}$。

此时构件所承受的轴心拉力为

$$\begin{aligned}N_{cr}&=N_0+f_{tk}A_c+\alpha_{Es}f_{tk}A_s+\alpha_{Ep}f_{tk}A_p\\&=N_0+(A_c+\alpha_{Es}A_s+\alpha_{Ep}A_p)f_{tk}\\&=(\sigma_{pcII}+f_{tk})A_0\end{aligned} \tag{10-38}$$

10.5.2.3　带缝工作阶段

当构件所承受的轴心拉力 N 超过开裂轴力 N_{cr} 后，构件受拉开裂，并出现多道大致垂直于构件轴线的裂缝，裂缝所在截面处的混凝土退出工作，不参与受拉。轴心拉力全部由预应力钢筋和非预应力钢筋来承担，根据变形协调和力的平衡条件，可得预应力钢筋的拉应力 σ_p 和非预应力钢筋的拉应力 σ_s 分别为

$$\sigma_p=\sigma_{p0}+\frac{N-N_0}{A_p+A_s} \tag{10-39}$$

$$\sigma_s=\sigma_{s0}+\frac{N-N_0}{A_p+A_s} \tag{10-40}$$

由上可见：(1) 无论是先张法还是后张法，消压轴力 N_0、开裂轴力 N_{cr} 的计算公式具

有对应相同的形式，只是在具体计算 σ_{pcII} 时对应的分别为式（10-28）和式（10-34）。

（2）要使预应力混凝土轴拉构件开裂，需要施加比普通混凝土构件更大的轴心拉力，显然在同等荷载水平下，预应力构件具有较高的抗裂能力。

10.5.3 正常使用极限状态验算

10.5.3.1 抗裂验算

对预应力钢筋混凝土轴心受拉构件的抗裂验算，通过对构件受拉边缘应力大小的验算来实现，应按两个控制等级进行验算，计算简图如图 10-18 所示。

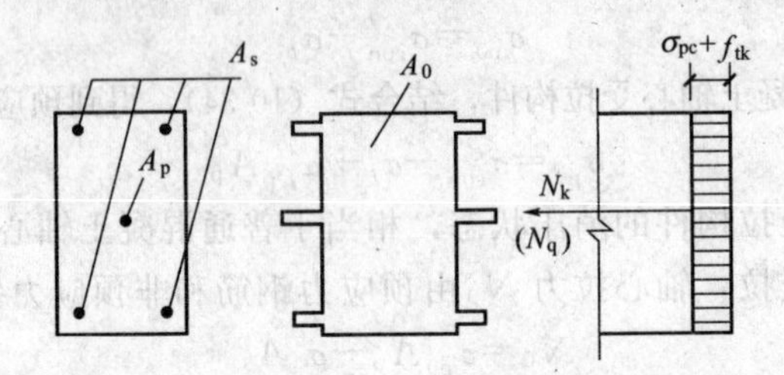

图 10-18 预应力混凝土轴心受拉构件抗裂度计算简图

（1）裂缝控制等级一级——严格要求不出现裂缝的构件

在荷载标准组合下，构件受拉边缘混凝土不允许出现拉应力，即 $N_k \leqslant N_0$，结合式（10-29）或式（10-34）得

$$N_k/A_0-\sigma_{pcII}\leqslant 0 \tag{10-41}$$

（2）裂缝控制等级二级——一般要求不出现裂缝的构件

在荷载效应的标准组合下构件受拉边缘混凝土拉应力不允许超过混凝土轴心抗拉强度标准值 f_{tk}，即 $N_k \leqslant N_{cr}$，结合式（10-29）或式（10-34）得

$$N_k/A_0-\sigma_{pcII}\leqslant f_{tk} \tag{10-42}$$

（3）裂缝控制等级三级——允许出现裂缝的构件

按荷载效应的标准组合并考虑长期作用的影响计算时，构件的最大裂缝宽度不应超过规范规定的最大裂缝宽度限值：对于二 a 类环境的预应力混凝土轴拉构件，按荷载效应的准永久组合计算时，构件受拉边缘混凝土拉应力不允许超过混凝土轴心抗拉强度标准值 f_{tk}，即 $N_q \leqslant N_{cr}$，结合式（10-29）或式（10-34）得

$$N_q/A_0-\sigma_{pcII}\leqslant f_{tk} \tag{10-43}$$

式中 N_k、N_q——按荷载的标准组合、准永久组合计算的轴心拉力。

10.5.3.2 裂缝宽度验算

裂缝控制等级三级，使用阶段允许出现裂缝的构件，对于二 a 类环境的预应力混凝土轴拉构件，要求按荷载效应的标准组合并考虑荷载长期作用影响的最大裂缝宽度不应超过最大裂缝宽度的允许值。即

$$w_{max}\leqslant w_{lim} \tag{10-44}$$

式中 w_{max}——按荷载效应的标准组合并考虑长期作用影响的最大裂缝宽度；

w_{lim}——裂缝宽度限值，按结构工作环境的类别，由附表 3-2 查得。

预应力混凝土轴心受拉构件经荷载作用消压以后，在后续增加的荷载 $\Delta N=N_k-N_0$ 作用下，构件截面的应力和应变变化规律与钢筋混凝土轴心受拉构件十分类似，在计算 w_{max} 时可沿用普通混凝土构件基本分析方法，最大裂缝宽度 w_{max} 按式（10-45）计算

$$w_{\max}=\alpha_{cr}\psi\frac{\sigma_{sk}}{E_s}\left(1.9c_s+0.08\frac{d_{eq}}{\rho_{te}}\right) \tag{10-45}$$

$$\psi=1.1-0.65\frac{f_{tk}}{\rho_{te}\sigma_{sk}}$$

$$\rho_{te}=\frac{A_s+A_p}{A_{te}}$$

$$A_{te}=bh$$

$$\sigma_{sk}=\frac{N_k-N_0}{A_p+A_s}$$

$$d_{eq}=\frac{\sum n_i d_i^2}{\sum n_i \nu_i d_i} \tag{10-46}$$

式中 α_{cr}——构件受力特征系数，对轴心受拉构件，取 $\alpha_{cr}=2.2$。

ψ——两裂缝间纵向受拉钢筋的应变不均匀系数，当 $\psi<0.2$ 时，取 $\psi=0.2$；当 $\psi>1.0$ 时，取 $\psi=1.0$；对直接承受重复荷载的构件，取 $\psi=1.0$。

ρ_{te}——按有效受拉混凝土截面面积计算的纵向受拉钢筋的配筋率，当 $\rho_{te}<0.01$ 时，取 $\rho_{te}=0.01$。

A_{te}——有效受拉混凝土截面面积，取构件截面面积。

σ_{sk}——按荷载效应标准组合计算的预应力混凝土轴心受拉构件纵向受拉钢筋的等效应力，即从截面混凝土消压算起的预应力钢筋和非预应力钢筋的应力增量，由式（10-39）和式（10-40）得。

N_k——按荷载效应标准组合计算的轴心拉力。

N_0——预应力混凝土构件消压后，全部纵向预应力和非预应力钢筋拉力的合力。

c_s——最外层纵向受拉钢筋外边缘至构件受拉边缘的最短距离，mm，当 $c_s<20$ 时，取 $c_s=20$；当 $c_s>65$ 时，取 $c_s=65$。

A_p，A_s——受拉纵向预应力和非预应力钢筋的截面面积。

d_{eq}——纵向受拉钢筋的等效直径。

d_i——构件横截面中第 i 种纵向受拉钢筋的公称直径。

n_i——构件横截面中第 i 种纵向受拉钢筋的根数。

ν_i——构件横截面中第 i 种纵向受拉钢筋的相对黏结特性系数，可按表 10-5 取用。

表 10-5 受拉钢筋的相对黏结特性系数

钢筋类别	非预应力钢筋		先张法预应力钢筋			后张法预应力钢筋		
	光圆钢筋	带肋钢筋	带肋钢筋	螺旋筋钢丝	刻痕钢丝、钢铰线	带肋钢筋	钢铰线	光圆钢丝
ν_i	0.7	1.0	1.0	0.8	0.6	0.8	0.5	0.4

注：对于环氧树脂涂层带肋钢筋，其相对黏结特性系数应按表中系数的 0.8 倍取用。

10.5.4 正截面承载力分析与计算

预应力混凝土轴心受拉构件达到承载力极限状态时，轴心拉力全部由预应力钢筋 A_p 和非预应力钢筋 A_s 共同承担，并且两者均达到其屈服强度，如图 10-19 所示。设计时，取用它们各自相应的抗拉强度设计值。

因此，预应力混凝土轴心受拉构件正截面承载力计算公式

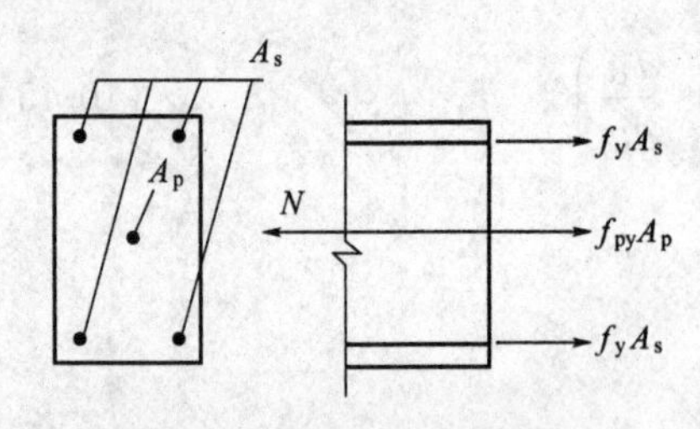

图 10-19 预应力混凝土轴心受拉构件计算简图

$$N \leqslant f_{py}A_p + f_yA_s \tag{10-47}$$

式中 N——构件轴心拉力设计值；

A_p、A_s——全部预应力钢筋和非预应力钢筋的截面面积；

f_{py}、f_y——与 A_p 和 A_s 相对应的钢筋抗拉强度设计值。

由此可见，除施工方法不同外，在其余条件均相同的情况下，预应力混凝土轴心受拉构件与钢筋混凝土轴心受拉构件的承载力相等。

10.5.5 施工阶段局部承压验算

后张法预应力混凝土构件，预应力通过锚具并经过垫板传递给构件端部的混凝土，通常施加的预应力很大，锚具的总预压力也很大。然而，垫板与混凝土的接触面非常有限，导致锚具下的混凝土将承受较大的局部压应力，并且这种压应力需要经过一定的距离方能较均匀地扩散到混凝土的全截面上，如图 10-20 所示。

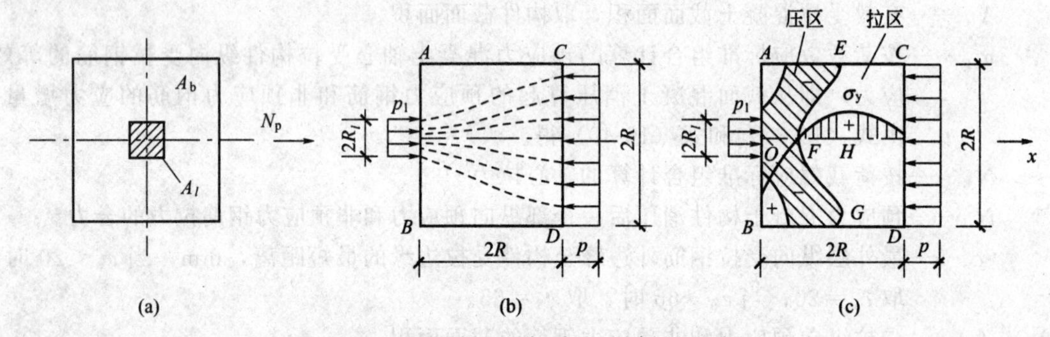

图 10-20 混凝土局部受压时的应力分布

从图中可以看出，在局部受压的范围内，混凝土既要承受法向压应力 σ_x 作用，又要承受垂直于构件轴线方向的横向应力 σ_y 和 σ_z 作用，显然此时混凝土处于三向的复杂应力作用下。在垫板下的附近，横向应力 σ_y 和 σ_z 均为压应力，那么该处混凝土处于三向受压应力状态；在距离垫板一定长度之后，横向应力 σ_y 和 σ_z 表现为拉应力，此时该处混凝土处于一向受压，两向受拉的不利应力状态，当拉应力 σ_y 和 σ_z 超过混凝土的抗拉强度时，预应力构件的端部混凝土将出现纵向裂缝，从而导致局部受压破坏；也可能在垫板附近的混凝土因承受过大的压应力 σ_x 而发生承载力不足的破坏。因此，必须对后张法预应力构件端部锚固区的局部受压承载力进行验算。

为了改善预应力构件端部混凝土的抗压性能，提高其局部抗压承载力，通常在锚固区段内配置一定数量的间接钢筋，配筋方式为横向方格钢筋网片或螺旋式钢筋，如图 10-21 所示。并在此基础上进行局部受压承载力验算，验算内容包括两个部分：一为局部承压面积的验算，即控制混凝土单位面积上局部压应力的大小；二是局部受压承载力的验算，即在配置一定间接配筋量的情况下，控制构件端部横截面上单位面积上的局部压力的大小。

10.5.5.1 局部受压面积验算

为防止垫板下混凝土的局部压应力过大，避免间接钢筋配置太多，那么局部受压面积应

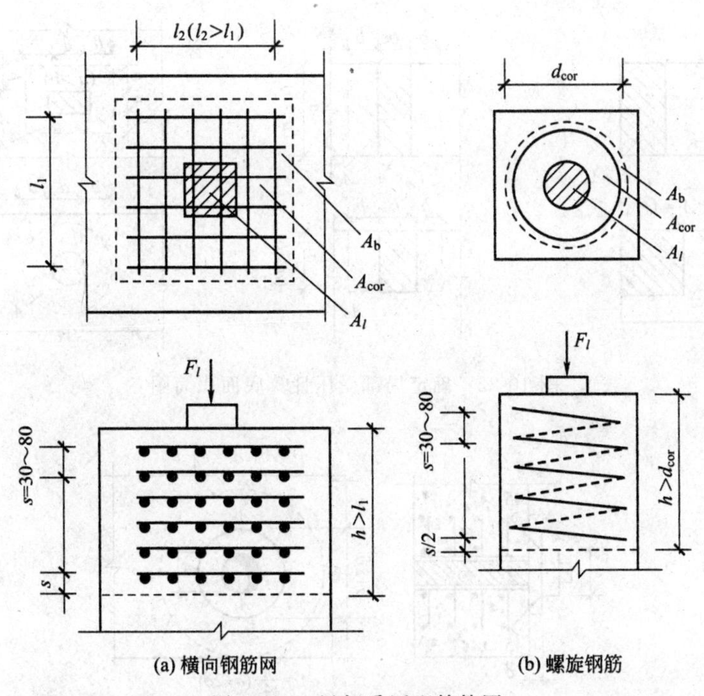

图 10-21 局部受压配筋简图

符合式（10-48）的要求，即

$$F_l \leqslant 1.35\beta_c\beta_l f_c A_{ln} \tag{10-48}$$

$$\beta_l=\sqrt{\frac{A_b}{A_l}} \tag{10-49}$$

式中 F_l——局部受压面上作用的局部压力设计值，取 $F_l=1.2\sigma_{con}A_p$。

β_c——混凝土强度影响系数，当 $f_{cu,k}\leqslant 50\text{MPa}$ 时，取 $\beta_c=1.0$；当 $f_{cu,k}=80\text{MPa}$ 时，取 $\beta_c=0.8$；当 $50\text{MPa}<f_{cu,k}<80\text{MPa}$ 时，按直线内插法取值。

β_l——混凝土局部受压的强度提高系数，按式（10-49）计算。

A_b——局部受压时的计算底面积，按毛面积计算，可根据局部受压面积与计算底面积按同形心且对称的原则来确定，具体计算可参照图 10-22 中所示的局部受压情形来计算，且不扣除孔道的面积。

A_l——混凝土局部受压面积，取毛面积计算，具体计算方法与下述的 A_{ln} 相同，只是计算中 A_l 的面积包含孔道的面积。

f_c——在承受预压时，混凝土的轴心抗压强度设计值。

A_{ln}——扣除孔道和凹槽面积的混凝土局部受压净面积，当锚具下有垫板时，考虑到预压力沿锚具边缘在垫板中以 45°角扩散传到混凝土的受压面积计算，参见图 10-23。

应注意，式（10-48）是一个截面限制条件，即为预应力混凝土局部受压承载力的上限限值。若满足该式的要求，构件通常不会引发因受压面积过小而局部下陷变形或混凝土表面的开裂；若不能满足该式的要求，说明局部受压截面尺寸不足，应根据工程实际情况，采取必要的措施，例如调整锚具的位置、扩大局部受压的面积，甚至可以提高混凝土的强度等级，直至满足要求为止。

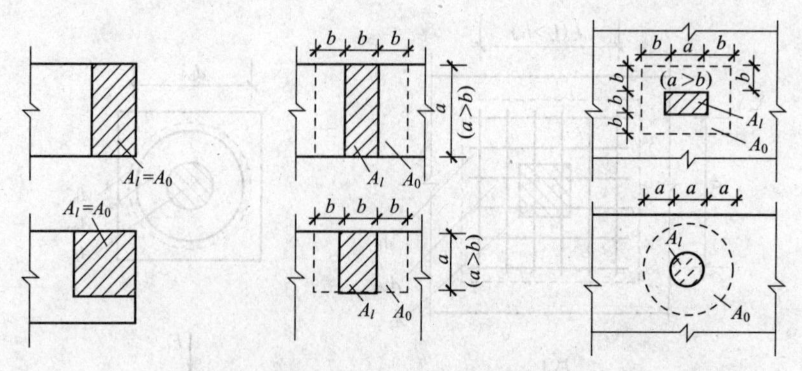

图 10-22 确定局部受压计算底面积简图

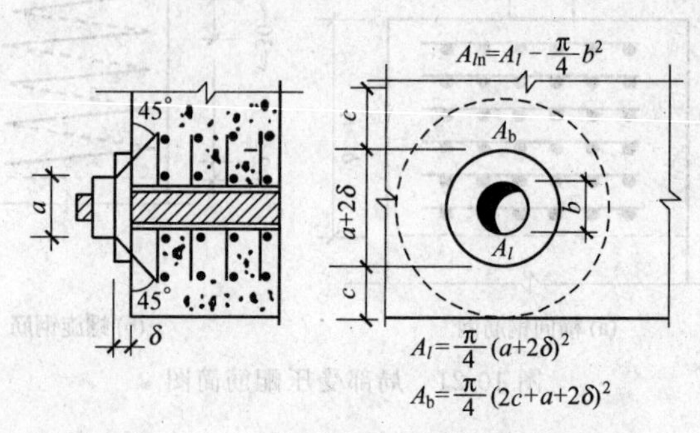

图 10-23 有孔道的局部受压净面积

10.5.5.2 *局部受压承载力验算*

后张法预应力混凝土构件，在满足式（10-48）的局部受压截面限制条件后，对于配置有间接钢筋（如图 10-21 所示）的锚固区段，当混凝土局部受压面积 A_l 不大于间接钢筋所在的核心面积 A_{cor} 时，预应力混凝土的局部受压承载力应满足式（10-50）的要求，即

$$F_l \leqslant 0.9(\beta_c\beta_l f_c + 2\alpha\rho_v\beta_{cor}f_{yv})A_{ln} \tag{10-50}$$

$$\beta_{cor}=\sqrt{\frac{A_{cor}}{A_l}} \tag{10-51}$$

式中 β_{cor}——配置有间接钢筋的混凝土局部受压承载力提高系数。按式（10-51）计算；

A_{cor}——配置有方格网片或螺旋式间接钢筋核心区的表面范围以内的混凝土面积，根据其形心与 A_l 形心重叠和对称的原则，按毛面积计算，且不扣除孔道面积，并且要求 $A_{cor} \leqslant A_b$；

f_{yv}——间接钢筋的抗拉强度设计值；

ρ_v——间接钢筋的体积配筋率，即配置间接钢筋的核心范围内，混凝土单位体积所含有间接钢筋的体积，并且要求 $\rho_v \geqslant 0.5\%$，具体计算与钢筋配置形式有关。

当采用方格钢筋网片配筋时，如图 10-21(a) 所示，那么

$$\rho_v=(n_1A_{s1}l_1+n_2A_{s2}l_2)/A_{cor}s \tag{10-52}$$

并且要求分别在钢筋网片两个方向上单位长度内的钢筋截面面积的比值不宜大于 1.5，当采用螺旋式配筋时，如图 10-21(b) 所示，那么

$$\rho_v=\frac{4A_{ss1}}{d_{cor}s} \tag{10-53}$$

式中 n_1，A_{s1}——方格式钢筋网片在 l_1 方向的钢筋根数和单根钢筋的截面面积；

n_2，A_{s2}——方格式钢筋网片在 l_2 方向的钢筋根数和单根钢筋的截面面积；

A_{ss1}——单根螺旋式间接钢筋的截面面积；

d_{cor}——螺旋式间接钢筋内表面范围内核心混凝土截面的直径；

s——方格钢筋网片或螺旋式间接钢筋的间距。

经式（10-50）验算，满足要求的间接钢筋尚应配置在规定的 h 高度范围内，并且对于方格式间接钢筋网片不应少于4片；对于螺旋式间接钢筋不应少于4圈。

相反地，如果经过验算不能符合式（10-50）的要求时，必须采取必要的措施。例如，对于配置方格式间接钢筋网片者，可以增加网片数量、减少网片间距、提高钢筋直径和增加每个网片钢筋的根数等；对于配置螺旋式间接钢筋者，可以减少钢筋的螺距、提高螺旋筋的直径；当然也可以适当地扩大局部受压的面积和提高混凝土的强度等级。

【例10-2】 某24m跨预应力混凝土屋架下弦拉杆，采用后张法施工（一端拉张），截面构造如图10-24所示。截面尺寸280mm×180mm，预留孔道2Φ50，非预应力钢筋采用4Φ12，预应力钢筋采用2束4$Φ^s$1×7（$d=15.2\text{mm}^2$，$f_{ptk}=1860\text{N/mm}^2$）钢铰线，OVM13-5锚具；混凝土强度等级为C50。张拉控制应力 $\sigma_{con}=0.65f_{ptk}$，当混凝土达到设计强度时方可张拉。该轴心受拉杆承受永久荷载标准值产生的轴心拉力 $N_{Gk}=520\text{kN}$，可变荷载标准值产生的轴向拉力 $N_{Qk}=600\text{kN}$，可变荷载的准永久值系数为0.5，结构重要性系数 $\gamma_0=1.1$，按一般要求不出现裂缝控制。

要求：①计算预应力损失；②使用阶段正截面抗裂验算；③复核正截面受拉承载力；④施工阶段锚具下混凝土局部受压验算。

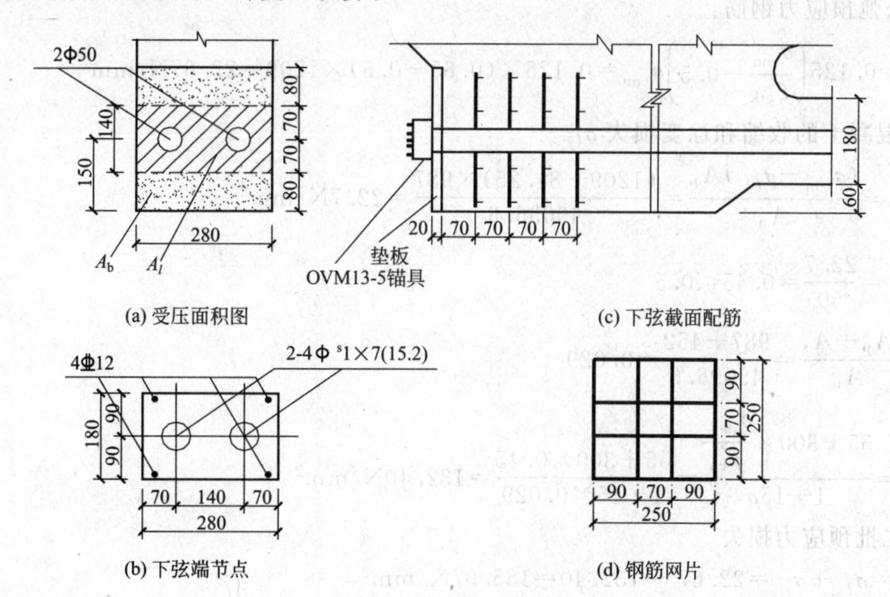

图10-24 例10-2图

解 （1）基本参数

HRB400级钢筋 $E_s=2.0\times10^5\text{N/mm}^2$，$f_y=360\text{N/mm}^2$；钢铰线 $E_s=1.95\times10^5\text{N/mm}^2$，$f_{py}=1320\text{N/mm}^2$；C50混凝土 $E_c=3.45\times10^4\text{N/mm}^2$，$f_{tk}=2.64\text{N/mm}^2$，$f_c=23.1\text{N/mm}^2$，$A_s=452\text{mm}^2$，$A_p=1120\text{mm}^2$

预应力钢筋　$\alpha_{E1}=\frac{E_s}{E_c}=\frac{1.95\times10^5}{3.45\times10^4}=5.65$

非预应力钢筋　$\alpha_{E2}=\frac{E_s}{E_c}=\frac{2.0\times10^5}{3.45\times10^4}=5.80$

混凝土净截面面积　$A_n=A_c+\alpha_{E2}A_s=280\times180-2\times\frac{\pi}{4}\times50^2+5.8\times452=49096.6\text{mm}^2$

混凝土换算截面面积　$A_0=A_n+\alpha_{E1}A_p=49096.6+5.65\times987=54673.15\text{mm}^2$

(2) 张拉控制应力

$\sigma_{con}=0.65f_{ptk}=0.65\times1860=1209\text{N/mm}^2$

(3) 预应力损失

① 锚具变形和钢筋内缩损失 σ_{l1}。查表 10-2 得 OVM13-5 锚具，$a=5\text{mm}$。

$\sigma_{l1}=\frac{a}{l}E_s=\frac{5}{24000}\times1.95\times10^5=40.63\text{N/mm}^2$

② 摩擦损失 σ_{l2}。按锚固端计算该项损失，$l=24\text{m}$，直线配筋 $\theta=0°$，查表 10-3 得 $\kappa=0.0014$。

$\kappa x=0.0014\times24=0.0336<0.2$

按近似公式计算：$\sigma_{l2}=(\kappa x+\mu\theta)\sigma_{con}=0.0336\times1209=40.62\text{N/mm}^2$

第一批预应力损失：$\sigma_{l\text{I}}=\sigma_{l1}+\sigma_{l2}=40.63+40.62=81.25\text{N/mm}^2$

③ 预应力钢筋的应力松弛损失 σ_{l4}。

低松弛预应力钢筋：

$$\sigma_{l4}=0.125\left(\frac{\sigma_{con}}{f_{ptk}}-0.5\right)\sigma_{con}=0.125\times(0.65-0.5)\times1209=22.67\text{N/mm}^2$$

④ 混凝土的收缩和徐变损失 σ_{l5}。

$$\sigma_{pc\text{I}}=\frac{(\sigma_{con}-\sigma_{l\text{I}})A_p}{A_n}=\frac{(1209-81.25)\times987}{49096.6}=22.7\text{N/mm}^2$$

$$\frac{\sigma_{pc\text{I}}}{f'_{cu}}=\frac{22.7}{50}=0.45<0.5$$

$$\rho=\frac{A_p+A_s}{A_n}=\frac{987+452}{49096.6}=0.029$$

$$\sigma_{l5}=\frac{55+300\times\frac{\sigma_{pc\text{I}}}{f'_{cu}}}{1+15\rho}=\frac{55+300\times0.45}{1+15\times0.029}=132.40\text{N/mm}^2$$

第二批预应力损失

$\sigma_{l\text{II}}=\sigma_{l4}+\sigma_{l5}=22.67+132.40=155.07\text{N/mm}^2$

总预应力损失 $\sigma_l=\sigma_{l\text{I}}+\sigma_{l\text{II}}=81.25+155.07=236.32\text{N/mm}^2>80\text{N/mm}^2$

(4) 使用阶段抗裂验算

混凝土有效预压应力

$$\sigma_{pc\text{II}}=\frac{(\sigma_{con}-\sigma_l)A_p-\sigma_{l5}A_s}{A_n}=\frac{(1209-236.32)\times987-132.40\times452}{49096.6}=18.34\text{N/mm}^2$$

荷载标准组合下拉力

$N_k=N_{Gk}+N_{Qk}=520+600=1120\text{kN}$

$\frac{N_k}{A_0}-\sigma_{pcII}=\frac{1120\times10^3}{54673.15}-18.34=2.15\text{N/mm}^2<f_{tk}=2.64\text{N/mm}^2$

荷载准永久值组合下拉力

$N_{cq}=N_{Gk}+0.5N_{Qk}=520+0.5\times600=820\text{kN}$

$\frac{N_q}{A_0}-\sigma_{pcII}=\frac{820\times10^3}{54673.15}-18.34=-3.34\ \text{N/mm}^2<0$

抗裂满足要求。

(5) 正截面承载力验算

$N=\gamma_0(1.2N_{Gk}+1.4N_{Qk})=1.1\times(1.2\times520+1.4\times600)=1610\text{kN}$

$N_u=f_{py}A_p+f_yA_s=1320\times987+360\times452=1465560\text{N}=1465.56\text{kN}>N$

正截面承载力满足要求。

(6) 锚具下混凝土局部受压验算

① 端部受压区截面尺寸验算。

OVM13-5 锚具直径为 100mm，垫板厚 20mm，局部受压面积从锚具边缘起在垫板中按 45°角扩散的面积计算，在计算局部受压面积时，可近似地按图 10-24(a) 两条虚线所围的矩形面积代替两个圆面积计算

$A_l=280\times(100+2\times20)=39200\text{mm}^2$

局部受压计算底面积

$A_b=280\times(140+2\times80)=84000\text{mm}^2$

$\beta_l=\sqrt{\frac{A_b}{A_l}}=\sqrt{\frac{84000}{39200}}=1.46$

混凝土局部受压净面积

$A_{ln}=39200-2\times\frac{\pi}{4}\times50^2=35275\text{mm}^2$

构件端部作用的局部压力设计值

$F_l=1.2\sigma_{con}A_p=1.2\times1209\times987=1431.94\times10^3\text{N}=1431.94\text{kN}$

$1.35\beta_c\beta_l f_cA_{ln}=1.35\times1\times1.46\times23.1\times35275=1606\times10^3\text{N}=1606\text{kN}>F_l$

截面尺寸满足要求。

② 局部受压承载力计算。

间接钢筋采用 4 片 $\phi8$ 焊接网片

$A_{cor}=250\times250=62500\text{mm}^2>A_l=39200\text{mm}^2$

$<A_b=84000\text{mm}^2$

$\beta_{cor}=\sqrt{\frac{A_{cor}}{A_l}}=\sqrt{\frac{62500}{39200}}=1.26$

间接钢筋的体积配筋率

$\rho_v=\frac{n_1A_{s1}l_1+n_2A_{s2}l_2}{A_{cor}s}=\frac{4\times50.3\times250+4\times50.3\times250}{62500\times70}=0.023>0.5\%$

$(0.9\beta_c\beta_lf_c+2\alpha\rho_v\beta_{cor}f_y)A_{ln}=(0.9\times1.0\times1.46\times23.1+2\times1.0\times0.023\times1.26\times210)\times$

$35273=1500\times10^3\ \text{N}=1500\text{kN}>F_l=1431.93\text{kN}$

局部承压满足要求。

10.6 预应力混凝土受弯构件的设计

对于预应力混凝土受弯构件的设计计算，主要包括预应力张拉施工阶段的应力验算、正常使用阶段的裂缝控制和变形验算、正截面承载力和斜截面承载力计算及施工阶段的局部承压验算等内容，其中使用阶段的裂缝控制验算包括正截面抗裂和裂缝宽度验算及斜截面抗裂验算。

10.6.1 预应力张拉施工阶段应力分析

如图 10-25 所示的预应力混凝土受弯构件的正截面，在荷载作用下的受拉区（施工阶段的预压区）配置预应力钢筋 A_p 和非预应力钢筋 A_s；同时为了防止在制作、运输和吊装等施工阶段，在荷载作用下的受压区（施工阶段的预拉区）出现裂缝，相应地配置预应力钢筋 A'_p 和非预应力钢筋 A'_s。

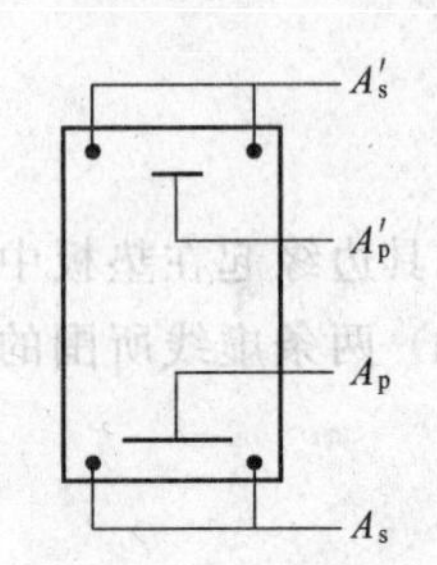

图 10-25 预应力混凝土受弯构件正截面钢筋布置

预应力混凝土受弯构件在预应力张拉施工阶段的受力过程同前述预应力混凝土轴心受拉构件，计算预应力混凝土轴心受拉构件截面混凝土的有效预压应力 $\sigma_{pc\mathrm{I}}$、$\sigma_{pc\mathrm{II}}$ 时，可分别将一个偏心压力 $N_{p\mathrm{I}}$、$N_{p\mathrm{II}}$ 作用于构件截面上，然后按材料力学公式计算。压力 $N_{p\mathrm{I}}$、$N_{p\mathrm{II}}$ 由预应力钢筋和非预应力钢筋仅扣除相应阶段预应力损失后的应力乘以各自的截面面积并反向，然后再叠加而得（图 10-26）。计算时所用构件截面面积为：先张法用换算截面面积 A_0，后张法用构件的净截面面积 A_n。公式表达时应力的正负号规定为：预应力钢筋以受拉为正，非预应力钢筋及混凝土以受压为正。

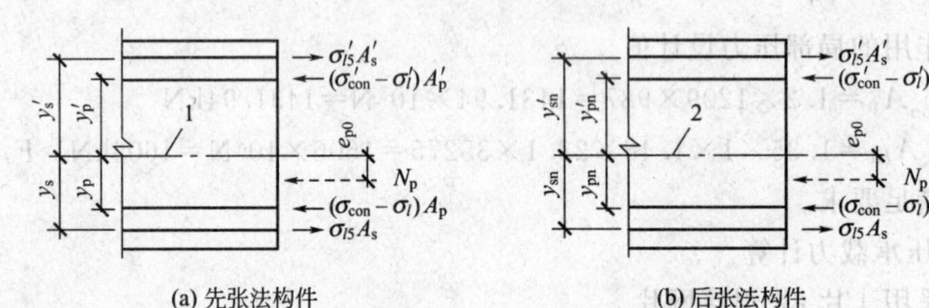

图 10-26 受弯构件预应力钢筋及非预应力钢筋合力位置

1—换算截面重心轴；2—净截面重心轴

10.6.1.1 先张法

(1) 完成第一批预应力损失 $\sigma_{l\mathrm{I}}$、$\sigma'_{l\mathrm{I}}$ 后

预应力钢筋 A_p 的应力 $$\sigma_{pe\mathrm{I}}=(\sigma_{con}-\sigma_{l\mathrm{I}})-\alpha_{Ep}\sigma_{pc\mathrm{I}p} \tag{10-54}$$

预应力钢筋 A'_p 的应力 $$\sigma'_{pe\mathrm{I}}=(\sigma'_{con}-\sigma'_{l\mathrm{I}})-\alpha_{Ep}\sigma'_{pc\mathrm{I}p} \tag{10-55}$$

非预应力钢筋 A_s 的应力 $$\sigma_{s\mathrm{I}}=\alpha_{Ep}\sigma_{pc\mathrm{I}s} \tag{10-56}$$

非预应力钢筋 A'_s 的应力 $\sigma'_{sI}=\alpha_{Ep}\sigma'_{pcIs}$ (10-57)

预应力钢筋和非预应力钢筋的合力 N_{p0I} 为

$$N_{p0I}=(\sigma_{con}-\sigma_{lI})A_p+(\sigma'_{con}-\sigma'_{lI})A'_p \tag{10-58}$$

截面任意一点的混凝土法向应力为

$$\sigma_{pcI}=\frac{N_{p0I}}{A_0}\pm\frac{N_{p0I}e_{p0I}}{I_0}y_0 \tag{10-59}$$

$$e_{p0I}=\frac{(\sigma_{con}-\sigma_{lI})A_p y_p-(\sigma'_{con}-\sigma'_{lI})A'_p y'_p}{N_{p0I}} \tag{10-60}$$

(2) 完成全部应力损失 σ_l、σ'_l 后

预应力钢筋 A_p 的应力 $\sigma_{peII}=(\sigma_{con}-\sigma_l)-\alpha_{Ep}\sigma_{pcIIp}$ (10-61)

预应力钢筋 A'_p 的应力 $\sigma'_{peII}=(\sigma'_{con}-\sigma'_l)-\alpha_{Ep}\sigma'_{pcIIp}$ (10-62)

非预应力钢筋 A_s 的应力 $\sigma_{sII}=\alpha_{Es}\sigma_{pcIIs}+\sigma_{l5}$ (10-63)

非预应力钢筋 A'_s 的应力 $\sigma'_{sII}=\alpha_{Es}\sigma'_{pcIIs}+\sigma_{l5}$ (10-64)

预应力钢筋和非预应力钢筋的合力 N_{p0II} 为

$$N_{p0II}=(\sigma_{con}-\sigma_l)A_p+(\sigma'_{con}-\sigma'_l)A'_p-\sigma_{l5}A_s-\sigma'_{l5}A'_s \tag{10-65}$$

截面任意一点的混凝土的法向应力为

$$\sigma_{pcII}=\frac{N_{p0II}}{A_0}\pm\frac{N_{p0II}e_{p0II}}{I_0}y_0 \tag{10-66}$$

$$e_{p0II}=\frac{(\sigma_{con}-\sigma_{lI})A_p y_p-(\sigma'_{con}-\sigma'_{lI})A'_p y'_p-\sigma_{l5}A_s y_s+\sigma'_{l5}A'_s y'_s}{N_{p0II}} \tag{10-67}$$

式中 A_0——换算截面面积，$A_0=A_c+\alpha_{Ep}A_p+\alpha_{Es}A_s+\alpha_{Ep}A'_p+\alpha_{Es}A'_s$；

I_0——换算截面 A_0 的惯性矩；

e_{p0I}——N_{p0I} 至换算截面重心轴的距离；

e_{p0II}——N_{p0II} 至换算截面重心轴的距离；

y_0——换算截面重心轴至所计算的纤维层的距离；

y_p，y'_p——荷载作用的受拉区、受压区预应力钢筋各自合力点至换算截面重心轴的距离；

y_s，y'_s——荷载作用的受拉区、受压区非预应力钢筋各自合力点至换算截面重心轴的距离；

σ_{pcIp} (σ_{pcIIp})，σ'_{pcIp}(σ'_{pcIIp})——荷载作用的受拉区、受压区预应力钢筋完成第一批应力损失或完成第二批预应力损失后各自合力点处混凝土的法向应力；

σ_{pcIs} (σ_{pcIIs})，σ'_{pcIs}(σ'_{pcIIs})——荷载作用的受拉区、受压区非预应力钢筋完成第一批预应力损失或完成第二批预应力损失后各自合力点处混凝土的法向应力。

10.6.1.2 *后张法*

(1) 完成第一批预应力损失 σ_{lI}、σ'_{lI} 后

预应力钢筋 A_p 的应力 $\sigma_{peI}=\sigma_{con}-\sigma_{lI}$ (10-68)

预应力钢筋 A'_p 的应力 $$\sigma'_{peⅠ}=\sigma'_{con}-\sigma'_{lⅠ} \tag{10-69}$$

非预应力钢筋 A_s 的应力 $$\sigma_{sⅠ}=\alpha_{Ep}\sigma_{pcⅠs} \tag{10-70}$$

非预应力钢筋 A'_s 的应力 $$\sigma'_{sⅠ}=\alpha_{Ep}\sigma'_{pcⅠs} \tag{10-71}$$

预应力钢筋和非预应力钢筋的合力 $N_{pⅠ}$ 为

$$N_{pⅠ}=(\sigma_{con}-\sigma_{lⅠ})A_p+(\sigma'_{con}-\sigma'_{lⅠ})A'_p \tag{10-72}$$

截面任意一点的混凝土法向应力为

$$\sigma_{pcⅠ}=\frac{N_{pⅠ}}{A_n}+\frac{N_{pⅠ}e_{pnⅠ}}{I_n}y_n \tag{10-73}$$

$$e_{pnⅠ}=\frac{(\sigma_{con}-\sigma_{lⅠ})A_p y_{pn}-(\sigma'_{con}-\sigma'_{lⅠ})A'_p y'_{pn}}{N_{pⅠ}} \tag{10-74}$$

(2) 完成全部应力损失 σ_l、σ'_l 后

预应力钢筋 A_p 的应力 $$\sigma_{peⅡ}=\sigma_{con}-\sigma_l \tag{10-75}$$

预应力钢筋 A'_p 的应力 $$\sigma'_{peⅡ}=\sigma'_{con}-\sigma'_l \tag{10-76}$$

非预应力钢筋 A_s 的应力 $$\sigma_{sⅡ}=\alpha_{Es}\sigma_{pcⅡs}+\sigma_{l5} \tag{10-77}$$

非预应力钢筋 A'_s 的应力 $$\sigma'_{sⅡ}=\alpha_{Es}\sigma'_{pcⅡs}+\sigma_{l5} \tag{10-78}$$

预应力钢筋和非预应力钢筋的合力 $N_{pⅡ}$ 为

$$N_{pⅡ}=(\sigma_{con}-\sigma_l)A_p+(\sigma'_{con}-\sigma'_l)A'_p-\sigma_{l5}A_s-\sigma'_{l5}A'_s \tag{10-79}$$

截面任意一点的混凝土法向应力为

$$\sigma_{pcⅡ}=\frac{N_{pⅡ}}{A_n}+\frac{N_{pⅡ}e_{pnⅡ}}{I_n}y_n \tag{10-80}$$

$$e_{pnⅡ}=\frac{(\sigma_{con}-\sigma_l)A_p y_{pn}-(\sigma'_{con}-\sigma'_l)A'_p y'_{pn}-\sigma_{l5}A_s y_{sn}+\sigma'_{l5}A'_s y'_{sn}}{N_{pⅡ}} \tag{10-81}$$

式中 A_n——混凝土净截面面积，$A_n=A_0-\alpha_{Ep}A_p-\alpha'_{Ep}A'_p=A_c+\alpha_{Es}A_s+\alpha_{Es}A'_s$；

I_n——净截面 A_n 的惯性矩；

$e_{pnⅠ}$——$N_{pⅠ}$ 至净截面重心轴的距离；

$e_{pnⅡ}$——$N_{pⅡ}$ 至净截面重心轴的距离；

y_n——净截面重心轴至所计算的纤维层的距离；

y_{pn}，y'_{pn}——荷载作用的受拉区、受压区预应力钢筋各自合力点至净截面重心轴的距离；

y_{sn}，y'_{sn}——荷载作用的受拉区、受压区非预应力钢筋各自合力点至净截面重心轴的距离；

$\sigma_{pcⅠp}$ ($\sigma_{pcⅡp}$)，$\sigma'_{pcⅠp}$($\sigma'_{pcⅡp}$)——荷载作用的受拉区、受压区预应力钢筋完成第一批预应力损失或完成第二批预应力损失后各自合力点处混凝土的法向应力；

$\sigma_{pcⅠs}$ ($\sigma_{pcⅡs}$)，$\sigma'_{pcⅠs}$($\sigma'_{pcⅡs}$)——荷载作用的受拉区、受压区非预应力钢筋完成第一批预应力损失或完成第二批预应力损失后各自合力点处混凝土的法向应力。

10.6.2 正常使用阶段应力分析

10.6.2.1 消压极限状态

外荷载增加至截面弯矩为 M_0 时，受拉边缘混凝土预压应力刚好为零，这时弯矩 M_0 称为消压弯矩。则

$$\frac{M_0}{W_0}-\sigma_{pcII}=0$$

所以
$$M_0=\sigma_{pcII}W_0 \tag{10-82}$$

式中 W_0——换算截面对受拉边缘弹性抵抗矩，$W_0=I_0/y$，其中 y 为换算截面重心至受拉边缘的距离；

σ_{pcII}——扣除全部预应力损失后，在截面受拉边缘由预应力产生的混凝土法向应力。

此时预应力钢筋 A_p 的应力 σ_p 由 σ_{peII} 增加 $\alpha_{Ep}\frac{M_0}{I_0}y_p$，预应力钢筋 A'_p 的应力 σ'_p 由 σ'_{peII} 减少 $\alpha_{Ep}\frac{M_0}{I_0}y'_p$，即

$$\sigma_p=\sigma_{peII}+\alpha_E\frac{M_0}{I_0}y_p \tag{10-83}$$

$$\sigma'_p=\sigma'_{peII}-\alpha_E\frac{M_0}{I_0}y'_p \tag{10-84}$$

相应的非预应力钢筋 A_s 的压应力 σ_s 由 σ_{sII} 减少 $\alpha_{Es}\frac{M_0}{I_0}y_s$，非预应力钢筋 A'_s 的压应力 σ'_s 由 σ'_{sII} 增加 $\alpha_{Es}\frac{M_0}{I_0}y'_s$，即

$$\sigma_s=\sigma_{sII}-\alpha_{Es}\frac{M_0}{I_0}y_s \tag{10-85}$$

$$\sigma'_s=\sigma'_{sII}+\alpha_{Es}\frac{M_0}{I_0}y'_s \tag{10-86}$$

10.6.2.2 开裂极限状态

外荷载继续增加，使混凝土拉应力达到混凝土轴心抗拉强度标准值 f_{tk}，截面下边缘混凝土即将开裂。此时截面上受到的弯矩即为开裂弯矩 M_{cr}，则

$$M_{cr}=M_0+\gamma f_{tk}W_0=(\sigma_{pcII}+\gamma f_{tk})W_0 \tag{10-87}$$

式中 γ——混凝土构件的截面抵抗矩塑性影响系数；

σ_{pcII}——混凝土截面下边缘的预压应力。

10.6.3 施工阶段混凝土应力控制验算

预应力混凝土受弯构件的受力特点在制作、运输和安装等施工阶段与使用阶段是不同的。在制作时，构件受到预压力及自重的作用，使构件处于偏心受压状态，构件的全截面受压或下边缘受压、上边缘受拉，如图 10-27(a) 所示。在运输、吊装时如图 10-27(b) 所示，自重及施工荷载在吊点截面产生负弯矩如图 10-27(d) 所示，与预压力产生的负弯矩方向相同如图 10-27(c) 所示，使吊点截面成为最不利的受力截面。因此，预应力混凝土构件必须

进行施工阶段的混凝土应力控制验算。

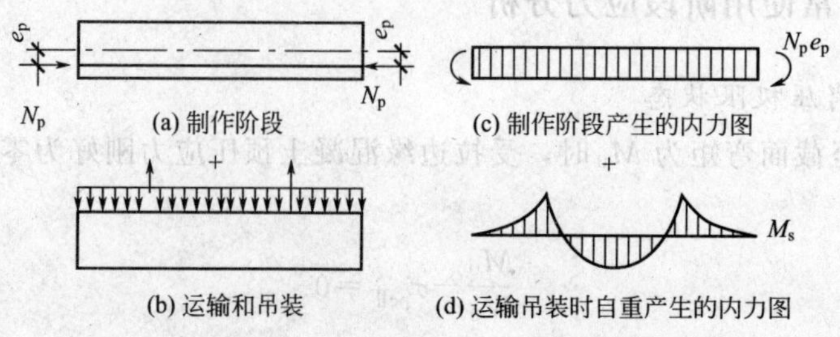

图 10-27　预应力构件制作、吊装时的内力图

截面边缘的混凝土法向应力为

$$\left.\begin{matrix}\sigma_{cc}\\ \sigma_{ct}\end{matrix}\right\}=\sigma_{pcII}+\frac{N_k}{A_0}\pm\frac{M_k}{W_0} \tag{10-88}$$

式中　σ_{ct}，σ_{cc}——相应施工阶段计算截面边缘纤维的混凝土拉应力、压应力；

σ_{pcII}——预应力作用下验算边缘的混凝土法向应力，可由式（10-66）、式（10-80）求得；

M_k——构件自重及施工荷载标准组合在计算截面产生的轴向力值、弯矩值；

W_0——验算边缘的换算截面弹性抵抗矩。

施工阶段截面应力验算，一般是在求得截面应力值后，按是否允许出现裂缝分别对混凝土应力进行控制。

（1）对于施工阶段不允许出现裂缝的构件，或预压时全截面受压的构件

$$\sigma_{ct}\leqslant f'_{tk} \tag{10-89}$$

$$\sigma_{cc}\leqslant 0.8f'_{ck} \tag{10-90}$$

式中　f'_{tk}，f'_{ck}——与各施工阶段混凝土立方体抗压强度 f'_{cu} 相应的轴心抗拉、轴心抗压强度标准值。

（2）对于施工阶段预拉区允许出现裂缝的构件，当预拉区不配置预应力钢筋（$A'_p=0$）时

$$\sigma_{ct}\leqslant 2f'_{tk} \tag{10-91}$$

$$\sigma_{cc}\leqslant 0.8f'_{ck} \tag{10-92}$$

10.6.4　正常使用极限状态验算

10.6.4.1　正截面抗裂验算

（1）严格要求不出现裂缝的构件（一级控制）

在荷载标准组合下应满足条件

$$M_k/W_0-\sigma_{pcII}\leqslant 0 \tag{10-93}$$

（2）一般要求不出现裂缝的构件（二级控制）

$$M_k/W_0-\sigma_{pcII}\leqslant f_{tk} \tag{10-94}$$

（3）允许出现裂缝的构件（三级控制）

$$w_{max}\leqslant w_{lim} \tag{10-95}$$

二 a 类环境下，受拉边缘

$$M_q/W_0-\sigma_{pcII}\leqslant 0 \tag{10-96}$$

式中　M_{k}，M_{q}——按荷载的标准组合、准永久荷载组合计算的弯矩值；

W_0——换算截面对受拉边缘的弹性抵抗矩；

f_{tk}——混凝土的轴心抗拉强度标准值；

σ_{pcII}——扣除全部预应力损失后，在截面受拉边缘由预应力产生的混凝土法向应力。

比较式（10-87）和式（10-94）可见，在实际构件抗裂验算时忽略了受拉区混凝土塑性变形对截面抗裂产生的有利影响（未考虑混凝土构件的截面抵抗矩塑性影响系数 γ），使截面抗裂具有一定的可靠保障。

10.6.4.2　斜截面抗裂验算

（1）混凝土的主拉应力

对严格要求不出现裂缝的构件（一级控制）

$$\sigma_{\mathrm{tp}}\leqslant 0.85f_{\mathrm{tk}} \tag{10-97}$$

（2）对一般要求不出现裂缝的构件（二级控制）

$$\sigma_{\mathrm{tp}}\leqslant 0.95f_{\mathrm{tk}} \tag{10-98}$$

（3）混凝土主压应力

对以上两类构件（一、二级控制）

$$\sigma_{\mathrm{cp}}\leqslant 0.6f_{\mathrm{tk}} \tag{10-99}$$

式中　σ_{tp}，σ_{cp}——混凝土的主拉应力和主压应力。

如满足上述条件，则认为斜截面满足抗裂要求，否则应加大构件的截面尺寸。

由于斜裂缝出现以前，构件基本上还处于弹性工作阶段，故可用材料力学公式计算主拉应力和主压应力。即

$$\frac{\sigma_{\mathrm{tp}}}{\sigma_{\mathrm{cp}}}=\frac{\sigma_x+\sigma_y}{2}\pm\sqrt{\left(\frac{\sigma_x+\sigma_y}{2}\right)^2+\tau^2} \tag{10-100}$$

$$\sigma_x=\sigma_{\mathrm{pc}}+\frac{M_{\mathrm{k}}}{I_0}y_0 \tag{10-101}$$

$$\tau=\frac{(V_{\mathrm{k}}-\sum\sigma_{\mathrm{pe}}A_{\mathrm{pb}}\sin\alpha_{\mathrm{p}})S_0}{I_0b} \tag{10-102}$$

式中　σ_x——由预应力和弯矩 M_{k} 在计算纤维处产生的混凝土法向应力；

σ_y——由集中荷载（如吊车梁集中力等）标准值 F_{k} 产生的混凝土竖向压应力，在 F_{k} 作用点两侧一定长度范围内。

τ——由剪力值 V_{k} 和预应力弯起钢筋的预应力在计算纤维处产生的混凝土剪应力（如有扭矩作用，尚应考虑扭矩引起的剪应力）；当有集中荷载 F_{k} 作用时，在 F_{k} 作用点两侧一定长度范围内，由 F_{k} 产生的混凝土剪应力。

σ_{pc}——扣除全部预应力损失后，在计算纤维处由预应力产生的混凝土法向应力。

σ_{pe}——预应力钢筋的有效预应力。

M_{k}，V_{k}——按荷载标准组合计算的弯矩值、剪力值。

S_0——计算纤维层以上部分的换算截面面积对构件换算截面重心的面积矩。

10.6.4.3　裂缝宽度验算

使用阶段允许出现裂缝的预应力混凝土受弯构件，应验算裂缝宽度。按荷载标准组合并

考虑荷载的长期作用影响的最大裂缝宽度 $w_{\max}$，不应超过规定的允许值。

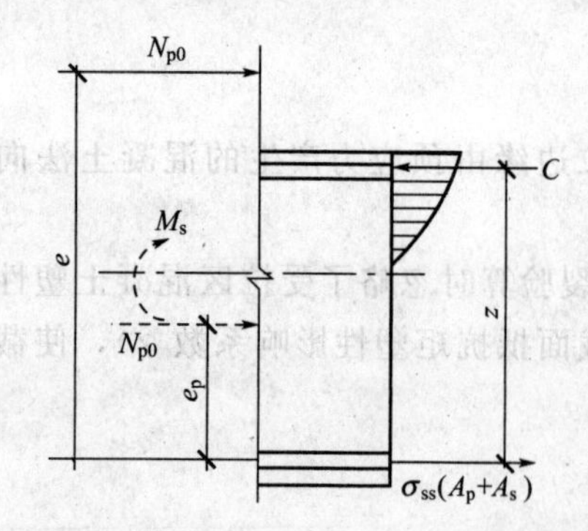

图 10-28　预应力混凝土受弯构件裂缝截面处的应力图形

当预应力混凝土受弯构件的混凝土全截面消压时，其起始受力状态等同于钢筋混凝土受弯构件，因此可以按钢筋混凝土受弯构件的类似方法进行裂缝宽度计算，计算公式表达形式与轴心受拉构件相同

$$w_{\max}=\alpha_{cr}\psi\frac{\sigma_{sk}}{E_s}\left(1.9c+0.08\frac{d_{eq}}{\rho_{te}}\right) \tag{10-103}$$

式中，对预应力混凝土受弯构件，取 $\alpha_{cr}=1.5$，计算 ρ_{te}采用的有效受拉混凝土截面面积 A_{te}取腹板截面面积的一半与受拉翼缘截面面积之和，即 $A_{te}=0.5bh+(b_f-b)h_f$，其中 b_f、h_f分别为受拉翼缘的宽度、高度。

纵向钢筋等效应力 σ_{sk}可由图 10-28 所示对受压区合力点取矩求得，即

$$\sigma_{sk}=\frac{M_k-N_{p0}(z-e_p)}{(A_s+A_p)z} \tag{10-104}$$

$$z=[0.87-0.12(1-\gamma_f')(h_0/e)^2]h_0 \tag{10-105}$$

$$e=\frac{M_k}{N_{p0}}+e_p \tag{10-106}$$

$$N_{p0}=\sigma_{p0}A_p+\sigma_{p0}'A_p'-\sigma_{l5}A_s-\sigma_{l5}'A_s' \tag{10-107}$$

$$e_{p0}=\frac{\sigma_{p0}A_py_p-\sigma_{p0}'A_p'y_p'-\sigma_{l5}A_sy_s+\sigma_{l5}'A_s'y_s'}{N_{p0}} \tag{10-108}$$

式中　M_k——由荷载标准组合计算的弯矩值；
z——受拉区纵向非预应力和预应力钢筋合力点至受压区合力点的距离；
N_{p0}——混凝土法向预应力等于零时全部纵向预应力和非预应力钢筋的合力；
e_{p0}——N_{p0}的作用点至换算截面重心轴的距离；
e_p——N_{p0}的作用点至纵向预应力和非预应力受拉钢筋合力点的距离；
σ_{p0}——预应力钢筋的合力点处混凝土正截面法向应力为零时，预应力钢筋中已存在的拉应力，先张法 $\sigma_{p0}=\sigma_{con}-\sigma_l$，后张法 $\sigma_{p0}=\sigma_{con}-\sigma_l+\alpha_{Ep}\sigma_{pcⅡp}$；
σ_{p0}'——受压区的预应力钢筋 A_p'合力点处混凝土法向应力为零时的预应力钢筋应力，先张法 $\sigma_{p0}'=\sigma_{con}'-\sigma_l'$，后张法 $\sigma_{p0}'=\sigma_{con}'-\sigma_l'+\alpha_{Ep}\sigma_{pcⅡp}'$。

10.6.4.4　挠度验算

预应力混凝土受弯构件使用阶段的挠度是由两部分所组成：①外荷载产生的挠度；②预加应力引起的反拱值。两者可以互相抵消部分，故预应力混凝土受弯构件的挠度小于钢筋混凝土受弯构件的挠度。

(1) 外荷载作用下产生的挠度 a_{f1}

外荷载引起的挠度，可按材料力学的公式进行计算

$$a_{f1}=s\frac{M_kl_0^2}{B} \tag{10-109}$$

式中　s——与荷载形式、支承条件有关的系数；
B——按荷载效应的标准组合并考虑荷载的长期作用影响的长期刚度，按式（10-110）

计算。

$$B=\frac{M_k}{M_q(\theta-1)+M_k}B_s \tag{10-110}$$

式中 θ——考虑荷载长期作用对挠度增大的影响的系数，取 $\theta=2.0$；

B_s——荷载标准组合下预应力混凝土受弯构件的短期刚度，可按下列公式计算。

不出现裂缝的构件

$$B_s=0.85E_cI_0 \tag{10-111}$$

出现裂缝的构件

$$B_s=\frac{0.85E_cI_0}{\frac{M_{cr}}{M_k}+\left(1-\frac{M_{cr}}{M_k}\right)\omega} \tag{10-112}$$

$$\omega=\left(1.0+\frac{0.21}{\alpha_E\rho}\right)(1+0.45\gamma_f)-0.7 \tag{10-113}$$

式中 I_0——换算截面的惯性矩；

M_{cr}——换算截面的开裂弯矩，可按（10-87）计算，当 $M_{cr}/M_k>1.0$ 时，取 $M_{cr}/M_k=1.0$；

γ_f——受拉翼缘面积与腹板有效面积的比值，$\gamma_f=(b_f-b)h_f/bh_0$，其中 b_f、h_f 分别为受拉翼缘的宽度、高度。

对预压时预拉区允许出现裂缝的构件，B_s 应降低 10%。

（2）预应力产生的反拱值 a_{f2}

由预加应力引起的反拱值，可按偏心受压构件求挠度的公式计算

$$a_{f2}=\frac{N_pe_pl_0^2}{8E_cI_0} \tag{10-114}$$

式中 N_p——扣除全部预应力损失后的预应力钢筋和非预应力钢筋的合力，先张法为 $N_{p0Ⅱ}$，后张法为 $N_{pⅡ}$；

e_p——N_p 对截面重心轴的偏心距，先张法为 $e_{p0Ⅱ}$，后张法为 $e_{pnⅡ}$。

考虑到预压应力这一因素是长期存在的，所以反拱值可取为：$2a_{f2}$。

对永久荷载所占比例较小的构件，应考虑反拱过大对使用上的不利影响。

（3）荷载作用时的总挠度 a_f

$$a_f=a_{f1}-a_{f2}\leqslant f_{lim} \tag{10-115}$$

式中 f_{lim}——挠度限值，见附表 3-3。

10.6.5 正截面承载力计算

10.6.5.1 计算公式

当外荷载增大至构件破坏时，截面受拉区预应力钢筋和非预应力钢筋的应力先达到屈服强度 f_{py} 和 f_y，然后受压区边缘混凝土应变达到极限压应变致使混凝土压碎，构件达到极限承载力。此时，受压区非预应力钢筋的应力可达到受压屈服强度 f_y'。而受压区预应力钢筋的应力 σ_p' 可能是拉应力，也可能是压应力，但一般达不到受压屈服强度 f_{py}'。

矩形截面预应力混凝土受弯构件，与普通钢筋混凝土受弯构件相比，截面中仅多出 A_p 与 A_p' 两项钢筋，如图 10-29 所示。

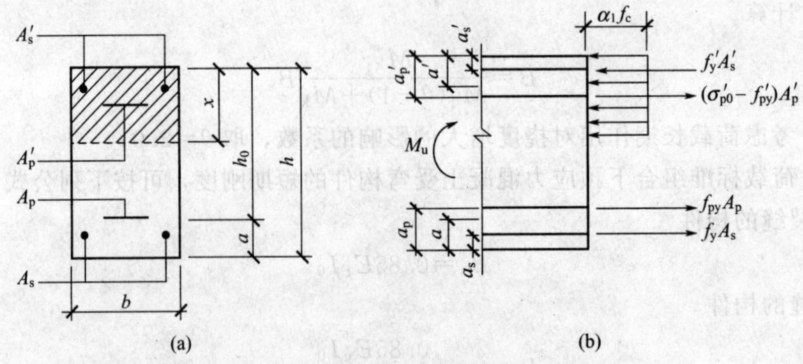

图 10-29 矩形截面梁正截面承载能力计算简图

根据截面内力平衡条件可得

$$\alpha_1 f_c bx = f_y A_s - f_y' A_s' + f_{py} A_p + (\sigma_{p0}' - f_{py}') A_p' \tag{10-116}$$

$$M \leqslant \alpha_1 f_c bx\left(h_0 - \frac{x}{2}\right) + f_y' A_s'(h_0 - a_s') - (\sigma_{p0}' - f_{py}') A_p'(h_0 - a_p') \tag{10-117}$$

式中 M——弯矩设计值；

α_1——等效矩形应力图系数；

h_0——截面有效高度，$h_0 = h - a$；

a——受拉区预应力钢筋和非预应力钢筋合力点至受拉区边缘的距离；

a_p'，a_s'——受压区预应力钢筋 A_p'、非预应力钢筋 A_s'各自合力点至受压区边缘的距离；

σ_{p0}'——受压区的预应力钢筋 A_p'合力点处混凝土法向应力为零时的预应力钢筋应力，先张法 $\sigma_{p0}' = \sigma_{con}' - \sigma_l'$，后张法 $\sigma_{p0}' = \sigma_{con}' - \sigma_l' + \alpha_{Ep}\sigma_{pcII p}'$。

10.6.5.2 适用条件

混凝土受压区高度 x 应符合下列要求

$$x \leqslant \xi_b h_0 \tag{10-118}$$

$$x \geqslant 2a' \tag{10-119}$$

式中 a'——受压区钢筋合力点至受压区边缘的距离，当 $\sigma_{p0}' - f_{py}'$为拉应力或 $A_p' = 0$ 时，式 (10-119) 中的 a' 应用a_s'代替。

当 $x < 2a'$，且 $\sigma_{p0}' - f_{py}'$为压应力时，正截面受弯承载力可按式 (10-120) 计算：

$$M \leqslant f_{py} A_p (h - a_p - a_s') + f_y A_s (h - a_s - a_s') - (\sigma_{p0}' - f_{py}') A_p' (a_p' - a_s') \tag{10-120}$$

式中 a_p，a_s——受拉区预应力钢筋 A_p、非预应力钢筋 A_s各自合力点至受拉区边缘的距离。

预应力钢筋的相对界限受压区高度 ξ_b应按式 (10-121) 计算

$$\xi_b = \frac{\beta_1}{1.0 + \frac{0.002}{\varepsilon_{cu}} + \frac{f_{py} - \sigma_{p0}}{\varepsilon_{cu} E_s}} \tag{10-121}$$

式中 β_1——等效矩形应力图形系数；

σ_{p0}——预应力钢筋的合力点处混凝土正截面法向应力为零时，预应力钢筋中已存在的拉应力，先张法 $\sigma_{p0} = \sigma_{con} - \sigma_l$，后张法 $\sigma_{p0} = \sigma_{con} - \sigma_l + \alpha_{Ep}\sigma_{pcII p}$。

10.6.6 斜截面承载力计算

10.6.6.1 斜截面受剪承载力计算公式

试验表明，由于预压应力和剪应力的复合作用，增加了混凝土剪压区的高度和集料之间的咬合力，延缓了斜裂缝的出现和发展，因此预应力混凝土构件的斜截面受剪承载力比钢筋混凝土构件要高。

对于矩形、T形和I形截面预应力混凝土梁，斜截面受剪承载力可按下列公式计算。

（1）当仅配置箍筋时

$$V \leqslant V_{cs} + V_p \tag{10-122}$$

（2）当配置箍筋和弯起钢筋时（如图10-30所示）

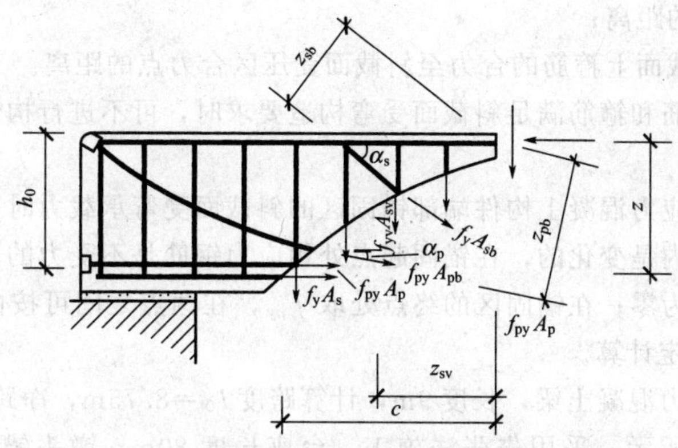

图10-30 预应力混凝土受弯构件斜截面承载力计算简图

$$V \leqslant V_{cs} + V_{sb} + V_p + V_{pb} \tag{10-123}$$

$$V_p = 0.05N_{p0} \tag{10-124}$$

$$V_{pb} = 0.8 f_y A_{pb} \sin\alpha_p \tag{10-125}$$

式中 V_{cs}——斜截面上混凝土和箍筋的受剪承载力设计值；

V_{sb}——非预应力弯起钢筋的受剪承载力设计值；

V_p——由于预压应力所提高的受剪承载力设计值；

N_{p0}——计算截面上混凝土法向应力为零时的预应力钢筋和非预应力钢筋的合力，按式（10-107）计算，当 $N_{p0} > 0.3 f_c A_0$ 时，取 $N_{p0} = 0.3 f_c A_0$；

V_{pb}——预应力弯起钢筋的受剪承载力设计值；

α_p——斜截面处预应力弯起钢筋的切线与构件纵向轴线的夹角，如图10-30所示；

A_{pb}——同一弯起平面的预应力弯起钢筋的截面面积。

对 N_{p0} 引起的截面弯矩与外荷载引起的弯矩方向相同的情况，以及预应力混凝土连续梁和允许出现裂缝的简支梁，不考虑预应力对受剪承载力的提高作用，即取 $V_p = 0$。

当符合式（10-126）或式（10-127）的要求时，可不进行斜截面的受剪承载力计算，仅需按构造要求配置箍筋。

一般受弯构件 $$V \leqslant 0.7 f_t b h_0 + 0.05N_{p0} \tag{10-126}$$

集中荷载作用下的独立梁 $$V \leqslant \frac{1.75}{\lambda + 1} f_t b h_0 + 0.05N_{p0} \tag{10-127}$$

预应力混凝土受弯构件受剪承载力计算的截面尺寸限制条件、箍筋的构造要求和验算截面的确定等，均与钢筋混凝土受弯构件的要求相同。

10.6.6.2 斜截面受弯承载力计算公式

预应力混凝土受弯构件的斜截面受弯承载力计算如图10-30所示，计算公式为

$$M \leqslant (f_y A_s + f_{py} A_p) z + \sum f_y A_{sb} z_{sb} + \sum f_{py} A_{pb} z_{pb} + \sum f_{yv} A_{sv} z_{sv} \tag{10-128}$$

此时，斜截面的水平投影长度可按下列条件确定

$$V=\sum f_{y}A_{sb}\sin\alpha_{s}+\sum f_{py}A_{pb}\sin\alpha_{p}+\sum f_{yv}A_{sv} \tag{10-129}$$

式中 V——斜截面受压区末端的剪力设计值；

z——纵向非预应力和预应力受拉钢筋的合力至受压区合力点的距离，可近似取 $z=0.9h_0$；

z_{sb}，z_{pb}——同一弯起平面内的非预应力弯起钢筋、预应力弯起钢筋的合力至斜截面受压区合力点的距离；

z_{sv}——同一斜截面上箍筋的合力至斜截面受压区合力点的距离。

当配置的纵向钢筋和箍筋满足斜截面受弯构造要求时，可不进行构件斜截面受弯承载力计算。

在计算先张法预应力混凝土构件端部锚固区的斜截面受弯承载力时，预应力钢筋的抗拉强度设计值在锚固区内是变化的，在锚固起点处预应力钢筋是不受力的，该处预应力钢筋的抗拉强度设计值应取为零；在锚固区的终点处取 f_{py}，在两点之间可按内插法取值。锚固长度 l_a按第 2.3.2 节规定计算。

【例 10-3】 预应力混凝土梁，长度 9m，计算跨度 $l_0=8.75$m，净跨 $l_n=8.5$m，截面尺寸及配筋如图 10-31 所示。采用先张法施工，台座长度 80m，镦头锚固，蒸汽养护 $\Delta t=20$℃。混凝土强度等级为 C50，预应力钢筋为$\Phi^{H}9$ 消除应力钢丝，非预应钢筋为 HRB400 级钢筋，张拉控制应力 $\sigma_{con}=0.7f_{ptk}$，采用超张拉，混凝土达 75%设计强度时放张预应力钢筋。承受可变荷载标准值 $q_k=18.8$kN/m，永久标准值 $g_k=17.5$kN/m，准永久值系数 0.6，该梁裂缝控制等级为三级，跨中挠度允许值为 $l_0/250$。试进行该梁的施工阶段应力验算，正常使用阶段的裂缝宽度和变形验算，正截面受弯承载力和斜截面受剪承载力验算。

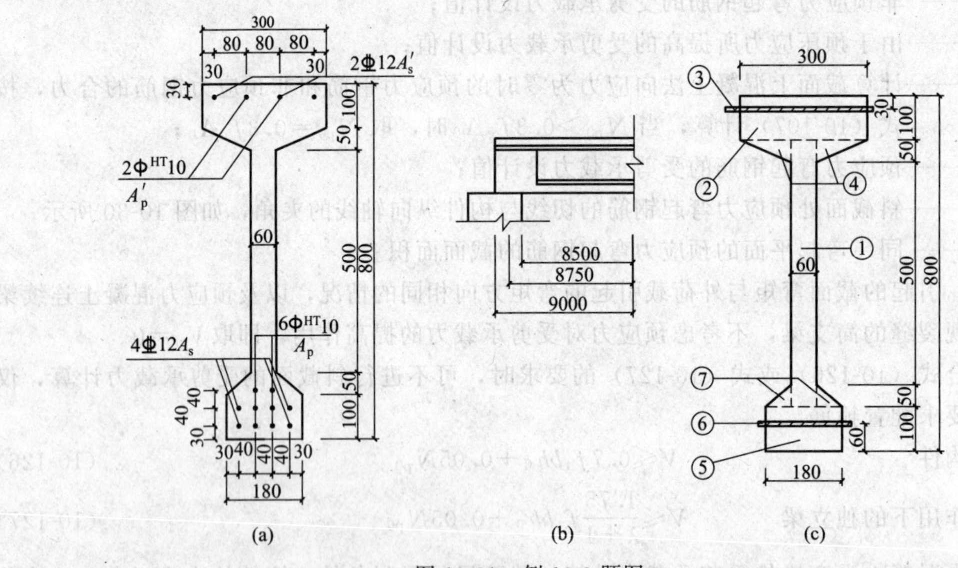

图 10-31 例 10-3 题图

解 (1) 基本参数

分别查附表 1-2、附表 1-3、附表 1-8、附表 1-9、附表 1-10 和附表 1-11 得，HRB400 级钢筋 $E_s=2.0\times10^5\text{N/mm}^2$，$f_y=f'_y=360\text{N/mm}^2$；$\Phi^{H}9$ 消除应力钢丝 $f_{ptk}=1470\text{N/mm}^2$，$E_s=2.05\times10^5\text{N/mm}^2$，$f_{py}=1040\text{N/mm}^2$，$f'_{py}=410\text{N/mm}^2$；C50 混凝土 $E_c=3.45\times$

$10^4 N/mm^2$，$f_{tk}=2.64N/mm^2$，$f_c=23.1N/mm^2$；放张预应力钢筋时 $f'_{cu}=0.75\times50=37.5N/mm^2$，对应 $f'_{tk}=2.30N/mm^2$，$f'_{ck}=25.1N/mm^2$

查附表 2-1，$A_s=452mm^2$，$A_p=471mm^2$，$A'_p=157mm^2$，$A'_s=226mm^2$

$$\alpha_E=\frac{E_s}{E_c}=\frac{2.0\times10^5}{3.45\times10^4}=5.8$$

将截面划分成几部分计算［图 10-31(c)］，计算过程见表 10-6。

表 10-6 截面特征计算表

编号	A_i/mm^2	a_i/mm	$S_i=A_ia_i/mm^3$	$y_i=y_0-a_i/mm$	$A_iy_i^2/mm^4$	I_i/mm^4
①	600×60=36000	400	144×10^5	43	665.64×10^5	10800×10^5
②	300×100=30000	750	225×10^5	307	28274.7×10^5	250×10^5
③	(5.8−1)×(226+157)=1838.4	770	14.16×10^5	327	1965.8×10^5	—
④	120×50=6000	683	41×10^5	240	3456×10^5	8.33×10^5
⑤	180×100=18000	50	9×10^5	393	27800.8×10^5	150×10^5
⑥	(5.8−1)×(471+452)=4430.4	60	2.66×10^5	383	6498.9×10^5	—
⑦	60×50=3000	117	3.51×10^4	326	3188.3×10^5	4.17×10^5
Σ	99268.8		4393.3×10^4		71850.14×10^5	11212.5×10^5

下部预应力钢筋和非预应力钢筋合力点距底边距离

$$a_{p,s}=\frac{(157+226)\times30+(157+226)\times70+157\times110}{471+452}=60mm$$

$$y_0=\frac{\sum S_i}{\sum A_i}=\frac{4393.3\times10^4}{99268.8}=443mm$$

$y'_0=800-443=357mm$

$I_0=\sum A_iy_i^2+\sum I_i=71850.14\times10^5+11212.5\times10^5=83062.64\times10^5mm^4$

(2) 预应力损失计算

张拉控制应力

$\sigma_{con}=\sigma'_{con}=0.7f_{ptk}=0.7\times1470=1029N/mm^2$

① 锚具变形损失 σ_{l1}

查表，取 $a=1mm$，$\sigma_{l1}=\sigma'_{l1}=\frac{a}{l}E_s=\frac{1}{80\times10^3}\times2.0\times10^5=2.5N/mm^2$

② 温差损失 σ_{l2}

$\sigma_{l2}=\sigma'_{l2}=2\Delta t=2\times20=40N/mm^2$

③ 应力松弛损失 σ_{l4}

采用超张拉，

$$\sigma_{l4}=0.4\left(\frac{\sigma_{con}}{f_{ptk}}-0.5\right)\sigma_{con}=\sigma'_{l4}=0.4\times(0.7-0.5)\times1029=82.32N/mm^2$$

第一批预应力损失（假定放张前，应力松弛损失完成 45%）

$\sigma_{lI}=\sigma'_{lI}=\sigma_{l1}+\sigma_{l2}+0.45\sigma_{l4}=2.5+40+0.45\times82.32=79.54N/mm^2$

④ 混凝土收缩、徐变损失σ_{l5}

$$N_{p0\mathrm{I}}=(\sigma_{con}-\sigma_{l\mathrm{I}})A_p+(\sigma'_{con}-\sigma'_{l\mathrm{I}})A'_p=(1029-79.51)\times(471+157)=596.28\times10^3\mathrm{N}=596.28\mathrm{kN}$$

预应力钢筋到换算截面形心距离

$$y_p=y_0-a_p=443-70=373\mathrm{mm}\text{ ，}y'_p=y_0-a'_p=800-443-30=327\mathrm{mm}$$

$$e_{p0\mathrm{I}}=\frac{(\sigma_{con}-\sigma_{l\mathrm{I}})A_py_p-(\sigma'_{con}-\sigma'_{l\mathrm{I}})A'_py'_p}{N_{p0\mathrm{I}}}$$

$$=\frac{(1029-79.51)\times471\times373-(1029-79.51)\times157\times327}{596.28\times10^3}=198\mathrm{mm}$$

$$\sigma_{pc\mathrm{I}}=\frac{N_{p0\mathrm{I}}}{A_0}+\frac{N_{p0\mathrm{I}}e_{p0\mathrm{I}}y_p}{I_0}=\frac{596.28\times10^3}{99268.8}+\frac{596.28\times10^3\times198\times373}{83062.64\times10^5}$$

$$=11.3\mathrm{N/mm^2}<0.5f_{cu}=0.5\times0.75\times50=18.75\mathrm{N/mm^2}$$

$$\sigma'_{pc\mathrm{I}}=\frac{N_{p0\mathrm{I}}}{A_0}-\frac{N_{p0\mathrm{I}}e_{p0\mathrm{I}}y'_p}{I_0}=\frac{596.28\times10^3}{99268.8}-\frac{596.28\times10^3\times198\times327}{83062.64\times10^5}$$

$$=1.35\mathrm{N/mm^2}<0.5f_{cu}=0.5\times0.75\times50=18.75\mathrm{N/mm^2}$$

$$\rho=\frac{A_p+A_s}{A_0}=\frac{471+452}{99268.8}=0.0093\text{，}\rho'=\frac{A'_p+A'_s}{A_0}=\frac{157+226}{99268.8}=0.0039$$

$$\sigma_{l5}=\frac{60+340\dfrac{\sigma_{pc\mathrm{I}}}{f_{cu}}}{1+15\rho}=\frac{60+340\times\dfrac{11.31}{0.75\times50}}{1+15\times0.0093}=142.65\mathrm{N/mm^2}$$

$$\sigma'_{l5}=\frac{60+340\dfrac{\sigma'_{pc\mathrm{I}}}{f_{cu}}}{1+15\rho'}=\frac{60+340\times\dfrac{1.36}{0.75\times50}}{1+15\times0.0039}=68.33\mathrm{N/mm^2}$$

第二批预应力损失

$$\sigma_{l\mathrm{II}}=0.55\sigma_{l4}+\sigma_{l5}=0.55\times82.32+142.65=187.93\mathrm{N/mm^2}$$

$$\sigma'_{l\mathrm{II}}=0.55\sigma'_{l4}+\sigma'_{l5}=0.55\times82.32+68.33=113.61\mathrm{N/mm^2}$$

总应力损失

$$\sigma_l=\sigma_{l\mathrm{I}}+\sigma_{l\mathrm{II}}=79.51+187.93=267.44\mathrm{N/mm^2}>100\mathrm{N/mm^2}$$

$$\sigma'_l=\sigma'_{l\mathrm{I}}+\sigma'_{l\mathrm{II}}=79.51+113.61=193.12\mathrm{N/mm^2}>100\mathrm{N/mm^2}$$

(3) 内力计算

可变荷载标准值产生的弯矩和剪力

$$M_{Qk}=\frac{1}{8}q_kl_0^2=\frac{1}{8}\times18.8\times8.75^2=179.92\mathrm{kN\cdot m}$$

$$V_{Qk}=\frac{1}{2}q_kl_n=\frac{1}{2}\times18.8\times8.5=79.9\mathrm{kN}$$

永久荷载标准值产生的弯矩和剪力

$$M_{Gk}=\frac{1}{8}g_kl_0^2=\frac{1}{8}\times17.5\times8.75^2=167.48\mathrm{kN\cdot m}$$

$$V_{Gk}=\frac{1}{2}g_kl_n=\frac{1}{2}\times17.5\times8.5=74.38\mathrm{kN}$$

弯矩标准值

$M_k = M_{Qk} + M_{Gk} = 179.92 + 167.48 = 347.4\text{kN}\cdot\text{m}$

弯矩设计值

$M = 1.2M_{Gk} + 1.4M_{Qk} = 1.2\times167.48 + 1.4\times179.92 = 452.86\text{kN}\cdot\text{m}$

剪力设计值

$V = 1.2V_{Gk} + 1.4V_{Qk} = 1.2\times74.38 + 1.4\times79.9 = 201.12\text{kN}$

(4) 施工阶段验算

放张后混凝土上、下边缘应力

$$\sigma_{pcI} = \frac{N_{p0I}}{A_0} + \frac{N_{p0I}e_{p0I}y_0}{I_0} = \frac{596.29\times10^3}{99268.8} + \frac{596.29\times10^3\times198\times443}{83062.64\times10^5} = 12.30\text{N/mm}^2$$

$$\sigma'_{pcI} = \frac{N_{p0I}}{A_0} - \frac{N_{p0I}e_{p0I}y'_0}{I_0} = \frac{596.29\times10^3}{99268.8} - \frac{596.29\times10^3\times198\times357}{83062.64\times10^5} = 0.93\text{N/mm}^2$$

设吊点距梁端1.0m，梁自重 $g=2.33\text{kN/m}$，动力系数取1.5，自重产生弯矩为

$$M_k = 1.5\times\frac{1}{2}gl^2 = \frac{1.5}{2}\times2.33\times1^2 = 1.75\text{kN}\cdot\text{m}$$

截面上边缘混凝土法向应力

$$\sigma_{ct} = \sigma'_{pcI} - \frac{M_k}{I_0}y_0 = 0.93 - \frac{1.75\times10^6\times357}{83062.64\times10^5} = 0.85\text{N/mm}^2$$

$$< f'_{tk} = 2.30\text{N/mm}^2$$

截面下边缘混凝土法向应力：

$$\sigma_{cc} = \sigma_{pcI} + \frac{M_k}{I_0}y_0 = 12.57 + \frac{1.75\times10^6\times443}{83062.64\times10^5} = 12.66\text{N/mm}^2$$

$$< 0.8f'_{ck} = 0.8\times25.1 = 20.1\text{N/mm}^2$$

满足要求。

(5) 使用阶段裂缝宽度计算

$$\begin{aligned}N_{p0II} &= \sigma_{p0II}A_p + \sigma'_{p0II}A'_p - \sigma_{l5}A_s - \sigma'_{l5}A'_s\\ &= (1029-267.44)\times471 + (1029-193.38)\times157 - 142.65\times452 - 68.59\times226\\ &= 409.91\times10^3\ \text{N} = 409.91\text{kN}\end{aligned}$$

非预应力钢筋 A_s 到换算截面形心的距离

$y_s = 443 - 50 = 393\text{mm}$

$$\begin{aligned}e_{p0II} &= \frac{\sigma_{p0II}A_py_p - \sigma'_{p0II}A'_p - \sigma_{l5}A_sy_s + \sigma'_{l5}A'_sy'_s}{N_{p0II}}\\ &= \frac{(1029-267.44)\times471\times373 - (1029-193.38)\times157\times327 - 142.65\times452\times393 + 68.59\times226\times327}{409.91\times10^3}\\ &= 172.29\text{mm}\end{aligned}$$

N_{p0II} 到预应力钢筋 A_p 和非预应力钢筋 A_s 合力点的距离：

$$\begin{aligned}e_p &= \frac{\sigma_{p0II}A_py_p - \sigma_{l5}A_sy_s}{\sigma_{p0II}A_p - \sigma_{l5}A_s} - e_{p0II}\\ &= \frac{(1029-267.44)\times471\times373 - 142.65\times452\times393}{(1029-267.44)\times471 - 142.65\times452} - 172.29 = 196.33\text{mm}\end{aligned}$$

$$e = e_p + \frac{M_k}{N_{p0II}} = 196.33 + \frac{347.4\times10^6}{409.91\times10^3} = 1043.83\text{mm}$$

$$\gamma_f'=\frac{(b_f'-b)h_f'}{bh_0}=\frac{(300-60)\times125}{60\times740}=0.676$$

$$z=\left[0.87-0.12(1-\gamma_f')\left(\frac{h_0}{e}\right)^2\right]h_0=\left[0.87-0.12\times(1-0.676)\times\left(\frac{740}{1043.83}\right)^2\right]\times740$$
$$=629.34\text{mm}$$

$$\sigma_{sk}=\frac{M_k-N_{p0\text{II}}(z-e_p)}{(A_p+A_s)z}=\frac{347.4\times10^6-409.91\times10^3\times(629.34-196.33)}{(471+452)\times629.34}$$
$$=292.50\text{N/mm}^2$$

$$\rho_{te}=\frac{A_p+A_s}{0.5bh+(b_f-b)h_f}=\frac{471+452}{0.5\times60\times800+(180-60)\times125}=0.024$$

$$\psi=1.1-\frac{0.65f_{tk}}{\sigma_{sk}\rho_{te}}=1.1-\frac{0.65\times2.64}{248.1\times0.024}=0.81$$

$$d_{eq}=\frac{\sum n_id_i^2}{\sum n_iv_id_i}=\frac{6\times10^2+4\times12^2}{6\times10\times1.0+4\times12\times1.0}=10.89\text{mm}$$

$$w_{max}=\alpha_{cr}\psi\frac{\sigma_{sk}}{E_s}\times\left(1.9c+0.08\frac{d_{eq}}{\rho_{te}}\right)=1.7\times0.81\times\frac{292.50}{2.0\times10^5}\times\left(1.9\times25+0.08\times\frac{10.89}{0.024}\right)$$
$$=0.17\text{mm}<w_{lim}=0.2\text{mm}$$

满足要求。

(6) 使用阶段挠度验算

截面下边缘混凝土预压应力

$$\sigma_{pc\text{II}}=\frac{N_{p0\text{II}}}{A_0}+\frac{N_{p0\text{II}}e_{p0\text{II}}y_0}{I_0}=\frac{409.911\times10^3}{99268.8}+\frac{409.91\times10^3\times178.6\times443}{83062.64\times10^5}=8.03\text{N/mm}^2$$

由 $\frac{b_f}{b}=\frac{180}{60}=3$，$\frac{h_f}{h}=\frac{125}{800}=0.156$，非对称工字形截面 $b_f'>b_f$，γ_m 在 1.35～1.5 之间，近似取 $\gamma_m=1.41$。

$$\gamma=\left(0.7+\frac{120}{h}\right)\gamma_m=\left(0.7+\frac{120}{800}\right)\times1.41=1.2$$

$$M_{cr}=(\sigma_{pc\text{II}}+\gamma f_k)w_0=(8.03+1.2\times2.64)\times\frac{83062.64\times10^5}{443}$$
$$=209.96\times10^6\ \text{N}\cdot\text{mm}=209.96\text{kN}\cdot\text{m}$$

$$\kappa_{cr}=\frac{M_{cr}}{M_k}=\frac{209.96}{347.4}=0.60$$

纵向受拉钢筋配筋率

$$\rho=\frac{A_p+A_s}{bh_0}=\frac{471+452}{60\times740}=0.021$$

$$\gamma_f=\frac{(b_f-b)h_f}{bh_0}=\frac{(180-60)\times125}{60\times740}=0.338$$

$$\omega=\left(1.0+\frac{0.21}{\alpha_E\rho}\right)(1+0.45\gamma_f)-0.7=\left(110+\frac{0.21}{5.8\times0.021}\right)\times(1+0.45\times0.338)-0.7$$
$$=2.43$$

$$B_s=\frac{0.85E_cI_0}{\kappa_{cr}+(1-\kappa_{cr})\omega}=\frac{0.85\times3.45\times10^4\times83062.64\times10^5}{0.60+(1-0.60)\times2.43}=154.95\times10^{12}\ \text{N}\cdot\text{mm}^2$$

对预应力混凝土构件 $\theta=2.0$。

$M_q=M_{Gk}+0.6M_{Qk}=167.48+0.6\times179.92=275.43\text{kN}\cdot\text{m}$

$$B=\frac{M_k}{M_q(\theta-1)+M_k}B_s=\frac{347.4}{275.43\times(2-1)+347.4}\times154.95\times10^{12}$$
$$=86.42\times10^{12}\ \text{N}\cdot\text{mm}^2$$

荷载作用下的挠度：

$$a_{f1}=\frac{5}{48}\frac{M_k l_0^2}{B}=\frac{5}{48}\times\frac{347.4\times10^6\times8.75^2\times10^6}{86.42\times10^{12}}=30.8\text{mm}$$

预应力产生反拱

$B=E_cI_0=3.45\times10^4\times83062.64\times10^5=286.57\times10^{12}\text{N}\cdot\text{mm}^2$

$$a_{f2}=\frac{2N_{p0\text{II}}e_{p0\text{II}}l_0^2}{8B}=\frac{470.51\times10^3\times178.6\times8.75^2\times10^6}{8\times286.57\times10^{12}}=5.6\text{mm}$$

总挠度：

$a_f=a_{f1}-a_{f2}=30.8-5.6=25.2\text{mm}<a_{\lim}=l_0/250=35.0\text{mm}$

满足要求。

(7) 正截面承载力计算

$h_0=800-60=740\text{mm}$

$\sigma'_{p0\text{II}}=\sigma'_{con}-\sigma'_l=(1029-130.82)=898.18\text{N/mm}^2$

$$x=\frac{f_{py}A_p+f_yA_s-f'_yA'_s+(\sigma'_{p0\text{II}}-f'_{py})A'_p}{\alpha_1f_cb'_f}$$
$$=\frac{1040\times471+360\times452-360\times226+(898.18-400)\times157}{1.0\times23.1\times300}$$
$$=93.7\text{mm}<h_f'=100+50/2=125\text{mm}(\text{平均})$$
$$>2a'=60\text{mm}$$

属于第一类T形。

$\sigma_{p0\text{II}}=\sigma_{con}-\sigma_l=1029-193.74=835.26\text{N/mm}^2$

$$\xi_b=\frac{\beta_1}{1+\frac{0.002}{\varepsilon_{cu}}+\frac{f_{py}-\sigma_{p0\text{II}}}{E_s\varepsilon_{cu}}}=\frac{0.8}{1+\frac{0.002}{0.0033}+\frac{1040-835.26}{2\times10^5\times0.0033}}=0.42$$

$\xi_bh_0=0.42\times740=310.8\text{mm}>x$

$$M_u=\alpha_1f_cb'_fx(h_0-\frac{x}{2})+f'_yA'_s(h_0-a'_s)-(\sigma'_{p0\text{II}}-f'_{py})A'_p(h_0-a'_p)$$
$$=1.0\times23.1\times300\times93.7\times\left(740-\frac{93.7}{2}\right)+360\times226\times(740-30)-(898.18-400)\times$$
$$157\times(740-30)=563.4\times10^6\text{N}\cdot\text{mm}=563.4\text{kN}\cdot\text{m}>M=452.86\text{kN}\cdot\text{m}$$

满足要求。

(8) 斜截面抗剪承载力计算

由 $h_w/b=500/60=8.3>6$

$0.2\beta_cf_cbh_0=0.2\times1.0\times23.1\times60\times740=205.13\times10^3\text{N}=205.13\text{kN}>V=201.12\text{kN}$

截面尺寸满足要求。

因使用阶段允许出现裂缝，故取 $V_p=0$

$0.7f_tbh_0=0.7\times1.89\times60\times740=58.74\times10^3\text{N}=58.74\text{kN}<V=201.12\text{kN}$

需计算配置箍筋。采用双肢箍筋Φ8@120，$A_{sv}=100.6\text{mm}^2$

$$V_u=0.7f_tbh_0+f_{yv}\frac{A_{sv}}{s}h_0=58.74\times10^3+270\times\frac{100.6}{120}\times740=221.6\times10^3\text{N}$$

$$=221.6\text{kN}>V=201.12\text{kN}$$

满足要求。

10.7 预应力混凝土结构构件的构造要求

10.7.1 截面形式和尺寸

预应力混凝土构件的截面形式应根据构件的受力特点进行合理选择。对于轴心受拉构件，通常采用正方形或矩形截面；对于受弯构件，宜选用T形、工字形或其他空心截面形式。此外，沿受弯构件纵轴，其截面形式可以根据受力要求改变，如屋面大梁和吊车梁，其跨中可采用工字形截面，而在支座处，为了承受较大的剪力及提供足够的面积布置锚具，往往做成矩形截面。

由于预应力混凝土构件具有较好的抗裂性能和较大的刚度，其截面尺寸可比钢筋混凝土构件小些。对一般的预应力混凝土受弯构件，截面高度一般可取跨度的1/20～1/14，最小可取1/35，翼缘宽度一般可取截面高度的1/3～1/2，翼缘厚度一般可取截面高度的1/10～1/6，腹板厚度尽可能薄一些，一般可取截面高度的1/15～1/8。

10.7.2 纵向非预应力钢筋

当配置一定的预应力钢筋已能使构件符合抗裂或裂缝宽度要求时，则按承载力计算所需的其余受拉钢筋可以采用非预应力钢筋。非预应力纵向钢筋宜采用HRB335级。

对于施工阶段不允许出现裂缝的构件，为了防止由于混凝土收缩、温度变形等原因在预拉区产生裂缝，要求预拉区还需配置一定数量的纵向钢筋，其配筋率$(A'_s+A'_p)/A$不应小于0.2%，其中A为构件截面面积。对后张法构件，则仅考虑A'_s而不计入A'_p的面积，因为在施工阶段，后张法预应力钢筋和混凝土之间没有黏结力或黏结力尚不可靠。

对于施工阶段允许出现裂缝而在预拉区不配置预应力钢筋的构件，当$\sigma_{ct}=2f'_{tk}$时，预拉区纵向钢筋的配筋率A'_s/A不应小于0.4%；当$f'_{tk}<\sigma_{ct}<2f'_{tk}$时，则在0.2%和0.4%之间按直线内插法取用。

预拉区的纵向非预应力钢筋的直径不宜大于14mm，并应沿构件预拉区的外边缘均匀配置。

10.7.3 先张法构件的要求

(1) 预应力钢筋的净间距应根据便于浇灌混凝土、保证钢筋与混凝土的黏结锚固以及施加预应力（夹具及张拉设备的尺寸要求）等要求来确定。预应力钢筋之间的净间距不应小于其公称直径或等效直径的1.5倍，且应符合下列规定：对热处理钢筋及钢丝，不应小于15mm；对三股钢铰线，不应小于20mm；对七股钢铰线，不应小于25mm。

(2) 若采用钢丝按单根方式配筋有困难时，可采用相同直径钢丝并筋的配筋方式。并筋的等效直径，对双并筋应取为单筋直径的1.4倍，对三并筋应取为单筋直径的1.7倍。并筋的保护层厚度、锚固长度、预应力传递长度及正常使用极限状态验算均应按等效直径考虑。

(3) 为防止放松预应力钢筋时构件端部出现纵向裂缝，对预应力钢筋端部周围的混凝土应采取下列加强措施。

① 对单根配置的预应力钢筋（如板肋的配筋），其端部宜设置长度不小于150mm且不少于4圈的螺旋筋［图10-32(a)］；当有可靠经验时，也可利用支座垫板上的插筋代替螺旋筋，但插筋数量不应少于4根，其长度不宜小于120mm。

② 对分散布置的多根预应力钢筋，在构件端部10d（d为预应力钢筋的公称直径）范围内应设置3～5片与预应力钢筋垂直的钢筋网［图10-32(b)］。

③ 对采用预应力钢丝配筋的薄板（如V形折板），在端部100mm范围内应适当加密横向钢筋。

④ 对槽形板类构件，应在构件端部100mm范围内沿构件板面设置附加横向钢筋，其数量不应少于2根［图10-32(c)］。

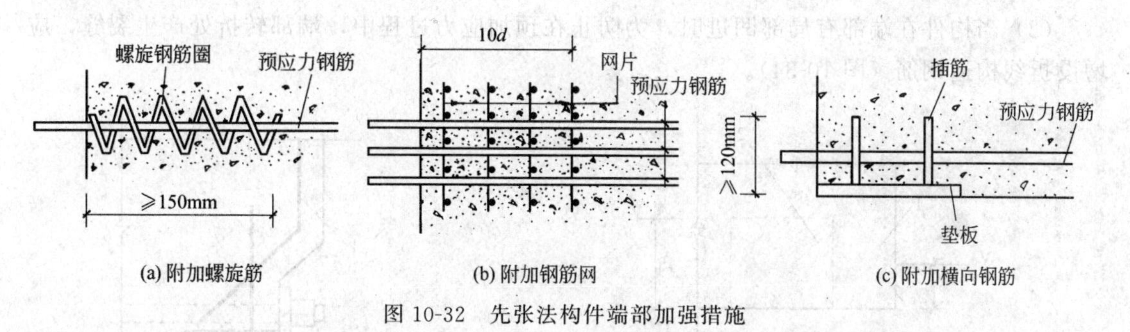

图10-32　先张法构件端部加强措施

(4) 在预应力混凝土屋面梁、吊车梁等构件靠近支座的斜向主拉应力较大部位，宜将一部分预应力钢筋弯起。

对预应力钢筋在构件端部全部弯起的受弯构件或直线配筋的先张法构件，当构件端部与下部支承结构焊接时，应考虑混凝土收缩、徐变及温度变化所产生的不利影响，宜在构件端部可能产生裂缝的部位设置足够的非预应力纵向构造钢筋。

10.7.4　后张法构件的要求

10.7.4.1　预留孔道的构造要求

后张法构件要在预留孔道中穿入预应力钢筋。截面中孔道的布置应考虑到张拉设备的尺寸、锚具尺寸及构件端部混凝土局部受压的强度要求等因素。

(1) 孔道的内径应比预应力钢丝束或钢铰线束外径及需要穿过孔道的连接器外径、钢筋对焊接头处外径及锥形螺杆锚具的套筒等的外径大10～15mm，以便穿入预应力钢筋并保证孔道灌浆的质量。

(2) 对预制构件，孔道之间的水平净间距不宜小于50mm；孔道至构件边缘的净间距不宜小于30mm，且不宜小于孔道的半径。

(3) 在框架梁中，预留孔道在竖直方向的净间距不应小于孔道外径，水平方向的净间距不应小于1.5倍孔道外径；从孔壁算起的混凝土保护层厚度，梁底不宜小于50mm，梁侧不宜小于40mm。

(4) 在构件两端及跨中应设置灌浆孔或排气孔，其孔距不宜大于 12m。

(5) 凡制作时需要预先起拱的构件，预留孔道宜随构件同时起拱。

10.7.4.2 曲线预应力钢筋的曲率半径

曲线预应力钢丝束、钢铰线束的曲率半径不宜小于 4m。

对折线配筋的构件，在预应力钢筋弯折处的曲率半径可适当减小。

10.7.4.3 端部钢筋布置

(1) 对后张法预应力混凝土构件的端部锚固区，应按局部受压承载力计算，并配置间接钢筋，其体积配筋率 $\rho_v \geqslant 0.5\%$。

为防止沿孔道产生劈裂，在局部受压间接钢筋配置区以外，在构件端部长度 l 不小于 $3e$（e 为截面重心线上部或下部预应力钢筋的合力点至邻近边缘的距离）但不大于 $1.2h$（h 为构件端部截面高度）、高度为 $2e$ 的附加配筋区范围内，应均匀配置附加箍筋或网片，其体积配筋率不应小于 0.5%（图 10-33）。

(2) 当构件在端部有局部凹进时，为防止在预加应力过程中，端部转折处产生裂缝，应增设折线构造钢筋（图 10-34）。

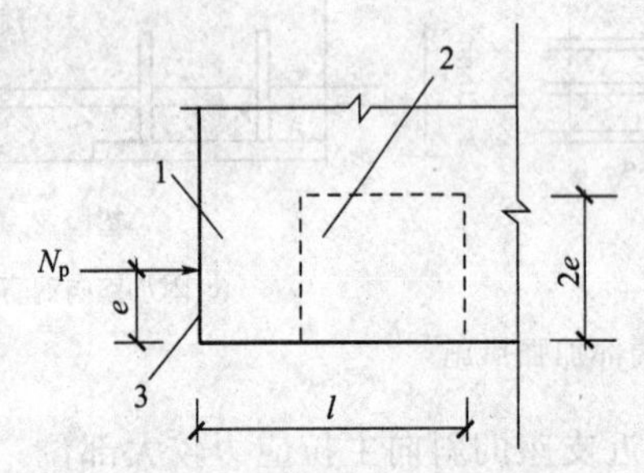

图 10-33 防止沿孔道劈裂的配筋范围

1—局部受压间接钢筋配置区；2—附加配筋区；3—构件端面

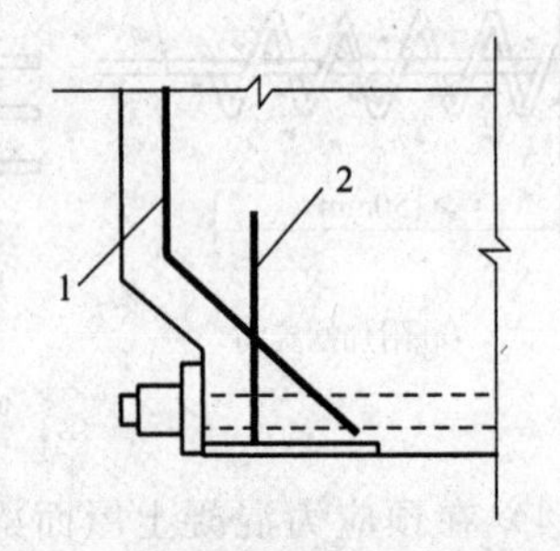

图 10-34 端部转折处构造配筋

1—折线构造钢筋；2—竖向构造钢筋

(3) 为防止施加预应力时构件端部产生沿截面中部的纵向水平裂缝，宜将一部分预应力钢筋在靠近支座区段弯起，弯起的预应力钢筋宜沿构件端部均匀布置。

(4) 当预应力钢筋在构件端部需集中布置在截面的下部或集中布置在上部和下部时，应在构件端部 $0.2h$（h 为构件端部截面高度）范围内设置附加竖向焊接钢筋网、封闭式箍筋或其他形式的构造钢筋。

附加竖向钢筋宜采用带肋钢筋，其截面面积应符合下列要求

当 $e \leqslant 0.1h$ 时

$$A_{sv} \geqslant 0.3 \frac{N_p}{f_y}$$

当 $0.1 < e \leqslant 0.2h$ 时

$$A_{sv} \geqslant 0.15 \frac{N_p}{f_y}$$

当 $e > 0.2h$ 时，可根据实际情况适当配置构造钢筋。

式中 A_{sv}——竖向附加钢筋截面面积；

N_p——作用在构件端部截面重心线上部或下部预应力钢筋的合力，此时仅考虑混凝土预压前的预应力损失值，且应乘以预应力分项系数 1.2；

f_y——附加竖向钢筋的抗拉强度设计值；

e——截面重心线上部或下部预应力钢筋的合力点至截面近边缘的距离。

当端部截面上部和下部均有预应力钢筋时，附加竖向钢筋的总截面面积应按上部和下部的预应力合力分别计算的数值叠加后采用。

10.7.4.4 其他构造要求

(1) 在后张法预应力混凝土构件的预拉区和预压区中，应设置纵向非预应力构造钢筋；在预应力钢筋弯折处，应加密箍筋或沿弯折处内侧设置钢筋网片。

(2) 构件端部尺寸应考虑锚具的布置、张拉设备的尺寸和局部受压的要求，必要时应适当加大。

在预应力钢筋锚具下及张拉设备的支承处，应设置预埋钢板并按局部承压设置间接钢筋和附加构造钢筋。

(3) 对外露金属锚具，应采取可靠的防锈措施。

思考题与习题

思考题

1. 为什么要对构件施加预应力？预应力混凝土结构的优缺点是什么？

2. 为什么在预应力混凝土构件中可以有效地采用高强度的材料？

3. 什么是张拉控制应力σ_{con}？为什么取值不能过高或过低？

4. 为什么先张法的张拉控制应力比后张法的高一些？

5. 预应力损失有哪些？是由什么原因产生的？怎样减少预应力损失值？

6. 预应力损失值为什么要分第一批和第二批损失？先张法和后张法各项预应力损失是怎样组合的？

7. 预应力混凝土轴心受拉构件的截面应力状态阶段及各阶段的应力如何？何谓有效预应力？它与张拉控制应力有何不同？

8. 预应力轴心受拉构件，在计算施工阶段预加应力产生的混凝土法向应力σ_{pc}时，为什么先张法构件用A_0，而后张法构件用A_n？而在使用阶段时，都采用A_0？先张法、后张法的A_0、A_n如何进行计算？

9. 如采用相同的控制应力σ_{con}，预应力损失值也相同，当加载至混凝土预压应力$\sigma_{pc}=0$时，先张法和后张法两种构件中预应力钢筋的应力σ_p是否相同，为什么？

10. 预应力轴心受拉构件的裂缝宽度计算公式中，为什么钢筋的应力是$\sigma_{sk}=\dfrac{N_k-N_{p0}}{A_p+A_s}$？

11. 当钢筋强度等级相同时，未施加预应力与施加预应力对轴拉构件承载能力有无影响？为什么？

12. 试总结先张法与后张法构件计算中的异同点。

13. 预应力混凝土受弯构件挠度计算与钢筋混凝土的挠度计算相比，有何特点？

14. 为什么预应力混凝土构件中一般还需放置适量的非预应力钢筋？

习题

1. 填空题

(1) 预应力混凝土构件按施工方法可分为______和______。

(2) 先张法主要靠______，而后张法主要靠______传递预应力。

(3) 张拉控制应力σ_{con}是______，后张法的σ_{con}取值小于先张法，因为前者______。

(4) 计算预应力混凝土受弯构件由预应力产生的混凝土法向应力时，对先张法构件用______截面几何特征值；对后张法构件用______截面几何特征值。

2. 选择题

(1) 普通钢筋混凝土结构不能充分发挥高强钢筋的作用，主要原因是（　　）。

A. 受压混凝土先破坏　　B. 未配高强混凝土　　C. 不易满足正常使用极限状态

(2) 对构件施加预应力主要目的是（　　）。

A. 提高承载力

B. 避免裂缝或减少裂缝（使用阶段），发挥高强材料作用

C. 对构件进行检验

(3) 条件相同的先、后张法轴拉构件，当σ_{con}及σ_l相同时，预应力中钢筋应力$\sigma_{ps\text{II}}$（　　）。

A. 两者相等　　B. 后张法大于先张法　　C. 后张法小于先张法

(4) 条件相同的先、后张法轴拉构件，当σ_l及混凝土有效预应力$\sigma_{pc\text{II}}$相同时，（　　）。

A. 两者σ_{con}相等　　B. 后张法σ_{con}大于先张法

C. 后张法σ_{con}小于先张法

(5) 后张法轴拉构件完成全部预应力损失后，预应力钢筋的总预拉力$N_{p\text{II}}=50\text{kN}$，若加载至混凝土应力为零，外载$N_0$为（　　）。

A. $=50\text{kN}$　　B. $>50\text{kN}$　　C. $<50\text{kN}$

3. 计算题

(1) 24m长预应力混凝土屋架下弦杆截面尺寸为250mm×260mm，处于一类环境。截面尺寸及端部构造如图10-35所示。采用后张法，当混凝土强度达到100%后方可张拉预应力钢筋，超张拉应力值为5%σ_{con}，孔道（直径为2Φ50）为橡皮管抽芯成型，采用夹片式锚具，混凝土强度等级C40，预应力钢筋采用消除应力钢丝，非预应力钢筋采用热轧钢筋HRB400，按构造要求配置4Φ12（$A_s=452\text{mm}^2$），承受永久荷载作用下的轴向力标准值$N_{Gk}=410\text{kN}$，可变荷载作用下的轴向力标准值$N_{Qk}=165\text{kN}$，结构重要系数=1.1，准永久值系数为0.5，裂缝控制等级为二级。试对拉杆进行施工阶段局部承压验算，正常使用阶段裂缝控制验算和正截面承载力验算。

(2) 预应力混凝土空心板梁，长度16m，计算跨度$l_0=15.5\text{m}$，截面尺寸如图10-36所示，处于一类环境。采用先张法施加预应力，并进行超张拉。预应力钢筋选用11根Φ^s1×7（$d=15.2\text{mm}$）低松弛1860级钢铰线，非预应力钢筋为5Φ12的HRB335级钢筋（$A_s=565\text{mm}^2$），采用夹片式锚具，张拉控制应力$\sigma_{con}=0.75f_{tk}$。混凝土强度等级为C70，达到100%混凝土设计强度等级时放张预应力钢筋。跨中截面承受永久荷载作用下的弯矩标准值$M_{Gk}=422\text{kN}\cdot\text{m}$，可变荷载作用下的弯矩标准值$M_{Qk}=305\text{kN}\cdot\text{m}$；支座截面承受永久荷载作用下的剪力标准值$V_{Gk}=110\text{kN}$，可变荷载作用下的剪力标准值$V_{Qk}=210\text{kN}$。结构重要系数$\gamma_0=1.0$，准永久值系数为0.6，裂缝控制等级为二级，跨中挠度允许值为$l_0/200$。

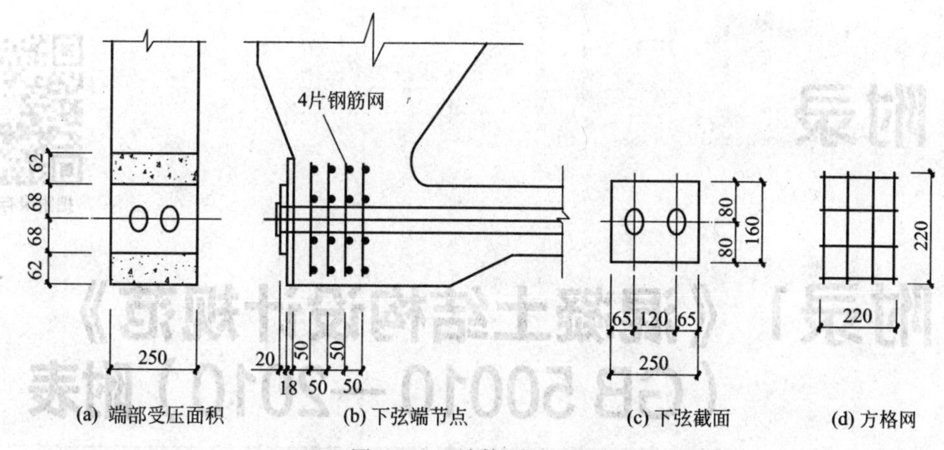

图 10-35　计算题（1）图

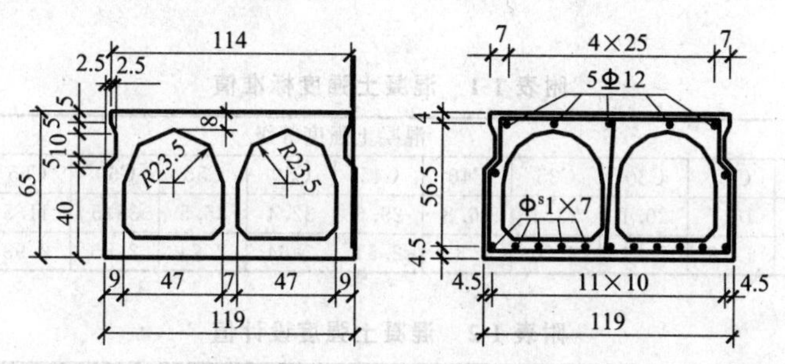

图 10-36　计算题（2）图

计算：①施工阶段截面正应力验算；②正常使用阶段裂缝控制验算；③正常使用阶段跨中挠度验算；④正截面承载力计算；⑤斜截面承载力计算。

（3）已知某工程屋面梁跨度为 21m，梁的截面尺寸见图 10-37。承受屋面板传递的均布恒荷载 $g=49.5\text{kN/m}$，活荷载 $q=5.9\text{kN/m}$。结构重要性系数 $\gamma_0=1.1$，裂缝控制等级为二级，跨中挠度允许值为 $l_0/400$。混凝土强度等级为 C40，预应力筋采用 1860 级高强低松弛钢铰线。预应力孔道采用镀锌波纹管成型，夹片式锚具。当混凝土达到设计强度等级后张拉预应力筋，施工阶段预拉区允许出现裂缝。纵向非预应力钢筋采用 HRB335 级热轧钢筋，箍筋采用 HPB300 级热轧钢筋。试进行该屋面梁的配筋设计。

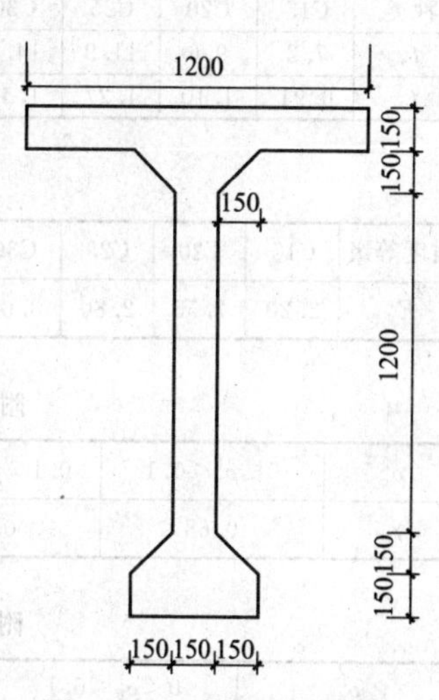

图 10-37　计算题（3）图

附录1 《混凝土结构设计规范》（GB 50010—2010）附表

附表 1-1 混凝土强度标准值 单位：N/mm²

强度种类	混凝土强度等级													
	C15	C20	C25	C30	C35	C40	C45	C50	C55	C60	C65	C70	C75	C80
f_{ck}	10.0	13.4	16.7	20.1	23.4	26.8	29.6	32.4	35.5	38.5	41.5	44.5	47.4	50.2
f_{tk}	1.27	1.54	1.78	2.01	2.20	2.39	2.51	2.64	2.74	2.85	2.93	2.99	3.05	3.11

附表 1-2 混凝土强度设计值 单位：N/mm²

强度种类	混凝土强度等级													
	C15	C20	C25	C30	C35	C40	C45	C50	C55	C60	C65	C70	C75	C80
f_c	7.2	9.6	11.9	14.3	16.7	19.1	21.1	23.1	25.3	27.5	29.7	31.8	33.8	35.9
f_t	0.91	1.10	1.27	1.43	1.57	1.71	1.80	1.89	1.96	2.04	2.09	2.14	2.18	2.22

附表 1-3 混凝土弹性模量 E_c 单位：$\times10^4$ N/mm²

强度等级	C15	C20	C25	C30	C35	C40	C45	C50	C55	C60	C65	C70	C75	C80
E_c	2.20	2.55	2.80	3.00	3.15	3.25	3.35	3.45	3.55	3.60	3.65	3.70	3.75	3.80

附表 1-4 混凝土受压疲劳强度修正系数 γ_ρ

ρ_c^f	$0\leqslant\rho_c^f<0.1$	$0.1\leqslant\rho_c^f<0.2$	$0.2\leqslant\rho_c^f<0.3$	$0.3\leqslant\rho_c^f<0.4$	$0.4\leqslant\rho_c^f<0.5$	$\rho_c^f\geqslant0.5$
γ_ρ	0.68	0.74	0.80	0.86	0.93	1.0

附表 1-5 混凝土受拉疲劳强度修正系数 γ_ρ

ρ_c^f	$0<\rho_c^f<0.1$	$0.1\leqslant\rho_c^f<0.2$	$0.2\leqslant\rho_c^f<0.3$	$0.3\leqslant\rho_c^f<0.4$	$0.4\leqslant\rho_c^f<0.5$
γ_ρ	0.63	0.66	0.69	0.72	0.74
ρ_c^f	$0.5\leqslant\rho_c^f\leqslant0.6$	$0.6\leqslant\rho_c^f<0.7$	$0.7\leqslant\rho_c^f<0.8$	$\rho_c^f\geqslant0.8$	—
γ_ρ	0.76	0.80	0.90	1.00	

注：直接承受疲劳荷载的混凝土构件，当采用蒸汽养护时，养护温度不宜高于60℃。

附表 1-6 混凝土疲劳变形模量 单位：$\times10^4$ N/mm²

混凝土强度等级	C30	C35	C40	C45	C50	C55	C60	C65	C70	C75	C80
E_c^f	1.30	1.40	1.50	1.55	1.60	1.65	1.70	1.75	1.80	1.85	1.90

附表 1-7 普通钢筋强度标准值 单位：N/mm²

牌号	符号	d/mm	屈服强度标准值 f_{yk}	极限强度标准值 f_{stk}
HPB300	Φ	6～22	300	420
HRB335 HRBF335	Φ Φ^{F}	6～50	335	455
HRB400 HRBF400 RRB400	Φ Φ^{F} Φ^{R}	6～50	400	540
HRB500 HRBF500	Φ Φ^{F}	6～50	500	630

附表 1-8 普通钢筋强度设计值 单位：N/mm²

牌 号	抗拉强度设计值 f_y	抗压强度设计值 f'_y
HPB300	270	270
HRB335、HRBF335	300	300
HRB400、HRBF400、RRB400	360	360
HRB500、HRBF500	435	410

附表 1-9 预应力钢筋强度标准值 单位：N/mm²

种类		符号	d/mm	屈服强度标准值 f_{pyk}	极限强度标准值 f_{ptk}
中强度预应力钢丝	光面 螺旋肋	Φ^{PM} Φ^{HM}	5、7、9	620	800
				780	970
				980	1270
预应力螺纹钢筋	螺纹	Φ^{T}	18、25、32、40、50	785	980
				930	1080
				1080	1230
钢绞线	1×3 （三股）	Φ^{S}	8.6、10.8、12.9	—	1570
				—	1860
				—	1960
	1×7 （七股）		9.5、12.7、 15.2、17.8	—	1720
				—	1860
				—	1960
			21.6	—	1860
消除应力钢丝	光面	Φ^{P}	5	—	1570
				—	1860
			7	—	1570
	螺旋肋	Φ^{H}	9	—	1470
				—	1570

注：极限强度标准值为 1960N/mm²的钢绞线作后张预应力配筋时，应有可靠的工程经验。

附表 1-10 预应力钢筋强度设计值　　单位：N/mm^2

种类	极限强度标准值 f_{ptk}	抗拉强度设计值 f_{py}	抗压强度设计值 f'_{py}
中强度预应力钢丝	800	510	410
	970	650	
	1270	810	
消除应力钢丝	1470	1040	410
	1570	1110	
	1860	1320	
钢绞线	1570	1110	390
	1720	1220	
	1860	1320	
	1960	1390	
预应力螺纹钢筋	980	650	410
	1080	770	
	1230	900	

注：当预应力筋的强度标准值不符合附表 1-10 的规定时，其强度设计值应进行相应的比例换算。

附表 1-11 钢筋弹性模量 E_s　　单位：$\times 10^5 N/mm^2$

牌号或种类	E_s
HPB300 钢筋	2.10
HRB335、HRB400、HRB500 钢筋 HRBF335、HRBF400、HRBF500 钢筋 RRB400 钢筋、预应力螺纹钢筋	2.00
消除应力钢丝、中强度预应力钢丝	2.05
钢绞线	1.95

注：必要时可采用实测的弹性模量。

附表 1-12 钢筋混凝土结构普通钢筋疲劳应力幅限值

疲劳应力比值 ρ_s^f	疲劳应力幅限值 Δf_y^f	
	HRB 335 级钢筋	HRB 400 级钢筋
0	175	175
0.1	162	162
0.2	154	156
0.3	144	149
0.4	131	137
0.5	115	123
0.6	97	106
0.7	77	85
0.8	54	60
0.9	28	31

注：当纵向受拉钢筋采用闪光接触对焊接头时，其接头处钢筋疲劳应力幅限值应按表中数值乘以系数 0.8。

附表 1-13 预应力钢筋疲劳应力幅限值

疲劳应力比值 ρ_p^f	钢绞线(f_{ptk}=1570N/mm²)	消除应力钢丝(f_{ptk}=1570N/mm²)
0.7	144	240
0.8	118	168
0.9	70	88

注：1. 当 ρ_p^f 不小于 0.9 时，可不作预应力钢筋的疲劳验算。

2. 当有充分依据时，可对表中规定的疲劳应力幅限值作适当调整。

附录2 钢筋的计算截面面积及公称质量

附表 2-1 钢筋的公称直径、公称截面面积及理论重量表

公称直径 d /mm	不同根数钢筋的公称截面面积/mm²									单根钢筋理论重量/(kg/m)
	1	2	3	4	5	6	7	8	9	
6	28.3	57	85	113	142	170	198	226	255	0.222
8	50.3	101	151	201	252	302	352	402	453	0.395
10	78.5	157	236	314	393	471	550	628	707	0.617
12	113.1	226	339	452	565	678	791	904	1017	0.888
14	153.9	308	461	615	769	923	1077	1231	1385	1.21
16	201.1	402	603	804	1005	1206	1407	1608	1809	1.58
18	254.5	509	763	1017	1272	1527	1781	2036	2290	2.00(2.11)
20	314.2	628	942	1256	1570	1884	2199	2513	2827	2.47
22	380.1	760	1140	1520	1900	2281	2661	3041	3421	2.98
25	490.9	982	1473	1964	2454	2945	3436	3927	4418	3.85(4.10)
28	615.8	1232	1847	2463	3079	3695	4310	4926	5542	4.83
32	804.2	1609	2413	3217	4021	4826	5630	6434	7238	6.31(6.65)
36	1017.9	2036	3054	4072	5089	6107	7125	8143	9161	7.99
40	1256.6	2513	3770	5027	6283	7540	8796	10053	11310	9.87(10.34)
50	1963.5	3928	5892	7856	9820	11784	13748	15712	17676	15.42(16.28)

注：括号内为预应力螺纹钢筋的数值。

附表 2-2 钢筋混凝土板每米宽的钢筋面积表 单位：mm^2

钢筋间距/mm	钢筋直径/mm								
	6	6/8	8	8/10	10	10/12	12	12/14	14
70	404.0	561.0	719.0	920.0	1121.0	1369.0	1616.0	1907.0	2199.0
75	377.0	524.0	671.0	859.0	1047.0	1277.0	1508.0	1780.0	2052.0
80	354.0	491.0	629.0	805.0	981.0	1198.0	1414.0	1669.0	1924.0
85	333.0	462.0	592.0	758.0	924.0	1127.0	1331.0	1571.0	1811.0
90	314.0	437.0	559.0	716.0	872.0	1064.0	1257.0	1483.0	1710.0
95	298.0	414.0	529.0	678.0	826.0	1008.0	1190.0	1405.0	1620.0
100	283.0	393.0	503.0	644.0	785.0	958.0	1131.0	1335.0	1539.0
110	257.0	357.0	457.0	585.0	714.0	871.0	1028.0	1214.0	1399.0
120	236.0	327.0	419.0	537.0	654.0	798.0	942.0	1113.0	1283.0
125	226.0	314.0	402.0	515.0	628.0	766.0	905.0	1068.0	1231.0
130	218.0	302.0	387.0	495.0	604.0	737.0	870.0	1027.0	1184.0
140	202.0	281.0	359.0	460.0	561.0	684.0	808.0	954.0	1099.0
150	189.0	262.0	335.0	429.0	523.0	639.0	754.0	890.0	1026.0
160	177.0	246.0	314.0	403.0	491.0	599.0	707.0	834.0	962.0
170	166.0	231.0	296.0	379.0	462.0	564.0	665.0	785.0	905.0
180	157.0	218.0	279.0	358.0	436.0	532.0	628.0	742.0	855.0
190	149.0	207.0	265.0	339.0	413.0	504.0	595.0	703.0	810.0
200	141.0	196.0	251.0	322.0	393.0	479.0	505.0	668.0	770.0
220	129.0	179.0	229.0	293.0	357.0	436.0	514.0	607.0	700.0
240	118.0	164.0	210.0	268.0	327.0	399.0	471.0	556.0	641.0
250	113.0	157.0	201.0	258.0	314.0	383.0	452.0	534.0	616.0
260	109.0	151.0	193.0	248.0	302.0	369.0	435.0	513.0	592.0
280	101.0	140.0	180.0	230.0	280.0	342.0	404.0	477.0	550.0
300	94.2	131.0	168.0	215.0	262.0	319.0	377.0	445.0	513.0
320	88.4	123.0	157.0	201.0	245.0	299.0	353.0	417.0	481.0

附表 2-3 钢绞线的公称直径、公称截面面积及理论重量

种类	公称直径/mm	公称截面面积/mm^2	理论重量/(kg/m)
1×3	8.6	37.7	0.296
	10.8	58.9	0.462
	12.9	84.8	0.666
1×7 标准型	9.5	54.8	0.430
	12.7	98.7	0.775
	15.2	140	1.101
	17.8	191	1.500
	21.6	285	2.237

附表 2-4 钢丝公称直径、公称截面面积及理论重量

公称直径/mm	公称截面面积/mm^2	理论重量/(kg/m)
5.0	19.63	0.154
7.0	38.48	0.302
9.0	63.62	0.499

附录3 《混凝土结构设计规范》（GB 50010—2010）的有关规定

附表 3-1 混凝土结构的环境类别

环境类别	说 明
一	室内干燥环境；无侵蚀性静水浸没环境
二 a	室内潮湿环境；非严寒和非寒冷地区露天环境；非严寒和非寒冷地区与无侵蚀性的水或土壤直接接触的环境；严寒和寒冷地区冰冻线以下与无侵蚀性的水或土壤直接接触的环境
二 b	干湿交替环境；水位频繁变动环境；严寒和寒冷地区的露天环境；严寒和寒冷地区冰冻线以上与无侵蚀性的水或土壤直接接触的环境
三 a	严寒和寒冷地区冬季的水位变动区环境；受除冰盐影响环境；海风环境
三 b	盐渍土环境；受除冰盐作用环境；海岸环境
四	海水环境
五	受人为或自然的侵蚀性物质影响的环境

注：1. 室内潮湿环境是指构件表面经常处于结露或湿润状态的环境。

2. 严寒和寒冷地区的划分应符合国家现行标准《民用建筑热工设计规范》GB 50176 的规定。

3. 海岸环境和海风环境宜根据当地情况，考虑主导风向及结构所处迎风、背风部位等因素的影响，由调查研究和工程经验确定。

4. 受除冰盐影响环境是指受到除冰盐盐雾影响的环境；受除冰盐作用环境是指被除冰盐溶液溅射的环境以及使用除冰盐地区的洗车房、停车楼等建筑。

5. 暴露的环境是指混凝土结构表面所处的环境。

附表 3-2 结构构件的裂缝控制等级及最大裂缝宽度限值 w_{lim} 单位：mm

<table>
<tr><th rowspan="2">环境类别</th><th colspan="2">钢筋混凝土结构</th><th colspan="2">预应力混凝土结构</th></tr>
<tr><th>裂缝控制等级</th><th>最大裂缝宽度限值</th><th>裂缝控制等级</th><th>最大裂缝宽度限值</th></tr>
<tr><td>一</td><td rowspan="4">三</td><td>0.3(0.4)</td><td rowspan="2">三</td><td>0.2</td></tr>
<tr><td>二 a</td><td rowspan="3">0.2</td><td>0.10</td></tr>
<tr><td>二 b</td><td rowspan="2">二</td><td>—</td></tr>
<tr><td>三 a、三 b</td><td>—</td></tr>
</table>

注：1. 对处于年平均相对湿度小于 60％地区一类环境下的受弯构件，其最大裂缝宽度限值可采用括号内的数值。

2. 在一类环境条件下，对于钢筋混凝土屋架、托架及需作疲劳验算的吊车梁，其最大裂缝宽度限值应取为 0.2mm；对于钢筋混凝土屋面梁和托梁，其最大裂缝宽度限值应取为 0.3mm。

3. 在一类环境条件下，对于预应力混凝土屋架、托架及双向板体系，应按二级裂缝控制等级进行验算；对一类环境下的预应力混凝土屋面梁、托梁、单向板，应按表中二 a 类环境的要求进行验算；在一类和二 a 类环境下需作疲劳验算的预应力混凝土吊车梁，应按裂缝控制等级不低于二级的构件进行验算。

4. 表中规定的预应力混凝土构件的裂缝控制等级和最大裂缝宽度限值仅适用于正截面的验算，预应力混凝土构件的斜截面裂缝控制验算应符合本规范第 7 章的要求。

5. 对于烟囱、筒仓和处于液体压力下的结构构件，其裂缝控制要求应符合专门标准的有关规定。

6. 对于处于四、五类环境条件下的结构构件，其裂缝控制要求应符合专门标准的有关规定。

7. 表中的最大裂缝宽度限值为用于验算荷载作用引起的最大裂缝宽度。

附表 3-3 受弯构件的挠度限值

构件类型	挠度限值
吊车梁：手动吊车 电动吊车	$l_0/500$ $l_0/600$
屋盖、楼盖及楼梯构件： 当 $l_0<7\text{m}$ 时 当 $7\text{m}\leqslant l_0\leqslant 9\text{m}$ 时 当 $l_0>9\text{m}$ 时	 $l_0/200(l_0/250)$ $l_0/250(l_0/300)$ $l_0/300(l_0/400)$

注：1. 表中 l_0 为构件的计算跨度；计算悬臂构件的挠度限值时，其计算跨度 l_0 按实际悬臂长度的 2 倍取用。

2. 表中括号内的数值适用于使用上对挠度有较高要求的构件。

3. 如果构件制作时预先起拱，且使用上也允许，则在验算挠度时，可将计算所得的挠度减去起拱值，对预应力混凝土构件，尚可减去预加应力所产生的反拱值。

4. 构件制作时的起拱值和预加力所产生的反拱值，不宜超过构件在相应荷载组合作用下的计算挠度值。

附表 3-4 纵向受力钢筋的混凝土保护层最小厚度 单位：mm

环境类别	板、墙、壳	梁、柱、杆
一	15	20
二 a	20	25
二 b	25	35
三 a	30	40
三 b	40	50

注：1. 混凝土强度等级不大于 C25 时，表中保护层厚度数值应增加 5mm。

2. 钢筋混凝土基础宜设置混凝土垫层，基础中钢筋的混凝土保护层厚度应从垫层顶面算起，且不应小于 40mm。

附表 3-5 截面抵抗矩塑性影响系数基本值 γ_m

项次	1	2	3		4		5
截面形状	矩形截面	翼缘位于受压区的 T 形截面	对称 I 形截面或箱形截面		翼缘位于受拉区的倒 T 形截面		圆形和环形截面
			$b_f/b\leqslant 2$ h_f/h 为任意值	$b_f/b>2$ $h_f/h<0.2$	$b_f/b\leqslant 2$ h_f/h 为任意值	$b_f/b>2$ $h_f/h<0.2$	
γ_m	1.55	1.50	1.45	1.35	1.50	1.40	$1.6\sim0.24r_1/r$

注：1. 对 $b_f'>b_f$ 的 I 形截面，可按项次 2 与项次 3 之间的数值采用；对 $b_f'\leqslant b_f$ 的 I 形截面，可按项次 3 与项次 4 之间的数值采用。

2. 对于箱形截面，b 值系指各肋宽度的总和。

3. r_1 为环形截面的内环半径，对圆形截面取 $r_1=0$。

附表 3-6　钢筋混凝土结构构件中纵向受力钢筋的最小配筋百分率 ρ_{min}　　单位：%

受力类型			最小配筋百分率
受压构件	全部纵向钢筋	强度等级 500MPa	0.50
		强度等级 400MPa	0.55
		强度等级 300MPa、335MPa	0.60
	一侧纵向钢筋		0.20
受弯构件、偏心受拉、轴心受拉构件一侧的受拉钢筋			0.20 和 $45f_t/f_y$中的较大值

注：1. 受压构件全部纵向钢筋最小配筋百分率，当采用 C60 以上强度等级的混凝土时，应按表中规定增大 0.1。

2. 板类受弯构件（不包括悬臂板）的受拉钢筋，当采用强度等级 400MPa、500MPa 的钢筋时，其最小配筋百分率应允许采用 0.15%和 $45f_t/f_y$中的较大值。

3. 偏心受拉构件中的受压钢筋，应按受压构件一侧纵向钢筋考虑。

4. 受压构件的全部纵向钢筋和一侧纵向钢筋的配筋率以及轴心受拉构件和小偏心受拉构件一侧受拉钢筋的配筋率应按构件的全截面面积计算。

5. 受弯构件、大偏心受拉构件一侧受拉钢筋的配筋率应按全截面面积扣除受压翼缘面积 $(b'_f-b)h'_f$后的截面面积计算。

6. 当钢筋沿构件截面周边布置时，“一侧纵向钢筋”系指沿受力方向两个对边中的一边布置的纵向钢筋。

附录4 《建筑结构荷载规范》（GB 50009—2012）的有关规定

附表 4-1　民用建筑楼面均布活荷载的标准值及其组合值、频遇值和准永久值系数

项次	类　别	标准值/(kN/m²)	组合值系数 ψ_c	频遇值系数 ψ_f	准永久值系数 ψ_q
1	(1) 住宅、宿舍、旅馆、办公楼、医院病房、托儿所、幼儿园	2.0	0.7	0.5	0.4
	(2) 试验室、阅览室、会议室、医院门诊室	2.0	0.7	0.6	0.5
2	教室、食堂、餐厅、一般资料档案室	2.5	0.7	0.6	0.5
3	(1) 礼堂、剧场、电影院、有固定座位的看台	3.0	0.7	0.5	0.3
	(2) 公共洗衣房	3.0	0.7	0.6	0.5
4	(1) 商店、展览厅、车站、港口、机场大厅及其旅客等候室	3.5	0.7	0.6	0.5
	(2) 无固定座位的看台	3.5	0.7	0.5	0.3
5	(1) 健身房，演出舞台	4.0	0.7	0.6	0.5
	(2) 运动场、舞厅	4.0	0.7	0.6	0.3

续表

项次	类别			标准值/(kN/m²)	组合值系数 ψ_c	频遇值系数 ψ_f	准永久值系数 ψ_q
6	(1) 书库，档案库，贮藏室			5.0	0.9	0.9	0.8
	(2) 密集柜书库			12.0	0.9	0.9	0.8
7	通风机房，电梯机房			7.0	0.9	0.9	0.8
8	汽车通道及客车停车库	(1)单向板楼盖(板跨不小于 2m)和双向板楼盖(板跨不小于 3m×3m)	客车	4.0	0.7	0.7	0.6
			消防车	35.0	0.7	0.5	0.0
		(2)双向板楼盖(板跨不小于 6m×6m)和无梁楼盖(柱网尺寸不小于 6m×6m)	客车	2.5	0.7	0.7	0.6
			消防车	20.0	0.7	0.5	0.0
9	厨房	(1)餐厅		4.0	0.7	0.7	0.7
		(2)其他		2.0	0.7	0.6	0.5
10	浴室、厕所、盥洗室			2.5	0.7	0.6	0.5
11	走廊、门厅	(1)宿舍、旅馆、医院病房、托儿所、幼儿园、住宅		2.0	0.7	0.5	0.4
		(2)办公楼、教室、餐厅、医院门诊部		2.5	0.7	0.6	0.5
		(3)教学楼及其他可能出现人员密集的情况		3.5	0.7	0.5	0.3
12	楼梯	(1)多层住宅		2.0	0.7	0.5	0.4
		(2)其他		3.5	0.7	0.5	0.3
13	阳台	(1)可能出现人员密集的情况		3.5	0.7	0.6	0.5
		(2)其他		2.5	0.7	0.6	0.5

注：1. 本表所给各项活荷载适用于一般使用条件，当使用荷载较大、情况特殊或有专门要求时，应按实际情况采用。

2. 第 6 项书库活荷载当书架高度大于 2m 时，书库活荷载尚应按每书架高度不小于 2.5kN/m² 确定。

3. 第 8 项中的客车活荷载只适用于停放载人少于 9 人的客车；消防车活荷载是适用于满载总重为 300kN 的大型车辆，当不符合本表的要求时，应将车轮的局部荷载按结构效应的等效原则，换算为等效均布荷载。

4. 第 8 项消防车活荷载，当双向板楼盖板跨介于 3m×3m～6m×6m 之间时，应按跨度线性插值确定。

5. 第 12 项楼梯活荷载，对预制楼梯踏步平板；尚应按 1.5kN 集中荷载验算。

6. 本表各项荷载不包括隔墙自重和二次装修荷载；对固定隔墙的自重应按永久荷载考虑，当隔墙位置可灵活自由布置时，非固定隔墙的自重应取不小于 1/3 每延米墙重（kN/m）作为楼面活荷载的附加值（kN/m²）计入，附加值不应小于 1.0kN/m²。

7. 设计楼面梁、墙、柱及基础时，附表 4-1 中楼面活荷载标准值的折减系数不应小于下列规定。

(1) 设计楼面梁时：

① 第 1 (1) 项当楼面梁从属面积超过 25m² 时，应取 0.9；

② 第 1 (2) ～7 项当楼面梁从属面积超过 50m² 时，应取 0.9；

③ 第 8 项对单向板楼盖的次梁和槽形板的纵肋应取 0.8，对单向板楼盖的主梁应取 0.6，对双向板楼盖的梁应取 0.8；

④ 第 9～13 项采用与所属房屋类别相同的折减系数。

(2) 设计墙、柱和基础时：

① 第 1 (1) 项按表 5.1.2 规定采用；

② 第 1 (2) ～7 项采用与其楼面梁相同的折减系数；

③ 第 8 项的客车，对单向板楼盖应取 0.5，对双向板楼盖和无梁楼盖应取 0.8；

④ 第 9～13 项采用与所属房屋类别相同的折减系数。

(楼面梁的从属面积是指向梁两侧各延伸二分之一梁间距的范围内的实际面积确定。)

附表 4-2 活荷载按楼层的折减系数

墙、柱、基础计算截面以上的层数	1	2～3	4～5	6～8	9～20	>20
计算截面以上各楼层活荷载总和的折减系数	1.00(0.90)	0.85	0.70	0.65	0.60	0.55

注：当楼面梁的从属面积超过 $25m^2$时，应采用括号内的系数。

附表 4-3 屋面均布活荷载标准值及其组合值系数、频遇值系数和准永久组合值系数

项次	类别	标准值/(kN/m^2)	组合值系数 ψ_c	频遇值系数 ψ_f	准永久值系数 ψ_q
1	不上人的屋面	0.5	0.7	0.5	0
2	上人的屋面	2.0	0.7	0.5	0.4
3	屋顶花园	3.0	0.7	0.6	0.5
4	屋顶运动场	3.0	0.7	0.6	0.4

注：1. 不上人的屋面，当施工或维修荷载较大时，应按实际情况采用；对不同类型的结构应按有关设计规范的规定，但不得低于 $0.3kN/m^2$。

2. 当上人的屋面兼作其他用途时，应按相应楼面活荷载采用。

3. 对于因屋面排水不畅、堵塞等引起的积水荷载，应采用构造措施加以防止；必要时，应按积水的可能深度确定屋面活荷载。

4. 屋顶花园活荷载不包括花圃土石等材料自重。

附表 4-4 屋面积灰荷载标准值及其组合值系数、频遇值系数和准永久组合值系数

项次	类别	标准值/(kN/m^2)			组合值系数 ψ_c	频遇值系数 ψ_f	准永久值系数 ψ_q
		屋面无挡风板	屋面有挡风板				
			挡风板内	挡风板外			
1	机械厂铸造车间(冲天炉)	0.50	0.75	0.30	0.9	0.9	0.8
2	炼钢车间(氧气转炉)	—	0.75	0.30			
3	锰、铬铁合金车间	0.75	1.00	0.30			
4	硅、钨铁合金车间	0.30	0.50	0.30			
5	烧结厂烧结室、一次混合室	0.50	1.00	0.20			
6	烧结厂通廊及其他车间	0.30	—	—			
7	水泥厂有灰源车间(窑房、磨房、联合贮库、烘干房、破碎房)	1.00	—	—			
8	水泥厂无灰源车间(空气压缩机站、机修间、材料库、配电站)	0.50	—	—			

注：1. 表中的积灰均布荷载，仅应用于屋面坡度 α 不大于 25°；当 α 大于 45°时，可不考虑积灰荷载；当 α 在 25°～45°之间时，可按插入法取值。

2. 清灰设施的荷载另行考虑。

3. 对 1～4 项的积灰荷载，仅应用于距炉烟囱中心 20m 半径范围内的屋面；当邻近建筑在该范围内时，其积灰荷载对 1、3、4 项应按车间屋面无挡风板采用，对 2 项应按车间屋面挡风板外的采用。

参 考 文 献

[1] 中华人民共和国住房和城乡建设部．混凝土结构设计规范（GB 50010—2010)[S]. 北京：中国建筑工业出版社，2011.

[2] 中华人民共和国住房和城乡建设部．建筑结构荷载规范（GB 50009—2012)[S]. 北京：中国建筑工业出版社，2012.

[3] 中华人民共和国住房和城乡建设部．建筑抗震设计规范（2016 年版）(GB 50011—2010）[S]. 北京：中国建筑工业出版社，2016.

[4] 中华人民共和国住房和城乡建设部．工程结构可靠性设计统一标准（GB 50153—2008）[S]. 北京：中国建筑工业出版社，2008.

[5] 东南大学，同济大学，天津大学．混凝土结构（上册）[M]．第 5 版. 北京：中国建筑出版社，2011.

[6] 河海大学，武汉大学，大连理工大学，郑州大学．水工钢筋混凝土结构学 [M]. 第 4 版. 北京：中国水利水电出版社，2010.

[7] 王立成，朱辉，董吉武，李哲．钢筋混凝土结构设计原理 [M]. 大连：大连理工大学出版社 ，2015.

[8] 张丽华，左敬岩．混凝土结构基本原理 [M]. 郑州：黄河水利出版社，2011.

[9] 李哲．混凝土设计原理学习指导与习题详解 [M]. 郑州：黄河水利出版社，2009.

[10] 梁兴文．混凝土结构基本原理 [M]. 重庆：重庆大学出版社，2011.

[11] 郭靳时，金菊顺，庄新玲．混凝土结构基本原理 [M]. 武汉：武汉大学出版社，2013.

[12] 李章政，郝献华．混凝土结构基本原理 [M]. 武汉：武汉理工大学出版社，2013.

[13] 张自荣，秦力．混凝土结构基本原理 [M]. 武汉：武汉大学出版社，2015.

[14] 姚素玲，陈英杰．混凝土结构基本原理 [M]. 北京：中国建材工业出版社，2015.

[15] 程文瀼，颜德姮，王铁成．混凝土结构（上）[M]. 北京：中国建筑工业出版社 ，2012.

[16] 刘立新，叶燕华．混凝土结构原理 [M]. 第 2 版．武汉：武汉理工大学出版社，2012.

[17] 周新刚，李坤．混凝土结构原理 [M]. 北京：机械工业出版社，2011.

[18] 马芹永．混凝土结构设计基本原理 [M]. 北京：机械工业出版社，2012.

[19] 吕晓寅．混凝土结构基本原理 [M]. 北京：中国建筑工业出版社，2012.

[20] 吴承霞．混凝土及砌体结构 [M]. 北京：中国建筑工业出版社，2012.

[21] 雷庆关．混凝土结构基本原理 [M]. 武汉：武汉大学出版社，2014.

[22] 梁兴文．混凝土结构设计 [M]. 北京：中国建筑工业出版社，2011.

[23] 殷志文．混凝土结构设计 [M]. 西安：西北工业大学出版社，2015.

[24] 苏小卒．混凝土结构基本原理 [M]. 北京：中国建筑工业出版社，2000.

[25] 何淅淅．混凝土结构设计基本原理 [M]. 北京：科学出版社，2005.

[26] 阎兴华．混凝土结构设计 [M]. 北京：科学出版社，2005.

[27] 张玉新．混凝土结构设计基本原理 [M]. 重庆：重庆大学出版社，2011.

[28] 郝献华．混凝土结构设计 [M]. 武汉：武汉大学出版社，2013.

[29] 黄达．混凝土结构 [M]. 天津：天津科学技术出版社，2014.

[30] 张自荣，秦力．混凝土结构基本原理 [M]. 武汉：武汉大学出版社，2015.

[31] 关萍．混凝土结构设计原理 [M]. 北京：机械工业出版社，2013.